前言

工程基础训练是高等工科院校教学中的一门重要的实践性的技术基础课。它将为学习工程材料、机械制造基础及其他相关的专业技术课，毕业设计和今后从事实际工作打下重要基础。为此，各高等工科院校都普遍重视工程基础训练这门课程。

近几年来，随着社会各界对提高高等工科院校在校大学生的工程实践能力和创新能力方面有了新的认识和要求，各高等工科院校纷纷成立了工程训练中心，加大了对工程训练经费和先进设备的投入。另外，由于科学技术的飞速发展，“新材料、新设备、新技术、新工艺”层出不穷，为工程基础训练教学提供了新的教学内容，也提出了新的教学要求。作为高等工科院校的一门重要的实践性的技术基础课，工程基础训练要紧密适应科技发展的形势和需要，要培养出一大批高素质的、掌握先进制造技术的应用型人才，特别要注重大学生的创新能力和创新精神的培养。

本书编写过程中，在认真总结近几年来各校工程基础训练教学改革经验的基础上，参考了教育部课程指导委员会 2004 年普通高等学校“机械制造工程训练教学基本要求(讨论稿)”的有关内容，力求突破传统教材的体系，对内容做了较大幅度的更新和充实，包含代表先进制造技术的数控技术和特种加工技术的内容和实例，考虑到数控加工技术的日益普及，故编写中加大了数控方面的篇幅，更新了相关内容。同时，在编写过程中力求取材新颖、联系实际、结构紧凑、文字简练，做到基本概念清晰，重点突出，有利于提高学生的工程素质和工程实践能力，有利于加强学生的创新思维的能力，有利于提高学生获取知识的能力和分析问题、解决问题的能力。本书的编写旨在推动高等工科院校工程基础训练的改革与发展，将工程基础训练真正建设成为适应时代发展要求、高水平的实践性技术基础课。

本书由江苏科技大学、苏州理工学院长期从事和指导工程基础训练教学的老师和工程技术人员编写。参加本书编写的人员有江龙、洪超、顾荣、陈新、施丽华、高飞、刘岩、陈洪凯等。本书由江龙、洪超担任主编，顾荣、陈新担任副主编。

本书承江苏科技大学王明强教授主审。他提出了许多宝贵意见和建议，在此谨致以衷心的感谢！

编者

2017 年 10 月

第一篇　工程基础训练基本知识

第二篇　毛坯制造基本方法

第三篇 机械加工基本方法

第四篇 数控机床加工

第五篇　特种加工

第一篇

工程基础训练基本知识

第1章　工程基础训练课程简介(绪论)

工程基础训练是一门传授机械制造工艺知识的实践性技术基础课。它是工科机械类学生学习工程材料及机械制造基础系列课程必不可少的先修课,是高等工科院校培养学生工程实践能力、进行工程训练的主要环节和办学特色之一,是工科类各专业学生的一门必修课。

1.1　工程基础训练的内容、目的及要求

1.1.1　工程基础训练的内容

工程基础训练是金属工艺学实习的简称。因为传统上的机械都是用金属材料加工制造的,所以人们将有关机械制造的基础知识叫做金属工艺学。但是,随着科学和生产技术的发展,机械制造所用的材料已扩展到包括金属、非金属和复合材料在内的各种工程材料,机械制造的工艺技术也越来越先进和现代化,因此工程基础训练的内容也就不再局限于传统意义上的金属加工的范围。现在,工程基础训练的主要内容包括铸造、锻压、焊接、塑料成型、钳工、车工、铣工、刨工、磨工、数控加工、特种加工、零件的热处理及表面处理等一系列工种的实习教学,从而使学生能从中了解到,机械产品是用什么材料制造的,机械产品是怎样制造出来的。

1.1.2　工程基础训练的目的

1) 学习机械制造工艺知识,进行工程师的基本训练

就是以实习教学的方式对学生传授关于机械制造生产的基本知识和进行工程实践的基本训练。但从更完整的意义上来看,工程基础训练不仅包括学习机械制造方面的各种加工工艺技术,而且还提供了生产管理和环境保护等方面的综合工程背景。由于大多数工科专业的同学们在进入大学之前的学习阶段中,较少接触制造工程环境,缺乏对工业生产实际的了解,因此,他们在工程基础训练过程中,通过参加有教学要求的工程实践训练,弥补过去在实践知识上的不足,增加在大学学习阶段和今后的工作中所需要的工艺技术知识与技能。

(1) 学习机械制造的加工方法,机床设备的结构原理、使用操作方法等。

(2) 学会使用各种工、夹、量具。

(3) 熟悉工艺文件、图纸和安全技术。

(4) 熟悉工程用语,不讲外行话。

2）通过工程基础训练，进行思想作风教育

通过在生产劳动中接触工人、工程技术人员和生产管理人员，受到工程实际环境的熏陶，初步树立起工程意识，增强劳动观念、集体观念、组织纪律性和敬业爱岗精神，提高综合素质。

(1) 培养吃苦耐劳、对工作认真负责的精神。

(2) 增强劳动观念，遵守劳动纪律。

(3) 爱护国家财产，建立经济观点和质量意识。

(4) 培养理论联系实际和一丝不苟的科学作风。

总之，工程基础训练是工科专业学生在大学学习阶段中一次较集中较系统的全方位的工程实践训练，是加强实践能力培养和开展素质教育的良好课堂，它在造就适应新世纪要求的高素质的工程技术人才的过程中，起到的作用是其他的课程难以替代的。

1.1.3 工程基础训练的教学要求

(1) 使学生了解现代机械制造的一般过程和基本知识，熟悉机械零件的常用加工方法及其所用的主要设备和工具，了解新工艺、新技术、新材料在现代机械制造中的应用。

(2) 使学生对简单零件初步具有选择加工方法和进行工艺分析的能力，在主要工种方面应能独立完成简单零件的加工制造，并培养一定的工艺实验和工艺实践的能力。

(3) 培养学生的生产质量和经济观念、理论联系实际和认真细致的科学作风以及热爱劳动和爱护公物等的基本素质。

1.2 工程基础训练的学习方法

强调以实践教学为主，学生应在教师的指导下通过独立的实践操作，将有关机械制造的基本工艺理论、基本工艺知识和基本工艺实践有机地结合起来，进行工程实践综合能力的训练。除了实践操作之外的教学方法还有操作示范、现场教学、专题讲座、电化教学、参观、实验、综合训练、编写实习报告等。由于工程基础训练的教学特点与同学们长期以来所习惯了的课堂理论教学有很大的不同，因而在学习方法上应当进行适当的调整，以求获得良好的学习效果。对此提出如下建议：

1）充分发挥自身的主体作用

实践教学与课堂理论教学相比的显著区别之一，就是学生的实践操作成为了主要的学习方式，这就更加突出了学生在教学过程中的主体地位。因此，适当地摆脱对教师和书本的依赖性，学会在实践中积极自主地学习是十分重要的。在实习之前，要自觉地有计划地预习有关的实习内容，做到心中有数；在实习中，要始终保持高昂的学习热情和求知欲望，敢于动手，勤于动手；遇到问题时，要主动向指导教师请教或与同学交流探讨；要充分利用实习时间，争取得到最大的收获。

2）贯彻理论联系实际的方法

首先要充分树立“实践第一”的观点，坚决摒弃“重理论，轻实践”的错误思想。随着实习进程的深入和感性知识的丰富，在实践操作的过程中，又要勤于动脑，使形象思维与逻辑思维相结合。要善于用学到的工艺理论知识来解决实践中遇到的各种具体问题，而不是仅仅满足于完成了实习零件的加工任务。在实习的末期或结束时，要认真做好总结，努力使在实习中获得的感性认识更加系统化和条理化。这样，用理论指导实践，以实践验证和充实理论，就不仅可以使理论知识掌握得更牢固，而且也能使实践能力得到进一步的提高。

3) 学会综合地看问题和解决问题的方法

工程基础训练是由一系列的单工种实习组合而成，这就容易造成学生往往只从所实习的工种出发去看待和解决问题，从而限制了自己的思路，所以要注意防止这一现象。一般说来，一件产品是不会只用一种加工方法制造出来的，因此要学会综合地把握各个实习工种的特点，学会从机械产品生产制造的全过程来看各个工种的作用和相互联系。这样，在分析和解决实际问题的时候，就能够做到触类旁通，举一反三，使所学的知识和技能能够融会贯通地加以应用。

4) 注意培养创新意识和创新能力

工程基础训练是同学们第一次全身心投入的生产技术实践活动，在这个过程中，经常会遇到新鲜事物，时常会产生新奇的想法，要善于把这些新鲜感与好奇心转变为提出问题和解决问题的动力，从中感悟出学习、创造的方法。实践是创新的唯一源泉，要善于在实践中发现问题，勤奋钻研，使自己的创新意识和创新能力不断得到发展。

1.3　工程基础训练与其他课程的关系

工程基础训练是一门技术基础课，它与工科机械类和非机械类专业所开设的许多课程都有着密切的联系。

1) 工程基础训练与工程制图课程的关系

工程制图课程是工程基础训练的先修课或平行课。工程基础训练时，学生必须已具有一定的识图能力，从而能够看懂实习加工工件的零件图。学生从实习中获得的对机器结构和零件的了解，将会对其后续深入学习工程制图课程和巩固已有的工程制图知识提供极大的帮助。

2) 工程基础训练与工程基础训练理论教学课程的关系

工程基础训练是工程基础训练理论教学课程(机械工程材料、材料成形技术基础、机械加工工艺基础)必不可少的先修课。工程基础训练是让学生熟悉机械制造的常用加工方法和常用设备，具有一定的工艺操作和工艺分析技能，培养学生工程意识和素质，从而为进一步学习好工程基础训练理论课程的内容打下坚实的实践基础。工程基础训练理论教学则是在工程基础训练的基础上，更深入地讲授各种加工方法的工艺原理和工艺特点以及有关的新材料、新工艺、新技术的知识，使学生具有能够分析零件的结构工艺性并能够正确选择零件的材料、毛坯种类和加工方法的能力。

3) 工程基础训练与机械设计及制造系列课程的关系

工程基础训练也是机械设计及制造系列课程(机械原理、机械设计、机械制造技术、机械制造设备、机械制造自动化技术、数控技术等)的十分重要的先修课。认真完成工程基础训练,必将为这些后继的重要的专业课学习提供丰富的机械制造方面的感性认识,从而使同学们在学习这些专业课乃至于将来进行毕业设计或从事实际工作时,依然能够从中受益匪浅。

1.4 教学基本要求

1.4.1 铸造

1) 基本知识

(1) 熟悉铸造生产工艺过程、特点和应用。

(2) 了解型砂、芯砂、造型、造芯、合型、熔炼、浇注、落砂、清理及常见铸造缺陷,熟悉铸件分型面的选择,掌握手工两箱造型(整模、分模、挖砂、活块等)的特点及应用,了解三箱造型及刮板造型的特点和应用,了解机器造型的特点和应用。

(3) 了解常用特种铸造方法的特点和应用。

(4) 了解铸造生产安全技术、环境保护,并能进行简单的经济分析。

2) 基本技能

掌握手工两箱造型的操作技能,并能对铸件进行初步的工艺分析。

1.4.2 锻压

1) 基本知识

(1) 熟悉锻压生产工艺过程、特点和应用。

(2) 了解坯料的加热、非合金钢的锻造温度范围和自由锻设备,掌握自由锻基本工序的特点,了解轴类和盘套类锻件自由锻工艺过程,了解锻件的冷却及常见锻造缺陷。

(3) 了解胎模锻的特点和胎模结构。

(4) 了解冲床、冲模和常见冲压缺陷,熟悉冲压基本工序。

(5) 了解钣金工程基础训练的特点和应用。

(6) 了解锻压生产安全技术、环境保护,并能进行简单的经济分析。

2) 基本技能

初步掌握自由锻和板料冲压的操作技能,并能对自由锻件和冲压件进行初步的工艺分析。

1.4.3 焊接

1) 基本知识

(1) 熟悉焊接生产工艺过程、特点和应用。

(2) 了解焊条电弧焊机的种类和主要技术参数、电焊条、焊接接头形式、坡口形式及不同空间位置的焊接特点,熟悉焊接工艺参数及其对焊接质量的影响,了解常见的焊接缺陷,了解典型焊接结构的生产工艺过程。

(3) 了解气焊设备、气焊火焰、焊丝及焊剂的作用。

(4) 了解其他常用焊接方法(埋弧自动焊、气体保护焊、电阻焊、钎焊等)的特点和应用。

(5) 熟悉氧气切割原理、过程和金属气割条件,了解等离子弧切割的特点和应用。

(6) 了解焊接生产安全技术、环境保护,并能进行简单的经济分析;能正确选择焊接电流及调整火焰;掌握焊条电弧焊、气焊的平焊操作。

2) 基本技能

能正确选择焊接电流及调整火焰;掌握焊条电弧焊、气焊的平焊操作。

1.4.4 热处理

了解钢的热处理原理、作用及常用热处理方法、设备。

1.4.5 机械加工

1) 基本知识

(1) 了解金属切削加工的基本知识。

(2) 了解车床的型号,熟悉卧式车床的组成、运动、传动系统及用途。

(3) 熟悉常用车刀的组成和结构、车刀的主要角度及其作用;了解各刀具材料性能的要求和常用刀具材料。

(4) 了解轴类、盘套类零件装夹方法的特点及常用附件的大致结构和用途。

(5) 掌握车外圆、车端面、钻孔和车孔的方法。

(6) 了解车槽、车断和锥面、成型面、螺纹的车削方法。

(7) 了解常用铣床、刨床和磨床的组成、运动和用途,了解其常用刀具和附件的大致结构、用途及简单分度的方法。

(8) 熟悉铣削、磨削的加工方法,了解刨削和常用齿形加工方法。

(9) 了解切削加工常用方法所能达到的尺寸公差等级、表面粗糙度 R_a 值的范围及其测量方法。

(10) 了解机械加工安全技术,并能进行简单的经济分析。

2) 基本技能

(1) 掌握卧式车床的操作技能,能按零件的加工要求正确使用刀、夹、量具,独立完成简单零件的车削加工。

(2) 熟悉铣床和磨床的操作方法。

(3) 能对简单的机械加工工件进行初步的工艺分析。

1.4.6 钳工

1) 基本知识

(1) 熟悉钳工工作在机械制造及维修中的作用。

(2) 掌握划线、锯削、锉削、钻孔、攻螺纹和套螺纹的方法和应用。

(3) 了解刮削的方法和应用。

(4) 了解钻床的组成、运动和用途,了解扩孔、铰孔和锪孔的方法。

(5) 了解机械部件装配的基本知识。

2) 基本技能

(1) 掌握钳工常用工具、量具的使用方法,能独立完成钳工作业件。

(2) 具有装拆简单部件的技能。

1.4.7 数控机床

1) 基本知识

(1) 了解数控机床概述、数控机床分类、加工特点。

(2) 了解数控车床大致结构及用途。

(3) 学会简单编程语言,学会数控车床的手工编程。

(4) 了解数控铣床和加工中心机床。

(5) 了解特种加工——数控电火花加工原理。

(6) 了解 CAD/CAM 软件的使用,并会简单建模造型。

(7) 了解安全技术。

2) 基本操作

(1) 能进行数控车床的手工编程,加工具有锥面、圆弧曲线的简单零件。

(2) 用 YH 软件扫描并修型,独立在电火花线切割机床上加工。

(3) 使用 CAD/CAM 软件设计并建模造型加工简单印章。

1.5 建议与说明

(1) 建议工程基础训练时间的比例为:铸造、锻压、焊接实习时间占 1/8;车工实习时间占 1/4;铣工、刨工、磨工实习时间占 1/8;钳工实习时间占 1/4;数控机床实习时间占 1/4。各院校可根据专业需要在满足教学基本要求的前提下对时间分配做适当调整,逐步增加对新技术和新工艺的实习。

(2) 应健全工程基础训练的组织机构,配备适当数量的、素质较高的人员辅导实习,教师在工程基础训练中应发挥主导作用。

(3) 有条件的院校,在工程基础训练中可开设电工、电子和气动、液压、钣金等实习项目。

(4) 应积极创造条件,充实新工艺、新技术的教学内容。要具备基本的数控车、数控铣、数控线切割和电火花成型加工以及其他新技术、新工艺的工艺装备,逐步减少常规工艺实习内容,充分利用现有条件,积极开展创新实习。

(5) 在工程基础训练过程中,可运用实际操作、现场教学、专题讲座、多媒体教学、电化教学、综合训练、实验、参观、演示、课堂讨论、实习报告、写小论文或作业以及考核等多种方式和手段,丰富教学内容,完成实践教学任务,培养学生分析问题和解决问题的能力及创新精神。

(6) 在教学基本要求中有关认知层次提法的说明。

了解:指对知识有初步和一般的认识;

熟悉:指对知识有较深入的认识,具有初步运用的能力。

掌握:指对知识有具体和深入的认识,具有一定的分析和运用能力。

各院校可根据自己的特点,形成特色,在某些教学内容上提出比基本要求更高的要求,努力提高课程的教学水平。

1.6 学生工程基础训练守则

学生在工程基础训练时应做到“四好”:

1) 劳动态度好

(1) 服从分配,不怕脏、不怕累。

(2) 培养劳动观点,珍惜劳动成果。

2) 组织纪律好

(1) 遵守车间各项规章制度及安全操作规程。

(2) 不迟到,不早退,有事请假。

3) 学习态度好

(1) 尊敬指导人员和教师,虚心学习。

(2) 认真听课,刻苦训练,独立按时完成实习报告。

4) 科学作风好

(1) 要学习、发扬工程技术人员应有的严谨的科学作风。

(2) 实习操作严肃认真,一丝不苟,注意产品质量,出了废品不得掩盖。

1.7 工程基础训练工作的有关规定

1) 关于考勤的规定

(1) 实习人员须按工厂规定的时间上下班。凡迟到、早退及中途擅离岗位满三次,则作为旷课,旷课者按实习成绩不及格处理。

(2) 实习中不得请假、会客,如有特殊情况需经批准。请假半天由带班老师批准,请假半天以上由教务处批准。

(3) 实习中如需请病假,必须有医生证明,到医院看病需指导人员批准。

(4) 实习中某工种实习因故请假达 1/3,成绩按不及格处理,应补实习或重修。

2) 关于遵守实习纪律的规定

(1) 应虚心听从指导人员的指导,注意听课及示范。

(2) 按指定地点工作,不得随便离岗走动、高声喧哗和打闹嬉戏。

(3) 实习中,要尊敬实习指导人员,虚心请教,热情礼貌,如有意见可逐级反映,对无理取闹者,可暂停实习。

(4) 实习时不得看书报、玩手机、iPad 等,不穿拖鞋、凉鞋、高跟鞋进厂。

3) 关于操作机器设备的规定

(1) 一切机器设备,未经许可,不准擅自动手,否则所发生事故,由本人自负并酌情赔偿。

(2) 操作机器须绝对遵守安全操作规程,个别工种因机床有限,有时实习人员多,要轮换操作,严禁两个人同时操作一台机床。

(3) 实习时,应注意保养和爱护机器、工具,防止损坏,每次实习完毕应按规定做好清洁和整理工作,如不符合要求者,指导人员可令其重做,否则本次实习可视为不合格。

4) 其他规定

(1) 实习时按规定穿戴好劳动防护用品,自觉遵守各车间的安全规则。

(2) 工作休息时,不得在厂区乱串,不得踢球、哄闹,防止损坏门窗、花木。

(3) 自行车按指定位置停放于车棚。

第 2 章　机械制造工程基本知识

2.1　机械制造过程概述

任何机器或设备，例如汽车或机床，都是由相应的零件装配而成的。只有制造出合乎要求的零件，才能装配出合格的机器设备。零件可以直接用型材经机械加工制成，如某些尺寸不大的轴、销、套类零件。一般情况下，则要将原材料经铸造、锻造、冲压、焊接等方法制成毛坯，然后由毛坯经机械加工制成。有的零件还需在毛坯制造和加工过程中穿插不同的热处理工艺。

因此，一般的机械生产过程可简要归纳为：毛坯制造—机械加工—装配和调试。

2.1.1　毛坯制造

常用的毛坯制造方法有：

1）铸造

将金属熔化后浇注到具有一定形状和尺寸的铸型中，冷却凝固后得到所需毛坯（铸件）的方法。

2）锻造

将坯料加热后，在锻锤或压力机上进行锻压，使金属产生塑性变形，而成为具有一定形状和尺寸的毛坯（锻件）的方法。

3）冲压

在压力机上利用冲模对板料施加压力，使其产生分离或变形，从而获得一定形状、尺寸的产品（冲压件）的方法。冲压产品具有足够的精度和表面质量，只需要进行很少（甚至无需）机械加工即可直接使用。

4）焊接

通过加热或加压或两者兼有，使分离的两部分金属在原子或分子间建立联系而实现结合的加工方法。

毛坯的外形与零件近似，其需要加工部分的外部尺寸大于零件的相应尺寸，而孔腔尺寸则小于零件的相应尺寸。毛坯尺寸与零件尺寸之差即为毛坯的加工余量。

采用先进的铸造、锻造方法亦可直接生产零件。

2.1.2 机械加工

切削加工是用切削刀具从毛坯或工件上切除多余的材料，以获得所要求的几何形状、尺寸和表面质量的加工方法，主要有车削、铣削、刨削、钻削、镗削、磨削等机械加工和钳工加工两大类。其中，机械加工目前占有最重要的地位。对于一些难以适应切削加工的零件，如硬度过高的零件、形状过于复杂的零件或刚度较差的零件等，则可以使用特种加工方法来进行加工。一般来说，毛坯要经过若干道机械加工工序才能成为成品零件。由于工艺的需要，这些工序又可分为粗加工、半精加工与精加工等。在毛坯制造及机械加工过程中，为便于切削和保证零件的力学性能，还需在某些工序之前（或之后）对工件进行热处理。热处理之后，工件可能有少量变形或表面氧化，所以精加工（如磨削）常安排在最终热处理之后进行。

2.1.3 装配与调试

加工完毕并检验合格的各零件，按机械产品的技术要求，用钳工或钳工与机械相结合的方法，按一定的顺序组合、连接、固定起来，成为整台机器，这一过程称为装配。装配是机械制造的最后一道工序，也是保证机械达到各项技术要求的关键工序之一。

装配好的机器，还要经过试运转，以观察其在工作条件下的效能和整机质量。只有在检验、试车合格后，才能装箱出厂。

2.2 工程材料基本知识

机械制造过程中的主要工作，就是利用各种工艺和设备将原材料加工成零件或产品。因此，工程基础训练的过程也是一个与各种工程材料打交道的过程。例如，实习中所加工的各种实习件，实习中所使用的刀具、量具和其他工具，所操作的机床等，都是由各种各样的工程材料制造出来的。由此可见，我们有必要对工程材料的基本知识有所了解。

2.2.1 工程材料的分类

工程材料是指在各种工程领域中所应用的材料，按照化学组成，可对其做如下的分类：

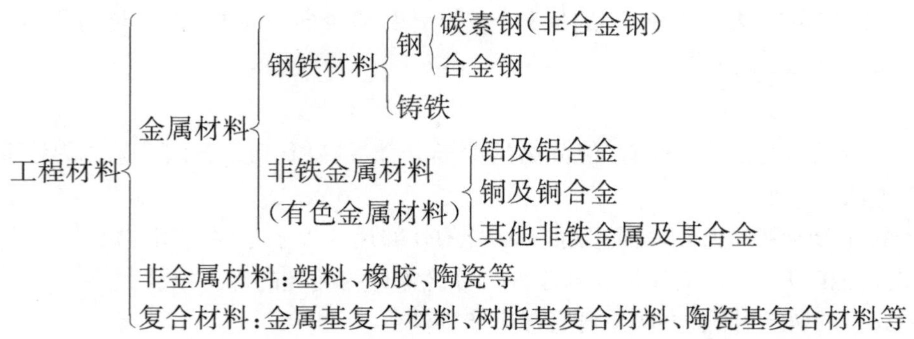

其中，金属材料是应用最广的主要工程材料，但随着科技与生产的发展，非金属材料和复合材料的应用也得到了迅速发展。非金属材料和复合材料不但能替代部分金属材料，而

且因其具有某些金属材料所没有的特性而在工程上占有重要的独特地位。例如:橡胶是一种在室温下具有高弹性的有机非金属材料,并具有良好的吸振性、耐磨性、绝缘性和耐蚀性等,被用于制作轮胎、密封元件、减振元件和绝缘材料等;陶瓷是无机非金属材料,它具有高硬度、高耐磨性、高熔点、高抗氧化性和耐蚀性等,可用于制作刀具、模具、坩埚、耐高温零件以及多种功能元件等;复合材料则是由两种或两种以上不同性质的材料组合而成的人工合成固体材料,它不仅能保持各组成材料的优点,而且还可获得单一材料无法具备的优越的综合性能,钢筋混凝土、玻璃钢(玻璃纤维树脂复合材料)等都是复合材料的例子。

在工程基础训练中,我们遇到的大多是金属材料,而且主要是钢铁材料。

2.2.2 金属材料的性能

金属材料的性能一般分为使用性能和工艺性能。使用性能是指金属材料为满足产品的使用要求而必须具备的性能,包括物理性能、化学性能和力学性能;工艺性能是指金属材料在加工过程中对所用加工方法的适应性,它的好坏决定了材料加工的难易程度。

1) 金属材料的物理性能和化学性能

金属材料的物理性能包括:密度、熔点、热膨胀性、导热性、导电性和磁性等。金属材料的化学性能是指它们抵抗各种介质侵蚀的能力,通常分为抗氧化性和耐蚀性。

2) 金属材料的力学性能

力学性能是指材料在受外力作用时所表现出来的各种性能。由于机械零件大多是在受力的条件下工作,因而所用材料的力学性能就显得格外重要。力学性能主要有:强度、塑性、硬度、韧性等。

(1) 强度

强度是指材料在外力作用下抵抗永久变形(塑性变形)和断裂的能力。金属强度的指标主要是屈服点和抗拉强度。屈服点用符号 σ_s 表示,它反映金属对明显塑性变形的抵抗能力;抗拉强度用符号 σ_b 表示,它反映金属在拉伸过程中抵抗断裂的能力。

(2) 塑性

金属材料在外力作用下发生不可逆永久变形的能力称为塑性。塑性指标一般用金属受力而发生断裂前所达到的最大塑性变形量来表示。常用的塑性指标是伸长率 δ 和断面收缩率 ψ,二者的值越大,表明材料的塑性越好。

(3) 硬度

硬度是材料抵抗局部变形,特别是塑性变形、压痕或划痕的能力。目前,硬度试验普遍采用压入法。常用的硬度试验指标有布氏硬度和洛氏硬度,它们分别是根据硬度试验机上的压头压入材料后形成的压痕的面积或深度的大小来判定材料硬度的。布氏硬度用 HB 表示,当用淬火钢球作压头时,表示为 HBS。洛氏硬度用 HR 表示,根据压头和试验力的不同,洛氏硬度有多种标尺,分别用 HRA、HRB 和 HRC 等表示,其中 HRC 应用最为广泛。例如,常用的切削工具(如车刀、铣刀、锯条等),其硬度一般都大于 60 HRC;而实习中加工的实习零件(材质为灰铸铁或低、中碳钢),它们的硬度一般都小于 30 HRC 或 300 HBS。

大多数的机械零件对硬度都有一定的要求，而对于刀具、模具等，更要求有足够的硬度，以保证其使用性能和寿命。并且，由于硬度试验是材料的力学性能试验中最简单快捷的一种方法，一般可在工件上直接试验而不损伤工件，从而在生产上得到广泛应用。在机械产品设计图样的技术条件中，大多标注出零件的硬度值。

(4) 韧性

韧性是指材料在断裂前吸收变形能量的能力，即韧性高就意味着它在受力时发生塑性变形和断裂的过程中，外力需要做较大的功。工程上最常用的韧性指标，是通过冲击试验测得的材料冲击吸收功 A_K 的大小来表示的。

3) 金属材料的工艺性能

工艺性能是指材料在加工制造过程中所表现出来的性能。材料的工艺性能好，就可使加工工艺简便，并且容易保证加工质量。

(1) 铸造性能

金属的铸造性能通常用金属在液态时的流动性、金属在凝固冷却过程中的体积或尺寸的收缩性等加以综合评定。流动性好，收缩性小，则铸造性能好。

(2) 锻压性能

锻压性能主要以金属的塑性和变形抗力来衡量。塑性高，变形抗力小(即 σ_s 小)，则锻压性能好。

(3) 焊接性能

焊接性能一般用金属在焊接加工时焊接接头对产生裂纹、气孔等缺陷的倾向以及焊接接头对使用要求的适应性来衡量。

(4) 切削加工性能

金属的切削加工性能可以用切削抗力的大小、工件加工后的表面质量、刀具磨损的快慢程度等来衡量。对于一般钢材来说，硬度在 200 HBS 时，可具有较好的切削性能。

2.2.3 钢铁材料的使用知识

1) 钢铁材料的种类

钢铁材料是钢和铸铁的总称，它们都是以铁和碳为主要成分的铁碳合金。从化学成分上看，二者的分界线大致在碳的质量分数 w_C 为 2%左右，碳的质量分数 $w_C \leqslant 2.11\%$ 的称为钢，$w_C > 2.11\%$ 的称为铸铁。

钢按化学成分可分为碳素钢(非合金钢)和合金钢。碳素钢的主要成分是铁和碳。在碳素钢的基础上，冶炼时有意向钢中加入一种或几种合金元素就形成了合金钢。此外，钢中一般还存在少量的在冶炼过程中由原料、燃料等带入的杂质元素，如硅、锰、硫、磷等。其中，硫、磷通常是有害杂质，必须严格控制其含量。

(1) 碳素钢

出于生产上不同的需要，可用多种方法对碳素钢进行分类。

按化学成分(碳含量)的不同，可将碳素钢分为低碳钢、中碳钢和高碳钢。其中，低碳钢

的 w_C≤0.25%，其性能特点是，强度低，塑、韧性好，锻压性能和焊接性能好；中碳钢的 w_C 在 0.25%～0.60%之间，这类钢具有较高的强度，同时兼有一定的塑性和韧性；高碳钢的 w_C>0.60%（但一般不超过 1.4%），经适当的热处理后，可达到很高的强度和硬度，但塑性、韧性较差。按主要用途可将碳素钢分为碳素结构钢和碳素工具钢。碳素结构钢主要用于制造机械零件和工程结构，它们大多是低碳钢和中碳钢；碳素工具钢主要用于制造各种刀具、模具和量具等，它们一般都是高碳钢。

按质量等级（有害杂质含量的多少），可将碳素钢分为普通质量碳素钢、优质碳素钢和特殊质量（高级优质）碳素钢。

(2) 合金钢

合金钢的分类方法与碳素钢相类似，例如：按化学成分（合金元素含量），可将其分为低合金钢、中合金钢和高合金钢；按主要用途可将其分为合金结构钢、合金工具钢和特殊性能钢（如不锈钢、耐热钢等）。

(3) 铸铁

生产上应用的铸铁有灰铸铁、球墨铸铁和可锻铸铁等，它们碳的质量分数 w_C 通常在 2.5%～4.0%，并且硅、锰、硫、磷等杂质元素的含量也比钢高。其中，最为常用的是灰铸铁，它的铸造性能很好，可以浇注出形状复杂和薄壁的零件；但灰铸铁脆性较大，不能锻压，且焊接性能也很差，因此它主要用于生产铸件。灰铸铁的抗拉强度、塑性和韧性都远低于钢，但它的抗压性能较好，还具有良好的减振性、耐磨性和切削加工性等，并且生产方便，成本低廉。

2) 常用钢铁材料的牌号与用途

(1) 普通质量碳素结构钢的牌号，主要由表示屈服点“屈”字的汉语拼音字首“Q”和屈服点数值（以 MPa 为单位）构成。常用钢种有 Q195、Q235 等，它们可用于制造铆钉、螺钉、螺母、垫圈、冲压零件和焊接构件等。

(2) 优质碳素结构钢的牌号，用代表钢中平均碳含量的万分数的两位数字来表示。常用钢种如 08、45、65 等，其中 08 钢主要用于制作冲压件和焊接件，45 钢可用于制作轴、连杆、齿轮等零件，65 钢多用于制作弹簧等。

(3) 碳素工具钢的牌号，由“碳”字的汉语拼音字首“T”和代表钢中以千分数表示的碳的平均质量分数的数字构成。常用钢种有 T8、T10、T12 等，T8 钢可用于制作手钳、锤子等，T10 钢可用于制作手锯条、刨刀等，T12 钢可用于制作锉刀、丝锥、车床尾座上的顶尖等。

(4) 合金钢的牌号，采用“数字＋元素符号＋数字”的形式来表示。钢号开头的数字表示钢中平均碳的质量分数，但合金结构钢是以万分数（两位数字）表示，而合金工具钢则以千分数（一位数字）表示。此外，当合金工具钢的碳的质量分数≥1%时不予标出，高速工具钢的碳的质量分数也不在钢号中标出。钢中加入的合金元素用其化学元素符号表示，其后的数字表示该合金元素的质量分数（以百分数表示，若质量分数<1.5%时则不标出）。例如，40Cr 是合金结构钢，9SiCr 是合金工具钢，W6Mo5Cr4V2 是高速工具钢（又称锋钢、白钢，可制作切削速度较高的刀具，并可在切削温度达到 600 ℃时，仍能保持刀具原有的高硬度）。

(5) 灰铸铁的牌号,由“灰铁”的汉语拼音字首“HT”和表示该灰铸铁最低抗拉强度值(以 MPa 为单位)的数字构成。常用的牌号有 HT150、HT200 等,可用于制作带轮、机床床身、底座、齿轮箱、刀架等。球墨铸铁的牌号,用“球铁”的汉语拼音字首“QT”,后跟表示其最低抗拉强度值(以 MPa 为单位)与最小伸长率(%)的两组数字构成,例如 QT400-15、QT600-3 等。

3) 钢材的管理和鉴别

(1) 常用钢材的种类与规格

常用钢材的种类有型钢、钢板、钢管和钢丝等。

型钢的种类很多,常见的有圆钢、方钢、扁钢、六角钢、八角钢、工字钢、槽钢、角钢、异型钢、盘条等。每种型钢的规格都有一定的表示方法。圆钢的规格以直径表示,例如圆钢 ϕ120 mm;方钢的规格以边长×边长表示,例如方钢 30 mm×30 mm;扁钢的规格以边宽×边厚表示,例如扁钢 20 mm×10 mm;工字钢和槽钢的规格以高×腿宽×腰厚来表示,例如工字钢 100 mm×55 mm×4.5 mm,槽钢 200 mm×75 mm×9 mm。角钢分为等边角钢和不等边角钢两种,等边角钢的规格以边宽×边宽×边厚;不等边角钢的规格以长边宽×短边宽×边厚表示,例如 80 mm×50 mm×6 mm。

钢板通常按厚度分为薄板(厚度≤4 mm)、厚板(厚度>4 mm)和钢带。厚板经热轧制成,薄板则有热轧和冷轧两种。薄板经热镀锌、电镀锡等处理,制成镀锌薄钢板(俗称白铁皮)、镀锡薄钢板(俗称马口铁)等,可提高耐蚀性。带钢是厚度较薄、宽度较窄、长度很长的钢板,也分热轧和冷轧两种,大多为成卷供应。

钢管分为无缝钢管和焊接钢管两类,断面形状多为圆形,也有异型钢管。无缝钢管的规格以外径×壁厚×长度表示,若无长度要求,则只写外径×壁厚。

钢丝的种类很多,常见的有一般用途钢丝、弹簧钢丝、钢绳等,其规格以直径表示。

(2) 钢材的管理和鉴别

购入钢材后,一般应复验其化学成分并核对交货状态。交货状态是指交货钢材的最终塑性变形加工或最终热处理的状态。不经过热处理交货的有热轧(锻)及冷轧(拉)状态;经正火、退火、高温回火、调质和固溶处理等的均称为热处理状态交货。应将钢材按种类和规格分类入库存放,并由专人负责管理。

生产中为了区别钢材的牌号、规格、质量等级等,通常在材料上做有一定的标记,常用的标记方法有涂色(涂在材料一端的端面或端部)、打(盖)印、挂牌等。例如,Q235 钢涂红色,45 钢涂白色+棕色,等等。使用时,可依据这些标记对钢材加以鉴别。除此而外,对钢材进行现场鉴别的方法还有火花鉴别法、断口鉴别法等。如果要对钢材的化学成分或内部组织有较仔细的了解,则需进行化学分析、光谱分析或金相分析等。

2.2.4 非铁金属材料简介

工业上通常把钢铁材料以外的金属材料统称为非铁金属材料,也叫有色金属材料。其中应用最多的是铝、铜及其合金。工业用纯铝和纯铜(也称紫铜)有良好的导电性、导热性和耐蚀性，塑性好但强度低，主要用于制造电线、油管、日用器皿等。

铝合金分为变形铝合金和铸造铝合金两类。变形铝合金的塑性较好，常制成各种型材、板材、管材等，用于制造建筑门窗、蒙皮、油箱、铆钉和飞机构件等。铸造铝合金（如 ZAlSi12）的铸造性能好，可用于制造形状复杂及有一定力学性能要求的零件，如活塞、仪表壳体等。

铜合金主要有黄铜和青铜。黄铜（如 H62）是以锌为主要添加元素的铜合金，主要用于制造弹簧、轴套和耐蚀零件等。青铜按主要添加元素的不同又分为锡青铜（如 QSn4－3）、铝青铜、铍青铜等，主要用于制造轴瓦、蜗轮、弹簧以及要求减摩、耐蚀的零件等。

铝、铜及其合金以及其他非铁金属材料的牌号说明，可查阅有关的标准或书籍。

2.3　机械产品的质量

机械产品是由若干机械零件装配而成的，机器的使用性能和寿命取决于零件的制造质量和装配质量。

2.3.1　零件的加工质量

零件的质量主要是指零件的材质、力学性能和加工质量等。零件的加工质量是指零件的加工精度和表面质量。加工精度是指加工后零件的尺寸、形状和表面间相互位置等几何参数与理想几何参数相符合的程度。相符合的程度越高，零件的加工精度就越高。实际几何参数对理想几何参数的偏离称为加工误差。

很显然，加工误差越小，加工精度就越高。零件的几何参数加工得绝对准确是不可能的，也是没有必要的。在保证零件使用要求的前提下，对加工误差规定一个范围，称为公差。零件的公差越小，对加工精度的要求就越高，零件的加工就越困难。零件的精度包括尺寸精度、形状精度和位置精度，相应地存在尺寸误差、形状误差、位置误差以及尺寸公差、形状公差和位置公差；零件的表面质量是指零件的表面粗糙度、波度、表面层冷变形强化程度、表面残余应力的性质和大小以及表面层金相组织等。零件的加工质量对零件的使用有很大影响，其中我们考虑最多的是加工精度和表面粗糙度。

1）*尺寸精度*

尺寸精度是指加工表面本身尺寸（如圆柱面的直径）或几何要素之间的尺寸（如两平行平面间的距离）的精确程度，即实际尺寸与理想尺寸的符合程度。尺寸精度要求的高低是用尺寸公差来体现的。“公差与配合”国家标准将确定尺寸精度的标准公差分为 20 个等级，分别用 IT01，IT0，IT1，IT2，…，IT18 表示。从前向后，精度逐渐降低。IT01 公差值最小，精度最高。IT18 公差值最大，精度最低。相同的尺寸，精度越高，对应的公差值越小。相同的公差等级，尺寸越小，对应的公差值越小。零件设计时常选用的尺寸公差等级为 IT6～IT11。IT12～IT18 为未注公差尺寸的公差等级（常称为自由公差）。

考虑到零件加工的难易程度，设计者不宜将零件的尺寸精度标准定得过高，只要满足零件的使用要求即可。表 2.1 为公差等级选用举例。

表 2.1　公差等级选用举例

应用场合			公差等级(IT)																				应用举例与说明
			01	0	1	2	3	4	5	6	7	8	9	10	11	12	13	14	15	16	17	18	
量块			—	—	—																		相当于量规 1～4 级
量规	高精度量规				—	—	—	—															用于检验介于 IT5 与 IT6 级之间工件的量规的尺寸公差
量规	低精度量规								—	—	—												
配合尺寸	个别特别重要的精密配合			—	—																		少数精密仪器
配合尺寸	特别重要的精密配合	孔					—	—	—														精密机床的主轴颈、主轴箱的孔与轴承的配合
配合尺寸	特别重要的精密配合	轴				—	—	—															
配合尺寸	精密配合	孔								—	—	—											机床传动轴与轴承,轴与齿轮、皮带轮,夹具上钻套与钻模板的配合等。最常用配合为孔 IT7,轴 IT6
配合尺寸	精密配合	轴							—	—	—												
配合尺寸	中等精度	孔											—	—									速度不高的轴与轴承,键与键槽宽度的配合等
配合尺寸	中等精度	轴										—	—	—									
配合尺寸	低精度配合														—	—	—						铆钉与孔的配合
非配合尺寸 未注公差尺寸																—	—	—	—	—	—	—	包括冲压件、铸件公差等
原材料公差											—	—	—	—	—	—							

2）形状精度和位置精度

形状精度是指零件上的几何要素线、面的实际形状相对于理想形状的准确程度。位置精度是指零件上的点、线、面要素的实际位置相对于理想位置的准确程度。形状和位置精度用形状公差和位置公差(简称形位公差)来表示。"形位公差"国家标准中规定的控制零件形位误差的项目及符号如表 2.2 所示。

表 2.2　形位公差项目及符号

分类	项目	符号
形状公差	直线度	⏤
形状公差	平面度	▱
形状公差	圆度	○
形状公差	圆柱度	⌭
形状公差	线轮廓度	⌒
形状公差	面轮廓度	⌓

分类		项目	符号
位置公差	定向	平行度	∥
位置公差	定向	垂直度	⊥
位置公差	定向	倾斜度	∠
位置公差	定位	同轴度	◎
位置公差	定位	对称度	⌯
位置公差	定位	位置度	⌖
位置公差	跳动	圆跳动	↗
位置公差	跳动	全跳动	⌰

对于一般机床加工能够保证的形位公差要求，图样上不必标出，也不做检查。对形位公差要求高的零件，应在图样上标注。形位公差等级分 1～12 级（圆度和圆柱度分为 0～12 级）。同尺寸公差一样，等级数值越大，公差值越大。

3）表面粗糙度

零件的表面总是存在一定程度的凹凸不平，即使是看起来光滑的表面，经放大后观察，也会发现凹凸不平的波峰、波谷。零件表面的这种微观不平度称为表面粗糙度。表面粗糙度是在毛坯制造或去除金属加工过程中形成的。表面粗糙度对零件表面的结合性能、密封、摩擦和磨损等有很大影响。

国家标准规定了表面粗糙度的评定参数和评定参数的允许数值。最常用的就是轮廓算术平均偏差 R_a 和不平度平均高度 R_z，单位为 μm。

如图 2.1 所示，轮廓算术平均偏差 R_a 为取样长度 l 范围内，被测轮廓上各点至中线距离绝对值的算术平均值。中线的两侧轮廓线与中线之间所包含的面积相等，即：

$$F_1 = F_3 + \cdots + F_{n-1} = F_2 + F_4 + \cdots + F_n$$

$$R_a = \frac{1}{l}\int_0^l |y|\,dx$$

或近似写成：

$$R_a = \frac{1}{n}\sum_{i=1}^{n} |y_i|$$

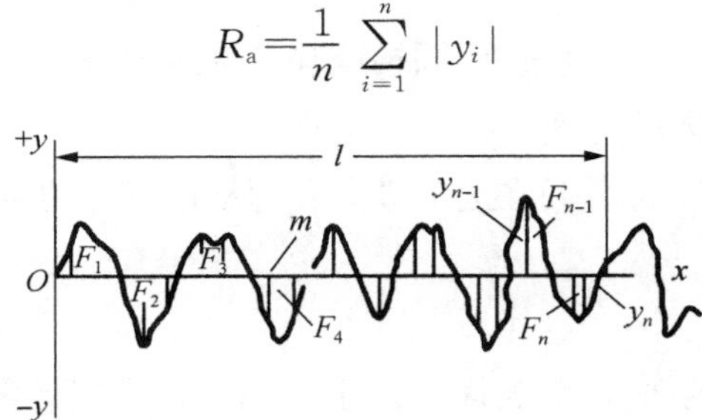

图 2.1 轮廓算术平均偏差

如图 2.2 所示，不平度平均高度就是在基本测量长度范围内，从平行于中线的任意线起，自被测量轮廓上五个最高点与五个最低点的平均距离，即

$$R_z = \frac{1}{5}[(h_1 + h_3 + h_5 + h_7 + h_9) - (h_2 + h_4 + h_6 + h_8 + h_{10})]$$

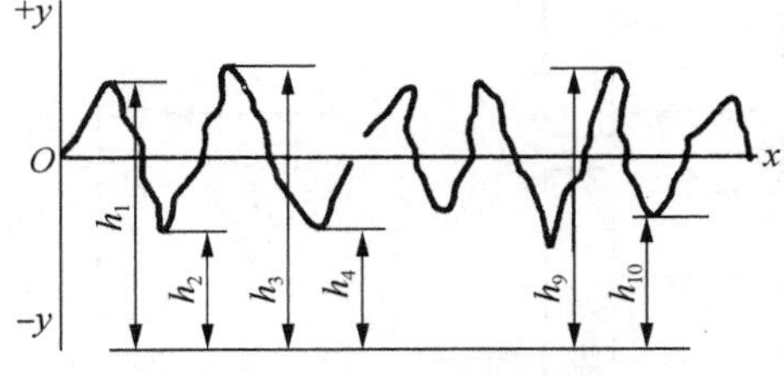

图 2.2 不平度平均高度

一般零件的工作表面粗糙度 R_a 值在 0.4～3.2 μm 范围内选择。非工作表面的粗糙度 R_a 值可以选得比 3.2 μm 大一些，而一些精度要求高的重要工作表面粗糙度 R_a 值则比

0.4 μm 小得多。一般说来，零件的精度要求越高，表面粗糙度值要求越小，配合表面的粗糙度值比非配合表面的粗糙度值小，有相对运动的表面粗糙度值比无相对运动的表面粗糙度值小，接触压力大的运动表面粗糙度值比接触压力小的运动表面粗糙度值小。而对于一些装饰性的表面则表面粗糙度值要求很小，但精度要求却不高。

与尺寸公差一样，表面粗糙度值越小，零件表面的加工就越困难，加工成本越高。

2.3.2 装配质量

任何机器都是由若干零件、组件和部件组成的。根据规定的技术要求，将零件结合成组件和部件，并进一步将零件、组件和部件结合成机器的过程称为装配。装配是机械制造过程的最后一个阶段，合格的零件通过合理的装配和调试，就可以获得良好的装配质量，从而能保证机器进行正常的运转。

装配精度是装配质量的指标，主要有以下几项：

1）零、部件间的尺寸精度

其中包括配合精度和距离精度。配合精度是指配合面间达到规定的间隙或过盈的要求。距离精度是指零、部件间的轴向距离、轴线间的距离等。

2）零、部件间的位置精度

其中包括零、部件的平行度、垂直度、同轴度和各种跳动等。

3）零、部件间的相对运动精度

它是指有相对运动的零、部件间在运动方向和运动位置上的精度，如车床车螺纹时刀架与主轴的相对移动精度。

4）接触精度

接触精度是指两配合表面、接触表面和连接表面间达到规定的接触面积大小与接触点分布情况。如相互啮合的齿轮、相互接触的导轨面之间均有接触精度要求。

一个机械产品推向市场，需要经过设计、加工、装配、调试等环节。产品的质量与这些环节紧密相关，最终体现在产品的使用性能上，如图 2.3 所示。企业应从各方面来保证产品的质量。

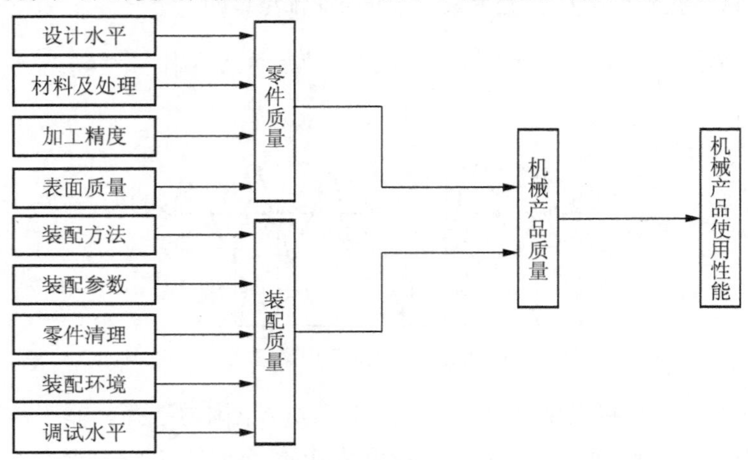

图 2.3 产品质量因果图

2.3.3　质量检测的方法

机械加工不仅要利用各种加工方法使零件达到一定的质量要求，而且要通过相应的手段来检测。检测应自始至终伴随着每一道加工工序。同一种要求可以通过一种或几种方法来检测。质量检测的方法涉及的范围和内容很多，这里只做一些简单介绍。

1）金属材料的检测方法

金属材料应对其外观、尺寸、理化三个方面进行检测。外观采用目测的方法。尺寸使用样板、直尺、卡尺、钢卷尺、千分尺等量具进行检测。理化检测项目较多，下面分类叙述。

（1）化学成分分析

依据来料保证单中指定的标准规定化学成分，由专职理化人员对材料的化学成分进行定性或定量的分析。入厂材料常用的化学成分分析方法有：化学分析法、光谱分析法、火花鉴别法。

化学分析法能测定金属材料各元素含量，是一种定量分析方法，也是工厂必备的常规检验手段。

光谱分析法是根据物质的光谱测定物质组成的分析方法。其测量工具为台式和便携式光谱分析仪器。

火花鉴别法是把钢铁材料放在砂轮上磨削，由发出的火花特征来判断它的成分的方法。

（2）金相分析

这是鉴别金属和合金的组织结构的方法，常用宏观检验和微观检验两种。

① 宏观检验

宏观检验即低倍检验，是用目视或在低倍放大镜（不大于 10 倍的放大镜）下检测金属材料表面或断面以确定其宏观组织的方法。常用的宏观检验法有：硫印试验、断口检验、酸蚀试验和裂纹试验。

② 显微检验

显微检验即高倍检验，是在光学显微镜下观察、辨认和分析金属的微观组织的金相检验方法。显微分析法可测定晶粒的形状和尺寸，鉴别金属的组织结构，显现金属内部各种缺陷，如夹杂物、微小裂纹和组织不均匀及气孔、脱碳等。

（3）力学性能试验

力学性能试验有硬度试验、拉力试验、冲击试验、疲劳试验、高温蠕变及其他试验等。力学性能试验及以下介绍的各种试验均在专用试验设备上进行。

（4）工艺性能试验

工艺性能试验有弯曲、反复弯曲、扭转、缠绕、顶锻、扩口、卷边以及淬透性试验和焊接性试验等。

（5）物理性能试验

物理性能试验有电阻系数测定、磁学性能测定等。

（6）化学性能试验

化学性能试验有晶间腐蚀倾向试验等。

(7) 无损探伤

无损探伤是不损坏原有材料,检查其表面和内部缺陷的方法。主要有:

① 磁粉探伤

铁磁性材料在磁场中会被磁化,而夹杂物等缺陷处的非磁性物质及裂缝均不易通过磁力线,可利用该原理来检测工件表层存在的缺陷。检测时,在工件表面上铺撒导磁性良好的磁粉(氧化铁粉),磁粉就会被缺陷处形成的局部磁极吸引,堆集于其上,显现出缺陷的位置和形状。磁粉探伤适用于检查铁磁性金属和合金表面层的微小缺陷,如裂纹、折叠、夹杂等。

② 超声探伤

利用超声波传播时有明显的指向性来探测工件内部的缺陷。当超声波遇到缺陷时,缺陷的声阻抗(即物质的密度和声速的乘积)与工件的声阻抗相差很大,因此大部分超声能量将被反射回来。如发射脉冲式超声波,并对超声波进行接收,就可探出缺陷,且可从反射波返回时间和强度来推知缺陷所处的深度和相对大小。超声探伤适用于检验大型锻件、焊件或棒材的内部缺陷,如裂纹、气孔、夹渣等。

③ 渗透探伤

在清洗过的工件表面上施加渗透剂,使它渗入到开口的缺陷中,然后将表面上的多余渗透剂除去,再施加一薄层显像剂,后者由于毛细管作用而将缺陷中的残存渗透剂吸出,从而显现出缺陷。渗透探伤适用于检验金属表面的微小缺陷,如裂纹等。

④ 涡流探伤

将一通入交流电的线圈放入一根金属管中,管内将感应出周向的电流,即涡流。涡流的变化会使线圈的阻抗、通过电流的大小和相位发生变化。管(工件)的直径、厚度、电导率和磁导率的变化以及缺陷会影响涡流进而影响线圈(检测探头)的阻抗。检测阻抗的变化就可以达到探伤的目的。涡流探伤适用于测定材料的电导率、磁导率、薄壁管壁厚和材料缺陷等。

2) *尺寸的检测方法*

尺寸 1 000 mm 以下,公差值大于 0.009～3.2 mm,有配合要求的工件(原则上也适用于无配合要求的工件)使用普通计量器具(千分尺、卡尺和百分表等)检测。常用量具的介绍见 2.4 节。特殊情况可使用测距仪、激光干涉仪、经纬仪、钢卷尺等测量。

3) *表面粗糙度的检测方法*

表面粗糙度的检测方法有样板比较法、显微镜比较法、电动轮廓仪测量法、光切显微镜测量法、干涉显微镜测量法、激光测微仪测量法等。在生产现场常用的是样板比较法。它是以表面粗糙度比较样块工作面上的粗糙度为标准,用视觉法和触觉法与被检表面进行比较,来判定被检表面是否符合规定。

4) *形位误差的检测方法*

根据形面及公差要求的不同,形位误差的检测方法各不相同。下面以一种检测圆跳动的方法为例来说明形位误差的检测。

检测原则:使被测实际要素绕基准轴线做无轴向移动回转一周时,由位置固定的指示器在给定方向上测得的最大与最小读数之差。

检测设备：一对同轴顶尖、带指示器的测量架。

检测方法：如图2.4所示，将被测零件安装在两顶尖之间。在被测零件回转一周过程中，指示器读数最大差值即为单个测量平面上的径向跳动。

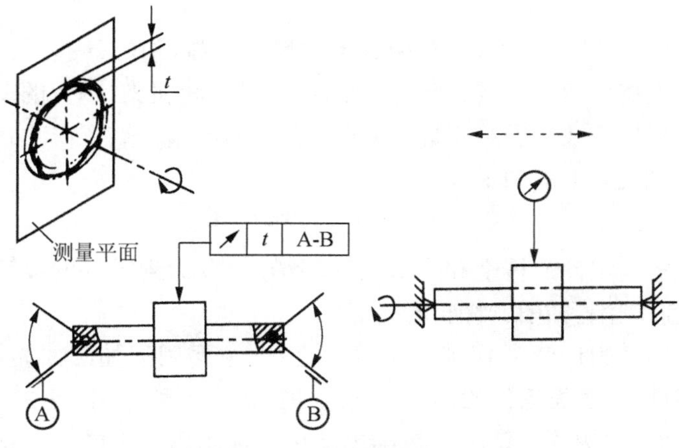

图2.4 圆跳动的检测

按上述方法，测量若干个截面，取各个截面上测得跳动量中的最大值，作为该零件的径向跳动。

2.3.4 产品的生产过程

机械产品的生产过程，是产品从原材料转变为成品的全过程。其主要过程如图2.5所示。

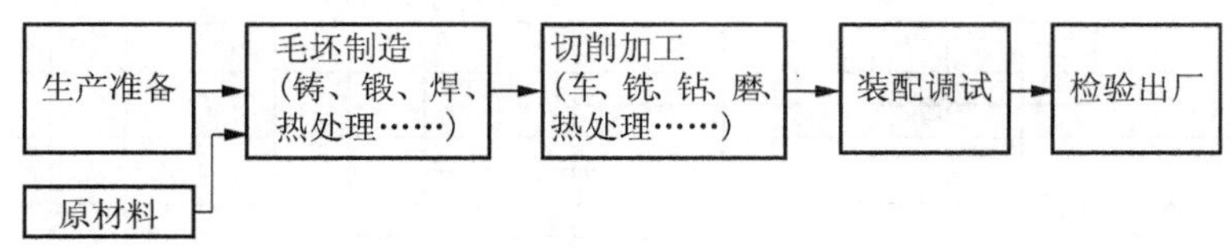

图2.5 产品的生产过程

产品的各个零部件的生产不一定完全在一个企业内完成，可以分散在多个企业，进行生产协作，如螺钉、轴承的加工常常由专业生产厂家完成。

2.3.5 产品的加工方法

机械产品的加工根据各阶段所达到的质量要求不同可分为毛坯加工和切削加工两个主要阶段。热处理工艺穿插在其间进行。

1）毛坯加工

毛坯成形加工的主要方法有铸造、锻造和焊接。

(1) 铸造

熔炼金属，制造铸型，并将熔融金属浇入铸型，凝固后获得一定形状和性能的铸件的成型方法。如柴油机机体、车床床身等。

(2) 锻造

对坯料施加外力使其产生塑性变形,改变尺寸、形状及改善性能,用以制造机械零件、工件或毛坯的成型方法,如航空发动机的曲轴、连杆等都是锻造成型的。

(3) 焊接

通过加热或加压,或两者并用,并且用或不用填充材料,使焊件达到原子结合的一种加工方法。一般用于大型框架结构或一些复杂结构,如轧钢机机架、坦克的车身等。

铸造、锻造、焊接加工往往要对原材料进行加热,所以也称这些加工方法为热加工(严格说来应是在再结晶温度以上的加工)。

2) 切削加工

切削加工用来提高零件的精度和降低表面粗糙度,以达到零件的设计要求。主要的加工方法有车削、铣削、刨削、钻削、镗削、磨削等。

车削加工是应用最为广泛的切削加工方法之一,主要用于加工回转体零件的外圆、端面、内孔,如轴类零件、盘套类零件的加工。铣削加工也是一种应用广泛的加工形式,主要用于加工零件上的平面、沟槽等。钻削和镗削主要用于加工工件上的孔。钻削用于小孔的加工;镗削用于大孔的加工,尤其适用于箱体上轴承孔孔系的加工。刨削主要用来加工平面,由于加工效率低,一般用于单件小批量生产。

磨削通常作为精密加工,经过磨削的零件表面粗糙度数值小,精度高。因此,磨削常作为重要零件上主要表面的终加工。

表 2.3 和表 2.4 分别列出各种加工方法的加工精度和表面粗糙度 R_a 值,以供参考。

表 2.3 各种加工方法的大致加工精度

加工方法	公差等级(IT)																
	01	0	1	2	3	4	5	6	7	8	9	10	11	12	13	14	15	16
研磨	—	—	—	—	—	—	—											
珩磨						—	—	—	—									
圆磨							—	—	—	—								
平磨							—	—	—	—								
金刚石车							—	—	—									
金刚石镗							—	—	—									
拉削							—	—	—	—								
铰孔								—	—	—	—	—						
车									—	—	—	—	—					
镗									—	—	—	—	—					
铣削										—	—	—	—					
刨、插削												—	—					
钻孔												—	—	—				
滚压、挤压								—	—	—	—	—						

续表

加工方法	公差等级(IT)																
	01	0	1	2	3	4	5	6	7	8	9	10	11	12	13	14	15	16
冲压												—	—	—	—	—		
压铸													—	—	—	—		
粉末冶金成型								—	—	—								
粉末冶金烧结										—	—	—	—					
砂型铸造、气割																		—
锻造																	—	

注:本表主要摘自方若愚等编的《金属机械加工工艺人员手册》,供读者进行课程作业时参考。

表 2.4 普通材料和一般生产过程所得到的典型粗糙度值

方法	粗糙度值 $R_a/\mu m$													相当于旧国际表面光洁度
		50	25	12.5	6.3	3.2	1.6	0.8	0.4	0.2	0.1	0.05	0.025	
火焰切割		…	—	…										▽2～▽3
去皮磨		…	—	—	…									▽2～▽4
锯		…	—	—	—	…								▽2～▽5
刨、插削		…	—	—	—	—	…							▽3～▽7
钻削				…	—	—	…							▽3～▽5
化学铣				…	—	—	…							▽4～▽6
电火花加工				…	—	—	…							▽5～▽6
铣削			…	…	—	—	—	…	…					▽4～▽7
拉削					…	—	—	…						▽5～▽7
铰孔					…	—	—	…						▽5～▽8
镗、车削			…	…	—	—	—	—	…	…	…			▽4～▽7
滚筒光整						…	…	—	—	…	…			▽7～▽9
电解磨削								…	—	…				▽7～▽9
滚压抛光								…	—	…				▽8～▽9
磨削					…	…	—	—	—	—	…	…		▽6～▽10
珩磨						…	…	—	—	—	…	…		▽7～▽12
抛光								…	—	—	…	…		▽8～▽13
研磨								…	—	—	—	…		▽8～▽14
超精加工								…	…	—	—	…		▽9～▽13
砂型铸造		…	—	…										▽2～▽3
热滚轧		…	—	…										▽2～▽3
锻			…	—	—	…								▽3～▽5
永久模铸造					…	—	…							▽5～▽6

续表

方法	粗糙度值 $R_a/\mu m$												相当于旧国际表面光洁度
	50	25	12.5	6.3	3.2	1.6	0.8	0.4	0.2	0.1	0.05	0.025	
熔模铸造													▽5～▽6
挤压													▽5～▽7
冷轧拉拔													▽5～▽7
压铸													▽6～▽7

注：① 符号：粗实线为常用平均范围，虚线为不常应用范围。
② 表中最后一列是根据表中粗实线数值与“表面光洁度”旧国标对照后得到的大致对应关系。

2.4 常用量具

量具是用来测量零件线性尺寸、角度以及检测零件形位误差的工具。为保证被加工零件的各项技术参数符合设计要求，在加工前后和加工过程中，都必须用量具进行检测。选择使用量具时，应当适合于被检测量的性质，适合于被检测零件的形状、测量范围。通常选择的量具的读数精度应小于被测量公差的 0.15 倍。

量具的种类很多，有钢尺、卡钳、角尺、游标卡尺、千分尺、百分表等。这里仅介绍常用的几种。

2.4.1 量具的种类

1）钢尺

钢尺的长度规格有 150 mm、300 mm、500 mm、1 000 mm 四种，常用的是 150 mm 和 300 mm 两种。

钢尺的使用方法，应根据零件形状灵活掌握，例如：

(1) 测量矩形零件的宽度时，要使钢尺和被测零件的一边垂直，和零件的另一边平行(图 2.6(a))；

(2) 测量圆柱体的长度时，要把钢尺准确地放在圆柱体的母线上(图 2.6(b))；

(3) 测量圆柱体的外径或圆孔的内径时，要使钢尺靠着零件一面的边线来回摆动，直到获得最大的尺寸，这才是直径的尺寸。

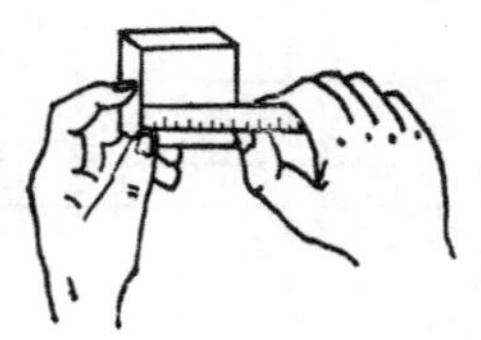

(a) 测量矩形件宽度

(b) 测量圆柱体长度

图 2.6 钢直尺的使用方法

2）游标卡尺

游标卡尺是一种比较精密的量具，如图 2.7 所示，其结构简单，可以直接量出工件的内径、外径、长度和深度等。游标卡尺按测量精度可分为 0.10 mm、0.05 mm、0.02 mm 三个量级。按测量尺寸范围有 0～125 mm、0～150 mm、0～200 mm、0～300 mm 等多种规格。使用时根据零件精度要求及零件尺寸大小进行选择。

如图 2.7 所示游标卡尺的读数精度为 0.02 mm，测量尺寸范围为 0～200 mm。它由主尺和副尺(游标)两部分组成。主尺上每小格为 1 mm，当两卡爪贴合(主尺与游标的零线重合)时，游标上的 50 格正好等于主尺上的 49 mm。游标上每格长度为 49÷50＝0.98 mm。主尺与游标每格相差 0.02 mm。

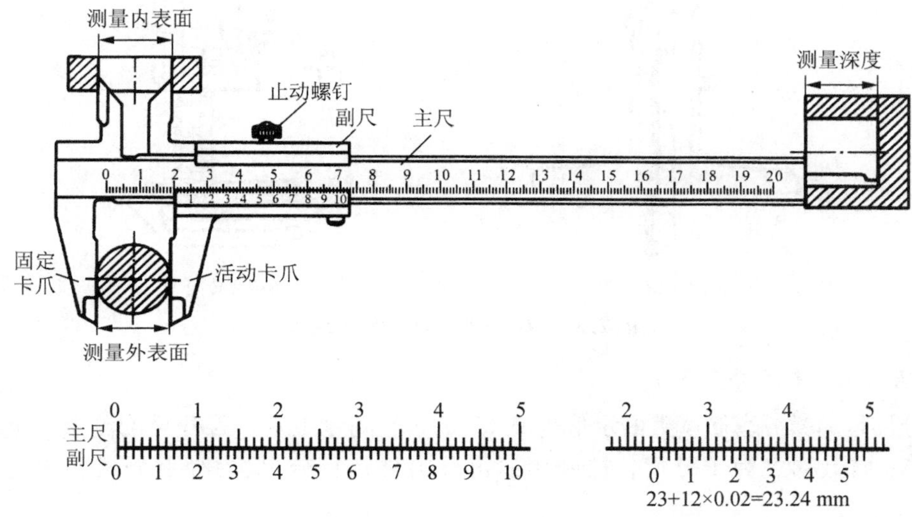

图 2.7　游标卡尺的读数方法

测量读数时，先在游标以左的主尺上读出最大的整毫米数，然后在游标上读出零线到与主尺刻度线对齐的刻度线之间的格数，将格数与 0.02 相乘得到小数，将主尺读出的整数与游标上得到的小数相加就得到测量的尺寸。

游标卡尺使用注意事项：

(1) 检查零线　使用前应先擦净卡尺，合拢卡爪，检查主尺和游标的零线是否对齐。如不对齐，应送计量部门检修。

(2) 放正卡尺　测量内外圆时，卡尺应垂直于工件轴线，两卡爪应处于直径处。

(3) 用力适当　当卡爪与工件被测量面接触时，用力不能过大，否则会使卡爪变形，加速卡爪的磨损，使测量精度下降。

(4) 读数时，视线要对准所读刻线并垂直尺面，否则读数不准。

(5) 防止松动　未读出读数之前游标卡尺离开工件表面，必须先将止动螺钉拧紧。

(6) 不得用游标卡尺测量毛坯表面和正在运动的工件。

图 2.8 是专门用于测量深度和高度的游标卡尺。游标高度尺除用来测量高度外，也可用于精密划线。

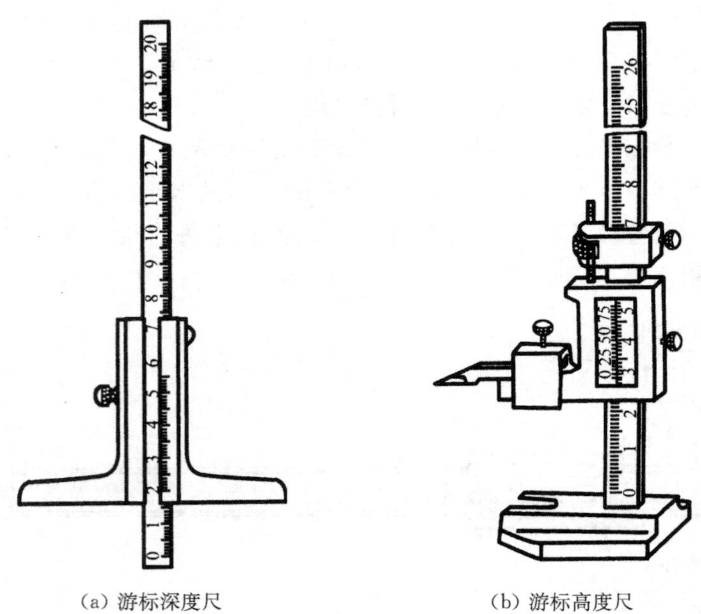

(a) 游标深度尺　　(b) 游标高度尺

图 2.8　游标深度尺和游标高度尺

3) 百分尺(又称分厘卡)

百分尺是用微分套筒读数的示值为 0.01 mm 的测量工具。百分尺的测量精度比游标卡尺高,习惯上称之为千分尺。按照用途可分为外径百分尺、内径百分尺和深度百分尺几种。

外径百分尺按其测量范围有 0～25 mm、25～50 mm、50～75 mm 等各种规格。

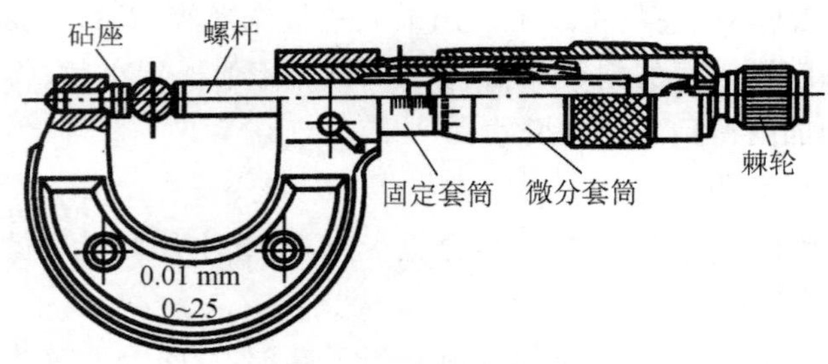

图 2.9　外径百分尺

图 2.9 是测量范围为 0～25 mm 的外径百分尺。弓形架在左端有固定砧座,右端的固定套筒在轴线方向刻有一条中线(基准线),上下两排刻线互相错开 0.5 mm,形成主尺。微分套筒左端圆周上均布 50 条刻线,形成副尺。微分套筒和螺杆连在一起,当微分套筒转动一周,带动测量螺杆沿轴向移动 0.5 mm,如图 2.10 所示。因此,微分套筒转过一格,测量螺杆轴向移动的距离为 0.5÷50=0.01 mm。当百分尺的测量螺杆与固定砧座接触时,微分套筒的边缘与轴向刻度的零线重合。同时,圆周上的零线应与中线对准。

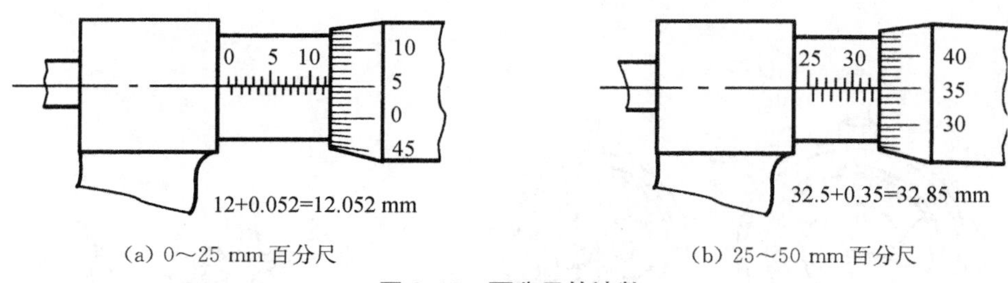

(a) 0～25 mm 百分尺　　(b) 25～50 mm 百分尺

图 2.10　百分尺的读数

百分尺的读数方法：

(1) 读出距离微分套筒边缘最近的轴向刻度数(应为 0.5 mm 的整数倍)；

(2) 读出与轴向刻度中线重合的微分套筒周向刻度数值(刻度格数×0.01 mm)；

(3) 将两部分读数相加即为测量尺寸。

百分尺使用注意事项：

(1) 校对零点时，将砧座与螺杆擦拭干净，使它们相接触，看微分套筒圆周刻度零线与中线是否对准，如没有，将百分尺送计量部门检修。

(2) 测量时，左手握住弓架，用右手旋转微分套筒，当测量螺杆快接近工件时，必须使用右端棘轮(此时严禁使用微分套筒，以防用力过度导致测量不准或破坏百分尺)以较慢的速度与工件接触。当棘轮发出“嘎嘎”的打滑声时，表示压力合适，应停止旋转。

(3) 从百分尺上读取尺寸，可在工件未取下前进行，读完后松开百分尺，亦可先将百分尺锁紧，取下工件后再读数。

(4) 被测尺寸的方向必须与螺杆方向一致。

(5) 不得用百分尺测量毛坯表面和运动中的工件。

4) 百分表

百分表的刻度值为 0.01 mm，是一种精度较高的比较测量工具。它只能读出相对的数值，不能测出绝对数值。它主要用来检验零件的形状误差和位置误差，也常用于工件装夹时精密找正。

百分表的结构如图 2.11 所示，当测量头向上或向下移动 1 mm 时，通过测量杆上的齿条和几个齿轮带动大指针转一周，小指针转一格。刻度盘在圆周上有 100 等分的刻度线，其每格的读数值为 0.01 mm；小指针每格读数值为 1 mm。测量时，大、小指针所示读数变化值之和即为尺寸变化量。小指针处的刻度范围就是百分表的测量范围。刻度盘可以转动，供测量时调整大指针对零位刻线之用。

百分表使用时应装在专用的百分表架上，如图 2.12 所示。

百分表使用注意事项：

(1) 使用前，应检查测量杆的灵活性。具体做法是：轻轻推动测量杆，看其能否在套筒内灵活移动。每次松开手后，指针应回到原来的刻度位置。

(2) 测量时，百分表的测量杆要与被测表面垂直，否则将使测量杆移动不灵活，测量结果不准确。

(3) 百分表用完后，应擦拭干净，放入盒内，并使测量杆处于自由状态，防止表内弹簧过早失效。

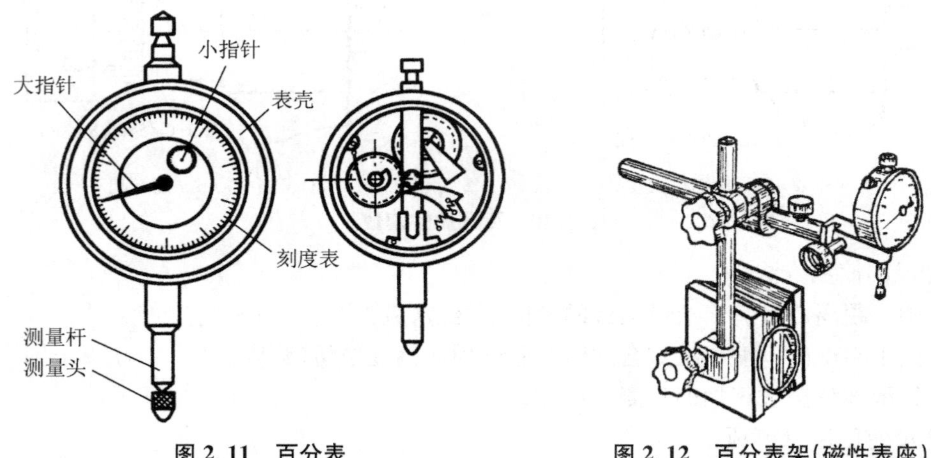

图 2.11　百分表

图 2.12　百分表架(磁性表座)

5) 内径百分表

内径百分表(图 2.13)是百分表的一种,用来测量孔径及其形状精度,测量精度为 0.01 mm。内径百分表配有成套的可换测量插头及附件,供测量不同孔径时选用。测量范围有 6～10 mm、10～18 mm、18～35 mm 等多种。测量时百分表的接管应与被测孔的轴线重合,以保证可换插头与孔壁垂直,最终保证测量精度。

6) 万能角度尺

万能角度尺是用来测量零件角度的。万能角度尺采用游标读数,可测任意角度,如图 2.14 所示扇形板带动游标可以沿主尺移动。角尺可用卡块紧固在扇形板上。可移动的直尺又可用卡块固定在角尺上。基尺与主尺连成一体。

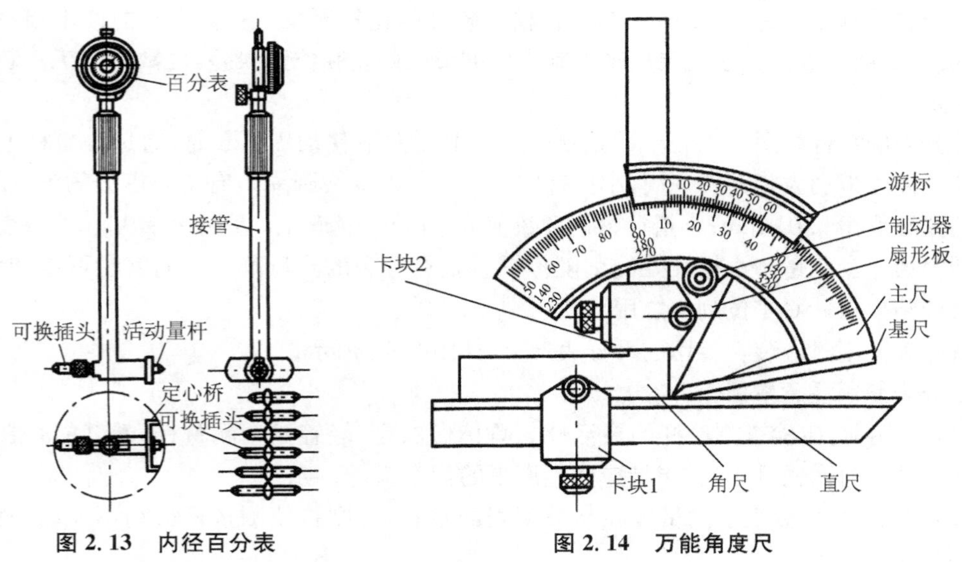

图 2.13　内径百分表

图 2.14　万能角度尺

万能角度尺的刻线原理与读数方法和游标卡尺相同。其主尺上每格 1°,主尺上的 29°与游标的 30 格相对应。游标每格为 29°÷30=58′。主尺与游标每格相差 2′,也就是说,万能角度尺的读数精度为 2′。测量时应先校对万能角度尺的零位。其零位是当角尺与直尺均装上,且角尺的底边及基尺均与直尺无间隙接触时,主尺与游标的“0”线对齐。校零后的万能角度尺可根据工件所测角度的大致范围组合基尺、角尺、直尺的相互位置,可测量 0°～320°范围的任意角度,如图 2.15 所示。

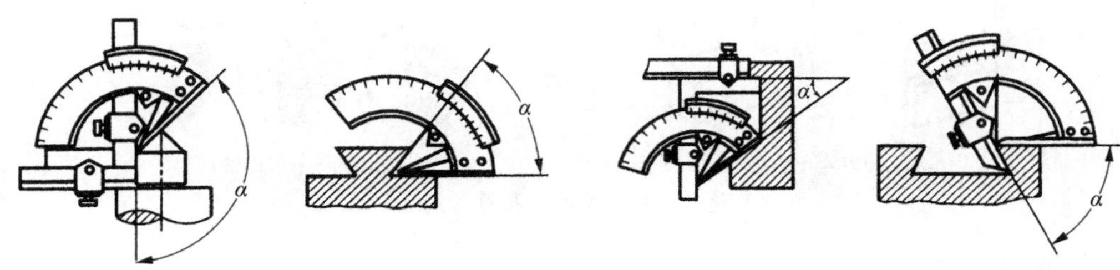

图 2.15　万能角度尺应用实例

7）塞尺

塞尺(又称厚薄尺)是用其厚度来测量间隙大小的薄片量尺,如图 2.16 所示。它是一组厚度不等的薄钢片。钢片的厚度为 0.03～0.3 mm,印在每片钢片上。使用时根据被测间隙的大小选择厚度接近的钢片(可以用几片组合)插入被测间隙。能塞入钢片的最大厚度即为被测间隙值。

使用塞尺时必须先擦净尺面和工件,组合成某一厚度时选用的片数越少越好。另外,塞尺插入间隙时不能用力太大,以免折弯尺片。

8）刀口形直尺

刀口形直尺(简称刀口尺)是用光隙法检验直线度或平面度的量尺,图 2.17 为刀口形直尺及其应用。如果工件的表面不平,则刀口形直尺与工件表面间有间隙存在。根据光隙可以判断误差状况,也可用塞尺检验缝隙的大小。

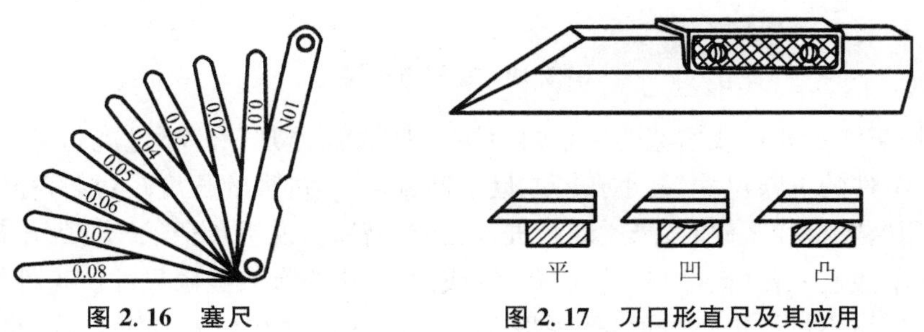

图 2.16　塞尺　　图 2.17　刀口形直尺及其应用

9）直角尺

直角尺的两边成精确 90°,是用来检查工件垂直度的非刻线量尺。使用时将其一边与工件的基准面贴合,然后使其另一边与工件的另一表面接触。根据光隙可以判断误差状况,也可用塞尺测量其缝隙大小,如图 2.18 直角尺也可以用来保证划线垂直度。

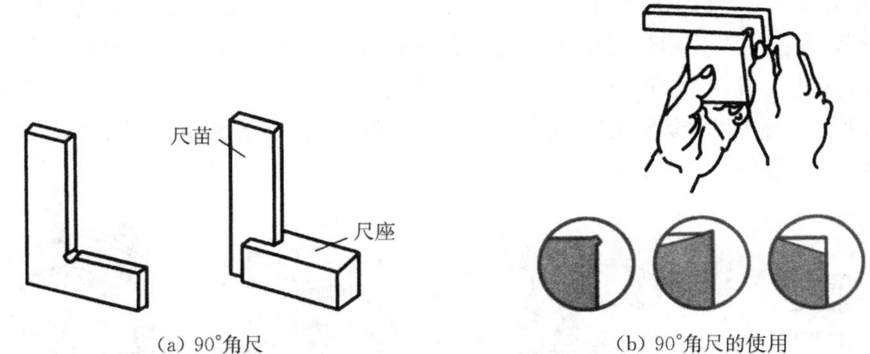

(a) 90°角尺　　(b) 90°角尺的使用

图 2.18　90°角尺及其应用

10）塞规与卡规

塞规与卡规是用于成批大量生产的一种定尺寸专用量具，通称为量规，如图 2.19 所示。

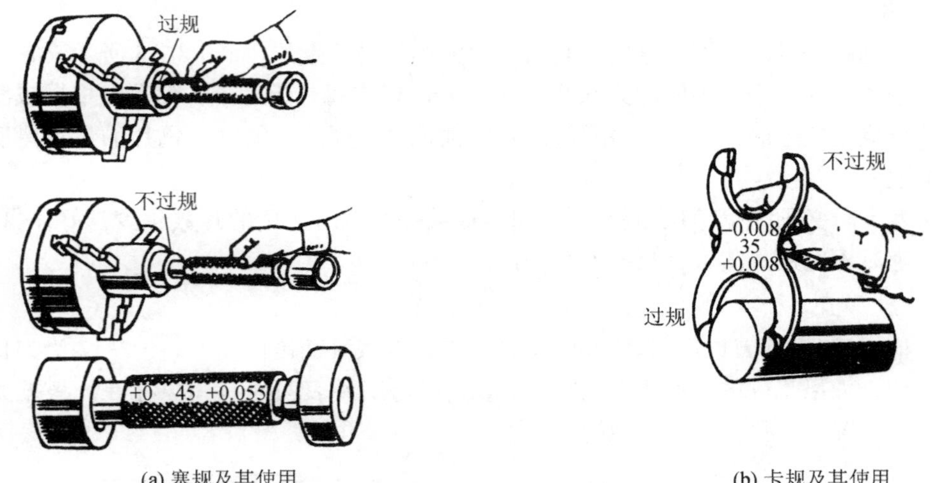

(a) 塞规及其使用　　(b) 卡规及其使用

图 2.19　塞规与卡规

塞规是用来测量孔径或槽宽的。它的两端分别称为“过规”和“不过规”。过规的长度较长，直径等于工件的下限尺寸(最小孔径或最小槽宽)。不过规的长度较短，直径等于工件的上限尺寸。用塞规检验工件时，当过规能进入孔(或槽)时，说明孔径(槽宽)大于最小极限尺寸；当不过规不能进入孔(或槽)时，说明孔径(或槽宽)小于最大极限尺寸。工件的尺寸只有当过规进得去，而不过规进不去时，才说明工件的实际尺寸在公差范围之内，是合格的；否则，工件尺寸不合格。

卡规是用来检验轴径或厚度的。和塞规相似，也有过规和不过规两端，使用的方法亦和塞规相同。与塞规不同的是：卡规的过规尺寸等于工件的最大极限尺寸，而不过规的尺寸等于工件的最小极限尺寸。

量规检验工件时，只能检验工件合格与否，但不能测出工件的具体尺寸。量规在使用时省去了读数的麻烦，操作极为方便。

2.4.2　量具的保养

量具的精度直接影响到检测的可靠性，因此，必须加强量具的保养。量具使用保养重点在于避免量具的破损、变形、锈蚀和磨损，因此，必须做到以下几点：

(1) 量具在使用前、后必须用棉纱擦干净；

(2) 不能用精密量具测量毛坯或运动着的工件；

(3) 测量时不能用力过猛、过大，不能测量温度过高的物体；

(4) 不能将量具与工具混放、乱放，不能将量具当工具使用；

(5) 不能用脏油清洗量具，不能给量具注脏油；

(6) 量具用完后必须擦洗干净，涂油并放入专用的量具盒内。

2.5　安全生产

做到安全生产是保证实习能够正常和顺利进行的基本前提。对于实习的安全生产，必须做到意识明确、教育到位，措施有力。意识明确，就是要使每一位同学都从思想上真正重视安全生产的问题，懂得安全为了生产，生产必须安全的道理；教育到位，就是要把安全生产教育贯穿于实习过程的始终，把安全生产教育的责任和目标落实到人，使安全生产教育收到实效；措施有力，就是安全生产的措施必须有规章制度的保证，必须有专人负责执行和检查，力求把实习中的安全事故隐患消灭在萌芽状态。人是生产中的决定因素，设备是生产的手段，没有人和设备的安全，生产就无法进行。安全生产要强调“以人为本”，人的安全是重中之重。实习中，如果实习人员不遵守工艺操作规程或者缺乏一定的安全技术知识，就很容易发生机械伤害、触电、烫伤等工伤事故，对此切不可掉以轻心。实习中的安全技术有冷、热加工安全技术和电气安全技术等。

热加工一般指铸造、锻造、焊接和热处理等工种。其特点是生产过程常伴随着高温、有害气体、粉尘和噪声等，劳动条件较恶劣。因此，在热加工工伤事故中，烫伤、喷溅和砸碰伤害等占到较高的比例，应引起高度重视。冷加工主要包括车、铣、刨、磨和钻等切削加工。其特点是使用的装夹工具和被切削的工件或刀具间不仅有相对运动，而且速度较高，如果设备防护不好，操作者不注意遵守操作规程，很容易造成人身伤害。电力的使用和电器控制在加热、电焊和各类机床及加工设备的运转等场合十分常见。实习时，必须严格遵守电气安全守则，避免发生触电事故。各工种的安全技术详见后续各章节。在实习中，务必严格遵守操作规程。

第二篇

毛坯制造基本方法

第3章 铸　　造

3.1 概述

将熔融金属液浇入具有和零件形状相适应的铸型空腔中，凝固后获得一定形状和性能的金属件(铸件)的方法称为铸造。

熔融金属及铸型是铸造的两大基本要素。适于铸造的金属有铸铁、铸钢和铸造有色合金。其中，铸铁(特别是灰铸铁)用得最普遍。铸型可用型砂、金属或其他耐火材料做成。其中砂型用得最广泛，主要用于铸造铸铁件、铸钢件。而金属型主要用于铸造有色合金铸件。本章重点介绍铸铁件的砂型铸造方法。

砂型铸造生产工序很多，主要的工序为制模、配砂、造型、造芯、合型、熔炼、浇注、落砂、清理和检验。例如，套筒铸件的生产过程如图3.1所示。首先分别配制型砂和芯砂，并用相应工艺装备(模样、芯盒等)造出砂型和砂芯，然后合为一个整体铸型，将熔融的金属注入铸型内，冷却凝固后取出铸件。

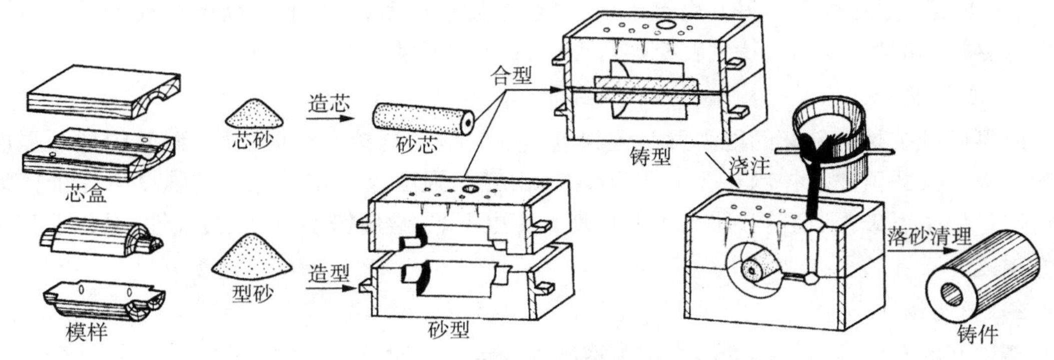

图3.1　套筒铸件的砂型铸造过程

对于某些特殊铸件，还采用其他特种铸造方法，如熔模铸造、金属型铸造、压力铸造、低压铸造、离心铸造、壳型铸造和消失模铸造等。

铸造的优点是适应性强(可制造各种合金类别、形状和尺寸的铸件)，成本低廉。其缺点是生产工序多，铸件质量难以控制，铸件力学性能较差，劳动强度大。铸造主要用于形状复杂的毛坯生产，如机床床身、发动机气缸体，各种支架、箱体等。它是制造具有复杂结构的金属件的最灵活的成型方法。

3.2 型砂

砂型是由型砂做成的。型砂的质量直接影响着铸件的质量。型砂质量不好会使铸件产生气孔、砂眼、粘砂和夹砂等缺陷，这些缺陷造成的废品约占铸件总废品的50%以上。中、小铸件广泛采用湿砂型（不经烘干可直接浇注的砂型），大铸件则用干砂型（经过烘干的砂型）制造。

3.2.1 湿型砂的组成

湿型砂主要由砂子、膨润土、煤粉和水等材料所组成，也称潮模砂。石英砂是型砂的主体，主要成分是 SiO_2，其熔点为 1 713 ℃，是耐温的物质。膨润土是粘结性较大的一种黏土，用做粘结剂。它吸水后形成胶状的黏土膜，包覆在砂粒表面，把单个砂粒粘结起来，使型砂具有湿态强度。煤粉是附加物质，它在高温受热时，分解出一层带光泽的碳附着在型腔表面，起防止铸铁件粘砂的作用。砂粒之间的空隙起透气作用。紧实后的型砂结构见图 3.2。

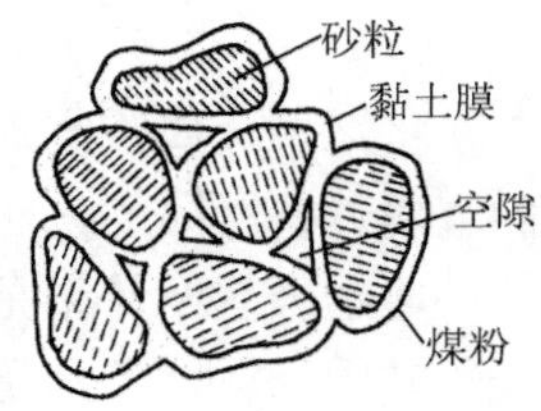

图 3.2 型砂结构示意图

3.2.2 对湿型砂的性能要求

为保证铸件质量，必须严格控制型砂的性能。对湿型砂的性能要求分为两类：一类是工作性能，指砂型经受自重、外力、高温金属液烘烤和气体压力等作用的能力，包括湿强度、透气性、耐火度和退让性等。另一类是工艺性能，指便于造型、修型和起模的性能，如流动性、韧性、起模性和紧实率等。特别在机器造型中，这些性能更为重要。

1）湿强度

湿型砂抵抗外力破坏的能力称为湿强度，包括抗压、抗拉和抗剪强度等，其中抗压强度影响最大。其数值要求控制在 5～15 N/cm^2，由专门强度仪测定。足够的强度可保证铸型在铸造过程中不破损、塌落和胀大。但强度太高也不好，会使铸型过硬，透气性、退让性和落砂性很差。

2）透气性

型砂间的孔隙透过气体的能力称为透气性。当浇注时，型内会产生大量气体（水分汽化为高温过热蒸气和空气受热膨胀），这些气体必须通过铸型排出去。如果型砂透气性太低，气体留在型内，会使铸件形成呛火、气孔等缺陷。但透气性太高会使砂型疏松，铸件易出现表面粗糙和机械粘砂的缺陷。透气性用专门仪器测定，以在单位压力下，单位时间内通过单位面积和单位长度型砂试样的空气量来表示。一般要求透气性值为 30～100（习惯不写单位）。

3）耐火度

耐火度是指型砂经受高温热作用的能力。耐火度主要取决于砂中 SiO_2 的含量，SiO_2 含量越多，型砂耐火度越高。对铸铁件，砂中 SiO_2 含量≥90%就能满足要求。

4) 退让性

铸件凝固和冷却过程中产生收缩时,型砂能被压缩、退让的性能称为退让性。型砂退让性不足,会使铸件收缩受到阻碍,产生内应力和变形、裂纹等缺陷。对小铸件砂型,不要舂得过紧;对大砂型,常在型(芯)砂中加入锯末、焦炭粒等材料以增加退让性。

5) 溃散性

溃散性是指型砂浇注后容易溃散的性能。溃散性好可以节省落砂和清砂的劳动量。溃散性与型砂配比及粘结剂种类有关。

6) 流动性

型砂在外力或本身重量的作用下,砂粒间相对移动的能力称为流动性。流动性好的型砂易于充填、舂紧和形成紧实度均匀、轮廓清晰、表面光洁的型腔,可减轻紧砂劳动量,提高生产率。

7) 韧性

韧性也称可塑性,指型砂在外力作用下变形,去除外力后仍保持所获得形状的能力。韧性好,型砂柔软、容易变形,起模和修型时不易破碎及掉落。手工起模时在模样周围砂型上刷水的作用就是增加局部型砂的水分,以提高型砂韧性。

8) 水分、最适宜的干湿程度和紧实率

为得到所需的湿强度和韧性,湿型砂必须含有适量水分,使型砂具有最适宜的干湿程度。型砂太干或太湿均不适于造型,也易引起各种铸造缺陷。

判断型砂的干湿程度有以下几种方法:

(1) 水分

水分是指定量的型砂试样在105~110 ℃下烘干至恒重,能去除的水分含量(%)。但是当型砂中含有大量吸水的粉尘类材料时,虽然水分很高,型砂仍然显得干而脆。因为达到最适宜干湿程度的水分随型砂的组成不同而不同,故这种方法不太准确。

(2) 手感

用手攥一把型砂,感到潮湿但不粘手,柔软易变形,印在砂团上的手指痕迹清楚,砂团掰断时断面不粉碎,说明型砂的干湿适宜、性能合格,如图3.3所示。这种方法简单易行,但需凭个人经验,因人而异,也不准确。

(a) 型砂干湿度适当时可用手攥成砂团

(b) 手放开后可看出清晰的手纹

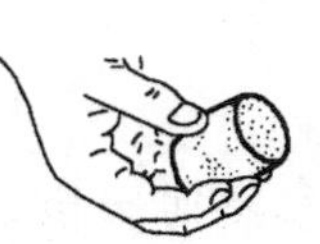

(c) 折断时断面没有碎裂状,表明有足够的强度

图3.3 手感法检验型砂

(3) 紧实率

紧实率是指一定体积的松散型砂试样紧实前后的体积变化率,以试样紧实后减小的体

积与原体积的百分比表示。过干的型砂自由流入试样筒时，砂粒堆积得较密实，紧实后体积变化较小，则紧实率小。过湿的型砂易结成小团，自由堆积时较疏松，紧实后体积减小较多，则紧实率大。紧实率可用仪器测定，是能较科学地表示湿型砂的水分和干湿程度的方法。对手工造型和一般机器造型的型砂，要求紧实率保持在45%～50%。

3.2.3 型砂的种类

按粘结剂的不同，型砂可分为下列几种：

1）黏土砂

黏土砂是以黏土（包括膨润土和普通黏土）为粘结剂的型砂。其用量约占整个铸造用砂量的70%～80%。其中湿型砂使用得最为广泛，因为湿型铸造不用烘干，可节省烘干设备和燃料，降低成本；工序简单，生产率高；便于组织流水生产，实现铸造机械化和自动化。但湿型砂强度不高，不能用于大铸件生产。

为节约原材料，合理使用型砂，往往把湿型砂分成面砂和背砂。与模样接触的那一层型砂，称为面砂。其强度、透气性等要求较高，需专门配制。远离模样在砂箱中起填充加固作用的型砂称为背砂，一般使用旧砂。在机械化造型生产中，为提高生产率，简化操作，往往不分面砂和背砂，而用单一砂。铸铁件常用湿型砂的配比和性能见表3.1。

表3.1 铸铁件常用湿型砂的配比和性能

型砂种类	型砂成分/%（质量）				型砂性能			
	新砂	旧砂	膨润土	煤粉	水分/%（质量）	坚实率/%	透气性	湿压强度 N/cm²
手工造型面砂	40～50	50～60	4～5	4～5	4.5～5.5	45～55	50～100	7～10
机器造型单一砂	10～20	80～90	1.0～1.5	2～3	4～5	40～50	80～120	8～12

2）水玻璃砂

水玻璃砂是由水玻璃（硅酸钠的水溶液）为粘结剂配制而成的型砂。水玻璃加入量为砂子质量的6%～8%。水玻璃砂型浇注前需进行硬化，以提高强度。硬化方法有：通CO_2气体化学硬化、表面加热烘干及型砂中加入硬化剂起模后砂型自行硬化等。由于取消或大大缩短了烘干工序，水玻璃砂的出现使大件造型工艺大为简化。但水玻璃砂的溃散性差，落砂、清砂及旧砂回用都很困难。在浇注铸铁件时粘砂严重，故不适于做铸铁件，主要应用在铸钢件生产中。

3）树脂砂

树脂砂是以合成树脂（酚醛树脂和呋喃树脂等）为粘结剂的型砂。树脂加入量约为砂子质量的3%～6%。另加入少量硬化剂水溶液，其余为新砂。树脂砂加热后1～2 min可快速硬化，且干强度很高，做出的铸件尺寸精确、表面光洁。树脂砂的溃散性极好，落砂时只要轻轻敲打铸件型砂就会自动溃散落下。由于有快干自硬特点，使造型过程易于实现机械化和自动化。树脂砂是一种有发展前途的新型造型材料，目前主要用于制造复杂的砂芯及大铸件造型。

3.2.4　型砂的制备

型砂的制配工艺对型砂的性能有很大影响。浇注时，砂型表面受高温铁水的作用，砂粒碎化、煤粉燃烧分解，型砂中灰分增多，部分黏土丧失粘结力，均使型砂的性能变坏。所以，落砂后的旧砂，一般不直接用于造型，需掺入新材料，经过混制，恢复型砂的良好性能后才能使用。旧砂混制前需经磁选及过筛以去除铁块及砂团。型砂的混制是在混砂机中进行的，在碾轮的碾压及搓揉作用下，各种原材料混合均匀并使黏土均匀包敷在砂粒表面。

型砂的混制过程是：先加入新砂、旧砂、膨润土和煤粉等干混 2～3 min，再加水湿混 5～7 min，性能符合要求后即从出砂口卸砂。混好的型砂应堆放 4～5 h，使黏土膜内水分均匀（调匀）。使用前还要用筛砂机或松砂机进行松砂，以打碎砂团和提高型砂性能，使之松散好用。

3.3　造型

用型砂及模样等工艺装备制造铸型的过程称为造型。这种铸型又称砂型，是由上砂型、下砂型、型腔（形成铸件形状的空腔）、砂芯、浇注系统和砂箱等部分组成的。铸型的组成及各部分名称见图 3.4。上、下砂型的分界面称为分型面。上、下砂型的定位可用泥记号（单件、小批量生产）或定位销（成批、大量生产）。

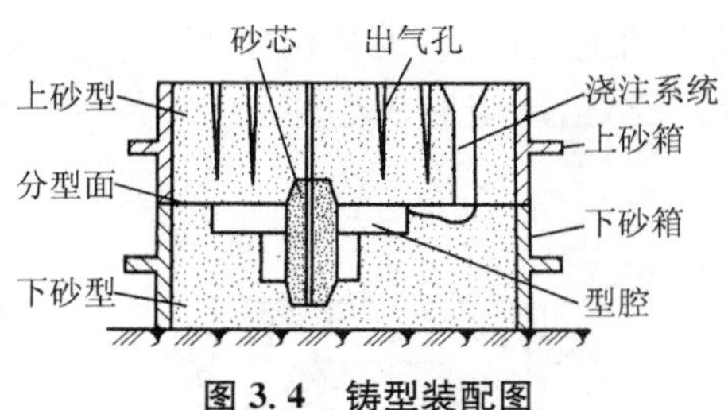

图 3.4　铸型装配图

造型方法可分为手工造型和机器造型两大类。

3.3.1　手工造型

手工造型操作灵活、工艺装备简单，但生产效率低，劳动强度大，仅适用于单件小批量生产。手工造型的方法很多，按砂箱特征分为两箱造型、三箱造型、脱箱造型、地坑造型等；按模样特征可分为整模造型、分模造型、活块模造型、挖砂造型、假箱造型和刮板造型等。可根据铸件的形状、大小和生产批量选择。下面介绍常用的手工造型方法。

1）整模造型

整模造型是用整体模样进行造型的方法，其造型过程如图 3.5 所示。

整模造型的特点是模样为整体结构，最大截面在模样一端且是平面；分型面多为平面；模样全部或大部分在一个砂型内，操作简单。整模造型适用于形状简单的铸件，如盘、盖类。

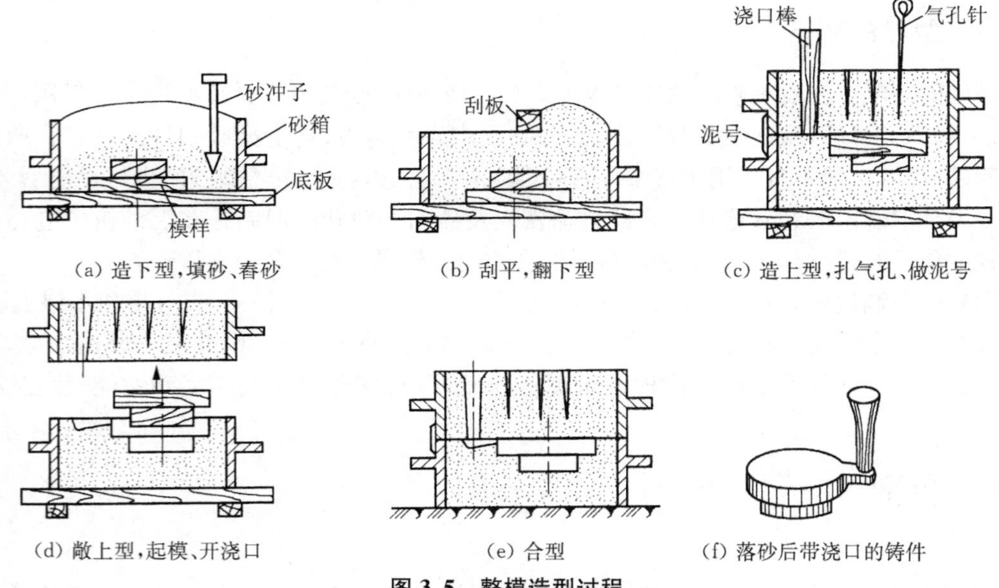

(a) 造下型，填砂、舂砂
(b) 刮平，翻下型
(c) 造上型，扎气孔、做泥号
(d) 敞上型，起模、开浇口
(e) 合型
(f) 落砂后带浇口的铸件

图 3.5 整模造型过程

2）分模造型

分模造型是用分块模样造型的方法，其造型过程与整模方法相比，增加了放、取上半模两个操作，套筒的分模造型过程如图 3.6 所示。分模造型的特点是模样为分体结构，模样的分开面(称分模面)必须是模样的最大截面；模样位于两个砂型内，铸件尺寸精度较差、操作较简便。分模造型应用非常广泛，适用于形状较复杂的铸件，如套筒、管子和阀体等。

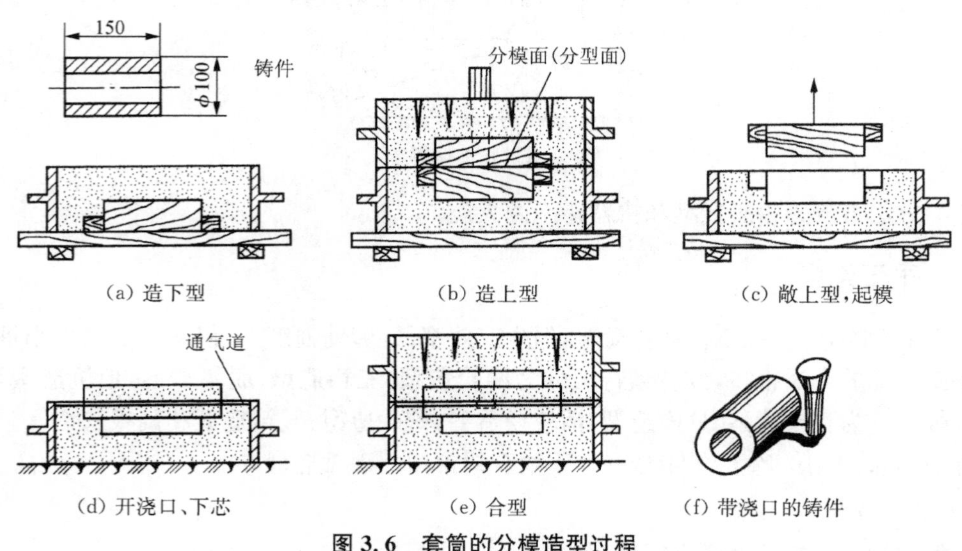

(a) 造下型
(b) 造上型
(c) 敞上型，起模
(d) 开浇口、下芯
(e) 合型
(f) 带浇口的铸件

图 3.6 套筒的分模造型过程

3）活块模造型

活块模造型是采用带有活块的模样造型的方法。模样上可拆卸或能活动的部分叫活块。当模样上有妨碍起模的伸出部分(如小凸台)时，常将该部分做成活块。起模时，先将模样主体取出(图 3.7(b)),再将留在铸型内的活块取出(图 3.7(c))。如图 3.7(a)所示用钉子连接的活块模造型时,应注意先将活块四周的型砂塞紧,然后拔出钉子。

凸台厚度应小于该处模样厚度的二分之一,否则活块难以取出。

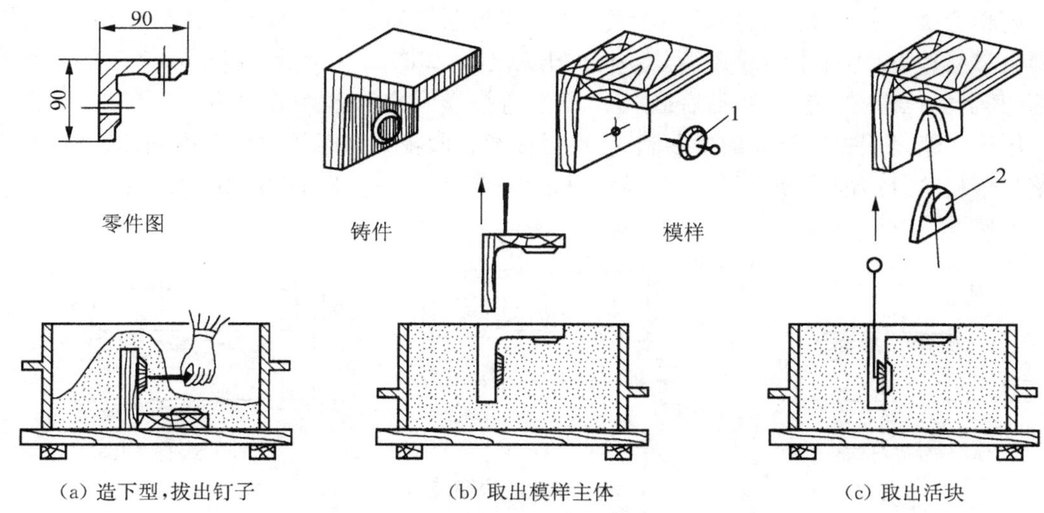

(a) 造下型,拔出钉子　(b) 取出模样主体　(c) 取出活块

1—用钉子连接的活块;2—用燕尾榫连接的活块

图 3.7　活块模造型

活块模造型的特点是:模样主体可以是整体的(如图 3.7 所示),也可以是分开的;对工人的操作技术水平要求较高,操作较麻烦;生产率较低。活块模造型适用于有无法起模的凸台、肋条等结构的铸件。

4) 挖砂造型

需对分型面进行挖修才能取出模样的造型方法称为挖砂造型。手轮的挖砂造型过程如图 3.8 所示。为了便于起模,下型分型面需要挖到模样最大截面处(图 3.8(b)中 A—A 处),分型面坡度尽量小并应修抹得平整光滑。

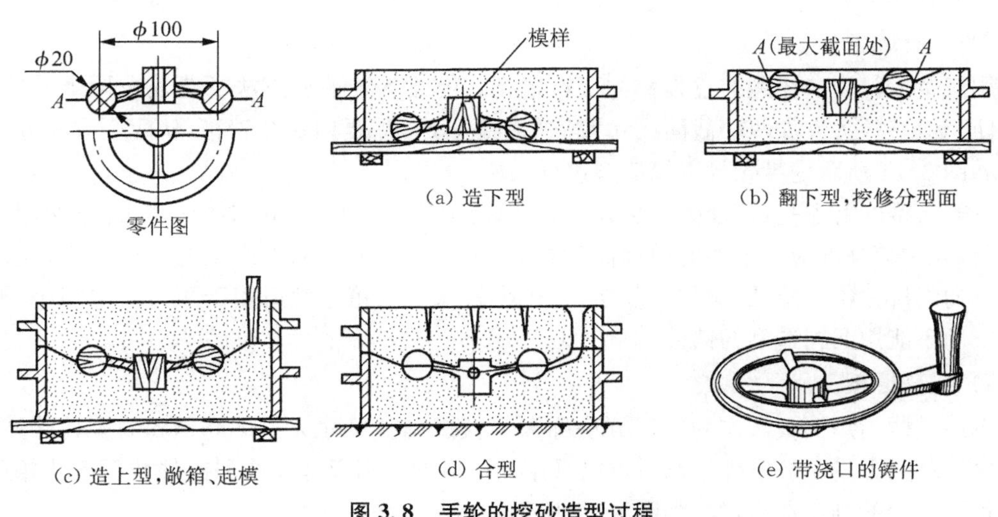

(a) 造下型　(b) 翻下型,挖修分型面

(c) 造上型,敞箱、起模　(d) 合型　(e) 带浇口的铸件

图 3.8　手轮的挖砂造型过程

挖砂造型的特点是：模样多为整体的；铸型的分型面是不平分型面；挖砂操作技术要求较 高，生产率较低。挖砂造型适用于形状较复杂铸件的单件生产。

5）假箱造型

假箱造型是利用预先制好的半个铸型（此即为假箱）代替底板，省去挖砂的造型方法。假箱只参与造型，不用来组成铸型。手轮的假箱造型如图 3.9 所示。以不带浇口的上型当假箱，其上承托模样，造下型，随后造上型、合型等操作同挖砂造型（图 3.8(c)、图 3.8(d)）。

假箱一般是用强度较高的型砂制成，舂得很紧。假箱分型面的位置应准确，表面应光滑平整。假箱的分型面可分为不平分型面（图 3.9(a)）和平分型面（图 3.10(a)）两种。

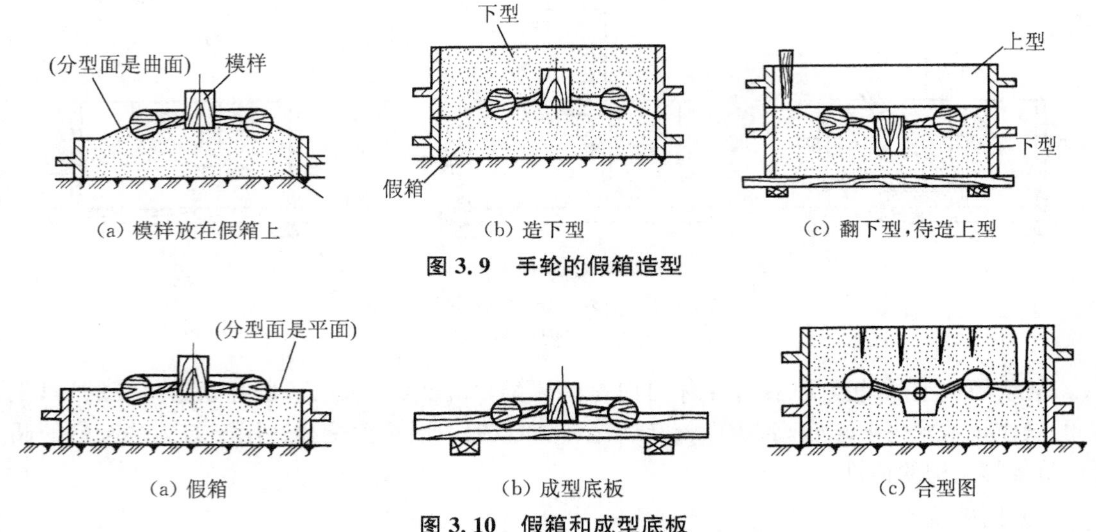

(a) 模样放在假箱上　(b) 造下型　(c) 翻下型，待造上型

图 3.9　手轮的假箱造型

(a) 假箱　(b) 成型底板　(c) 合型图

图 3.10　假箱和成型底板

假箱造型可免去挖砂操作，提高造型效率，适用于形状较复杂铸件的小批量生产。当生产数量更大（如成批）时，可用木料制成成型底板，见图 3.10(b)。图 3.10(c) 为平分型面假箱造型的合型图。

6）三箱造型

用三个砂箱制造铸型的过程称为三箱造型。前述各种造型方法都是使用两个砂箱，操作简便。但有些铸件如两端截面尺寸大于中间截面时，需要用三个砂箱，从两个方向分别起模。如图 3.11 所示为带轮的三箱造型过程。

三箱造型的特点是：模样必须是分开的，以便于从中型内起出模样；中型上、下两面都是分型面，且中箱高度应与中型的模样高度相近；由于两个分型面处产生的飞边缺陷，使铸件高度方向的尺寸精度降低；操作较复杂，生产率较低。三箱造型适用于两头大中间小、形状较复杂而不能用两箱造型的铸件。

7）刮板造型

不用模样而用刮板操作的造型方法称为刮板造型。尺寸大于 500 mm 的旋转体铸件，如带轮、飞轮、大齿轮等单件生产时可以采用刮板造型。刮板是一块和铸件截面形状相适应的木板。带轮的刮板造型过程如图 3.12 所示。

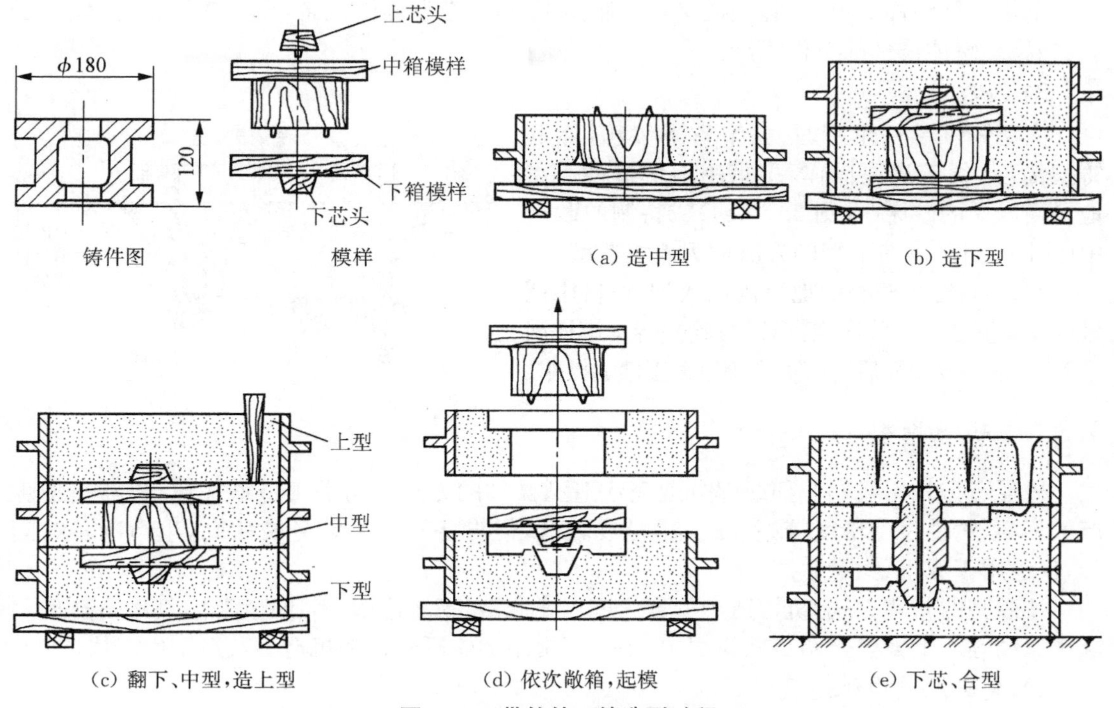

图 3.11　带轮的三箱造型过程

造型前先安装刮板支架和刮板，刮板位置应当用水平仪校正，以保证刮板轴与分型面垂直。造型时将刮板绕着固定的中心轴旋转，在砂型中刮制出所需的型腔。图 3.12(a)为在地坑砂床中刮出下型，图 3.12(b)为在砂箱内刮制上型。然后用上、下芯头模样分别压制出上、下芯座。在上下型分型面上分别画出通过轴心的两条互相垂直的直线，将直线引至箱边做出记号，作为合型的定位线。最后，下芯、合型(图 3.12(c))。

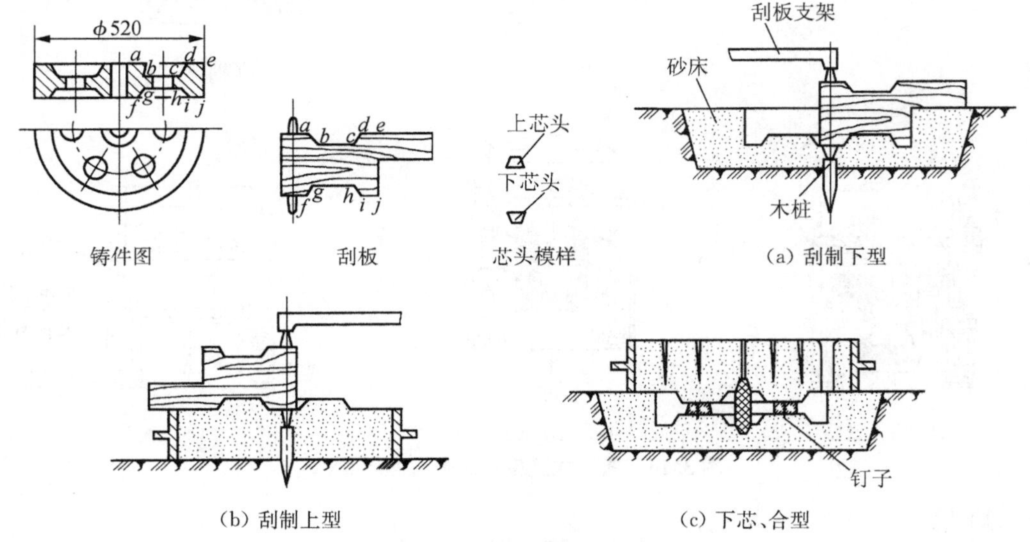

图 3.12　带轮的刮板造型过程

刮板造型模样简单，节省制模材料及制模工时，但造型操作复杂，生产效率很低，仅用于大、中型旋转体铸件的单件生产。

8）地坑造型

大型铸件单件生产时，为节省下砂箱，降低铸型高度，便于浇注操作，多采用地坑造型。在地平面以下的砂床中(图 3.12(a))或特制的砂床中(见图 3.13)制造下型的方法称为地坑造型。

造型时，先在挖好的地坑内填入型砂；再用锤敲打模样使之卧入砂床内，继续填砂并舂实模样周围型砂，刮平分型面后进行上型等后续工序的操作。

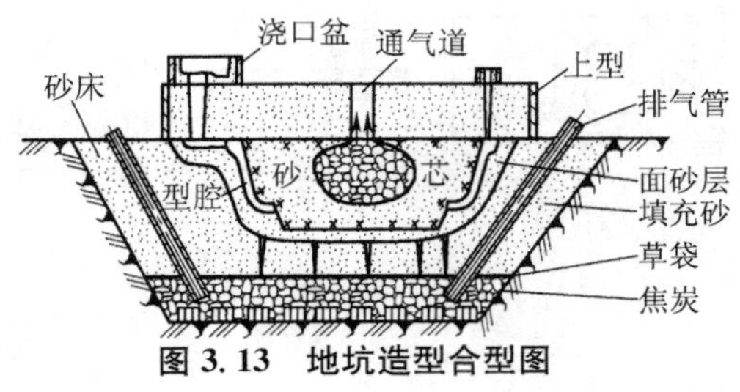

图 3.13　地坑造型合型图

3.3.2　机器造型

机器造型是用机器全部或部分地完成造型操作的方法。与手工造型相比，机器造型生产效率高，铸件尺寸精度较高，表面粗糙度较低，但设备及工艺装备费用高，生产准备时间长，仅适用于成批、大量生产。

按砂型的紧实方式，机器造型可分为震压式造型、高压造型、射压造型、空气冲击造型和静压造型等。下面仅介绍目前我国中、小工厂常用的震压式造型机造型及造型生产线。

1）震压式造型机造型

在生产数量较少时，常采用单机造型。如图 3.14 所示为震压式造型机的工作过程示意图，其造型过程如下：

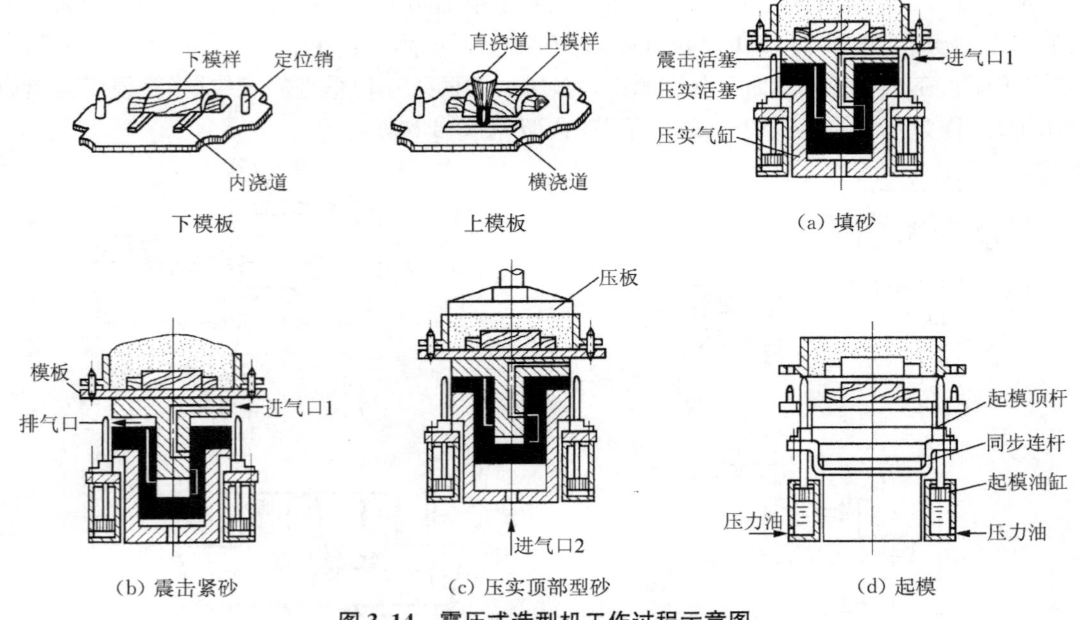

图 3.14　震压式造型机工作过程示意图

(1) 填砂

砂箱放在模板上，打开定量砂斗门，型砂从上方填入砂箱内(图 3.14(a))。

（2）震击

先使压缩空气从进气口1进入震击活塞底部，顶起震击活塞、模板、砂箱等，并将进气口过道关闭。当活塞上升到排气口以上时，压缩空气被排出。由于底部压力下降，震击活塞等自由下落，与震击气缸（即压实活塞）顶面发生撞击（图3.14(b)）。此时进气道打开，重复上述过程，再次震击。如此反复多次，使砂型逐渐紧实。但震动紧实后的砂型上松下紧，还需将上部型砂压实。

（3）压实

压缩空气由进气口2进入压实气缸的底部，顶起压实活塞、震击活塞、模板和砂型（总称砂型组），使砂型受到压板的压实。然后转动控制阀，排气，砂型组下降（图3.14(c)）。

（4）起模

压力油推动起模油缸中的活塞及与其相连的四根起模顶杆，起模顶杆平稳地顶起砂型，同时振动器振动，模样起出（图3.14(d)）。同步连杆的作用是保证四根顶杆同步上升。

机器造型的工艺特点：

① 用模板造型。固定着模样、浇冒口的底板称为模板。模板上有定位销与专用砂箱的定位孔配合。由于定位准确，因此可同时使用两台造型机分别造出上下型。

② 只适用于两箱造型。因造型机无法造出中型，故不能进行三箱造型。当需三箱造型的铸件改用机器造型时，工艺上要采取相应措施，使之变为两箱造型。如图3.11所示的带轮，可用一个外砂芯形成铸件外侧面，而使模样形状简化，适于机器造型（见图3.15）。

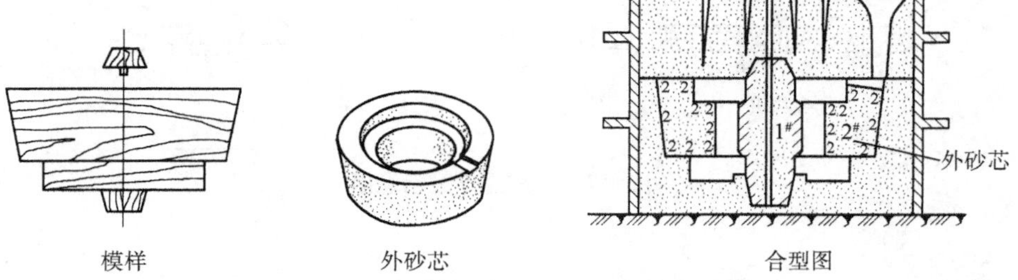

图3.15 用加外砂芯法将三箱造型改为两箱造型

③ 不宜使用活块。取活块会明显降低造型机的效率。图3.7中带凸台的铸件机器造型时，也可采用外砂芯来形成凸台，以简化模样，消除活块（见图3.16）

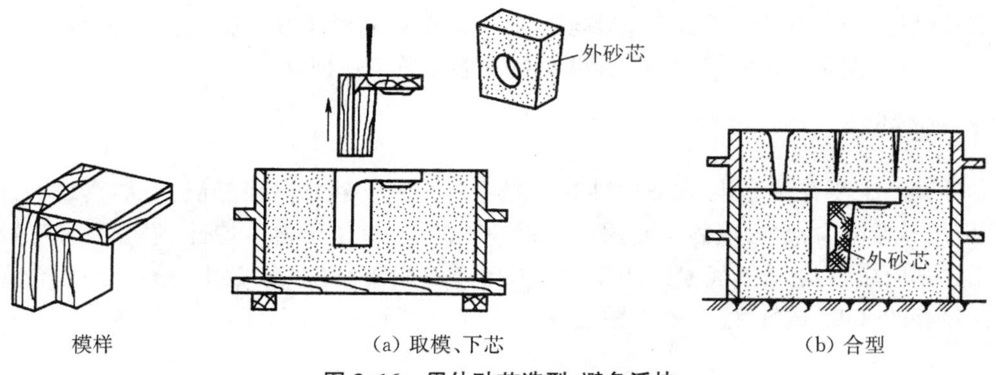

图3.16 用外砂芯造型、避免活块

2）造型生产线

大批量生产时，为充分发挥造型机的生产率，一般采用各种铸型输送装置，将造型机和铸造工艺过程中各种辅助设备（如翻箱机、落箱机、合箱机和捅箱机等）连接起来，组成机械化或自动化的造型系统，称为造型生产线。

图3.17是造型生产线示意图，其工艺流程是：两台造型机分别造上、下型；下型由轨道送至翻箱机处翻转，再由落箱机送到铸型输送机的平板上，手工下芯；上型造好后经翻转检查，进入合箱机，靠定位销准确地合在下型上。铸型按箭头所示方向运至压铁机下放压铁，至浇注段进行浇注。然后进入冷却室，冷却后由压铁机取走压铁。铸型继续被运到捅箱机处捅出砂型。空砂箱经输送机分别运回到上、下型造型机处；带铸件的砂型则被运到落砂机上，落砂后铸件送到清理工部；旧砂则被运送到砂处理工部。

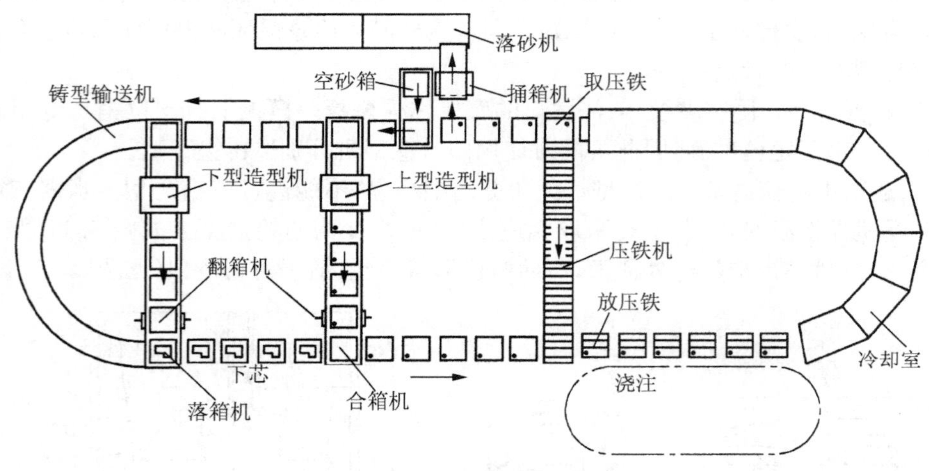

图3.17 造型生产线示意图

3.4 造芯

为获得铸件的内腔或局部外形，用芯砂或其他材料制成的安放在型腔内部的组元称型芯。绝大部分型芯是用芯砂制成的，又称砂芯。由于砂芯的表面被高温金属液所包围，受到的冲刷及烘烤比砂型厉害，因此砂芯必须具有比砂型更高的强度、透气性、耐火性和退让性等，这主要依靠配制合格的芯砂及采用正确的造芯工艺来保证。

3.4.1 芯砂

芯砂种类主要有黏土砂、水玻璃砂和树脂砂等。黏土砂芯因强度低、需加热烘干、溃散性差，应用日益减少；水玻璃砂主要用在铸钢件砂芯中；有快干自硬特性、强度高、溃散性好的树脂砂则应用日益广泛，特别适用于大批量生产的复杂砂芯。少数中小砂芯还用合脂砂。为保证足够的强度、透气性，芯砂中黏土、新砂加入量要比型砂高，或全部用新砂。

3.4.2 造芯工艺

造芯工艺中应采取下列措施以保证砂芯能满足上述各项性能要求：

1）放芯骨

砂芯中应放入芯骨以提高强度，小砂芯的芯骨可用铁丝制作，中、大型砂芯要用铸铁芯骨，为了吊运砂芯方便，往往在芯骨上做出吊环（图 3.18）。

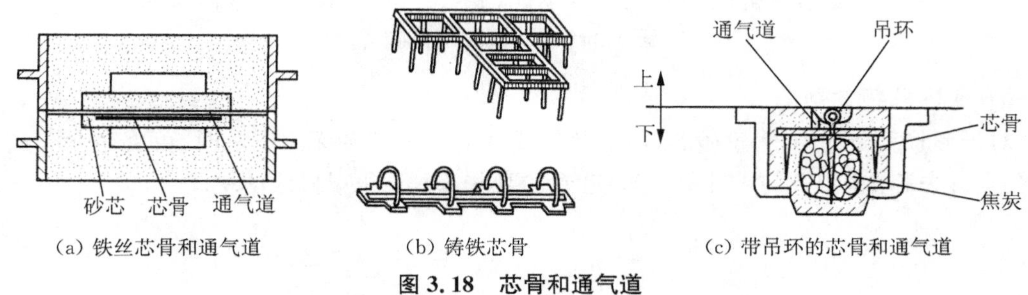

(a) 铁丝芯骨和通气道　(b) 铸铁芯骨　(c) 带吊环的芯骨和通气道

图 3.18　芯骨和通气道

2）开通气道

砂芯中必须做出通气道，以提高砂芯的透气性，如图 3.18(c)所示。砂芯通气道一定要与砂型出气孔接通。大砂芯内部常放入焦炭块以便于排气。

3）刷涂料

大部分砂芯表面要刷一层涂料，以提高耐高温性能，防止铸件粘砂。铸铁件多用石墨粉涂料，铸钢件多用石英粉涂料。

4）烘干

砂芯烘干后强度和透气性能都能提高，黏土砂芯烘干温度为 250～350 ℃，保温 3～6 h 后缓慢冷却。

3.4.3 制芯方法

砂芯一般是用芯盒制成的，芯盒的空腔形状和铸件的内腔相适应。根据芯盒的结构，手工制芯方法可以分为下列三种：

1）对开式芯盒制芯

适用于圆形截面的较复杂砂芯，其制芯过程见图 3.19。

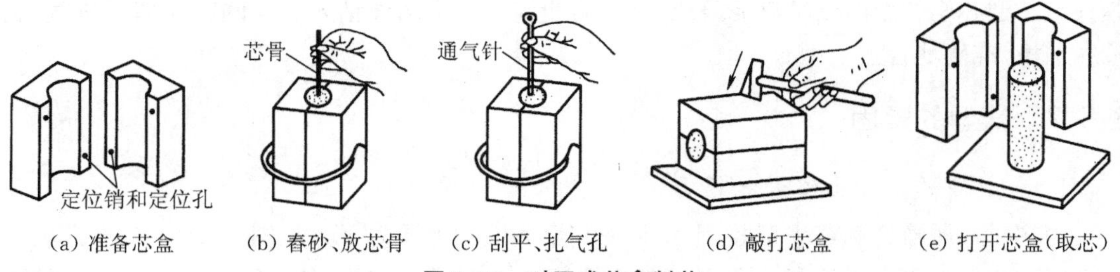

(a) 准备芯盒　(b) 舂砂、放芯骨　(c) 刮平、扎气孔　(d) 敲打芯盒　(e) 打开芯盒(取芯)

图 3.19　对开式芯盒制芯

2）整体式芯盒制芯

用于形状简单的中、小砂芯，其制芯过程见图 3.20。

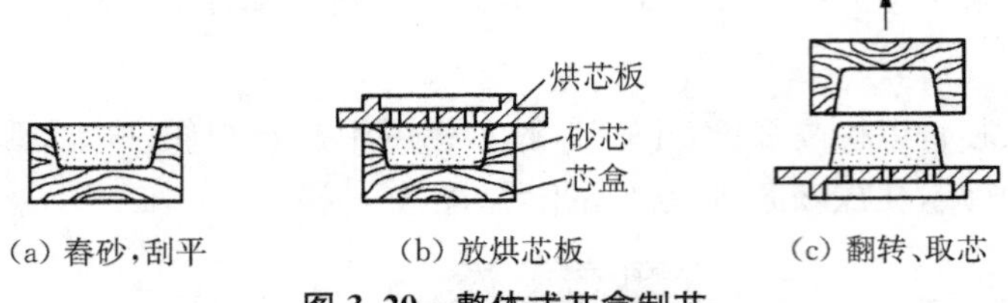

(a) 舂砂，刮平　(b) 放烘芯板　(c) 翻转、取芯

图 3.20　整体式芯盒制芯

3）可拆式芯盒制芯

对于形状复杂的中、大型砂芯，当用整体式和对开式芯盒无法取芯时，可将芯盒分成几块，分别拆去芯盒取出砂芯(图 3.21)。芯盒的某些部分还可以做成活块。

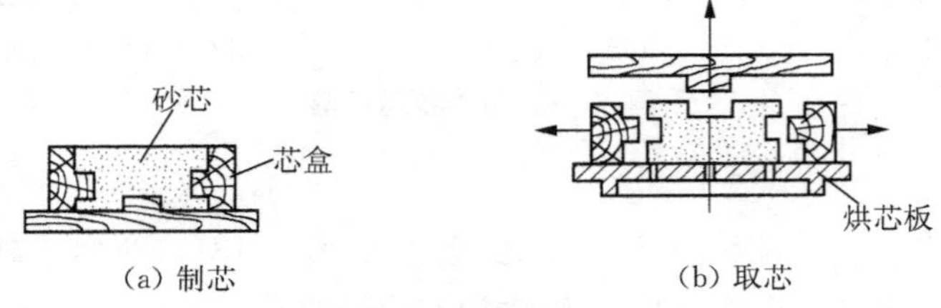

(a) 制芯　(b) 取芯

图 3.21　可拆式芯盒制芯

成批、大量生产的砂芯可用机器制出，黏土砂芯可用震击式造芯机，水玻璃砂芯和树脂砂芯可用射芯机。

3.5　合型

将上型、下型、砂芯、浇口盆等组合成一个完整铸型的操作过程称为合型，又称为合箱。合型是制造铸型的最后一道工序，直接关系到铸件的质量。即使铸型和砂芯的质量很好，若合型操作不当，也会引起气孔、砂眼、错箱、偏芯、飞翅和跑火等缺陷。合型工作包括以下过程。

3.5.1　铸型的检验和装配

下芯前，应先清除型腔、浇注系统和砂芯表面的浮砂，并检查其形状、尺寸和排气道是否通畅。下芯应平稳、准确。然后导通砂芯和砂型的排气道；检查型腔主要尺寸；固定砂芯；在芯头与砂型芯座的间隙处填满泥条或干砂，防止浇注时金属液钻入芯头间隙而堵死排气道。最后平稳、准确地合上上型。

3.5.2　铸型的紧固

1）金属液作用于上型的抬箱力

浇注时金属液充满整个型腔，上型将受到金属液的上压力 $F_{型}$(见图 3.22(a))；砂芯将受到金属液的浮力 $F_{芯}$，这个浮力将通过芯头作用到上型，使上型抬起。因此上型所受抬箱力

$F_{抬}=F_{型}+F_{芯}$。若上型重量不能抵消抬箱力，上型将被抬起，造成金属液从分型面处溢出。

抬箱力与上型型腔和砂芯在金属液的水平投影面积有关。显然，图 3.22(b)中垂直砂芯所受浮力为零(只要金属液不进入下芯头)，抬箱力 $F_{抬}=F_{型}$。

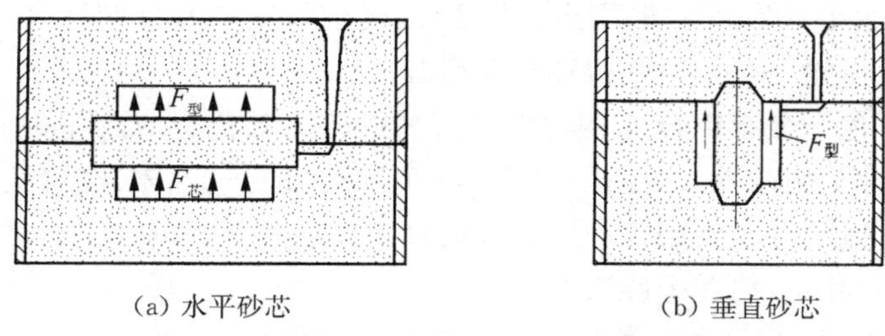

(a) 水平砂芯　　(b) 垂直砂芯

图 3.22　上型所受的抬箱力(由金属液静压力所产生)

2) 铸型的紧固方法

为避免由于抬箱力而造成的缺陷，装配好的铸型需要紧固。紧固方法如图 3.23 所示，单件小批量生产时，多使用压铁压箱，压铁重量一般为铸件重量的 3～5 倍。大批量生产时，可使用压铁、卡子或螺栓紧固铸型。紧固铸型时应注意用力均匀、对称；先紧固铸型，再拔合型定位销；压铁应压在砂箱箱壁上。

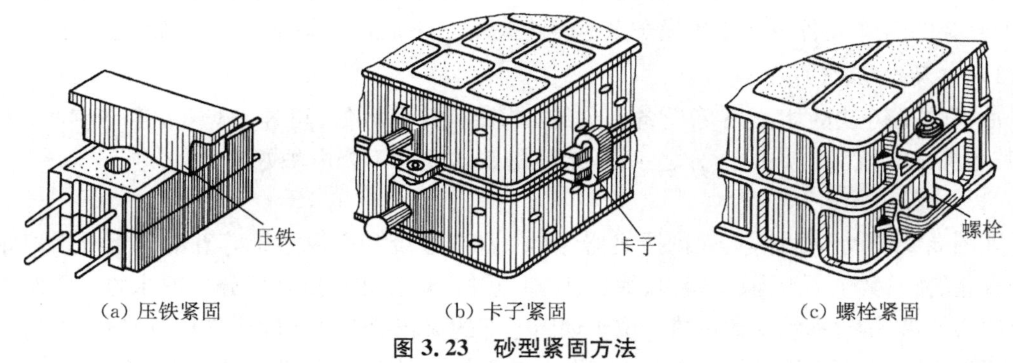

(a) 压铁紧固　　(b) 卡子紧固　　(c) 螺栓紧固

图 3.23　砂型紧固方法

3.6　合金的熔炼和浇注

3.6.1　铸造合金种类

用于铸造的金属材料种类繁多，有铸铁、铸钢、铸造铝合金、铸造铜合金等，其中铸铁件应用得最多，占铸件总重量的 80%左右。工业中常用铸铁是含碳量>2.11%的铁、碳、硅三元合金。其中碳绝大部分以石墨形式存在，金属断口呈暗灰色，称为灰口铸铁，因其具有良好的铸造性能、减振性能和减摩性能而获得广泛应用。在不同的生产条件下，灰口铸铁中的石墨又呈现不同的形态，如片状、球状、团絮状和蠕虫状等，使铸铁产生不同特性，因而相应形成灰铸铁、球墨铸铁、可锻铸铁和蠕墨铸铁等品种，其中石墨呈片状的灰铸铁铸造性能最好，价格较低，适于制造形状复杂的底座、箱体类铸件；石墨呈球状的球墨铸铁力学性能最好，适于制造受力较大的轴类铸件，如凸轮轴和曲轴等。但是铸铁的强度较低，尤其塑性更差。制造受力大而复杂的铸件，特别是中、大型铸件往往采用铸钢。

铸钢包括碳钢（含碳量≤0.60%的铁、碳二元合金）和合金钢（碳钢与其他合金元素组成的多元合金）。铸钢的铸造性能差，但焊接性能好，强度较高，塑性好，有的合金钢还具有耐磨、耐腐蚀等特殊性能。铸钢一般用于受力复杂、要求强度高并且韧性好的铸件，如水轮机转子、高压阀体、大齿轮、辊子、履带板和抓斗齿等。

常用的铸造有色合金有铝合金、铜合金等，其中铸造铝合金应用得最多。它密度小，具有一定的强度、塑性及耐蚀性，广泛用于制造汽车发动机的气缸体、气缸盖、活塞、螺旋桨及飞机起落架等。铸造铜合金耐磨性和耐蚀性良好，其应用仅次于铝合金，如制造阀体、泵体、齿轮、蜗轮、轴承套、叶轮、船舶螺旋桨等。

3.6.2 合金的熔炼

合金的熔炼是铸造的必要过程之一，对铸件质量影响很大，若控制不当会使铸件化学成分和力学性能不合格，以及产生气孔、夹渣、缩孔等缺陷。

对合金熔炼的基本要求是优质、低耗和高效。即金属液温度高、化学成分合格和纯净度高（夹杂物及气体含量少）；燃料、电力耗费少，金属烧损少；熔炼速度快。

熔炼铸铁的设备有冲天炉和感应电炉等，熔炼铸钢的设备有电弧炉及感应电炉等，铸造铝、铜合金的熔炼设备主要是坩埚炉及感应电炉等。下面仅介绍常用的熔炼设备。

1）冲天炉熔炼

冲天炉是铸铁的主要熔炼设备。它结构简单，操作方便，可连续熔炼，生产率高，成本低，其熔炼成本仅为电炉的十分之一，但熔炼的铁水质量不如电炉好。

（1）冲天炉构造

如图 3.24 所示，由炉体、火花捕集器、前炉、加料系统和送风系统等五部分组成。炉体是一个直立的圆筒，包括烟囱、加料口、炉身、风口、炉缸、炉底和支撑等部分。炉体的主要作用是完成炉料预热、熔化和铁水的过热。位于烟囱上部的火花捕集器起除尘作用，炉顶喷出的烟尘火花沉积于底部，可由管道排出。前炉起贮存铁水的作用，其前部设置有出铁口和出渣口。

冲天炉的大小以每小时熔化多少吨铁水表示，称为熔化率。常用的冲天炉的熔化率为 2～10 t/h。

（2）冲天炉熔炼用的炉料

冲天炉熔炼用的炉料包括金属炉料（新生铁、浇冒口及废铸件回炉料、废钢和铁合金等）、燃料（焦炭）和熔剂（石灰石 $CaCO_3$，和萤石 CaF_2）等三类。各种金属炉料的加入量是根据铸件化学成分要求及熔炼时各元素烧损量计算出来的，而焦炭加入量根据总铁焦比确定。熔化的金属炉料总重量与消耗的焦炭总重量之比称为总铁焦比，一般为 10∶1。熔剂起造渣作用，加入量一般为每层焦炭量的 25%～45%。

（3）冲天炉熔炼过程

冲天炉是利用对流换热原理实现金属熔炼的。熔炼时热炉气自下而上运动，冷炉料自上而下移动，两股逆向流动的物、气之间进行着热量交换和冶金反应，最终将金属炉料熔化成符合要求的铁水。

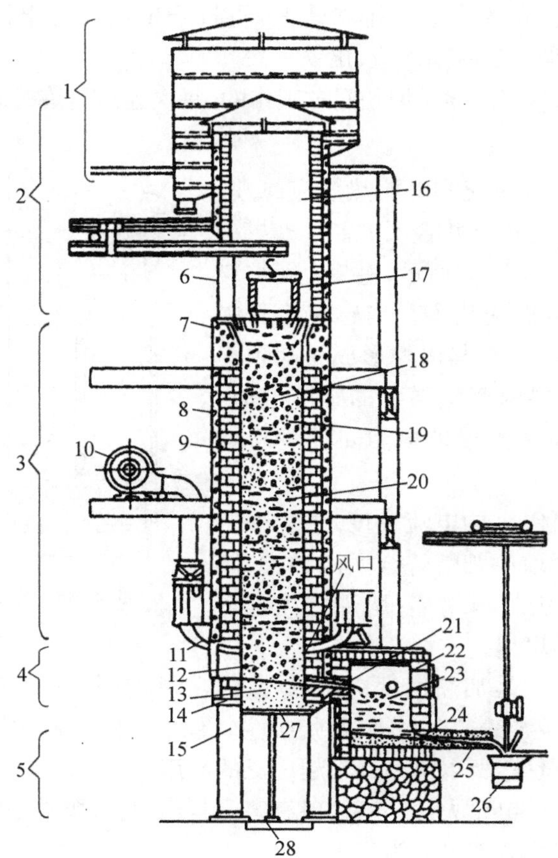

1—火花罩；2—烟囱；3—炉身；4—炉缸；5—炉底、底板；6—加料口；7—铸铁砖；8—炉壳；9—耐火砖；10—鼓风机；11—风带；12—底焦；13—炉床；14—底板；15—炉腿；16—烟囱内腔；17—加料桶；18—熔剂；19—层焦；20—层铁；21—过道；22—前炉；23—出渣口；24—出铁口；25—出铁槽；26—铁水包；27—炉底门；28—支柱

图 3.24　冲天炉构造

冲天炉熔炼的主要过程是：

① 修好炉膛、烘干炉壁。

② 加入底焦，点火燃烧。应控制的底焦高度是指第一排风口中心线到底焦顶面的距离，一般为 0.9～1.5 m，以保证底焦充分燃烧，获得足够高的炉温。

③ 分批分层、加入炉料。每层炉料按金属料和焦炭(称层焦)的次序加入直到加料口下沿为止。加层焦是为了补偿底焦烧损，以保持底焦高度不变。

④ 鼓风熔炼。红热底焦顶部温度达 1 100～1 200 ℃，金属炉料此时开始熔化，铁水滴沿焦炭间隙下落，温度进一步升高到 1 600 ℃左右(称过热)，然后落到炉膛底部的炉缸区，再经过道流入前炉，此间温度略有下降。

⑤ 出渣、出铁。由于熔剂作用，炉内杂质、灰分等形成的黏稠熔渣变稀、变轻，飘浮在铁

水表面。先打开位置较高的出渣口排尽熔渣，再打开出铁口排出铁水，铁水出炉温度为 1 360～1 420 ℃，以后隔一定时间出渣、出铁一次。

⑥ 停风打炉，熔炼结束。冲天炉是间歇工作的，每次连续熔炼时间为 4～8 h。

2）感应电炉熔炼

感应电炉是根据电磁感应和电流热效应原理，利用炉料内感应电流的热能熔化金属的。

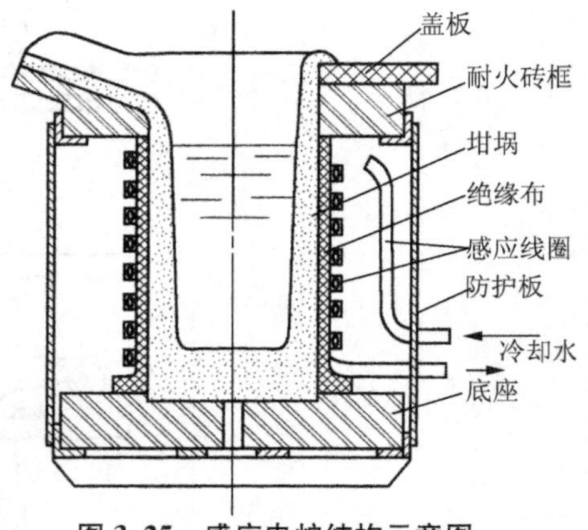

图 3.25　感应电炉结构示意图

感应电炉的结构如图 3.25 所示，盛装金属炉料的坩埚外面绕一紫铜管感应线圈。当感应线圈中通以一定频率的交流电时，在其内外形成相同频率的交变磁场，使金属炉料内产生强大的感应电流，也称涡流。涡流在炉料中产生的电阻热使炉料熔化和过热。

熔炼中为保证尽可能大的电流密度，感应圈中应通水冷却。坩埚材料取决于熔炼金属的种类，熔炼铸钢、铸铁时需用耐火材料坩埚；熔炼有色合金时可用铸铁坩埚或石墨坩埚。

感应电炉熔炼的优点是加热速度快，热量散失少，热效率高；温度可控，最高温度可达 1 650 ℃ 以上，可熔炼各种铸造合金；元素烧损少，吸收气体少；有电磁搅拌作用，合金液成分和温度均匀，铸件质量高，所以得到越来越广泛的应用。

感应电炉的缺点是耗电量大，去除硫、磷有害元素作用差，要求金属炉料硫、磷含量低。

感应电炉按电源工作频率可分为三种：

(1) 高频感应电炉。频率为 10 000 Hz 以上，炉子最大容量在 100 kg 以下。由于容量小，主要用于实验室和少量高合金钢熔炼。

(2) 中频感应电炉。频率为 250～10 000 Hz，炉子容量从几千克到几十吨，广泛用于优质钢和优质铸铁的冶炼，也可用于铸铜合金、铸铝合金的熔炼。

(3) 工频感应电炉。使用工业频率 50 Hz，炉子容量 500 kg 以上，最大可达 90 t，广泛用于铸铁熔炼，还可用于铸钢、铸铝合金、铸铜合金的熔炼。

3）坩埚炉

坩埚炉是利用传导和辐射原理进行熔炼的。通过燃料（如焦炭、重油、煤气等）燃烧或电热元件通电产生的热量加热坩埚，使炉内的金属炉料熔化。这种加热方式速度缓慢、温度较低、坩埚容量小，一般只用于有色合金熔炼。如图 3.26 所示为电阻坩埚炉结构示意图。电加热元件可用铁铬铝或镍铬合金电阻丝，也可用碳化硅棒。坩埚用铸铁或石墨制成。

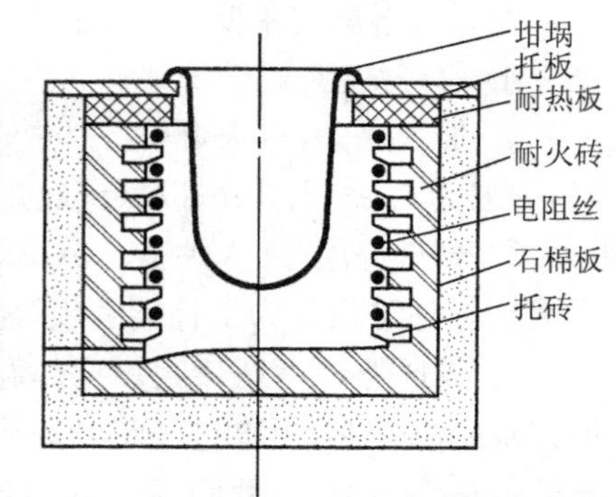

图 3.26　电阻坩埚炉结构示意图

电阻坩埚炉主要用于铸铝合金熔炼，其优点是炉气为中性，铝液不会强烈氧化，炉温易控制，操作较简单，缺点是熔炼时间长，耗电量较大。

3.6.3　浇注

把液体金属浇入铸型的操作称为浇注。浇注工艺不当会引起浇不到、冷隔、跑火、夹渣和缩孔等缺陷。

1）浇注前准备工作

（1）准备浇包

浇包种类由铸型大小决定，一般中小件用抬包，容量为 50～100 kg；大件用吊包，容量为 200 kg 以上。对使用过的浇包要进行清理、修补，要求内表面光滑平整。

（2）清理通道

浇注时行走的通道不应有杂物挡道，更不能有积水。

（3）烘干用具

避免因挡渣钩、浇包等潮湿而降低铁水温度及引起铁水飞溅。

2）浇注时应注意的问题

（1）浇注温度

浇注温度过低，铁水的流动性差，易产生浇不到、冷隔、气孔等缺陷。浇注温度过高，铁水的收缩量增加，易产生缩孔、裂纹及粘砂等缺陷。对形状较复杂的薄壁灰铸铁件，浇注温度为 1 400 ℃左右；对形状简单的厚壁灰铸铁件，浇注温度可在 1 300 ℃左右；而碳钢铸件则为 1 520～1 620 ℃。

（2）浇注速度

浇得太慢，金属液降温过多，易产生浇不到、冷隔、夹渣等缺陷；浇得太快，型腔中气体来不及逸出易产生气孔，金属液的动压力增大易造成冲砂、抬箱、跑火等缺陷。浇注速度应据铸件的形状、大小决定，一般用浇注时间表示。

（3）浇注技术

注意扒渣、挡渣和引火。为使熔渣变稠便于扒出或挡住，可在浇包内金属液面上撒些干砂或稻草灰。用红热的挡渣钩及时点燃从砂型中逸出的气体，以防 CO 等有害气体污染空气及使铸件形成气孔。浇注中间不能断流，应始终使外浇口保持充满，以便于熔渣上浮。

3.7　铸件的落砂、清理和缺陷分析

3.7.1　落砂

从砂型中取出铸件的工作称为落砂。落砂时应注意铸件的温度：落砂过早，铸件温度过高，暴露于空气中急速冷却，易产生过硬的白口组织及形成铸造应力、裂纹等；但落砂过晚，将过长时间占用生产场地和砂箱，使生产率降低。应在保证铸件质量的前提下尽早落砂。一般铸件落砂温度在 400～500 ℃之间。形状简单、小于 10 kg 的铸铁件，可在浇注后 20～40 min 落砂；10～30 kg 的铸铁件可在浇注后 30～60 min 落砂。

落砂的方法有手工落砂和机械落砂两种，大量生产中采用各种落砂机落砂。

3.7.2 清理

落砂后的铸件必须经过清理工序，才能使铸件外表面达到要求。清理工作主要包括下列内容：

(1) 切除浇冒口

铸铁件可用铁锤敲掉浇冒口，铸钢件要用气割切除，有色合金铸件则用锯割切除。大量生产时，可用专用剪床切除。

(2) 清除砂芯

铸件内腔的砂芯和芯骨可用手工或振动除芯机去除。

(3) 清除粘砂

主要采用机械抛丸方法清除铸件表面粘砂，小型铸件可采用抛丸清理滚筒、履带式抛丸清理机，大、中型铸件可用抛丸室、抛丸转台等设备清理，生产量不大时也可用手工清理。常用的清砂设备有：

① 履带式抛丸清理机。如图 3.27 所示为履带式抛丸清理机结构示意图。它由两个圆形端盘和一条封闭的履带组成。当履带链板如图示箭头方向运动时，带动其中铸件翻滚；位于滚筒上部抛丸器内高速旋转的叶轮将铁丸以 70～80 m/s 的速度抛射到铸件表面上，可清除掉粘砂、细小飞翅及氧化皮等缺陷。打开抛丸机门，履带板反转即可卸出铸件。这种设备清理效果好，适用于清理质量为 2～25 kg 的小铸件。

② 抛丸清理转台。如图 3.28 所示，铸件放在转台上，边旋转边将被抛丸器抛出的铁丸清理干净。这种设备主要用于清理板件、易碰坏的薄壁件及大铸件。

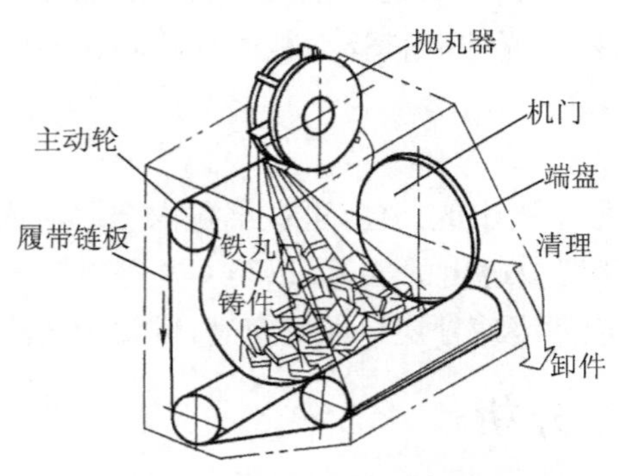

图 3.27 履带式抛丸清理机结构示意图

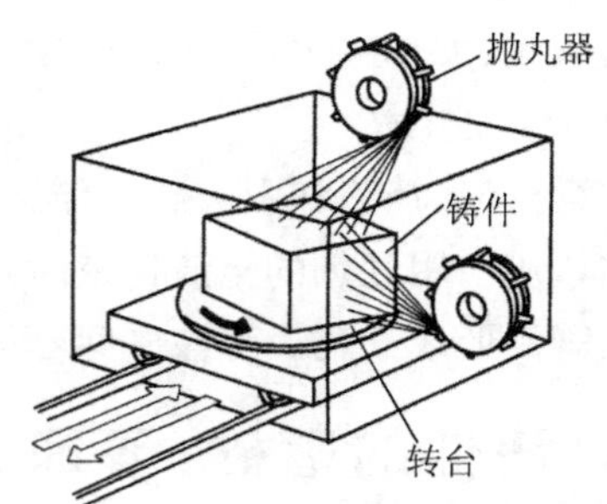

图 3.28 抛丸清理转台

(4) 铸件的修整

最后，去掉在分型面或在芯头处产生的飞边、毛刺和残留的浇、冒口痕迹，可用砂轮机、手凿和风铲等工具修整。

3.7.3 灰铸铁件的热处理

灰铸铁件一般不需热处理，但有时为消除某些铸造缺陷，在清理后进行退火。

（1）消除应力退火

形状较复杂或重要的铸件，为避免因内应力过大引起变形、裂纹和降低加工后尺寸精度，都需进行消除应力退火，即把铸件加热到 550～600 ℃，保温 2～4 h 后，随炉缓慢冷却至 150～200 ℃ 出炉。

（2）消除白口退火

当铸件表面出现极硬的白口组织，加工困难时，可用高温退火的方法消除，即把铸件加热到 900～950 ℃，保温 2～5 h 后，随炉冷却。

3.7.4　铸件缺陷分析

清理完的铸件要进行质量检验，合格铸件验收入库，废品重新回炉，并对铸件缺陷进行分析，找出主要原因，提出预防措施。铸造工序繁多，铸件缺陷类型很多，形成的原因十分复杂，表 3.2 仅列举一些常见铸件缺陷的特征及其产生的主要原因。

表 3.2　几种常见铸件缺陷的特征及产生的主要原因

类别	缺陷名称与特征	主要原因分析
孔洞	气孔　铸件内部出现孔洞，常为梨形、圆形，孔的内壁较光滑	1. 砂型紧实度过高； 2. 型砂太湿，起模、修型时刷水过多； 3. 砂芯未烘干或通气道堵塞； 4. 浇注系统不正确，气体排不出去
	缩孔　铸件厚截面处出现形状极不规则的孔洞，孔的内壁粗糙 缩松　铸件截面上细小而分散的缩孔	1. 浇注系统或冒口设置不正确，无法补缩或补缩不足； 2. 浇注温度过高，金属液体收缩过大； 3. 铸件设计不合理，壁厚不均匀无法补缩； 4. 和金属液化学成分有关，铸铁中 C、Si 含量少，合金元素多时易出现缩松
	砂眼　铸件内部或表面带有砂粒的孔洞	1. 型砂强度不够或局部没舂紧，掉砂； 2. 型腔、浇口内散砂未吹净； 3. 合箱时砂型局部损坏，掉砂； 4. 浇注系统不合理，冲坏砂型(芯)
	渣气孔　铸件浇注时的上表面充满熔渣的孔洞，常与气孔并存，大小不一，成群集结	1. 浇注温度太低，熔渣不易上浮； 2. 浇注时没挡住熔渣； 3. 浇注系统不正确，挡渣作用差
表面缺陷	机械粘砂　铸件表面粘附着一层砂粒和金属的机械混合物，使表面粗糙	1. 砂型舂得太松，型腔表面不致密； 2. 浇注温度过高，金属液渗透力大； 3. 砂粒过粗，砂粒间隙过大
	夹砂　铸件表面产生的疤片状金属突起物。表面粗糙，边缘锐利，在金属片和铸件之间夹有一层型砂	1. 型砂热湿强度较低，型腔表层受热膨胀后易鼓起或开裂； 2. 砂型局部紧实度过大，水分过多，水分烘干后，易出现脱皮； 3. 内浇口过于集中，使局部砂型烘烤厉害； 4. 浇注温度过高，浇注速度太慢

续表

类别	缺陷名称与特征	主要原因分析
形状尺寸不合格	偏芯　铸件内腔和局部形状位置偏错	1. 砂芯变形； 2. 下芯时放偏； 3. 砂芯没固定好，浇注时被冲偏
	浇不到　铸件残缺，或形状完整但边角圆滑光亮，其浇注系统是充满的 冷隔　铸件上有未完全融合的缝隙，边缘呈圆角	1. 浇注温度过低； 2. 浇注速度太慢或断流； 3. 内浇道截面尺寸过小，位置不当； 4. 未开出气口，金属液的流动受型内气体阻碍； 5. 远离浇口的铸件壁过薄
	错箱　铸件的一部分与另一部分在分型面处相互错开	1. 合箱时上、下型错位； 2. 定位销或泥记号不准确； 3. 造型时上、下模有错动
裂纹	热裂　铸件开裂，裂纹断面严重氧化，呈暗蓝色，外形曲折而不规则 冷裂　裂纹断面不氧化，并发亮，有时轻微氧化，呈连续直线状	1. 砂型(芯)退让性差，阻碍铸件收缩而引起过大的内应力； 2. 浇注系统开设不当，阻碍铸件收缩； 3. 铸件设计不合理，薄厚差别大

3.8　特种铸造

除普通砂型铸造以外的其他铸造方法统称为特种铸造。特种铸造方法很多，而且各种新方法还在不断出现。下面列举的是几种较常用的特种铸造方法。

3.8.1　金属型铸造

在重力下把金属液浇入金属铸型而获得铸件的方法称为金属型铸造。金属型一般用铸铁或铸钢做成，型腔表面需喷涂一层耐火涂料。如图 3.29 所示为垂直分型的金属型，由活动半型和固定半型两部分组成，设有定位装置与锁紧装置，可以采用砂芯或金属芯铸孔。

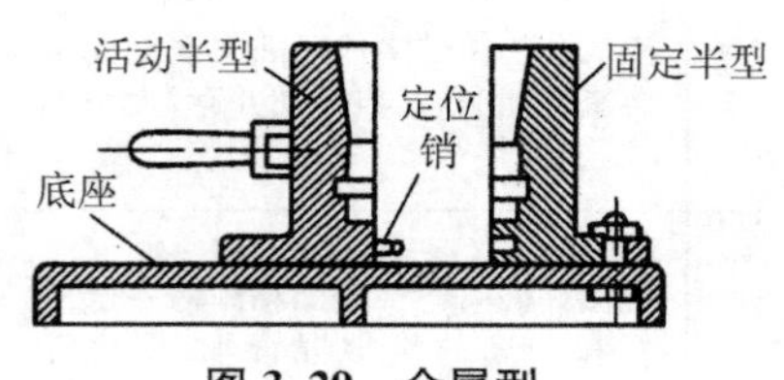

图 3.29　金属型

1）金属型铸造的优点

（1）一型多铸，一个金属铸型可以做几百个甚至几万个铸件；

（2）生产率高；

（3）冷却速度较快，铸件组织致密，力学性能较好；

（4）铸件表面光洁，尺寸准确，铸件尺寸公差等级可达 CT6～CT9。

2）金属型铸造的缺点

（1）金属型成本高，加工费用大；

（2）金属型没有退让性，不宜生产形状复杂的铸件；

（3）金属型冷却快，铸件易产生裂纹。

金属型铸造常用于大批量生产的中小型有色金属铸件，也可浇注铸铁件。

3.8.2 压力铸造

压力铸造是将金属液在高压下高速充型，并在压力下凝固获得铸件的方法。其压力从几兆帕到几十兆帕（MPa），铸型材料一般采用耐热合金钢。用于压力铸造的机器称为压铸机。压铸机的种类很多，目前应用较多的是卧式冷压室压铸机，其生产工艺过程如图3.30所示。

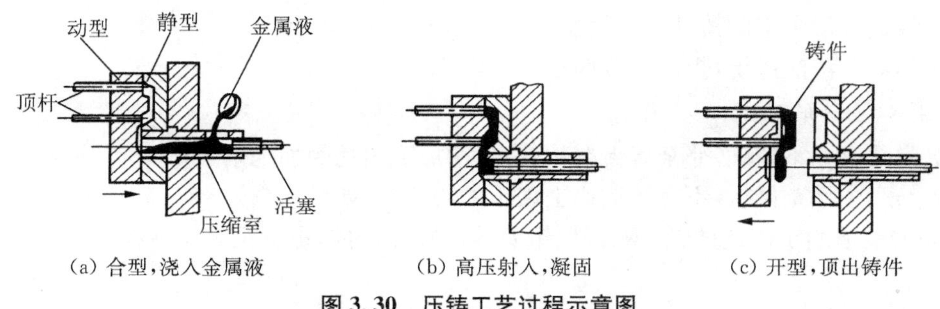

(a) 合型，浇入金属液　(b) 高压射入，凝固　(c) 开型，顶出铸件

图3.30 压铸工艺过程示意图

1）压力铸造的优点

（1）由于金属液在高压下成形，因此可以铸出壁很薄、形状很复杂的铸件；

（2）压铸件在高压下结晶凝固，组织致密，其力学性能比砂型铸件提高20%～40%；

（3）压铸件表面粗糙度 R_a 值可达3.2～0.8 μm，铸件尺寸公差等级可达CT4～CT8（尺寸公差0.6～1.0 mm），一般不需再进行机械加工，或只需进行少量机械加工；

（4）生产率很高，每小时可生产几百个铸件，而且易于实现半自动化、自动化生产。

2）压力铸造的缺点

（1）铸型结构复杂，加工精度和表面粗糙度要求很严，成本很高；

（2）不适于压铸铸铁、铸钢等金属，因浇注温度高，铸型的寿命很短；

（3）压铸件易产生皮下气孔缺陷，不宜进行机械加工和热处理；否则气孔会暴露出来和形成凸瘤。

压力铸造适用于有色合金的薄壁小件大量生产，在航空、汽车、电器和仪表工业中广泛应用。

3.8.3 离心铸造

离心铸造是将金属液浇入旋转的铸型中，然后在离心力的作用下凝固成型的铸造方法，其原理如图3.31所示。离心铸造一般都是在离心铸造机上进行的，铸型多采用金属型，可以围绕垂直轴或水平轴旋转。

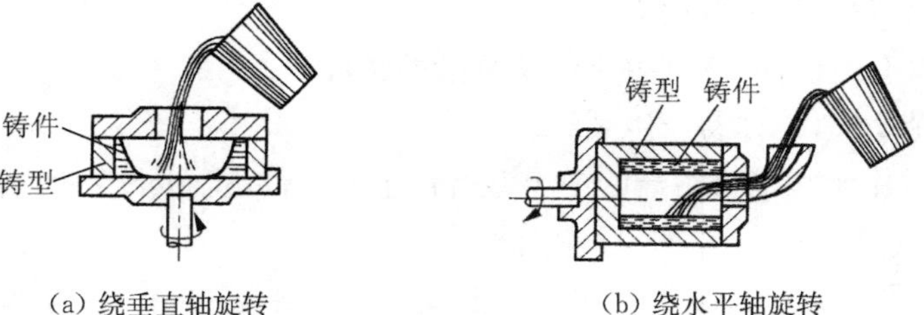

(a) 绕垂直轴旋转　　(b) 绕水平轴旋转

图 3.31　离心铸造示意图

1) 离心铸造的优点

(1) 合金液在离心力的作用下凝固，组织细密、无缩孔、气孔、渣眼等缺陷，铸件的力学性能较好；

(2) 铸造圆形中空的铸件可不用型芯；

(3) 不需要浇注系统，提高了金属液的利用率。

2) 离心铸造的缺点

(1) 内孔尺寸不精确，非金属夹杂物较多，增加了内孔的加工余量；

(2) 易产生比重偏析，不宜铸造比重偏析大的合金，如铅青铜。

离心铸造适用于铸造铁管、钢辊筒、铜套等回转体铸件，也可用来铸造成型铸件。

3.8.4　熔模铸造

熔模铸造是用易熔材料(如蜡料)制成模样(称蜡模)，用加热的方法使模样熔化流出，从而获得无分型面、形状准确的型壳，经浇注获得铸件的方法，又称失蜡铸造。图 3.32 为叶片的熔模铸造工艺过程示意图。先在压型中做出单个蜡模(图 3.32(a))，再把单个蜡模焊到蜡质的浇注系统上(统称蜡模组，见图 3.32(b))。随后在蜡模组上分层涂挂涂料及撒上石英砂，并硬化结壳。熔化蜡模，得到中空的硬型壳(图 3.32(c))。型壳经高温焙烧去掉杂质后放在砂箱内，填入干砂，浇注(图 3.32(d))。冷却后，将型壳打碎取出铸件。熔模铸造的型壳也属于一次性铸型。

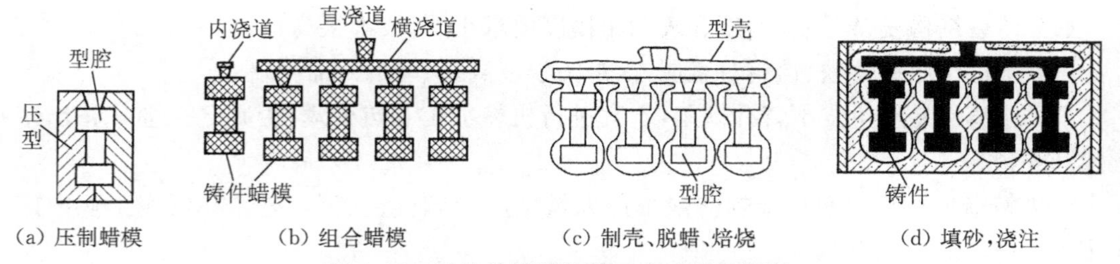

(a) 压制蜡模　　(b) 组合蜡模　　(c) 制壳、脱蜡、焙烧　　(d) 填砂，浇注

图 3.32　叶片的熔模铸造工艺过程示意图

1) 熔模铸造的优点

(1) 铸件精度高，铸件尺寸公差等级可达 CT4～CT7(尺寸公差 0.26～1.1 mm)，粗糙度 R_a 可达 6.3～1.6 μm，一般可以不再机械加工；

(2) 适用于各种铸造合金，特别是对于熔点很高的耐热合金铸件，它几乎是目前唯一的铸造方法，因为型壳材料是耐高温的；

(3) 因为是用熔化的方法取出蜡模，因而可做出形状很复杂、难于机械加工的铸件，如汽轮机叶片等。

2) 熔模铸造的缺点

(1) 工艺过程复杂，生产成本高；

(2) 因蜡模易软化变形，且型壳强度有限，故不能用于生产大型铸件。熔模铸造广泛应用于航空、电器、仪器和刀具等制造部门。

3.8.5　消失模铸造

消失模铸造是将高温金属液浇入包含泡沫塑料模样在内的铸型内，模样受热逐渐气化燃烧，从铸型中消失，金属液逐渐取代模样所占型腔的位置，从而获得铸件的方法，也称为实型铸造。

消失模铸造是 20 世纪 60 年代出现，80 年代迅速发展起来的一种铸造新工艺。和传统的砂型铸造相比，有下列主要的区别：一是模样采用特制的可发泡聚苯乙烯(EPS)珠粒制成，这种泡沫塑料密度小，570 ℃左右气化、燃烧，气化速度快、残留物少；二是模样埋入铸型内不取出，型腔由模样占据；三是铸型一般采用无粘结剂和附加物质的干态石英砂振动紧实而成，对于单件生产的中大型铸件可以采用树脂砂或水玻璃砂按常规方法造型。成批大量生产的中小铸件消失模铸造工艺过程如图 3.33 所示。

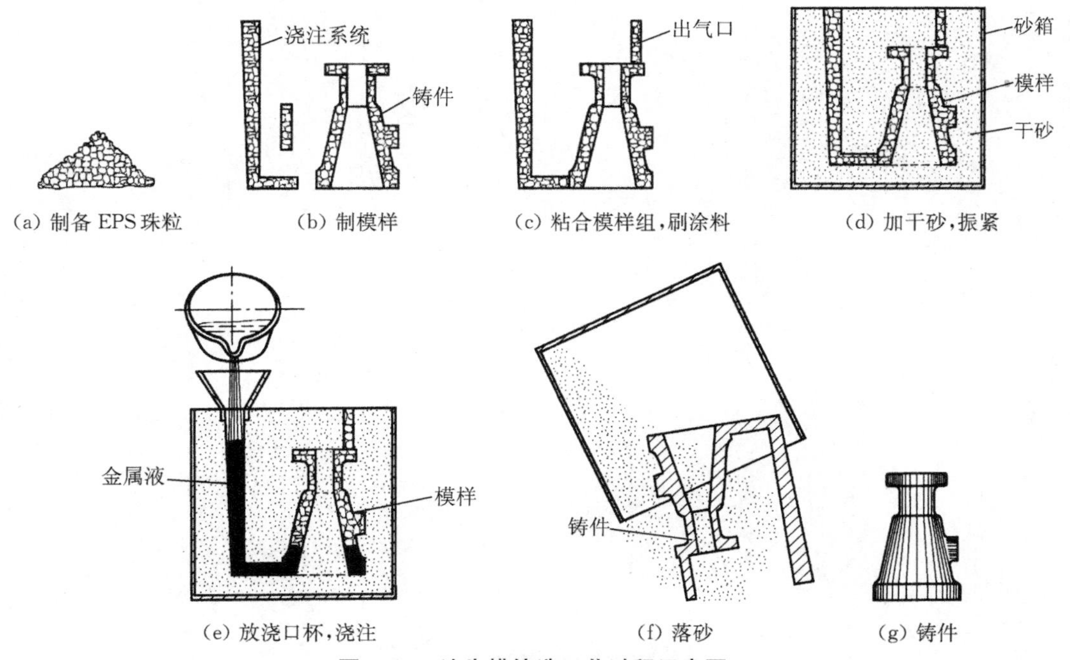

图 3.33　消失模铸造工艺过程示意图

1）消失模铸造的优点

（1）铸件质量好

无拔模、下芯、合型等导致尺寸偏差的工序，使铸件尺寸精度提高；由于模样表面覆盖有涂料，使铸件表面粗糙度降低。铸件尺寸公差等级一般为 CT5～CT7，表面粗糙度 R_a 值为 6.3～12.5 μm。铸型无分型面，不产生飞翅、毛刺等缺陷，铸件外观光整。

（2）生产效率高

简化了制模、造型、落砂、清理等工序，使生产周期缩短。

（3）生产成本低

省去木材、型砂粘结剂等原辅材料及相应设备及制造费。

（4）适用范围广

对合金种类、铸件尺寸及生产数量几乎没有限制。

2）消失模铸造的缺点

（1）泡沫塑料模是一次性的，报废一个铸件就会大大提高生产成本。

（2）铸件易产生与泡沫塑料模有关的缺陷，如黑渣、皱纹、增碳、气孔等。

（3）泡沫塑料模气化形成的烟雾、气体对环境有一定的污染。

与其他特种铸造方法相比，消失模铸造应用范围广泛，如压缩机缸体，水轮机转轮体，大型机床床身，冲压和热锻模具，铝合金汽车发动机缸体、缸盖、进气管等。铸件重量可从 1 kg 到几十吨。

第4章 锻 压

4.1 概述

锻压是对金属坯料施加外力，使之产生塑性变形，从而改变其尺寸、形状并改善其性能，以制造机器零件、工具或其毛坯的一种加工方法，包括锻造和冲压两大类。它们的制品分别称为锻件和冲压件。

锻造是将金属坯料放在锻压设备的砧铁或模具之间，施加锻压力以获得毛坯或零件的方法。在机械制造中，锻造和铸造是获得零件毛坯的两种主要方法。锻造过程中，金属因经历塑性变形而使其内部组织更加致密，晶粒得到细化，因此锻件比铸件具有更好的力学性能。但由于锻造是在固态下成型的，所以锻件的形状复杂程度一般不如铸件，加工余量较大，金属材料的利用率较低。锻件的制造成本比相同材质的铸件高。因此，锻件主要用作承受重载和冲击载荷的重要机器零件和工具的毛坯，这些零件和工具如机床主轴、传动轴、齿轮、曲轴、连杆、弹簧、刀具、锻模等。

冲压是利用装在冲床上的冲模，使金属板料产生塑性变形或分离，从而获得毛坯或零件的方法。冲压加工的板料厚度通常在 1～2 mm 以下，而且一般在常温下进行，故又称为薄板冲压或冷冲压。冲压是金属板料成形的主要方法，在各类机械、仪器仪表、电子器件、电工器材以及家用电器、生活用品制造中都占有重要地位。冲压件具有刚性好、重量轻、尺寸精度和表面光洁程度高等优点。

金属的锻压性能以其塑性和变形抗力综合衡量。塑性是金属产生永久变形的能力。变形抗力是指在变形过程中金属抵抗工具(如砧铁、模具)作用的力。显然，金属的塑性越好，变形抗力越小，锻压性能越好。钢的含碳量及合金元素含量越低，锻压性能越好。低碳钢、中碳钢及低合金钢具有良好的锻压性能。此外，奥氏体不锈钢及铜、铝等有色金属也是常用的锻压材料。铸铁属于脆性材料，不能进行锻压加工。

4.2 锻造生产过程

锻造生产的过程主要包括下料—加热—锻造成型—冷却—热处理等。

4.2.1 下料

下料是根据锻件的形状、尺寸和重量从选定的原材料上截取相应的坯料。中小型锻件一般以热轧圆钢或方钢为原材料。锻件坯料的下料方法主要有剪切、锯割、氧气切割等。大批量生产时，剪切可在锻锤或专用的棒料剪切机上进行，生产效率高，但坯料断口质量较差。锯割可在锯床上使用弓锯、带锯或圆盘锯进行，坯料断口整齐，但生产率低，主要适用于中小批量生产的条件。采用砂轮锯片锯割可大大提高生产率。氧气切割设备简单，操作方便，但断口质量也较差，且金属损耗较多，只适用于单件、小批量生产的条件，特别适合于大截面钢坯和钢锭的切割。

4.2.2 加热

1）加热的目的和锻造温度范围

加热的目的是提高坯料的塑性并降低变形抗力，以改善其锻造性能。一般地说，随着温度的升高，金属的强度降低而塑性提高。所以，加热后锻造可以用较小的锻打力，使坯料获得较大的变形量。

但是，加热温度太高也会使锻件质量下降，甚至造成废品。各种材料在锻造时所允许的最高加热温度，称为该材料的始锻温度。

坯料在锻造过程中，随着热量的散失，温度不断下降，因而塑性越来越差，变形抗力越来越大。温度下降到一定程度后，不仅难以继续变形，且易锻裂，必须及时停止锻造，或重新加热。各种材料允许终止锻造的温度，称为该材料的终锻温度。

从始锻温度到终锻温度的温度区间，称为锻造温度范围。几种常用材料的锻造温度范围列于表 4.1 中。

表 4.1　常用材料的锻造温度范围

材料种类	始锻温度/℃	终锻温度/℃
低碳钢	1 200～1 250	800
中碳钢	1 150～1 200	800
合金结构钢	1 100～1 180	850
铝合金	450～500	350～380
铜合金	800～900	650～700

2）加热炉

(1) 反射炉

燃料在燃烧室中燃烧，高温炉气（火焰）通过炉顶反射到加热室中加热坯料的炉子称为反射炉。反射炉以烟煤为燃料，其结构和工作原理如图 4.1 所示。燃烧所需的空气由鼓风机送入，经换热器预热后送入燃烧室。高温炉气越过火墙进入加热室。加热室的温度可达 1 350 ℃。废气对换热器加热后从烟道排出。坯料从炉门放入和取出。

反射炉因燃煤而对环境有严重污染，应限制使用并逐步淘汰。

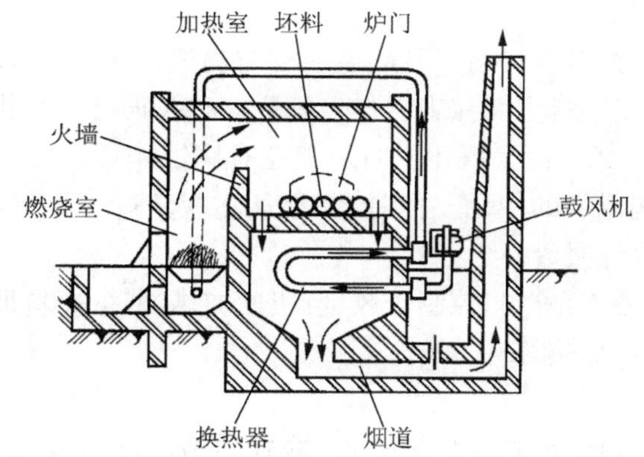

图 4.1 反射炉的结构和工作原理

(2) 室式炉

炉膛三面是墙,一面有门的炉子称为室式炉。

室式炉以重油或天然气、煤气为燃料,室式重油炉的结构如图 4.2 所示。

压缩空气和重油分别由两个管道送入喷嘴,压缩空气从喷嘴喷出时所造成的负压,将重油带出并喷成雾状,进行燃烧。

室式炉比反射炉的炉体结构简单、紧凑,热效率较高,对环境的污染较小。

(3) 电阻炉

电阻炉利用电阻加热器通电时所产生的热量作为热源,以辐射方式加热坯料。电阻炉分为中温炉(加热器为电阻丝,最高使用温度约 1 100 ℃)和高温炉(加热器为硅碳棒,最高使用温度可达 1 600 ℃)。如图 4.3 所示为箱式电阻加热炉。

电阻炉操作简便,可通过仪表准确控制炉温,且可通入保护性气体控制炉内气氛,以减少或防止坯料加热时的氧化,对环境无污染。电阻炉及其他电加热炉正日益成为坯料的主要加热设备。

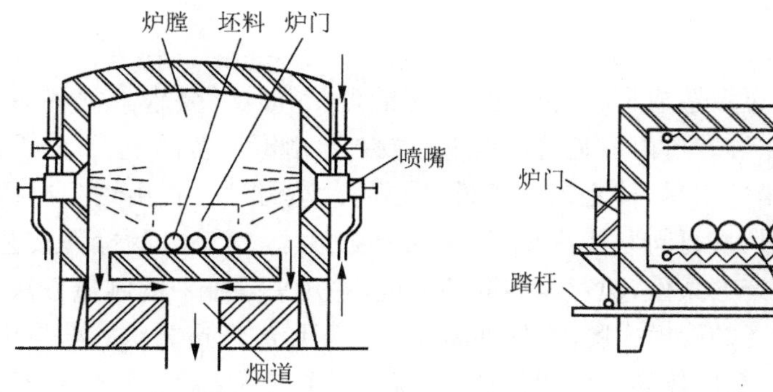

图 4.2 室式重油炉示意图

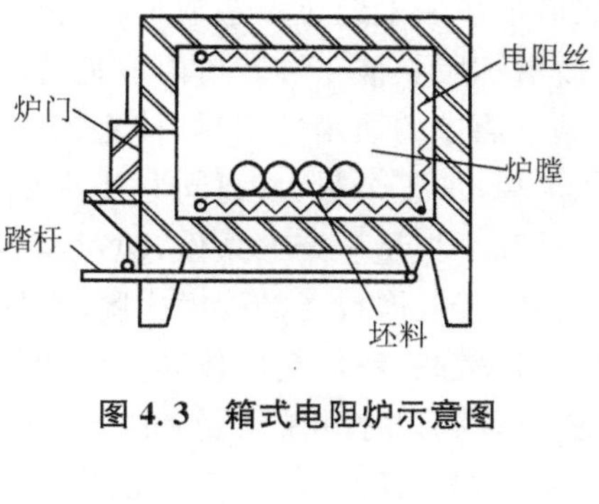

图 4.3 箱式电阻炉示意图

3) 加热缺陷

加热对锻件质量有重大影响,加热不当可能产生多种缺陷。常见的加热缺陷有氧化、脱碳、过热、过烧、加热裂纹等。

(1) 氧化和脱碳

采用一般方法加热时,钢料表面不可避免地要与高温炉气中的 O_2、CO_2、H_2O(水蒸气)接触,发生剧烈的氧化,使坯料表面和表层产生氧化皮和脱碳层。氧化不仅造成坯料的烧损(每加热一次烧损 1%~3%),而且氧化皮对炉膛还有腐蚀作用。脱碳层可以在切削加工的过程中切掉,一般不影响零件的使用。但是,如果氧化现象过于严重,则会产生较厚的氧化皮和脱碳层,甚至造成锻件报废。

减少氧化和脱碳的措施是严格控制送风量,快速加热,减少坯料加热后在炉内停留的时间,或采用少氧化、无氧化加热等。

(2) 过热和过烧

加热坯料时,如果加热温度超过始锻温度,或在始锻温度附近保温过久,坯料内部的晶粒会变得粗大,这种现象称为过热。晶粒粗大的锻件力学性能较差。过热的坯料可采取增加锻打次数或锻后热处理的方法使晶粒细化。

如果将坯料加热到更高的温度,或将过热的坯料长时间在高温下停留,则会造成晶粒间低熔点杂质的熔化和晶粒边界的氧化,从而大大削弱晶粒之间的联系,这种现象称为过烧。过烧的坯料是无可挽回的废品,锻打时必然碎裂。

为了防止过热和过烧,要严格控制加热温度不超过规定的始锻温度,尽量缩短高温坯料在炉内停留的时间,一次装料不要太多,遇有设备故障或意外事故需要停锻时,要及时将炉内已加热的坯料取出。

(3) 加热裂纹

尺寸较大的坯料,尤其是高碳钢和一些合金钢锭料,如果加热速度过快,或装炉温度过高,则可能由于在加热过程中,坯料内外层之间的温差较大而产生较大的温度应力,从而导致产生裂纹。这类坯料加热时,要严格遵守有关的加热规范。一般中碳钢和低合金钢的中、小型锻件,以轧材为坯料时不会产生加热裂纹,为提高生产率,减少氧化,避免过热,应尽可能采取快速加热。

4.2.3 锻造成型

坯料在锻造设备上经过锻造成型,才能达到一定的形状和尺寸要求。常用的锻造方法有自由锻、模锻和胎膜锻三种。自由锻是将坯料直接放在自由锻设备的上、下砧铁之间施加外力,或借助于简单的通用性工具,使之产生塑性变形的锻造方法。自由锻生产率低,锻件形状一般较简单,加工余量大,材料利用率低,工人劳动强度大,对工人的操作技艺要求高,只适用于单件和小批量生产的条件,但对大型锻件来说,它几乎是唯一的制造方法。模锻是将坯料放在固定于模锻设备的锻模模膛内,使坯料受压而变形的锻造方法。与自由锻相比,模锻具有生产率较高、锻件精度较高、材料利用率较高等一系列优点,但其设备投资大,锻模制造成本高,锻件的尺寸和重量受到限制,主要适用于中小型锻件的大批量生产。胎膜锻是在自由锻设备上,利用简单的非固定模具(胎膜)生产锻件的方法。它兼有自由锻和模锻的某些特点,适用于形状简单的小型锻件的中、小批量生产。

4.2.4　锻件的冷却

锻件的冷却也是保证锻件质量的重要环节。冷却的方式有三种：

(1) 空冷

在无风的空气中，在干燥的地面上冷却。

(2) 坑冷

在充填有石棉灰、沙子或炉灰等保温材料的坑中或箱中，以较慢的速度冷却。

(3) 炉冷

在 500～700 ℃的加热炉或保温炉中，随炉缓慢冷却。

一般地说，碳素结构钢和低合金钢的中小型锻件，锻后均采用冷却速度较快的空冷方法，成分复杂的合金钢锻件和大型碳钢件，要采用坑冷或炉冷。冷却速度过快会造成锻件表层硬化，难以进行切削加工，甚至产生裂纹。

4.2.5　锻后热处理

锻件在切削加工前，一般都要进行一次热处理。热处理的作用是使锻件的内部组织进一步细化和均匀化，消除锻造残余应力，降低锻件硬度，便于进行切削加工等。常用的锻后热处理方法有正火、退火和球化退火等。具体的热处理方法和工艺要根据锻件的材料种类和化学成分确定。

4.3　自由锻

4.3.1　自由锻的设备和工具

自由锻的设备有空气锤、蒸汽—空气自由锻锤和自由锻水压机等。

1) 空气锤

空气锤是一种以压缩空气为动力，并自身携带动力装置的锻造设备。坯料质量 100 kg 以下的小型自由锻锻件，通常都在空气锤上锻造。

(1) 结构

空气锤的结构如图 4.4 所示。空气锤由锤身、压缩缸、工作缸、传动机构、操纵机构、落下部分及砧座等几个部分组成。锤身和压缩缸及工作缸铸成一体。传动机构包括电动机、减速机构及曲柄、连杆等。操纵机构包括手柄(或踏杆)、旋阀及其连接杠杆。落下部分包括工作活塞、锤杆、锤头和上抵铁等。落下部分的质量也是锻锤的主要规格参数。例如，65 kg 空气锤，就是指落下部分为 65 kg 的空气锤，是一种小型的空气锤。

(2) 工作原理

电动机通过传动机构带动压缩缸内的压缩活塞做上下往复运动，将空气压缩，并经上旋阀或下旋阀进入工作缸的上部或下部，推动工作活塞向下或向上运动。通过手柄或踏杆操纵上、下旋阀旋转到一定位置，可使锻锤实现以下动作(见图 4.5)。

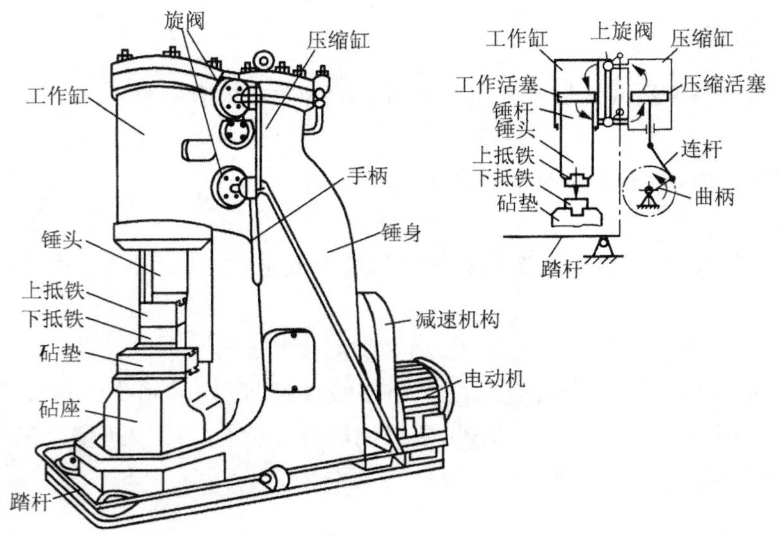

图 4.4　空气锤的结构

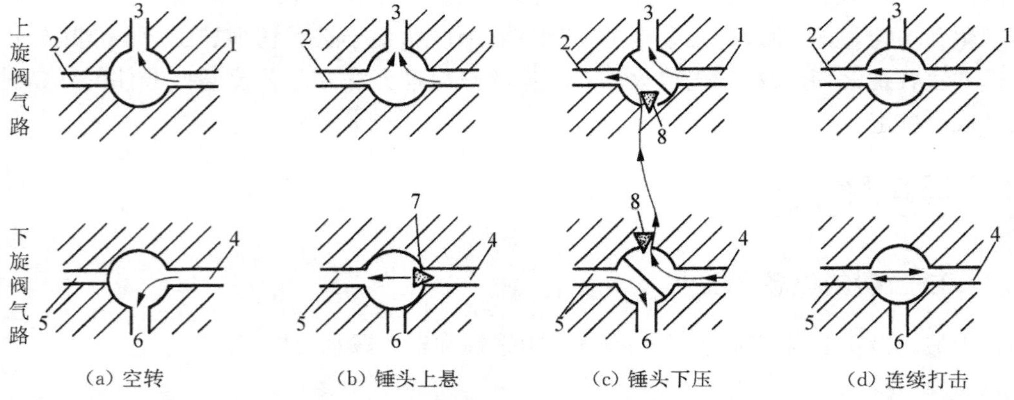

1—通压缩缸上气道；2—通工作缸上气道；4—通压缩缸下气道；5—通工作缸下气道；3、6—通大气；7、8—逆止阀

图 4.5　空气锤的工作原理

① 空转

压缩缸的上、下气道都通过旋阀与大气连通，压缩空气不进入工作缸，锤头靠自重落在下抵铁上，电动机空转，锤头不工作。空转是空气锤的启动状态或工作间歇状态。

② 锤头上悬

工作缸和压缩缸的上气道都经上旋阀与大气连通，压缩空气只能由压缩缸的下气道经下旋阀和工作缸的下气道进入工作缸的下部。下旋阀内有一个逆止阀，可防止压缩空气倒流，使锤头保持在上悬位置。锤头上悬时，可进行辅助性操作，如安放锻件、检查锻件尺寸、更换工具、清除氧化皮等。

③ 锤头下压

压缩缸上气道及工作缸下气道与大气相通，压缩空气由压缩缸下部经逆止阀及中间通道进入工作缸上部，使锤头向下压紧锻件。此时可进行弯曲、扭转等操作。

④ 连续打击

压缩缸和工作缸都不与大气相通,压缩缸不断将压缩空气压入工作缸的上部和下部,推动锤头上下往复运动,进行连续打击。

⑤ 单次打击

将手柄由锤头上悬位置推到连续打击位置后,再迅速退回到上悬位置,即可实现单次打击。初学者不易掌握单次打击,操作稍有迟缓,就成为连续打击。此时务必等锤头停止打击后,才能移动锻件或工具。

⑥ 断续打击

将手柄或踏杆在连续打击与上悬位置间往复移动,锤头即可实现断续打击。

2) 常用工具

自由锻的常用工具如图 4.6 所示,其中的铁砧和手锤属于手工自由锻的工具,也可作为机器自由锻的辅助工具使用。

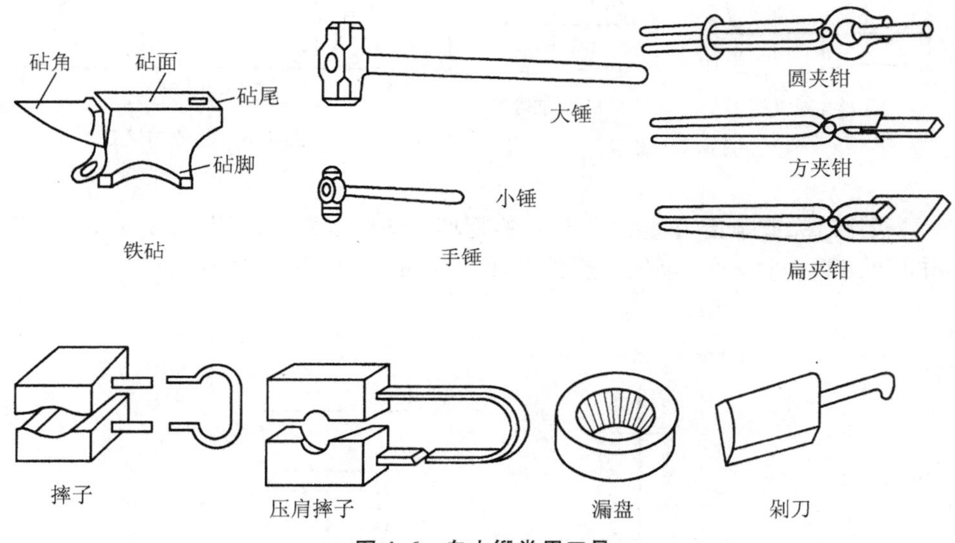

图 4.6 自由锻常用工具

4.3.2 自由锻的工序

锻件的锻造成型过程由一系列变形工序组成。根据工序的实施阶段和作用不同,自由锻的工序分为基本工序、辅助工序和精整工序三类。基本工序是实现锻件基本成型的工序,有镦粗、拔长、冲孔、弯曲、扭转、切割等。为便于实施基本工序而使坯料预先产生少量变形的工序称为辅助工序,如压肩、压痕、倒棱等。在基本工序之后,为修整锻件的形状和尺寸,消除表面不平,矫正弯曲和歪扭等目的而施加的工序,称为精整工序,如滚圆、摔圆、平整、校直等。

下面以镦粗、拔长和冲孔为重点,简要介绍几个基本工序的操作。

1）镦粗

镦粗是使坯料横截面增大、高度减小的工序，有整体镦粗和局部镦粗两种，如图 4.7 所示。镦粗的操作工艺要点如下：

（1）为使镦粗顺利进行，坯料的高径比，即坯料的原始高度 H_0 与直径 D_0 比，应小于2.5～3。局部镦粗时，漏盘以上镦粗部分的高径比也要满足这一要求。高径比过大，则易将坯料镦弯。发生镦弯现象时，应将坯料放平，轻轻锤击矫正（见图 4.8）。

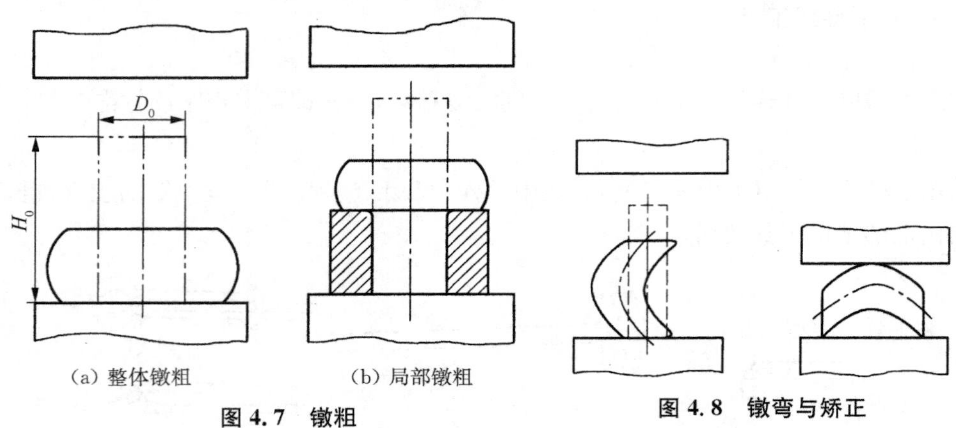

(a) 整体镦粗　(b) 局部镦粗

图 4.7　镦粗

图 4.8　镦弯与矫正

（2）高径比过大或锤击力不足时，还可能将坯料镦成双鼓形（见图 4.9(a)），若不及时将双鼓形矫正而继续锻打，则可能发展成折叠，使坯料报废（见图 4.9(b)）。

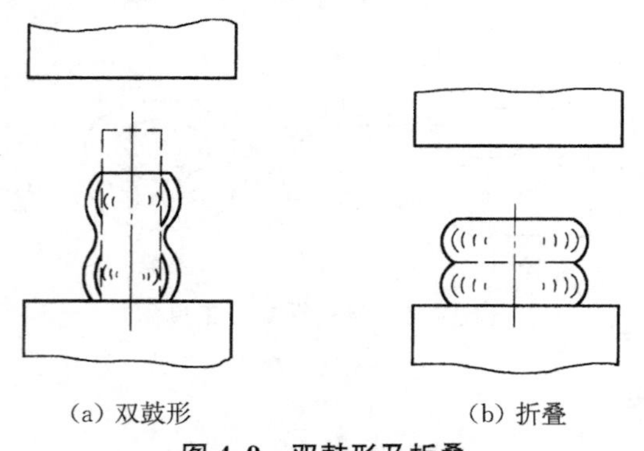

(a) 双鼓形　(b) 折叠

图 4.9　双鼓形及折叠

（3）为防止镦歪，坯料的端面应与轴线垂直。端面与轴线不垂直的坯料镦粗时，要先将坯料夹紧，将端面轻击矫正。

（4）局部镦粗时，要选择或加工合适的漏盘。漏盘要有 5°～7°的斜度，漏盘的上口部位应采取圆角过渡。

（5）坯料镦粗后，须及时进行滚圆修整，以消除镦粗造成的鼓形。滚圆时，要将坯料翻转 90°，使其轴线与抵铁表面平行，一边轻轻锤击，一边滚动坯料。

2）拔长

拔长是使坯料长度增加、横截面减小的工序，其操作要点如下：

(1) 坯料沿抵铁的宽度方向送进，每次的送进量 L 应为抵铁宽度 B 的 0.3～0.7 倍(图 4.10(a))。送进量太大，金属主要向坯料宽度方向流动，反而降低拔长效率(见图 4.10(b))。送进量太小，又容易产生夹层(见图 4.10(c))。

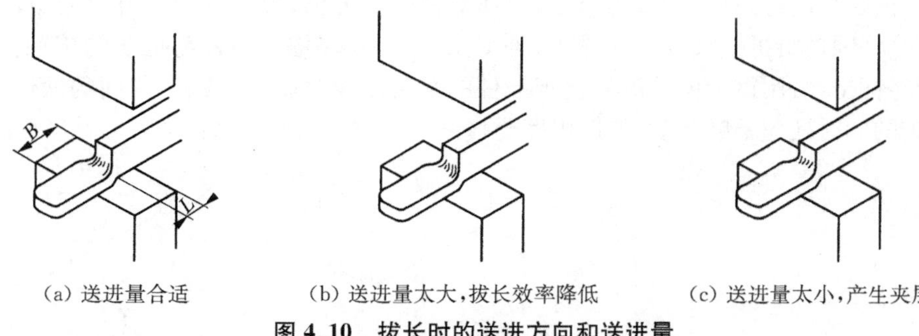

(a) 送进量合适　(b) 送进量太大，拔长效率降低　(c) 送进量太小，产生夹层

图 4.10　拔长时的送进方向和送进量

(2) 拔长过程中要不断翻转坯料，翻转的方法如图 4.11 所示。

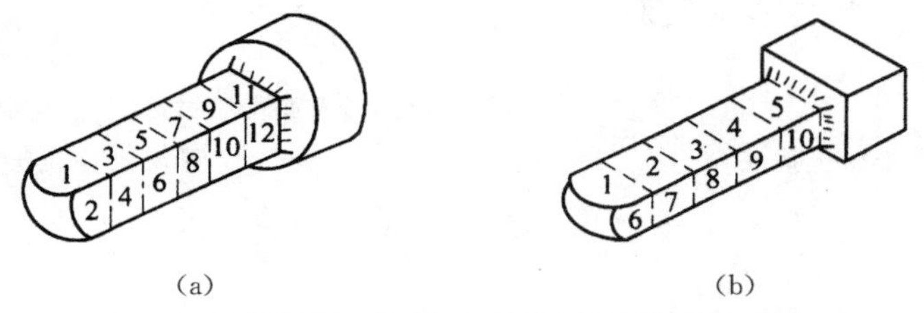

(a)　(b)

图 4.11　拔长时坯料的翻转方法

(3) 锻打时，每次的压下量不宜过大，应保持坯料的宽度与厚度之比不要超过 2.5，否则，翻转后继续拔长时容易形成折叠。

(4) 将圆截面的坯料拔长成直径较小的圆截面锻件时，必须先把坯料锻成方形截面，在边长接近锻件的直径时，锻成八角形，然后滚打成圆形(见图 4.12)。

(5) 锻制台阶或凹档时，要先在截面分界处压出凹槽，称为压肩(见图 4.13)。压肩后，再把截面较小的一端锻出。

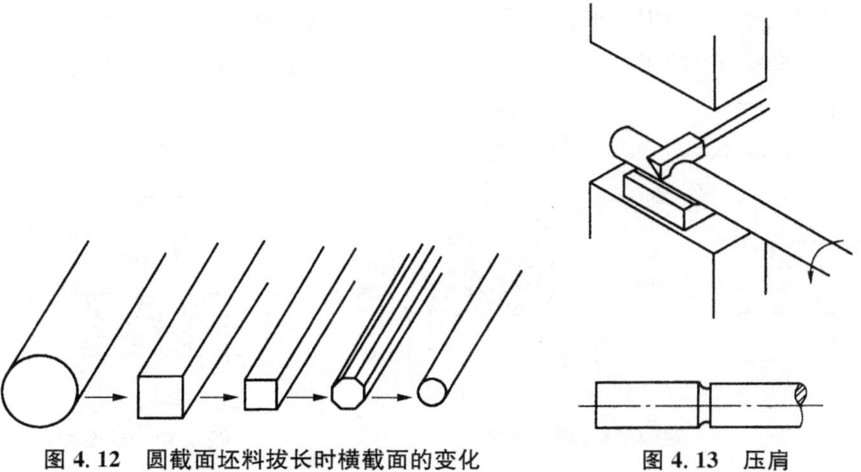

图 4.12　圆截面坯料拔长时横截面的变化　　**图 4.13　压肩**

(6) 套筒类锻件的拔长操作如图 4.14 所示。坯料须先冲孔，然后套在拔长心轴上拔长，坯料边旋转边轴向送进，并严格控制送进量。送进量过大，不仅拔长效率低，而且坯料内孔增大较多。

(7) 拔长后须进行调平、校直等修整，以使锻件表面光洁，尺寸准确。方形或矩形截面的锻件修整时，将锻件沿抵铁长度方向送进(见图 4.15(a))，以增加锻件与抵铁的接触长度。修整时，应轻轻锤击，可用钢板尺的侧面检查锻件的平直度及平整度。圆形截面的锻件修整时，锻件在送进的同时还应不断转动，如使用摔子修整(见图 4.15(b))，锻件的尺寸精度更高。

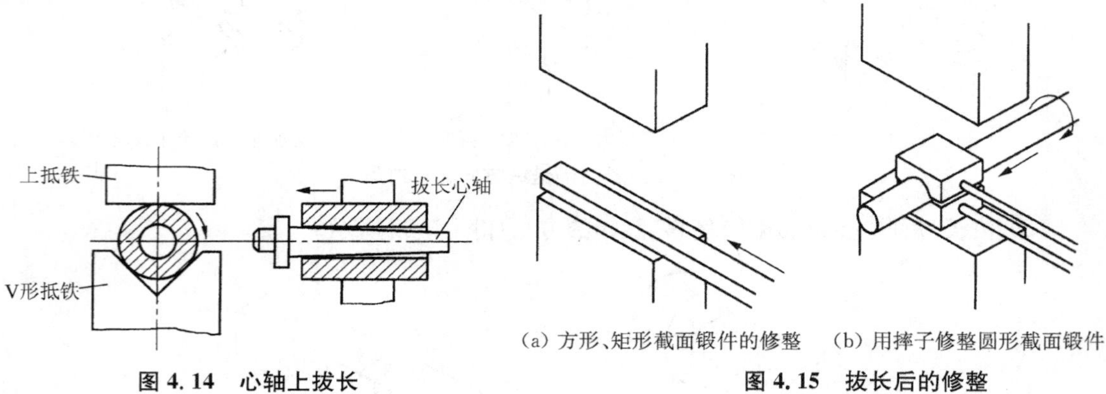

图 4.14　心轴上拔长　　**图 4.15　拔长后的修整**

3) 冲孔

冲孔是在坯料上锻出孔的工序。冲孔一般都是冲出圆形通孔，其工艺要点如下：

(1) 由于冲孔时坯料的局部变形量很大，为了提高塑性，防止冲裂，冲孔前应将坯料加热到始锻温度。

(2) 冲孔前坯料须先镦粗，以尽量减小冲孔深度，并使端面平整，以防止将孔冲斜。

(3) 为保证孔位正确，应先试冲，即先用冲子轻轻压出孔位的凹痕，如有偏差，可加以修正。

(4) 冲孔过程中应保持冲子的轴线与砧面垂直，以防冲斜。

(5) 一般锻件的通孔采用双面冲孔法冲出(见图 4.16)。先从一面将孔冲至坯料厚度 2/3～3/4 的深度，取出冲子，翻转坯料，然后从反面将孔冲透。

(6) 较薄的坯料可采用单面冲孔(见图 4.17)。单面冲孔时，应将冲子大头朝下，漏盘上的孔不宜过大，且须仔细对正。

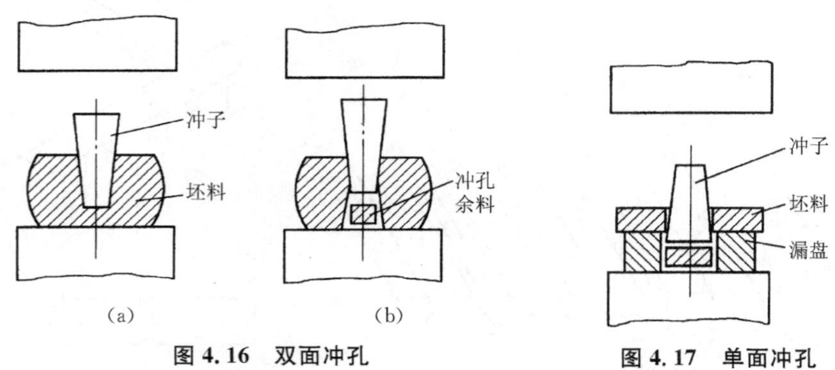

图 4.16　双面冲孔　　**图 4.17　单面冲孔**

(7) 为防止坯料胀裂，冲孔的孔径一般要小于坯料直径的 1/3。超过这一限制时，则要先冲出一个较小的孔，然后采用扩孔的方法达到所要求的孔径尺寸。常用的扩孔方法有冲子扩孔和心轴扩孔。冲子扩孔(见图 4.18(a))利用扩孔冲子锥面产生的径向胀力将孔扩大。扩孔时，坯料内产生较大的切向拉应力，容易冲裂，故每次的扩孔量不能太大。心轴扩孔(见图 4.18(b))实际上是将带孔坯料在心轴上沿圆周方向拔长，扩孔量几乎不受什么限制，最适于锻制大直径的圆环件。

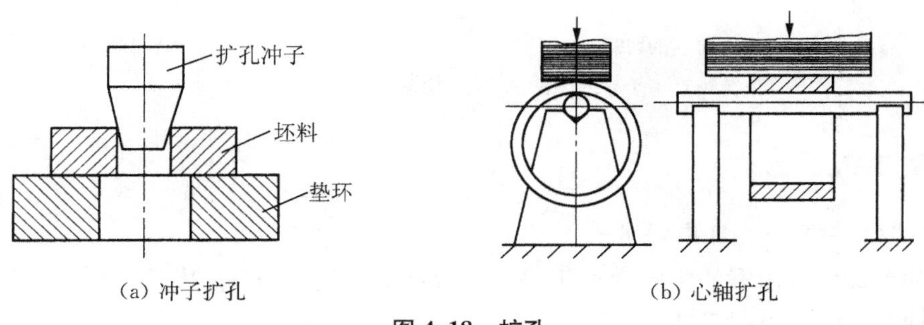

(a) 冲子扩孔　　(b) 心轴扩孔

图 4.18　扩孔

4) 弯曲

将坯料弯成一定角度或弧度的工序称为弯曲，如图 4.19 所示。

5) 扭转

扭转是在保持坯料轴线方向不变的情况下，将坯料的一部分相对于另一部分扳转一定角度的工序，如图 4.20 所示。扭转时，须将坯料加热至始锻温度，受扭曲变形的部分必须表面光滑，面与面的相交处要有圆角过渡，以防扭裂。

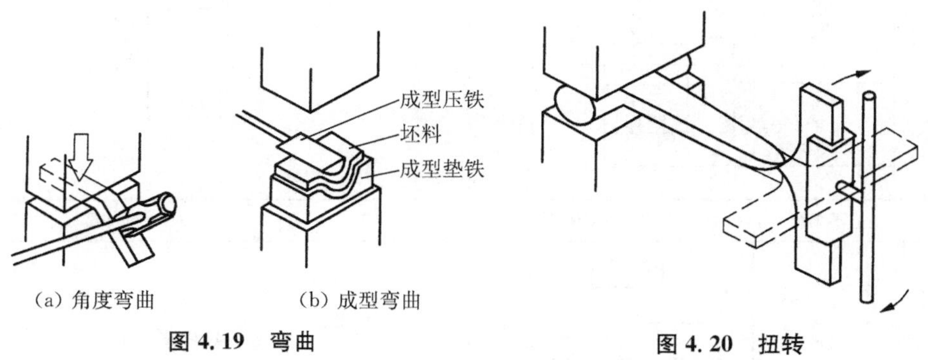

(a) 角度弯曲　　(b) 成型弯曲

图 4.19　弯曲

图 4.20　扭转

6) 切割

切割是分割坯料或切除锻件余料的工序。方形截面坯料或锻件的切割如图 4.21(a)所示，先将剁刀垂直切入工件，至快要断开时将工件翻转，再用剁刀或克棍截断。切割圆形工件时，要将工件放在带有凹槽的剁垫中，边切割，边旋转，如图 4.21(b)所示。

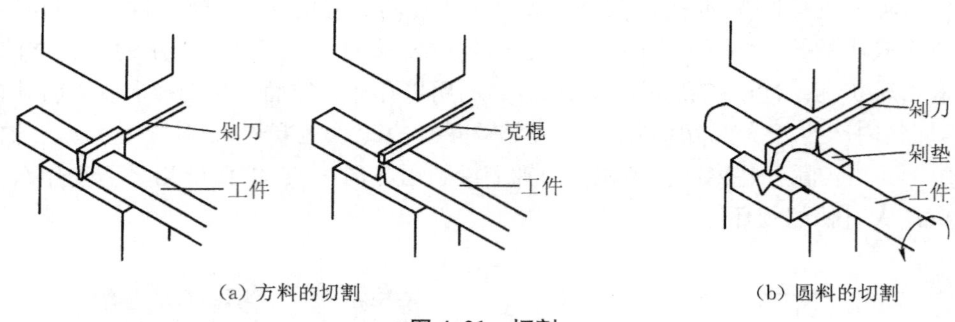

(a) 方料的切割　　(b) 圆料的切割

图 4.21　切割

4.3.3　自由锻工艺

1）阶梯轴类锻件的自由锻工艺

阶梯轴类锻件自由锻的主要变形工序是整体拔长及分段压肩、拔长。表 4.2 所列为一简单阶梯轴锻件的自由锻工艺过程。

表 4.2　阶梯轴锻件的自由锻工艺过程

锻件名称	阶梯轴	工艺类别	自由锻
材料	45	设备	150 kg 空气锤
加热火次	2	锻造温度范围	1 200～800 ℃
锻件图		坯料图	
$\phi32\pm2$　$\phi49\pm2$　$\phi37\pm2$　42±3　83±3　270±5		$\phi65$　95	

序号	工序名称	工序简图	使用工具	操作要点
1	拔长	$\phi49$	火钳	整体拔长至 $\phi49\pm2$
2	压肩	48	火钳 压肩摔子 或三角铁	边轻打边旋转坯料

续表

序号	工序名称	工序简图	使用工具	操作要点
3	拔长	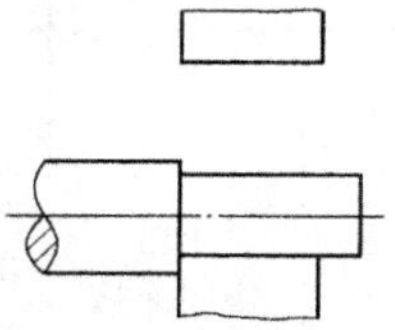	火钳	将压肩一端拔长至略大于 φ37
4	摔圆	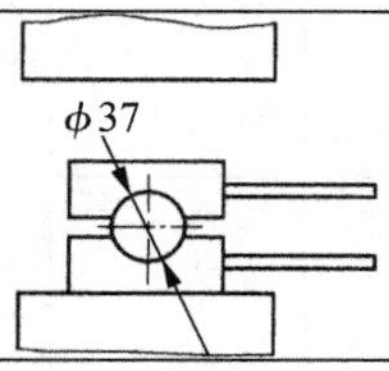 φ37	火钳 摔圆摔子	将拔长部分摔圆至 φ37±2
5	压肩	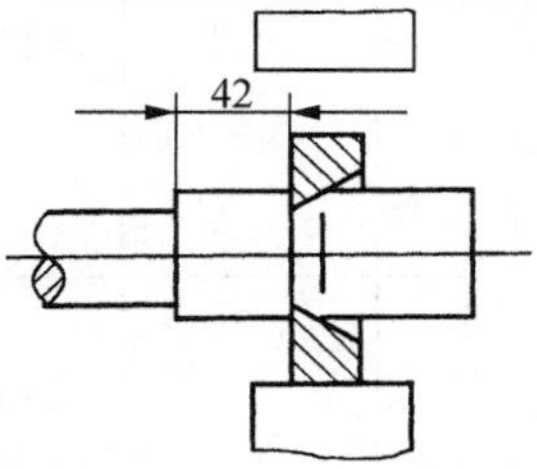 42	火钳 压肩摔子 或三角铁	截出中段长度 42 mm 后，将另一端压肩
6	拔长	（略）	火钳	将压肩一端拔长至略大于 φ32
7	摔圆	（略）	火钳 摔圆摔子	将拔长部分摔圆至 φ32±2
8	精整	（略）	火钳，钢板尺	检查及修整轴向弯曲

2）带孔盘套类锻件的自由锻工艺

带孔盘类锻件自由锻的主要变形工序是镦粗和冲孔（或再扩孔）；带孔套类锻件的主要变形工序为镦粗、冲孔、心轴拔长。表 4.3 所列为六角螺母毛坯的自由锻工艺过程。此锻件可视作带孔盘类锻件，其主要变形工序为局部镦粗和冲孔。

表 4.3　六角螺母毛坯的自由锻工艺过程

锻件名称	六角螺母	工艺类别	自由锻
材料	45	设备	100 kg 空气锤
加热火次	1	锻造温度范围	1 200～800 ℃
锻件图		坯料图	
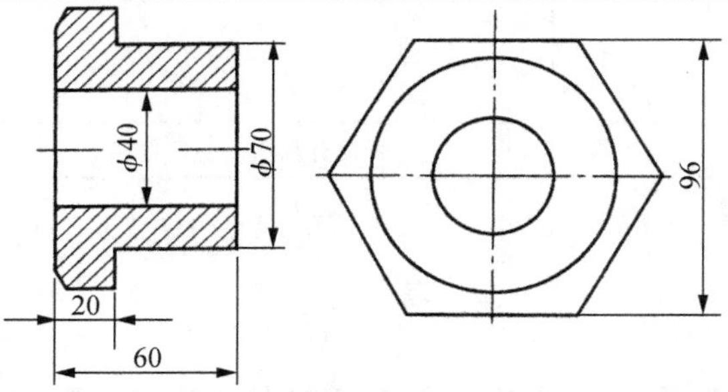 φ40　φ70　96　20　60		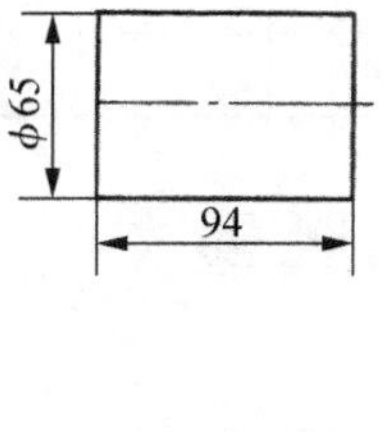 φ65　94	

续表

序号	工序名称	工序简图	使用工具	操作要点
1	局部镦粗	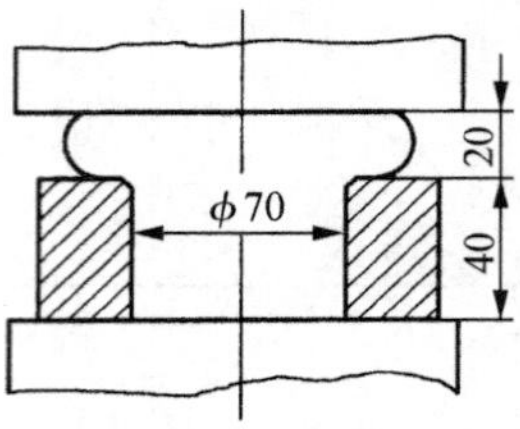 20 ϕ70 40	火钳 镦粗漏盘	1. 漏盘高度和内径尺寸要符合要求； 2. 漏盘内孔要有 3°～5°斜度，上口要有圆角； 3. 局部镦粗高度为 20 mm
2	修整	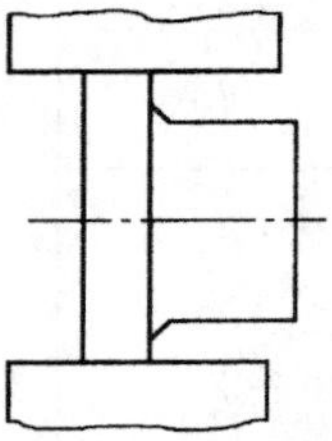	火钳	将镦粗造成的鼓形修平
3	冲孔	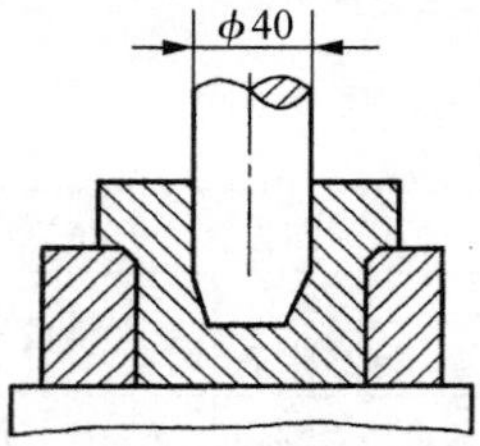 ϕ40	冲子 镦粗漏盘	1. 冲孔时套上镦粗漏盘，以防径向尺寸胀大； 2. 采用双面冲孔法冲孔； 3. 冲孔时孔位要对正，并防止冲斜
4	锻六角	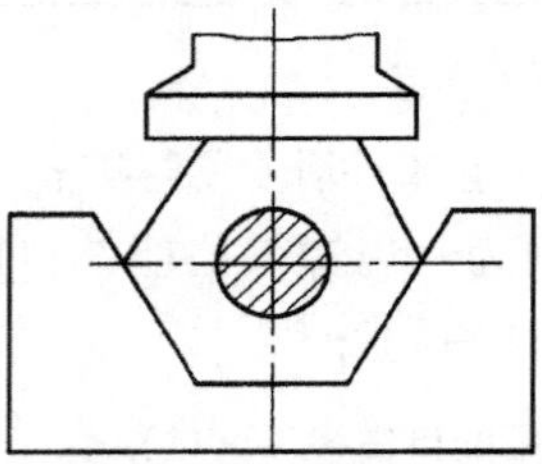	冲子 火钳 六角槽垫 平锤 样板	1. 带冲子操作； 2. 注意轻击，随时用样板测量
5	罩圆倒角	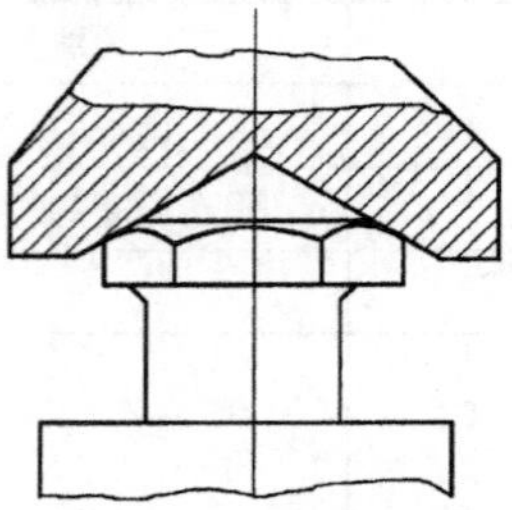	罩圆窝子	罩圆窝子要对正，轻击
6	精整	（略）		检查及精整各部分尺寸

4.4 胎膜锻

胎膜锻是在自由锻设备上使用简单的非固定模具（胎膜）生产锻件的方法。每锻造一个锻件，胎膜的各组件要往砧座上放上和取下一次。

常用胎膜的种类、结构和应用范围见表 4.4。

表 4.4　常用胎膜的种类、结构和应用范围

序号	类别	名称	结构简图	应用范围
1	摔模	整形摔模	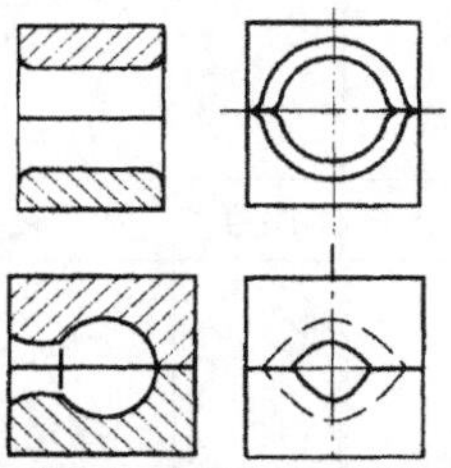	圆轴类锻件的精整
		制坯摔模	图略，各部分的圆角半径比整形摔模大，变形量较大时，横截面为椭圆形	圆轴类锻件或杆类锻件的制坯
2	扣模	开口扣模	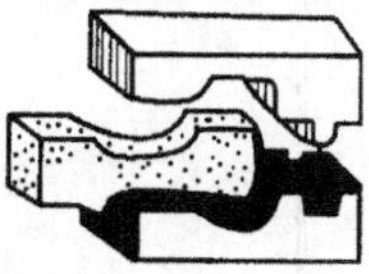	杆类非回转体锻件局部成型，或为用合模锻制的锻件制坯
		闭口扣模	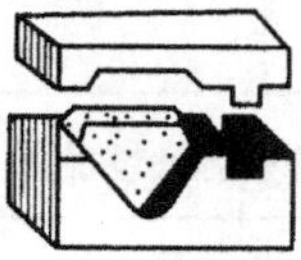	饼块类非回转体锻件的整体成型，或为用合模锻制的锻件制坯
3	弯模	弯模	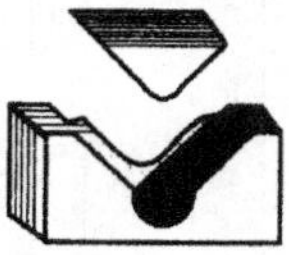	弯曲类锻件的成型，或为用合模锻制的锻件制坯
4	套模	开式套模	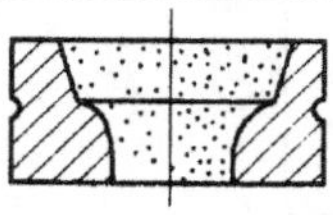	盘类锻件的成型，或为用合模锻制的锻件制坯
		闭式套模	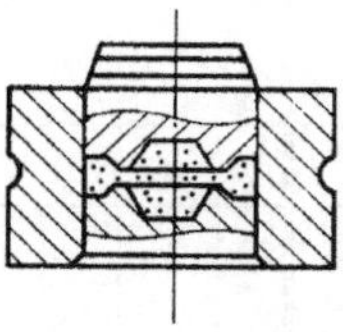	主要用于回转体锻件的无飞边锻造，也可用于非回转体锻件的锻造
5	合模	合模	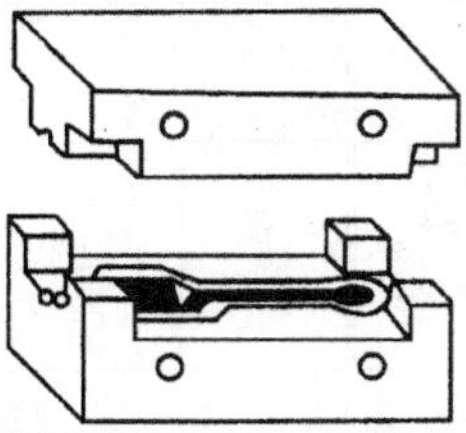	形状较复杂的非回转体类锻件的终锻

如表 4.5 和表 4.6 所示分别为某齿轮轴坯和某功率输出轴坯的胎膜锻工艺过程。

表 4.5　齿轮轴坯胎膜锻工艺

锻件名称	齿轮轴
材料	40 Cr
坯料尺寸	ϕ55×195
坯料质量	3.5 kg
锻造设备	250 kg 空气锤

锻件图（尺寸：77，19，26，32，ϕ55，ϕ43，ϕ56，ϕ43，ϕ50，240）

序号	工序名称	工序简图	序号	工序名称	工序简图
1	下料 加热	195，ϕ55	3	摔尾部	90，65
2	摔头部	140，75	4	摔杆部， 整形	95，65

表 4.6　某功率输出轴坯胎膜锻工艺过程

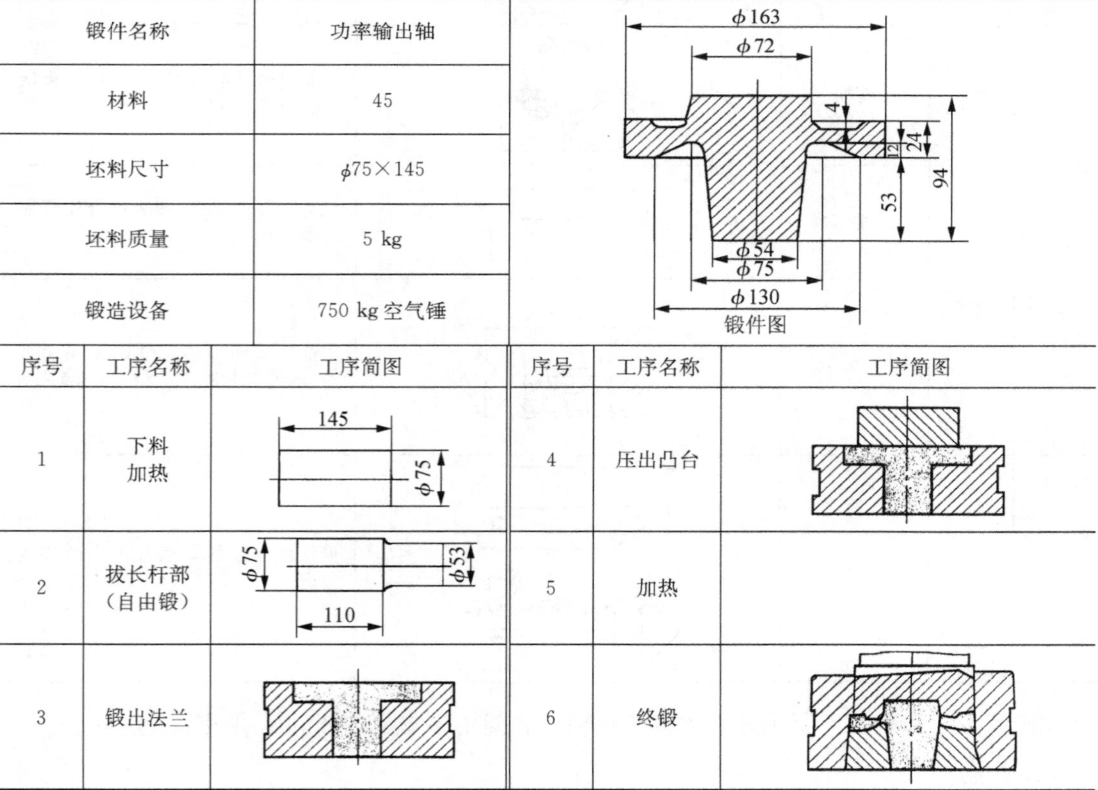

锻件名称	功率输出轴
材料	45
坯料尺寸	ϕ75×145
坯料质量	5 kg
锻造设备	750 kg 空气锤

锻件图（尺寸：ϕ163，ϕ72，4，2，24，94，53，ϕ54，ϕ75，ϕ130）

序号	工序名称	工序简图	序号	工序名称	工序简图
1	下料 加热	145，ϕ75	4	压出凸台	
2	拔长杆部 （自由锻）	ϕ75，ϕ53，110	5	加热	
3	锻出法兰		6	终锻	

与自由锻相比，胎膜锻具有生产率较高，锻件表面光洁，加工余量较小，材料利用率较高等优点，但由于每锻一个锻件，胎膜都要搬上、搬下一次，劳动强度很大。胎膜锻只适用于小型锻件的中、小批量生产。大批量生产需采用现代化的模锻方法。

4.5 板料冲压

板料冲压是利用装在冲床上的冲模，使金属板料变形或分离，从而获得毛坯或零件的加工方法。

板料冲压件的厚度一般都不超过 1～2 mm，冲压前不需加热，故又称薄板冲压或冷冲压，简称冷冲或冲压。

常用的冲压材料是低碳钢、铜、铝及奥氏体不锈钢等强度低而塑性好的金属。冲压件尺寸精确，表面光洁，一般不再进行切削加工，只需钳工稍做加工或整修，即可作为零件使用。

4.5.1 冲床

冲床是进行冲压加工的基本设备。常用的开式冲床如图 4.22 所示。冲模的上模和下模分别装在滑块的下端和工作台上。电动机通过 V 形胶带带动大带轮(飞轮)转动。踩下踏板，离合器闭合并带动曲轴旋转，再经过连杆带动滑块沿导轨做上下往复运动，进行冲压加工。如果将踏板踩下后立即抬起，离合器随即脱开，滑块冲压一次后便在制动器的作用下，停止在最高位置上；如果踏板不抬起，滑块就进行连续冲压。滑块和上模的高度以及冲程的大小，可通过曲柄连杆机构进行调节。

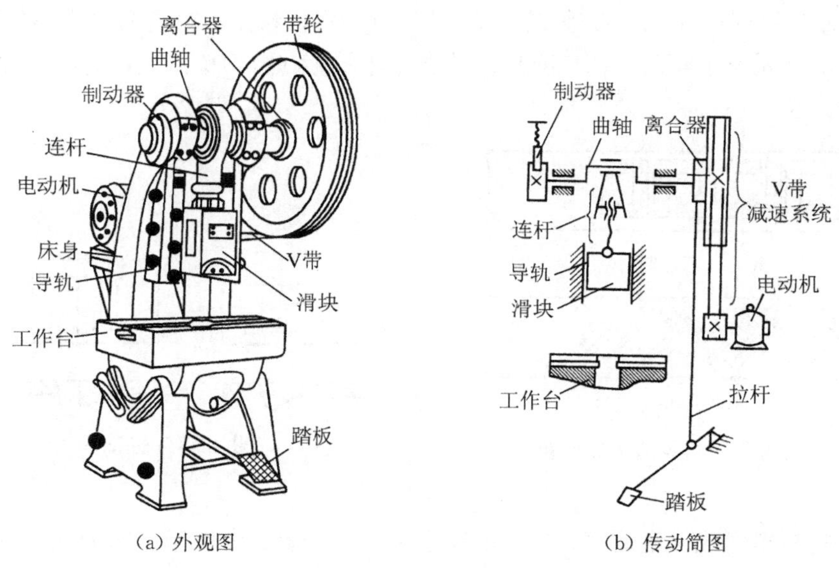

(a) 外观图　　(b) 传动简图

图 4.22 开式冲床

冲床属于机械压力机类设备，其规格以公称压力表示，也称冲床(压力机)的吨位。例如J23-63型冲床，型号中的“J”表示机械压力机，“63”表示冲床的公称压力为630 kN(63 t)(型号中的“23”表示机型为开式可倾斜式)。

4.5.2 板料冲压的基本工序

板料冲压的工序分为分离工序和成型工序两大类。分离工序是使板料沿一定的线段分离的冲压工序，有冲裁、切口、切断等；成型工序是使板料产生局部或整体塑性变形的工序，有弯曲、拉深、翻边、胀形等。下面介绍几种常用的基本工序。

1) 冲裁

冲裁是使板料沿封闭轮廓分离的工序，如图4.23所示。

冲裁包括冲孔和落料两个具体工序，它们的模具结构、操作方法和分离过程完全相同，但各自的作用不同。冲孔是在板料上冲出所需要的孔洞，冲孔后的板料本身是成品，冲下的部分是废料(见图4.24)。落料时，从板料上冲下的部分是成品，而板料本身则成为废料或冲剩的余料(见图4.25)。落料时，合理设计落料件在板料上的排列方案，是节约材料的重要途径(见图4.26)。

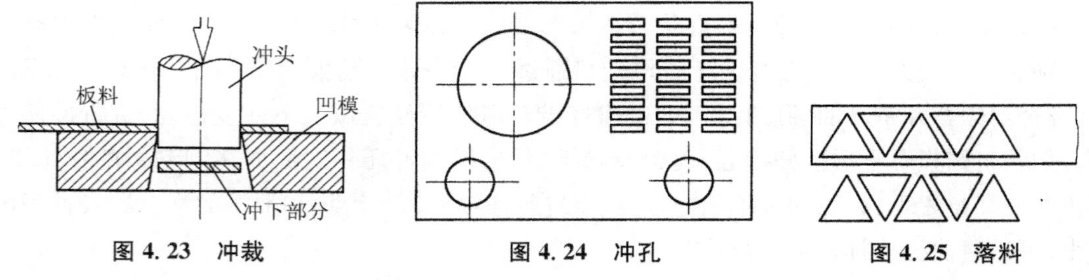

图4.23 冲裁　　图4.24 冲孔　　图4.25 落料

切口(见图4.27)可视作不完整的冲裁，其特点是将板料沿不封闭的曲线部分地分离，并且分离部分的金属发生弯曲。切口有良好的散热作用，因此，切口工艺在各类机械及仪表外壳的冲压中大量采用。

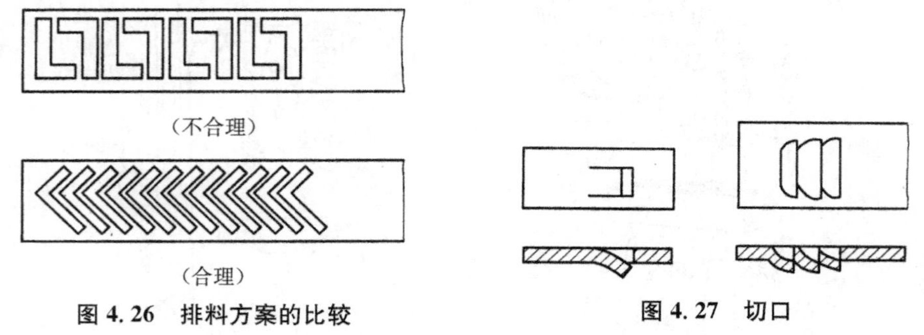

图4.26 排料方案的比较　　图4.27 切口

2) 弯曲

弯曲是将板料弯成一定曲率和角度的变形工序，如图4.28所示。弯曲成型不仅可以加工板料，也可加工管子和型材。

弯曲时,受弯部位的金属,内层受压缩,容易起皱;外层受拉伸,容易拉裂。弯曲半径(即冲头端部的圆角半径 r)越小,受压缩和拉伸部位的变形程度越大。因此,按板料的材质和厚度不同,有最小弯曲半径的限制。此外,凹模上口的边缘也要加工成圆角,以免划伤工件。

弯曲时,受弯部位金属发生弹-塑性变形。当冲头回程时,工件会回弹角度 $\Delta\alpha$(见图 4.29),因此板料弯曲后的实际角度:

$$\alpha' = \alpha + \Delta\alpha$$

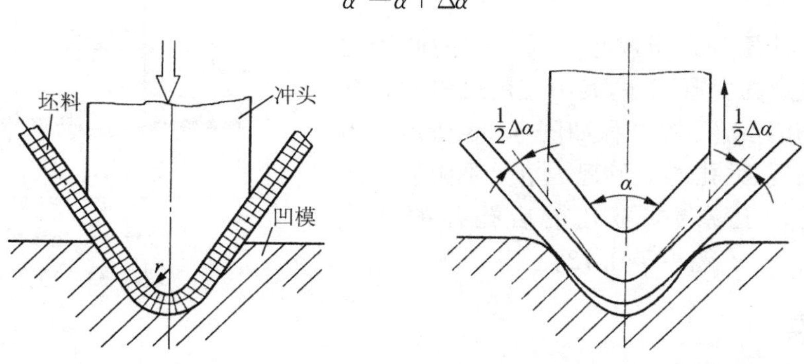

图 4.28　弯曲　　**图 4.29　弯曲件的回弹**

图 4.30 是一块板料经过多次弯曲后,制成带有圆截面的筒状零件的弯曲过程。

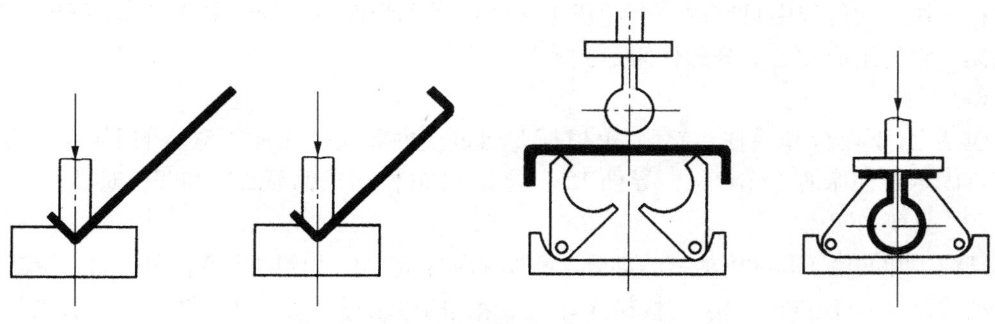

图 4.30　带有圆截面的筒状零件的弯曲过程

3) 拉深

拉深是把板料冲制成中空形状冲压件的变形工序,又称拉延,如图 4.31 所示。

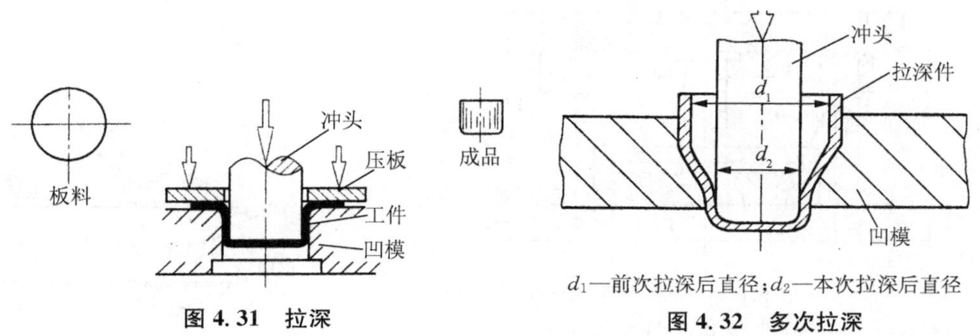

d_1—前次拉深后直径;d_2—本次拉深后直径

图 4.31　拉深　　**图 4.32　多次拉深**

为避免板料拉裂,冲头和凹模的各工作部位应加工成圆角。为减少摩擦阻力,冲头和凹模间要留有相当于板厚 1.1～1.2 倍的间隙，拉深前要在板料或模具上涂润滑剂。为防止板料起皱，破坏拉深过程，要用压板将板料压住。

为防止板料拉裂，拉深的每次变形程度都有一定的限制。如果所要求的拉深变形程度较大，则应进行多次拉深(见图 4.32)。多次拉深时，每次拉深所允许的变形程度依次减小。

4) 翻边

翻边是在冲压件的半成品上沿一定的曲线位置翻起竖立直边的变形工序，其中应用最多的是孔的翻边，即翻孔。翻孔的过程如图 4.33 所示。为防止将板料拉裂，翻孔的变形程度也受到限制。例如，低碳钢的翻孔系数(翻孔前后孔径的比值 d_0/d_p，见图 4.33)不能小于 0.72。

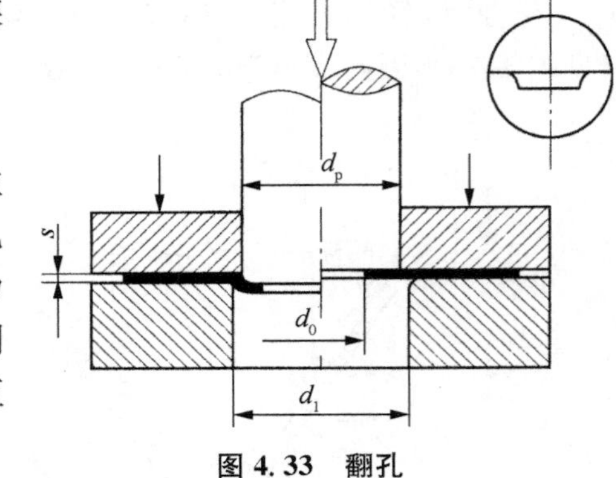

图 4.33 翻孔

4.5.3 冲模

冲模按其结构特点不同，分为简单冲模、连续冲模和复合冲模三类。

1) 简单冲模

在滑块一次行程中只完成一个冲压工序的冲模称为简单冲模。如图 4.34 所示为简单冲裁模。它的组成和各部分的作用是：

(1) 模架

包括上、下模板和导柱、导套。上模板 3 通过模柄 5 安装在冲床滑块的下端，下模板 4 用螺钉固定在冲床的工作台上。导柱 12 和导套 11 的作用是保证凸模和凹模对准。

(2) 凸模和凹模

凸模 1 和凹模 2 是冲模的核心部分。凸模又称冲头。冲裁模的凸模和凹模的边缘都加工出锋利的刃口，以便进行剪切，使板料分离。拉深模的边缘则要加工成圆角，以防止板料拉裂。

(3) 导料板和定位销

它们的作用是控制条料的送进方向和送进量，见图 4.35。

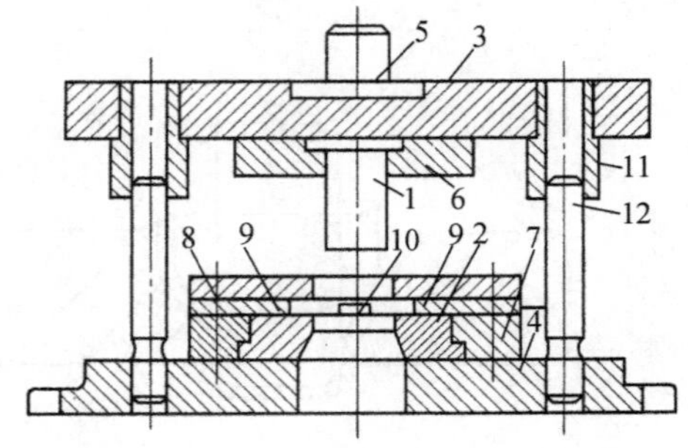

1—凸模；2—凹模；3—上模板；4—下模板；5—模柄；6、7—压板；8—卸料板；9—导料板；10—定位销；11—导套；12—导柱

图 4.34 简单冲裁模

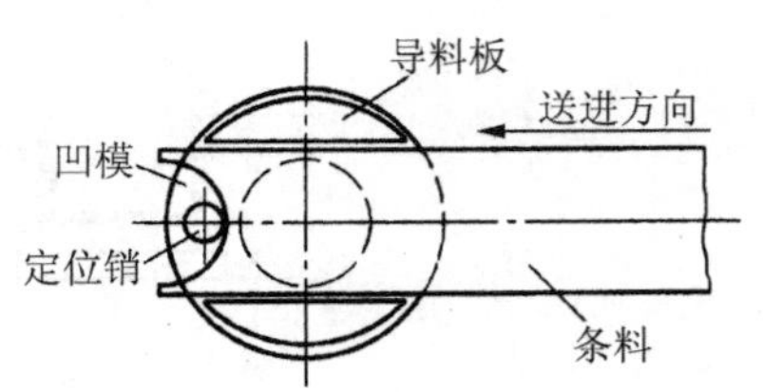

图 4.35 条料的送进和定位

(4) 卸料板

使凸模在冲裁以后从板料中脱出。

简单冲模结构简单,容易制造,适用于单工序完成的冲压件。对于需要多工序才能完成的冲压件,如采用简单冲模,则要制造多套模具,分多次冲压,生产率和冲压件的精度都较低。

2) 连续冲模

在滑块的一次行程中,在模具的不同部位同时完成两个或多个冲压工序的冲模称为连续冲模。

如图 4.36 所示为冲孔-落料连续冲模(连续冲裁模)。冲孔凸模和落料凸模、冲孔凹模和落料凹模分别做在同一个模体上。导板起导向和卸料作用。定位销使条料大致定位。导正销与已冲孔配合使落料时准确定位。

连续冲模生产效率高,易于实现自动化,但定位精度要求高,制造成本较高。

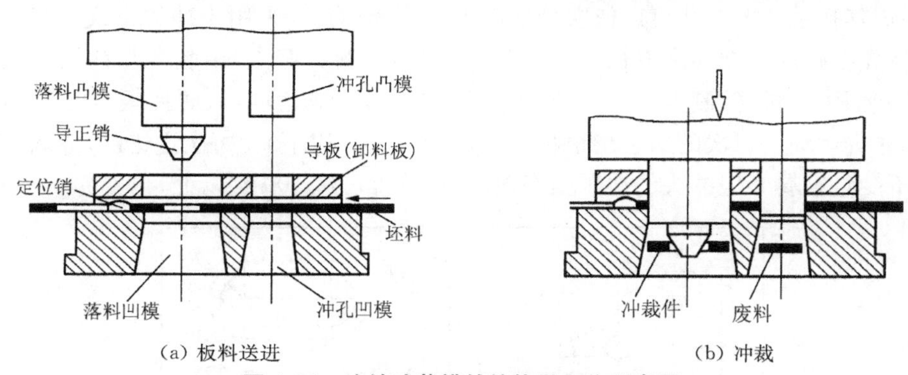

(a) 板料送进　　(b) 冲裁

图 4.36　连续冲裁模的结构及工作示意图

3) 复合冲模

在滑块的一次行程中,在模具的同一位置完成两个或多个工序的冲模称为复合冲模。

如图 4.37 所示为落料-拉深复合模的结构和工作示意图。这种模具结构上的主要特点是有一个凸凹模,其外缘为落料凸模,内孔为拉深凹模。板料入位后,凸凹模下降时,首先落料(见图 4.37(a)),然后拉深凸模将坯料顶入凸凹模内,进行拉深(见图 4.37(b))。顶出器在滑块回程时将拉深件顶出。

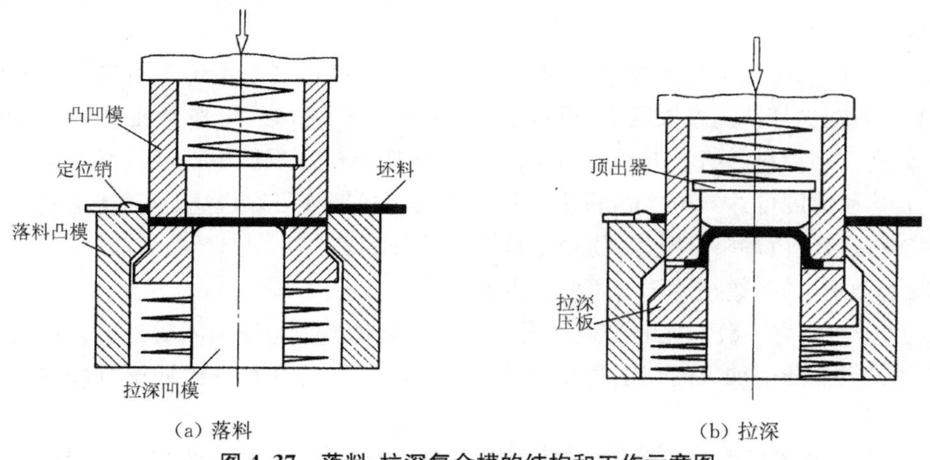

(a) 落料　　(b) 拉深

图 4.37　落料-拉深复合模的结构和工作示意图

复合冲模具有较高的加工精度及生产率,但制造复杂,适用于大批量生产的条件。

4.5.4 数控冲压简介

数控冲压是通过编制程序而由数字和符号实施控制的自动冲压工艺。实施数控冲压的机床称为数控冲床,数控冲压是通过编制程序而由数字和符号实施控制的自动冲压工艺。其中目前应用较多的是数控步冲压力机。它可对金属板料进行冲孔、步冲轮廓、切槽和冲压成型等多种加工。假如某金属板料上要冲出如图 4.38 所示的 5 种孔形。如果采用普通冲床冲孔,则需要利用 5 副冲模,并经过 4 次更换模具才能完成,或在多台冲床上分别冲出。如采用数控冲孔,则只要制造一副横截面为圆形,工作直径为 $2R_0$ 的冲模就可完成。根据图中各孔的尺寸、形状及位置编制相关程序后,在工件的一次装夹中,即可把全部的孔自动冲出。其中矩阵孔系的 8 个孔可以依次分别冲出。孔 3 和孔 5 采用步冲的方式冲出。步冲的过程是,首先在孔的一端冲出直径为 $2R_0$ 的孔,然后以此为起点,由装在步冲压力机工作台下部的两台伺服电机,控制板料沿 X 方向和 Y 方向做合成运动,从而使板料沿孔的中心线作间歇的送进运动。每次的送进量很小(0.01～0.1 mm 以下)。每次送进后,冲头向下冲压一次,切下少量金属。但冲头的冲压频率很高,每分钟可达 100 次以上。

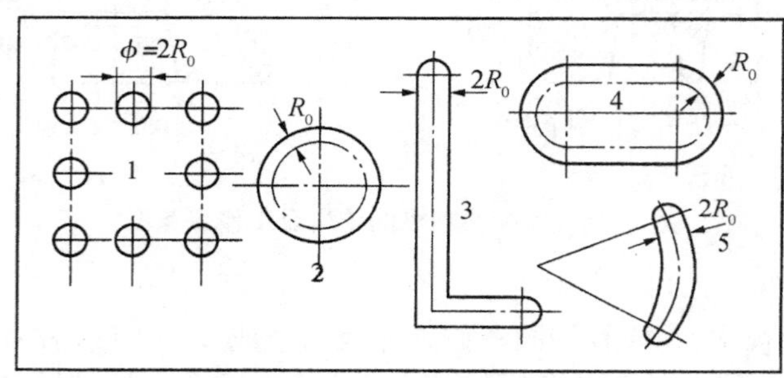

图 4.38 数控冲孔示意图

当板料根据预先编制好的程序完成一个孔的全部位移行程后,孔 3 或孔 5 即被冲成。利用同一副冲模,使板料沿图中孔 2 和孔 4 中双点画线的轨迹送进,即可采用步冲方式将这两个孔冲出。

数控步冲压力机的结构如图 4.39 所示。金属板料通过气动系统 7 由夹钳 5 夹紧在工作台面上。为减少移动的摩擦阻力,板料是被放置在装有滚珠的工作台面上的。图中的 16 和 14 为分别控制板料做 X 方向和 Y 方向运动的伺服电机。伺服电机通过滚珠丝杠带动工作台移动,移动速度可达 6 m/min 以上。冲压模具配接器 3 可以快速、准确地装夹和更换模具。一副模具通常由冲头、凹模和压边卸料圈三部分组成。

由以上介绍可知,数控冲压的主要特点是:

(1) 步进冲孔与一般冲孔的过程不同。它不是通过冲头与凹模间的一次冲压将板料切离,而是通过类似插削加工的切削过程完成孔加工的。冲头在每一次冲压行程中只切下少许金属。

(2) 数控冲孔采用形状简单的小模具即可完成板料上复杂孔型的加工,而且,一种形状和尺寸的小模具可以完成多种孔型的加工，从而大大降低模具制造的费用，节省制造和更换模具的时间。

(3) 对于需要大型模具和大型冲床才能冲出的大孔，在小型步冲压力机上即可方便地完成。当步冲压力机的工作台面尺寸不够时，还可通过翻转工件使加工范围扩大一倍。

(4) 由于不需要针对冲孔的孔型和尺寸制造专用的模具，数控冲孔在中、小批量生产，甚至单件生产中更显示其优越性。

(5) 数控冲孔的设备投资较大。

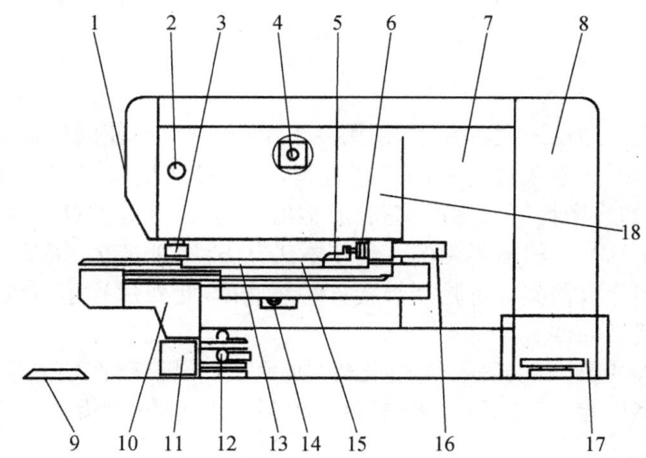

1—控制盘；2—传动头；3—冲压模具配接器；4—主电机；5—夹钳；6—坐标导轨；7—气动系统；8—电气柜；9—踏板；10—托架；11—废屑箱；12—除屑泵；13—工作台；14—Y 轴电机；15—定位销；16—X 轴电机；17—液压系统；18—机身

图 4.39　数控步冲压力机结构示意图

第5章　焊　　接

5.1　概述

焊接是通过加热或加压或两者并用，使用或不用填充材料，使同种或异种材质的被焊工件达到原子间结合而形成永久性连接的工艺过程，与机械连接、粘接等其他连接方法比较，焊接具有质量可靠（如气密性好）、生产率高、成本低、工艺性好等优点。

焊接是制造金属结构和机器零件的一种基本工艺方法，如船体、锅炉、压力容器、化工容器、车厢、家用电器和建筑构架等都是用焊接方法制造的，此外焊接还可以用来修补铸、锻件的缺陷和磨损的机器零部件。

按焊接过程的特点，焊接方法分为熔化焊（如手弧焊、埋弧焊、CO_2保护焊、气焊等）、压力焊（如电阻焊、摩擦焊等）和钎焊（如火焰钎焊、电弧钎焊等）三大类。

5.2　弧焊电源

弧焊电源是电弧焊机的主要组成部分，是对焊接电弧提供电能的一种装置，可以分成交流弧焊电源、直流弧焊电源、脉冲弧焊电源、逆变弧焊电源四大类。

电焊机型号编制方法及含义如下：

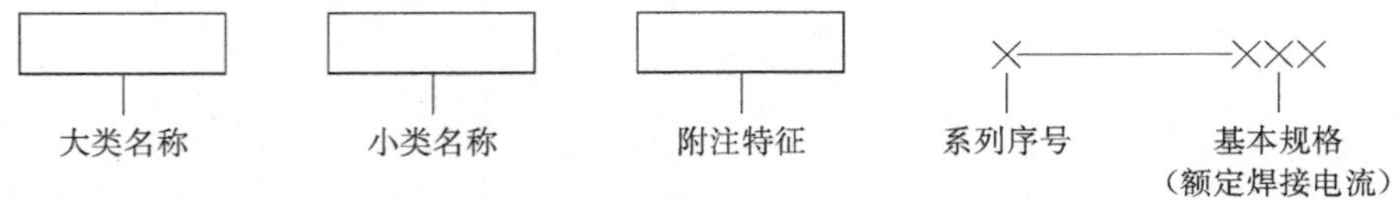

B：交流弧焊电源　　X：下降特性　　M：脉冲电源

Z：整流弧焊电源　　P：平特性　　E：交直流电源

M：埋弧焊机

W：不熔化极气保焊机

N：熔化极气保焊机

1）交流弧焊电源

交流弧焊电源可分为弧焊变压器和矩形波交流弧焊电源。

弧焊变压器由主变压器、调节和指示装置等组成，把220 V或380 V网路电压交流电变成适于弧焊的低压交流电，将电压降到60～90 V焊机的空载电压，以满足引弧的需要，焊接时，随着焊接电流的增加，电压自动下降至电弧正常工作所需的20～40 V电压，短路时，又能使短路电流不至于过大而烧毁电路或变压器。具有结构简单、易造易修、成本低、效率高等优点，但其电流波形为正弦波，电弧稳定性较差、功率因数低，一般应用于手弧焊、埋弧焊和钨极氩弧焊等方法。

图 5.1 为 BX3-300 型交流电焊机。交流电焊机的电流调节有粗调和细调两个步骤，粗调是改变线圈抽头的接法，选定电流范围，按左边电极接法为 50～150 A，按右边电极接法为 175～430 A，细调是转动调节手柄，根据电流指示盘将电流调节到所需值。酸性焊条手工电弧焊优先选用交流电焊机。

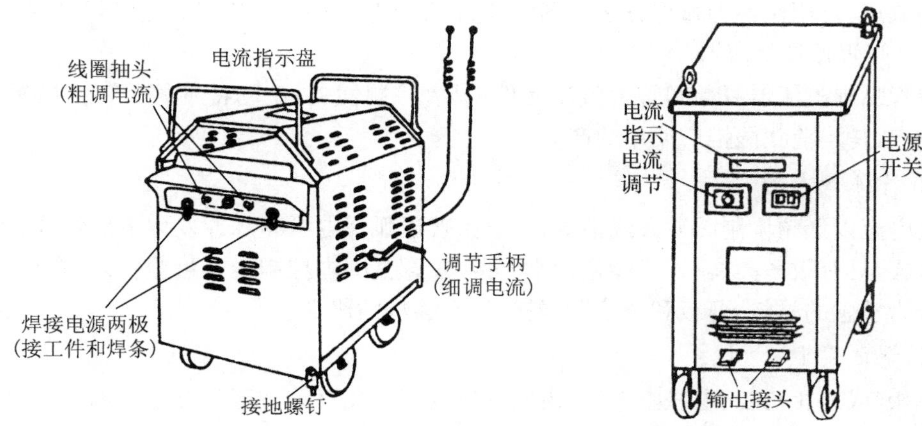

图 5.1　BX3-300 型交流电焊机　　　图 5.2　ZXG-300 型硅弧焊整流器

矩形波交流弧焊电源采用半导体控制技术来获得矩形波交流电流，电弧的稳定性好，可调参数多，功率因数高，除了用于交流钨极氩弧焊(TIG)外，还可用于埋弧焊，甚至可代替直流弧焊电源用于碱性焊条手弧焊。

2）直流弧焊电源

直流弧焊电源输出端有正、负极，焊接时电弧两极极性不变。焊件接电源正极，焊条接电源负极称为正接，也称为正极性(见图 5.3(a))；焊件接电源负极，焊条接电源正极称为反接，也称为反极性(见图 5.3(b))。手弧焊在焊接厚板时，一般采用直流正接，焊接薄板时，一般采用直流反接，使用碱性焊条时，均采用直流反接。

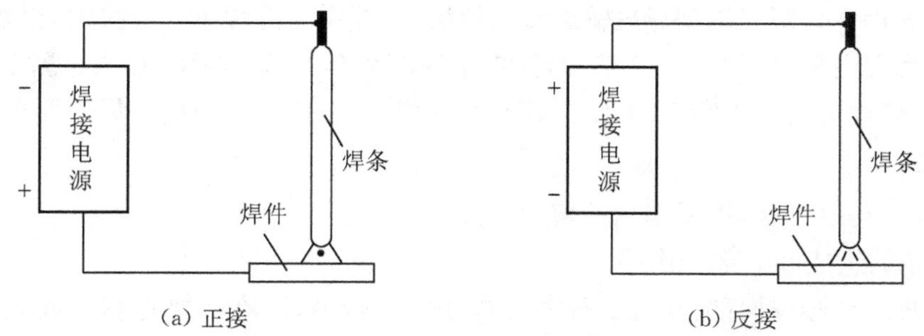

图 5.3　直流弧焊机的正反接法

直流弧焊电源分为旋转式直流弧焊发电机、硅弧焊整流器和晶闸管弧焊整流器。

(1) 直流弧焊发电机

直流弧焊发电机一般由特种直流发电机和获得所需外特性的调节装置等组成。它的优点是过载能力强、输出脉动小、可用作各种弧焊方法的电源，也可由柴油机驱动用于没有电源的野外施工，缺点是空载损耗较大、效率低、噪声大、造价高、维修困难，现已不推广使用。

（2）硅弧焊整流器

硅弧焊整流器把交流电经过降压、整流变为直流电，由主变压器、半导体硅整流元件以及获得所需外特性的调节装置等组成，具有制造方便、造价较低、空载损耗小、噪声小、维修方便等优点，能自动补偿电网电压波动对输出电压、电流的影响，弥补了交流弧焊电源电弧不稳定的缺点，可用作各种弧焊方法。图 5.2 为 ZXG-300 型硅整流式直流弧焊电源。

（3）晶闸管弧焊整流器

晶闸管弧焊整流器以晶闸管为整流元件，具有控制性能好、动特性好、节能、省料、电路复杂等特点，是当前我国推广使用的产品。

3）脉冲弧焊电源

焊接电流以低频调制脉冲方式馈送，一般由普通弧焊电源和脉冲发生电路组成，也有其他结构形式，具有效率高、输入线能量较小、可在较宽范围内控制线能量等特点，多用于对热输入量较为敏感的材料、薄板和全位置焊接，具有独特的优点。

4）弧焊逆变器

把单相(或三相)交流电经整流后，由逆变器转变为几百赫兹至几万赫兹的中频交流电，经降压后输出交流或直流电，整个过程由电子电路控制，使电源具有符合需要的外特性和动特性，具有高效节电、质量轻、体积小、功率因数高、焊接性能好等独特的优点，可应用于各种弧焊方法，代表着现代弧焊电源的发展趋势。

5.3 常用电弧焊方法

5.3.1 手弧焊

手弧焊是手工操纵焊条进行焊接的电弧焊方法，设备简单，操作方便、灵活，应用广泛。

1）焊接过程(见图 5.4)

将焊钳和焊件分别连接到焊机输出端的两极，用焊钳夹持焊条。焊接时，以焊条与焊件之间产生的高温电弧(见图 5.5)作热源，使焊条端部和焊件迅速熔化，形成金属熔池，随着焊条向前移动，熔池的后部不断冷却、结晶、凝固，形成焊缝，使两个分离的焊件焊成一个整体。

2）焊条

焊条是涂有药皮的供手弧焊用的熔化电极。

（1）焊条的组成和各部分作用

焊条由焊芯和药皮两部分组成，焊芯是焊条内的金属棒，在焊接过程中起到电极、产生电弧和熔化后填充焊缝的作用，为保证焊缝金属具有良好的塑性、韧性和减少产生裂纹的倾向，焊芯由专门冶炼的、具有低碳、低硅、低磷的金属材料制成。

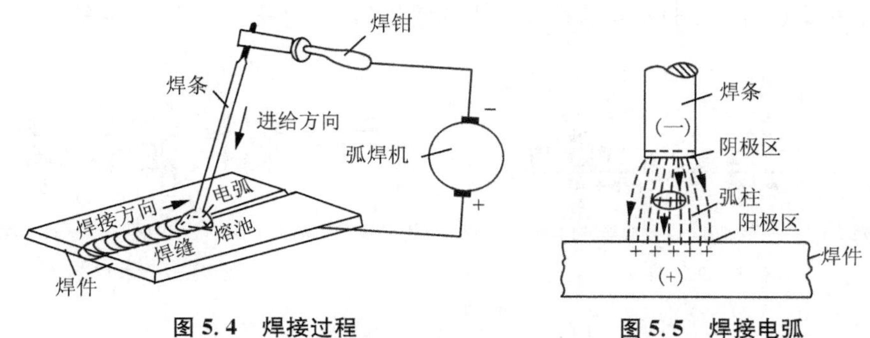

图 5.4 焊接过程　　图 5.5 焊接电弧

焊条的直径是表示焊条规格的一个主要尺寸，是由焊芯的直径来表示的，常用的直径有 2.0～6.0 mm，长度为 300～400 mm。通常根据焊件的厚度来选用焊条的直径，焊件较厚，应选用较粗的焊条，焊件较薄，选用较细的焊条，焊条直径的选择见表 5.1。立焊和仰焊时，焊条直径应该比平焊时更细。

表 5.1 焊条直径的选择

焊件厚度/mm	2	3	4～7	8～12	>12
焊条直径/mm	1.6,2.0	2.5,3.2	3.2,4.0	4.0,5.0	4.0～5.8

药皮是压涂在焊芯表面上的涂料层，由矿石粉、有机物粉、铁合金粉和粘结剂等原料按一定比例配制而成。药皮的主要作用是：引弧、稳弧、产生熔渣和气体保护熔滴、熔池和焊缝、隔离空气、去除有害杂质、添加有益的合金元素等。

(2) 焊条的种类与型号

焊条按用途不同分为若干类，如碳钢焊条、低合金钢焊条、不锈钢焊条等。碳钢焊条型号以字母"E"加四位数字组成，"E"表示焊条，第一、二位数字表示熔敷金属的最低抗拉强度值，第三位数字表示焊接位置，"0"及"1"表示焊条适用于全位置焊接，"2"表示焊条适用于平焊或平角焊，第三、四位数字组合时表示焊接电流种类和药皮类型，"03"表示钛钙型药皮，交直流两用，"05"表示低氢型药皮，只能用直流反接。如 E4315 表示熔敷金属的最低抗拉强度为 430 MPa，全位置焊接，低氢钠型药皮，使用直流反接。

焊条按药皮熔渣化学成分分为酸性焊条和碱性焊条两大类。

酸性焊条，指药皮中含有多量的酸性氧化物，如石英砂 SiO_2、钛白粉 TiO_2 等成分的焊条。酸性焊条交直流两用，焊接工艺性能好，焊缝成形美观，但焊缝的力学性能，特别是冲击韧度较差，适于低碳钢和低合金结构钢的焊接。典型的酸性焊条为 E4303(J422)。

碱性焊条，指药皮中含有多量碱性氧化物，如大理石 $CaCO_3$、萤石 CaF_2 等成分的焊条。碱性焊条脱硫磷能力强，焊缝金属含氢量低，具有良好的力学性能，特别是塑性和冲击韧度较高，但焊接工艺性能较差，一般用直流焊接，主要适用于低合金钢、合金钢及承受动载荷的重要结构的焊接。典型的碱性焊条为 E5015(J507)。

3) 手弧焊工艺

(1) 接头形式和坡口形式

根据焊件厚度和工作条件的不同，需要采用不同的焊接接头形式，常用的有对接、搭接、角接和T形接头(见图5.6)。对接接头受力比较均匀,应用最为广泛,重要的受力焊缝应尽量选用。

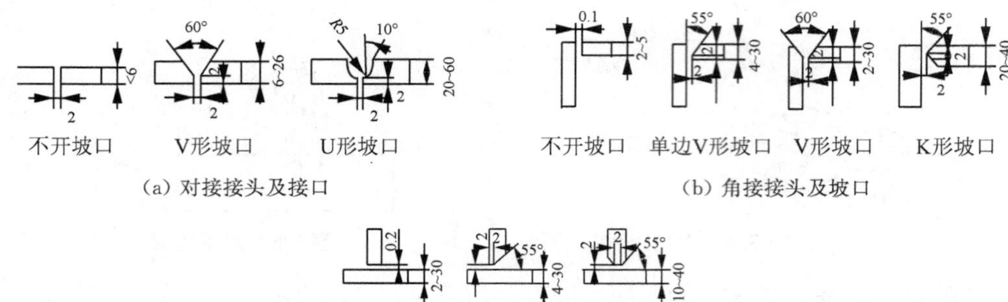

(a) 对接接头及接口　(b) 角接接头及坡口

(c) T字接头及坡口

图5.6　手弧焊接头及坡口

坡口的作用是为了保证电弧深入焊缝根部,使根部焊透,便于清除熔渣,获得较好的焊缝成形和焊接质量。选择坡口形式时,主要考虑下列因素:是否能保证焊缝焊透、坡口形式是否容易加工、应尽可能提高劳动生产率、节省焊条、焊后变形尽可能小等。常用的坡口形式见图5.6。

(2) 焊接空间位置

按焊缝在空间的位置不同,可分为平焊、立焊、横焊和仰焊(见图5.7)。平焊操作方便,劳动强度小,液体金属不会流散,易于保证质量,是最理想的操作空间位置,应尽可能地采用。

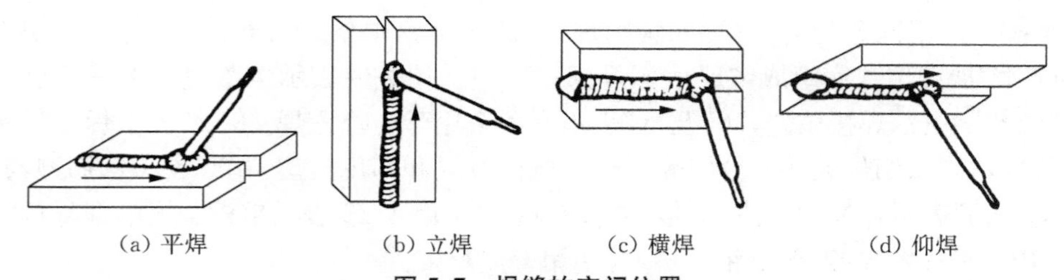

(a) 平焊　(b) 立焊　(c) 横焊　(d) 仰焊

图5.7　焊缝的空间位置

(3) 焊接工艺参数

焊接时,为保证焊接质量而选定的诸物理量(如焊接电流、电弧电压、焊接速度等)称为焊接工艺参数,它决定焊缝的形状(如图5.8所示)。

焊接电流应根据焊条直径选取,低碳钢平位置焊接时,焊接电流 I 和焊条直径 d 的关系为:$I=(30\sim60)d$。这里的焊接电流只是一个初步的数值,还要根据焊件厚度、接头形式、焊接位置、焊条类型等因素进行调整。随着焊接电流增大,焊缝的熔深 H 显著增大,而熔宽 B 和余高 a 略有增大,焊接生产率提高。

电弧电压通常根据焊接电流确定,使电弧长度保持在一定范围内,电弧电压增大,电弧长度增大,焊缝的熔宽显著增大,而熔深和余高略有减小,弧长过长,电弧燃烧不稳定,熔深减小,空气易侵入焊接区产生缺陷,因此操作时应尽量采用短弧,一般要求弧长不超过所用的焊条直径，多为 2～4 mm。

焊接速度是指单位时间内焊接的焊缝长度，它对焊缝质量影响很大，焊速过快，焊缝的熔深、熔宽减小，甚至可能产生夹渣和未焊透等缺陷，焊速过慢，焊缝熔深、熔宽增大，容易烧穿较薄的工件。手弧焊时，焊接速度由焊工根据经验掌握，一般在保证焊透的基础上，应尽可能增加焊接速度，提高劳动生产率。

(4) 焊接操作

① 接头清理。焊接前接头处应去除铁锈、油污，以便于引弧、稳弧，保证焊缝质量。

② 引弧。常用的引弧方法有划擦法和敲击法，如图 5.9 所示，焊接时将焊条端部与焊件表面划擦或轻敲后迅速将焊条提起 2～4 mm，电弧被引燃。

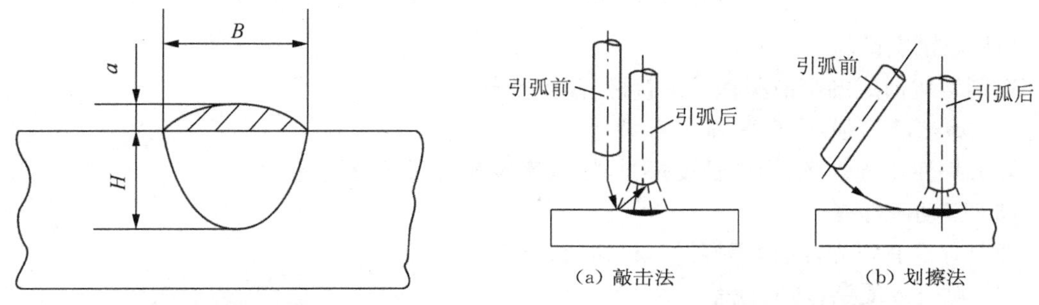

图 5.8　对接接头的焊缝形状

图 5.9　引弧方法

③ 运条。引弧后，首先必须掌握好焊条与焊件之间的角度(见图 5.10)，并使焊条同时完成三个基本动作(见图 5.11)：焊条沿轴线向熔池送进、焊条沿焊接方向移动、焊条沿焊缝横向摆动(为了获得一定宽度的焊缝)。

④ 焊缝收尾。焊缝收尾时要填满弧坑，焊条停止向前移动，在收弧处画一个小圈并慢慢将焊条提起，拉断电弧。

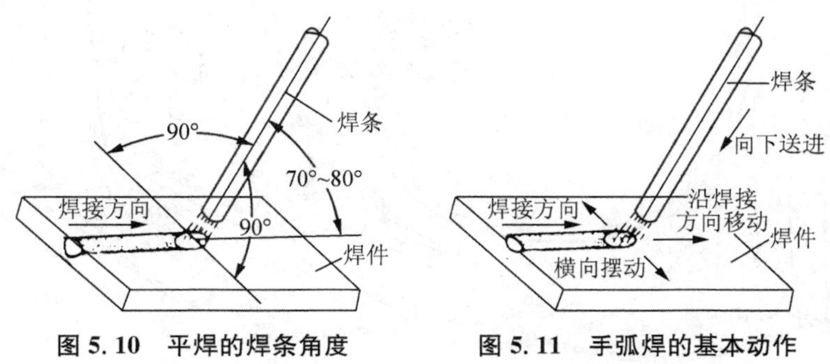

图 5.10　平焊的焊条角度

图 5.11　手弧焊的基本动作

5.3.2　自动埋弧焊

自动埋弧焊是电弧在焊剂层下燃烧，利用控制系统实现自动引弧、送进焊丝和移动电弧的电弧焊方法。图 5.12 为自动埋弧焊的焊缝形成过程。

自动埋弧焊与手弧焊相比具有下列特点：

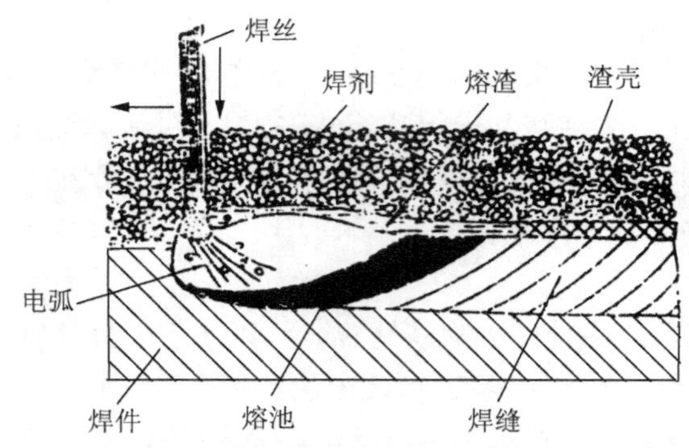

图 5.12　自动埋弧焊的焊缝形成过程

(1) 焊接质量高

焊剂熔化形成的熔渣膜保护焊接区,隔绝空气。

(2) 熔透能力强,生产率高

埋弧焊使用光焊丝,导电长度短,焊接电流显著提高,焊丝废料少。

(3) 劳动条件好

埋弧焊没有弧光辐射,焊接过程机械化、自动化。

(4) 设备较复杂,适应性差

需堆积颗粒状焊剂,主要用于黑色金属和不易氧化的金属焊接,用于平焊位置、长直焊缝和直径较大的环缝焊接,适于中厚板焊件的批量生产。

小车式自动埋弧焊机由焊接电源、控制箱和焊接小车三部分组成。MZ-1000 型自动埋弧焊机如图 5.13 所示,焊机型号中,“M”表示埋弧焊机,“Z”表示自动焊机,“1000”表示额定焊接电流为 1 000 A。

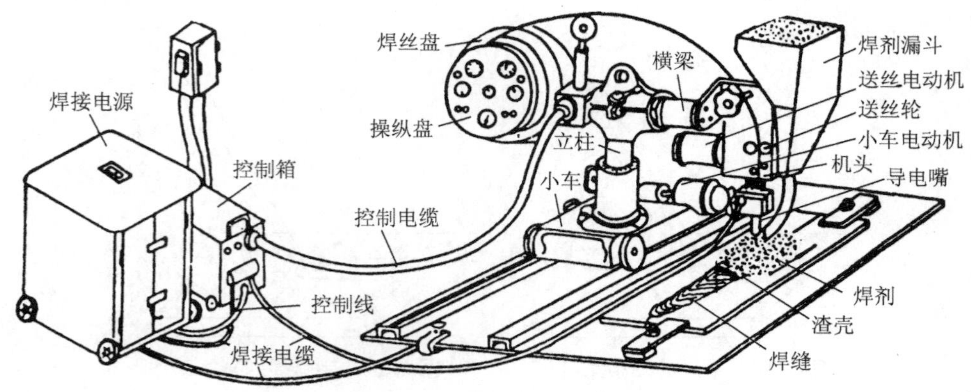

图 5.13　自动埋弧焊机

埋弧焊常用直径 1.6～6 mm 的实心焊丝,作用与要求与手弧焊焊条钢芯相似。焊剂按熔渣的酸碱度分为酸性(工艺性能好,交直流两用,焊缝韧性低)、碱性(工艺性能差,直流,焊缝韧性好)和中性(性能介于酸碱性之间)。为获得高质量的埋弧焊接头,并降低成本,正确选配焊丝和焊剂十分重要,如低碳钢埋弧焊可选用高锰高硅型焊剂 HJ431,配用 H08 MnA

焊丝，低合金高强钢埋弧焊可选用中锰中硅型焊剂 HJ350，配用适当强度的低合金高强钢焊丝。

5.3.3 CO_2气体保护焊

如图 5.14 所示，CO_2气体保护焊采用 CO_2气体作为保护介质，焊丝作电极和填充金属，CO_2气体价格低廉，焊接成本低，只有手弧焊和埋弧焊的 40%～50%，保护效果好，电弧热量集中，电流密度大，熔深大不用清渣，生产率高，操作灵活，适于各种位置焊接，易于实现自动化，是国家推广使用的一种高效节能的焊接方法，其主要缺点是焊缝成形较差，飞溅较大，弧光强，抗风能力差，焊接设备较为复杂，维修不便，由于氧化性较强，不宜焊接不锈钢及易氧化的材料，主要用于低碳钢和低合金钢的焊接。

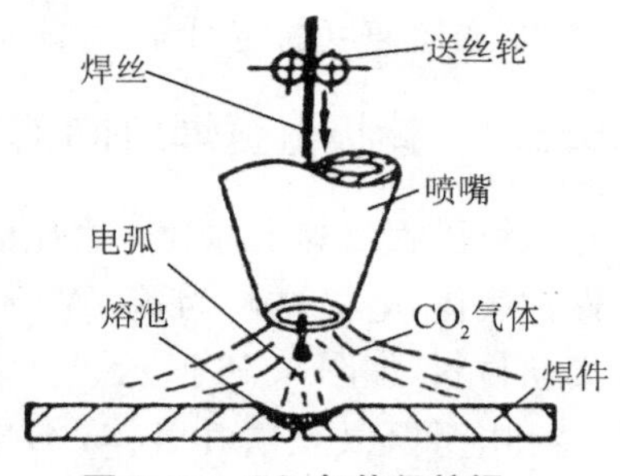

图 5.14 CO_2气体保护焊

CO_2焊接低碳钢和低合金钢时，为了防止气孔、减小飞溅、保证焊缝具有良好的力学性能，需采用含 Si、Mn 等脱氧元素的焊丝，如 H08Mn2SiA、H04Mn2SiTiA 等。焊丝直径为 0.6～4 mm，根据板厚和焊缝空间位置来选择，薄板小电流使用 1.2 mm 以下的细丝。焊接飞溅大是 CO_2焊接的主要缺点，可以通过使用合理的焊接电流和电弧电压工艺参数、采用加入少量氩气的混合气体、选用先进的电源及送丝装置、使用药芯焊丝、表面活化焊丝等新型焊丝的方法来减小飞溅。

CO_2焊接电源只能用直流电源，以自动或半自动方式进行焊接，目前应用较多的是半自动 CO_2焊。图 5.15 为 NBC1-300 型 CO_2半自动焊机，由焊接电源、焊枪、送丝机构、供气系统和控制系统组成。焊机型号中，"N"表示熔化极气保焊机，"B"表示半自动，"C"表示 CO_2气体保护焊，"1"为系列产品顺序号，"300"表示额定焊接电流为 300 A。

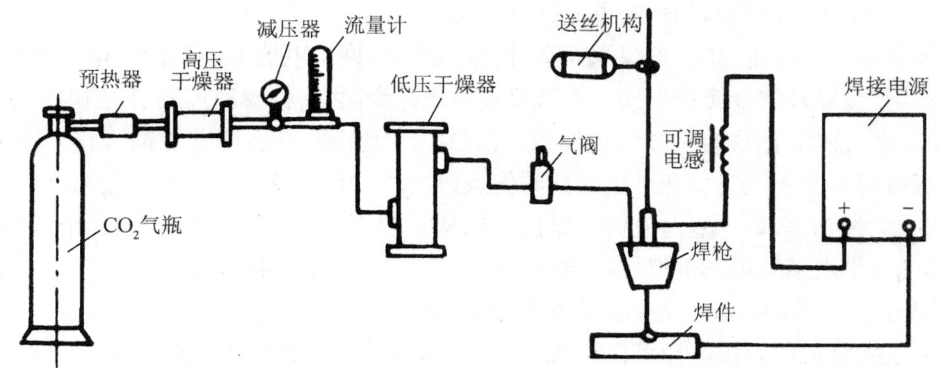

图 5.15 CO_2半自动焊机

焊枪由焊工直接拿在手中进行焊接，其作用是导电、导丝（把送丝机构送出的焊丝导向熔池）和导气（将 CO_2气体引向焊枪端部，从喷嘴喷射出来）。送丝机构将焊丝按一定的速度连续送进，由送丝电动机、减速装置、送丝滚轮、压紧机构等组成，送丝速度可在一定范围内进行无级调节。供气系统由CO_2气瓶、预热器、干燥器、减压器、流量计及气阀等组成，作用是使CO_2气瓶内的液态CO_2变为满足使用要求的并具有一定流量的气态CO_2，供焊接使用，保护气体的通断由气阀控制。控制系统实现对焊接电源的控制(控制引弧、焊接、熄弧等过程正常进行)、对焊接程序的控制(如引弧时提前供气，结束时滞后关气)、对送丝速度的控制(控制送丝速度稳定可靠，并能根据焊接工艺要求进行均匀调节)等功能。

5.3.4 钨极氩弧焊(TIG焊)

钨极氩弧焊也称为非熔化极氩弧焊，以氩气(Ar)作为保护气体，电极材料为钨(W)不熔化，可以填充或不填充焊丝材料，如图5.16所示。

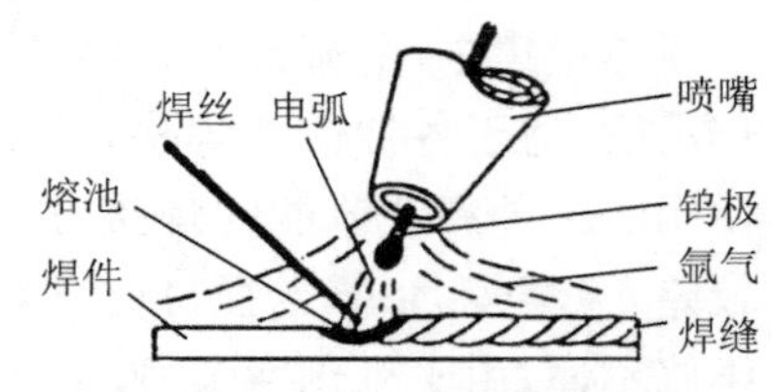

图5.16 钨极氩弧焊

由于氩气是惰性气体，不与金属发生化学反应、烧损被焊金属和合金元素，又不溶解于金属引起气孔，是一种理想的保护气体，能获得高质量的焊缝。氩气的导热系数小，是单原子气体，高温时不分解吸热，电弧热量损失小，氩弧一旦引燃，电弧就很稳定。钨极氩弧焊是明弧焊接，便于观察熔池，易于控制，可以进行各种空间位置的焊接，易于实现自动化。但是氩气价格贵，焊接成本高。

钨极氩弧焊电弧稳定，保护效果好，无材料、板厚、位置的限制，是最好的焊接方法之一，其缺点是熔深浅、生产率低，抗风抗锈能力差，设备较复杂，维修较为困难，尤其适用于易氧化的有色金属(如铝、镁、钛及其合金)、高强度合金钢及某些特殊性能钢(如不锈钢、耐热钢)等材料薄板的焊接。

钨由于熔点(3 410 ℃)和沸点(5 900 ℃)高、强度大、发射电子能力强，适合作为不熔化电极，掺入2%的Y_2O_3、ZrO_2或CeO_2的钨电极许用电流大、耐用性好，引弧及电弧稳定性好，放射性小，性能较为优越。钨棒直径一般为0.5～8 mm，不同直径的钨棒有其许用电流的范围，要根据实际的板厚和焊接电流进行选用。

钨极氩弧焊直流正接时，熔深深而窄、钨棒温度低、许用电流大、寿命长、电弧稳定，用于铝、镁及其合金以外的金属的焊接。直流反接时熔深浅而宽、钨棒温度高、许用电流小、寿命短，但是具有破碎氧化物的阴极清理作用，可以用于铝、镁及其合金薄板的焊接。交流或脉冲钨极氩弧焊具有直流正接和反接的共同优点，是焊接铝、镁及其合金的最佳选择。

图5.17为NSA-500型钨极氩弧焊机的结构示意图，主要由焊接电源、焊枪、焊接控制系统、供气和供水系统等部分组成。焊机型号中，"N"表示熔化极气保焊机，"S"表示手工焊机，"A"表示氩气保护，"500"表示额定焊接电流为500 A。

钨极氩弧焊机的焊接电源可以用弧焊变压器，也可以用弧焊整流器。NSA-500型手工钨极氩弧焊机用BX3-500型弧焊变压器作为焊接电源。控制箱控制焊接程序，实现对供电、供气、引弧、稳弧、焊接、熄弧等过程的控制，面板上装有电流表、电源与水流指示灯、电源转换开关、气流检查开关等。钨极氩弧焊由于钨极不熔化，常用高频引弧的方法引燃电弧。供气系统包括氩气瓶、减压器、流量计及电磁气阀等，作用是使气瓶内的氩气按一定流量送出，满足焊接保护的要求。当焊接电流在150 A以上时，钨极和焊枪必须用流动冷水进行冷却。

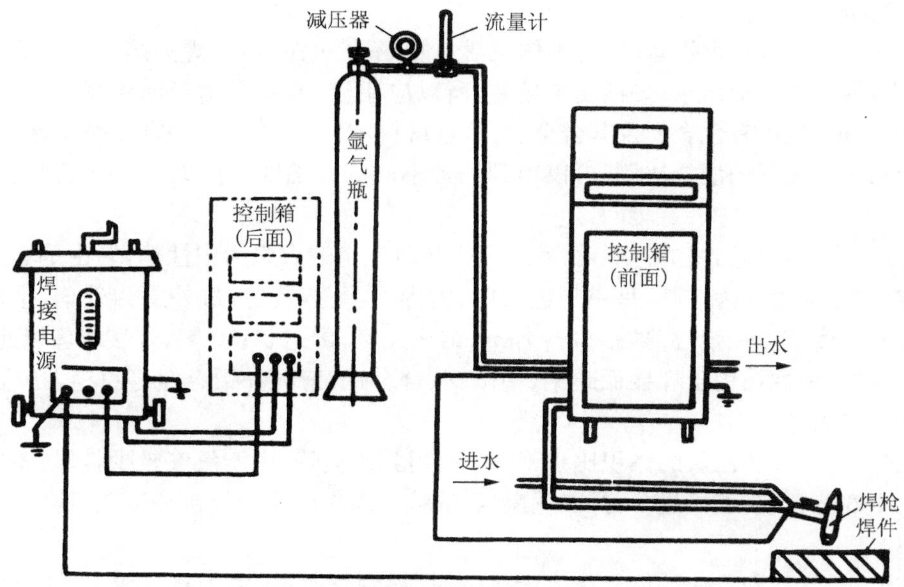

图 5.17　手工钨极氩弧焊机结构示意图

5.3.5　熔化极氩弧焊(MIG 焊)

熔化极氩弧焊的基本原理与 CO_2 焊相似，只是保护气体为氩气(Ar)，使用焊丝作为电极，电流密度大，焊缝熔深大，焊接效率高，电弧稳定，无飞溅，焊接质量高，适用于各种材料、各种位置的焊接，尤其适于有色金属、活泼金属和不锈钢的中厚板材焊接。

5.4　其他焊接和切割方法

5.4.1　氧气-乙炔焊接和切割

利用氧气-乙炔气体火焰作热源，可以用于焊接和切割，乙炔是燃烧气体，氧气是助燃气体，气焊见图 5.18。

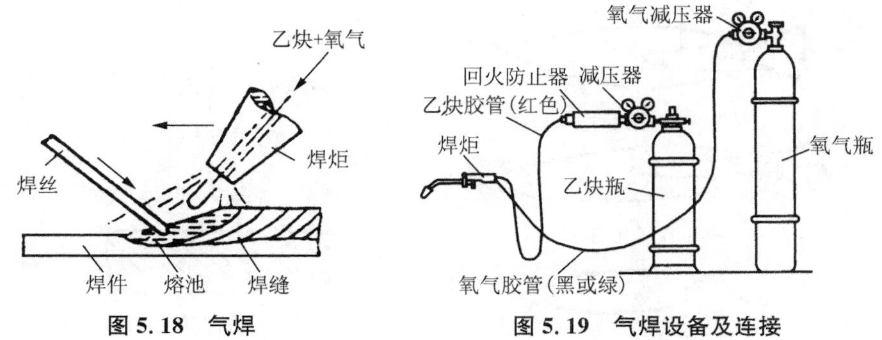

图 5.18　气焊　　　　图 5.19　气焊设备及连接

（1）气焊

如图 5.19 所示，气焊设备简单，操作灵活方便，不带电源，但气焊火焰温度较低，热量分散，生产率低，工件变形严重，焊接质量较差，所以应用较少，主要用于焊接厚度在 3 mm 以下的薄钢板、铜、铝等有色金属及其合金、低熔点材料，以及铸铁焊补和野外操作等。

改变乙炔和氧气的混合比例，可以得到三种不同的火焰即中性焰、碳化焰和氧化焰，见图 5.20。

中性焰：当氧气和乙炔的体积比为 1.1～1.2 时产生的火焰为中性焰，它由焰心、内焰和外焰组成，靠近喷嘴处为焰心，呈白亮色，其次为内焰，呈蓝紫色，最外层为外焰，呈橘红色。火焰的最高温度产生在焰心前端约 2～4 mm 的内焰区，可达 3 150 ℃，焊接时应以此区域加热工件和焊丝，中性焰用于焊接低碳钢、中碳钢、合金钢、紫铜和铝合金等材料，是应用最广泛的一种气焊火焰。

碳化焰：当氧气和乙炔的体积比小于 1.1 时得到碳化焰，由于氧气较少，燃烧不完全，整个火焰比中性焰长，当乙炔过多时，出现黑烟(碳粒)，碳化焰用于焊接高碳钢、铸铁和硬质合金等材料。

氧化焰：当氧气和乙炔的体积比大于 1.2 时，得到氧化焰，由于氧气较多，燃烧剧烈，火焰明显缩短，焰心呈锥形，火焰几乎消失，并有较强的嗞嗞声，氧化焰易使金属氧化，用途不广，仅用于焊接黄铜，以防止锌在高温时蒸发。

气焊的基本操作：

点火、调节火焰和灭火：点火时，先稍开一点氧气阀门，再开乙炔阀门，随后用明火点燃，然后逐渐开大氧气阀门，调节到所需的火焰状态。在点火过程中，若有放炮声或火焰熄灭，应立即减少氧气或放掉不纯的乙炔，再点火。灭火时，应先关乙炔阀门，后关氧气阀门，否则会引起回火。

平焊焊接：气焊时，右手握焊炬，左手拿焊丝。在焊接开始时，为了尽快地加热和熔化工件形成熔池，焊炬倾角应大些，接近于垂直工件，正常焊接时，焊炬倾角一般保持在 40°～50° 之间，焊接结束时，则应将倾角减小一些，以便更好地填满弧坑及避免焊穿。焊炬向前移动的速度应使工件熔化并保持熔池具有一定的大小，工件熔化形成熔池后，再将焊丝适量地点入熔池内熔化。

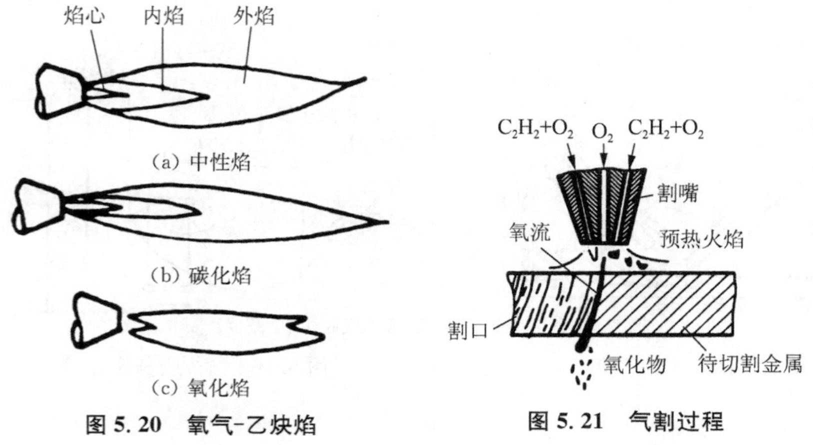

图 5.20　氧气-乙炔焰

图 5.21　气割过程

(2) 气割

气割是利用氧-乙炔气体火焰的热能将工件切割处预热到一定温度后，喷出高速切割氧流，使其燃烧并释放出热量实现切割的方法，见图 5.21。在切割过程中金属不熔化，与纯机械切割相比，气割具有效率高、适用范围广等特点。

5.4.2　等离子弧切割

等离子弧切割是利用高能量密度的等离子弧和高速的等离子流把已熔化的材料吹走，形成割缝的切割方法。等离子弧是电弧经过机械压缩、热压缩和电磁压缩效应形成的，等离子弧能量集中，能量密度大，挺度好，吹力强，温度高达 24 000～50 000 ℃。

利用压缩空气作为等离子切割的离子气，切割成本低、切割速度快、切口质量好，适合于薄板、中厚板的切割，应用广泛。气割与等离子弧切割比较如表 5.2 所示。

表 5.2　气割与等离子弧切割比较

名称	切割方法	特点及应用
气割	利用氧-乙炔气体火焰的热能将工件切割处预热到一定温度(金属的燃点)后，喷出高速切割氧流，使其燃烧并释放出热量实现切割的方法	火焰温度低，热量不集中，变形大，切口粗糙，精度低，但操作方便，成本低。被切割金属应具备以下条件：金属的燃点应低于其熔点，燃烧生成的金属氧化物熔点应低于金属本身熔点，金属燃烧时应释放出足够的热量，金属导热性要低。适于气割的材料有：低碳钢、中碳钢、普通低合金钢、硅钢、锰钢等
等离子弧切割	利用高能量密度的等离子弧加热金属至熔化状态，高速(可达 300 m/s)喷出的等离子气体把已熔化的材料吹走，形成割缝的切割方法	高速、高效、高质量，切割效率比气割高 1～3 倍，切口光滑，可用于有色金属、不锈钢、高碳钢、铸铁等气割困难的材料的切割

5.4.3　钎焊

钎焊是使用比焊件熔点低的金属作钎料，将焊件和钎料加热到适当温度，焊件不熔化，钎料熔化并填满接头间隙，与焊件相互扩散，冷凝后将焊件连接起来的一种焊接方法。

钎焊加热温度低，母材不熔化，焊接应力和变形小，尺寸精度高，但接头强度较低，耐热性差，多用搭接接头，结构重量大，多用于仪器、仪表、微电子器件、真空器件的焊接。

钎焊加热方法有：烙铁、火焰、电弧、电阻、感应、盐溶、激光等。

钎焊时，一般要加钎剂(熔剂)，作用是清除钎料和焊件表面的氧化物，避免焊件和液态钎料在焊接过程被氧化，改善液态钎料对工件的润湿性。例如铜焊时，采用硼砂、硼酸为钎剂；锡焊时，常用松香、焊锡膏或氯化锌水溶液为钎剂。

按钎料熔点不同，钎焊分为硬钎焊和软钎焊两种。硬钎焊是使用钎料熔点高于 450 ℃的硬钎料(常用的有铜基钎料和银基钎料等)进行钎焊，硬钎焊接头强度较高，适于焊接受力较大、工作温度较高的焊件，如硬质合金刀头的焊接。软钎焊是使用钎料熔点低于 450 ℃的软钎料(常用的有锡铅钎料等)进行的钎焊，软钎焊接头强度较低，适于焊接受力小、工作温度较低的焊件，如电器或仪表线路接头的焊接。

5.4.4 电阻焊

电阻焊是利用电流通过焊件接头的接触面及邻近区域产生的电阻热，把焊件加热到塑性状态或局部熔化状态，在压力作用下形成牢固接头的一种压焊方法。

电阻焊的基本形式有点焊、缝焊和对焊三种，如图 5.22 所示。

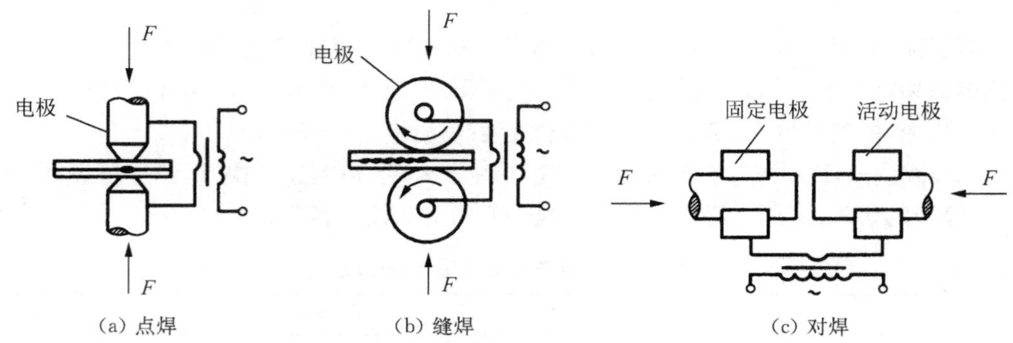

图 5.22　电阻焊的基本形式

电阻焊的生产率高，不需填充金属，焊接变形小，操作简单，易于实现机械化和自动化，电阻焊设备较复杂，投资较大，通常适用于大批量生产。

(1) 点焊

点焊是焊件装配成搭接接头，并压紧在两个柱状电极之间，利用电阻热熔化母材金属，形成焊点的电阻焊方法。点焊焊点强度高，变形小，工件表面光洁，适用于密封要求不高的薄板冲压件搭接及薄板、型钢构件的焊接。

(2) 缝焊(又称滚焊)

缝焊是焊件装配成搭接或对接接头，并置于两个滚轮电极之间，滚轮对焊件加压并转动，对电极连续或断续送电，形成一条连续焊缝的电阻焊方法。缝焊适用于厚度 3 mm 以下、要求密封或接头强度较高的薄板搭接件的焊接。

(3) 对焊

按操作方法不同，对焊可分为电阻对焊和闪光对焊两种。

电阻对焊是将焊件装配成对接接头，使其端面紧密接触，利用电阻热加热至塑性状态，然后迅速施加顶锻力完成焊接的方法。它的焊接过程是预压—通电—顶锻、断电—去压。如图 5.23(a)所示。这种焊接方法操作简单，接头较为光洁，广泛用于断面形状相同或相近的杆状零件的焊接，但由于接头内部残留夹杂物，强度不高。

闪光对焊是将焊件装配成对接接头，接通电源，使其端面逐渐移近，达到局部接触，利用电阻热加热端面接触点(产生闪光)，使端面金属熔化，至端部在一定深度范围内达到预定温度时，迅速施加顶锻力完成焊接的方法。它的焊接过程是通电—闪光加热—顶锻、断电—去压。如图 5.23(b)所示。这种焊接方法对接头顶端的加工清理要求不高，液体金属的挤出过程使接触面之间的氧化物杂质被清除，接头质量较高，得到普遍应用，但是闪光对焊金属消耗较多，接头表面较为粗糙。

5.4.5 摩擦焊

摩擦焊是利用焊件表面相互摩擦所产生的热，使端面达到热塑性状态，然后迅速顶锻，完成焊接的一种压焊方法(见图 5.24)。它具有质量好、生产率高、表面清理要求不高、易于实现自动化等特点，尤其适用于异种材料的焊接，如铝-铜过渡接头、铜-不锈钢水电接头、石油钻杆、电站锅炉蛇形管和阀门等。其缺点是设备投资较大，工件必须有一个是回转体，不宜焊接摩擦系数小的材料或脆性材料。

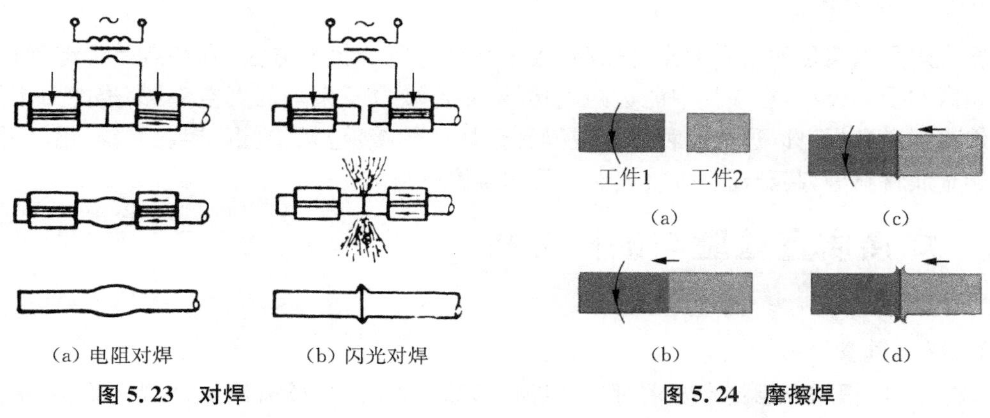

(a) 电阻对焊　(b) 闪光对焊

图 5.23　对焊

图 5.24　摩擦焊

5.4.6 超声波焊

超声波焊是利用超声波的高频振荡能量对焊件接头进行局部加热和表面清理，然后施加压力实现焊接的一种压焊方法。因为焊接过程中焊件没有电流流过，且没有火焰、电弧等热源作用，所以无热影响区和变形，表面无需严格清理，焊接质量好，适用于焊接厚度小于 0.5 mm 的工件，尤其适用于异种材料的焊接，但功率小，应用受到限制。

5.4.7 爆炸焊

爆炸焊是利用炸药爆炸产生的冲压力造成焊件迅速碰撞，实现连接的一种压焊方法。任何具有足够的强度和塑性，并能承受工艺过程所要求的快速变形的金属，均可以进行爆炸焊，主要用于材料性能差异大而且其他方法难以焊接的场合，如铝-钢、钛-不锈钢、钽、锆等金属的焊接，也用于制造复合板。爆炸焊无需专用设备，工件形状、尺寸不限。

5.4.8 电渣焊

电渣焊是利用电流通过液体熔渣所产生的电阻热进行熔焊的方法，用于焊接大厚度的工件(通常用于板厚 20 mm 以上的工件，最大厚度可达 2 m)，生产效率比电弧焊高，使接缝保持一定的间隙，不开坡口，节省钢材和焊接材料，经济效益较高，可以“以焊代铸”“以焊代锻”，减轻结构重量，其缺点是焊接接头晶粒粗大，对于重要结构，可通过焊后热处理来细化晶粒，改善力学性能。

5.4.9 电子束焊

在真空环境中，从炽热阴极发射的电子被高压静电场加速，经磁场聚集成高能量密度的电子束，以极高的速度轰击焊件表面，将电子运动的动能转变为热能，使焊件熔化形成接头，其特点是焊接速度很快，焊缝深而窄，热影响区和焊接变形极小，焊缝质量高，适用于其他方法难以焊接的形状复杂的焊件和特种金属、难熔金属、异种金属及金属与非金属的焊接。

5.4.10 激光焊

激光焊是以聚焦的激光束作为热源，轰击焊件进行焊接的方法，其特点是焊缝深而窄，热影响区和变形极小，在空气中能远距离传输，不需要电子束焊的真空室，穿透能力不及电子束焊接。激光焊可以进行同种金属或异种金属的焊接，包括铝、铜、银、钼、镍、锆、铌及其他难熔金属材料等，甚至还可焊接玻璃钢等非金属材料。

5.5 焊接质量检验与缺陷分析

1）焊接质量检验

焊接后，应根据产品技术要求对焊件进行检验，常用的检验方法有外观检验、无损探伤及水压试验等。

外观检验是用肉眼或借助标准样板、量具等器具，必要时使用低倍放大镜，检验焊缝的表面缺陷和尺寸偏差。

无损探伤常用渗透探伤、磁粉探伤、射线探伤和超声探伤等方法。

水压试验用来检验压力容器的强度和焊缝的致密性，一般是超载检验，实验压力为工作压力的 1.25～1.5 倍。

2）焊接缺陷分析

常见的焊接缺陷分析如表 5.3 所示。

表 5.3 常见的焊件缺陷分析

缺陷名称	图例	特征	产生的原因
焊缝外形尺寸不合要求		焊缝余高过高或过低；焊缝宽窄很不均匀；角焊缝单边下陷量过大	1. 焊接电流过大或过小； 2. 焊接速度不当； 3. 焊件坡口不当或装配间隙很不均匀
咬边		焊缝与焊件交界处凹陷	1. 电流太大，运条不当； 2. 焊条角度和电弧长度不当
气孔		焊缝内部（或表面）的孔穴	1. 熔化金属凝固太快； 2. 焊前清理不当，有铁锈、油污； 3. 电弧太长或太短； 4. 焊接材料化学成分不当

续表

缺陷名称	图例	特征	产生的原因
夹渣		焊缝内部和熔合线内存在非金属夹杂物	1. 焊件边缘及多层焊道之间清理不干净，焊接电流太小； 2. 熔化金属凝固太快； 3. 运条不当； 4. 焊接材料化学成分不当
未焊透		焊缝金属与焊件之间，或焊缝金属之间的局部未熔合	1. 焊接电流太小，焊接速度太快； 2. 焊件制备和装配不当，如坡口太小，钝边太厚，间隙太小等； 3. 焊条角度不对；
裂纹		焊缝、热影响区内部或表面裂纹	1. 焊接材料化学成分不当； 2. 熔化金属冷却太快； 3. 焊接结构设计不合理； 4. 焊接顺序不当，焊接措施不当

第三篇

机械加工基本方法

第6章 钳 工

6.1 概述

6.1.1 钳工的基本操作

钳工是手持工具对夹紧在钳工工作台虎钳上的工件进行切削加工的方法，它是机械制造中的重要工种之一。钳工的基本操作可分为：

(1) 辅助性操作

即划线，它是根据图样在毛坯或半成品工件上划出加工界线的操作。

(2) 切削性操作

有錾削、锯削、锉削、攻螺纹、套螺纹、钻孔(扩孔、铰孔)、刮削和研磨等多种操作。

(3) 装配性操作

即装配，将零件或部件按图样技术要求组装成机器的工艺过程。

(4) 维修性操作

即维修，对在役机械、设备进行维修、检查、修理的操作。

6.1.2 钳工工作的范围及在机械制造与维修中的作用

1) 普通钳工工作范围

(1) 加工前的准备工作，如清理毛坯，毛坯或半成品工件上的划线等；

(2) 单件零件的修配性加工；

(3) 零件装配前的钻孔、铰孔、攻螺纹和套螺纹等；

(4) 加工精密零件，如刮削或研磨机器、量具和工具的配合面、夹具与模具的精加工等；

(5) 零件装配时的配合修整；

(6) 机器的组装、试车、调整和维修等。

2) 钳工在机械制造和维修中的作用

钳工是一种比较复杂、细微、工艺要求较高的工作。目前虽然有各种先进的加工方法，但钳工所用工具简单，加工多样灵活、操作方便，适应面广等特点，故有很多工作仍需要由钳工来完成，如前面所讲的钳工的工作范围。因此钳工在机械制造及机械维修中有着特殊的、不可取代的作用。但钳工操作的劳动强度大、生产效率低、对工人技术水平要求较高。

6.1.3 钳工工作台和虎钳

1) 钳工工作台

简称钳台，常用硬质木板或钢材制成，要求坚实、平稳、台面高度约 800～900 mm，台面上装虎钳和防护网(见图 6.1)。

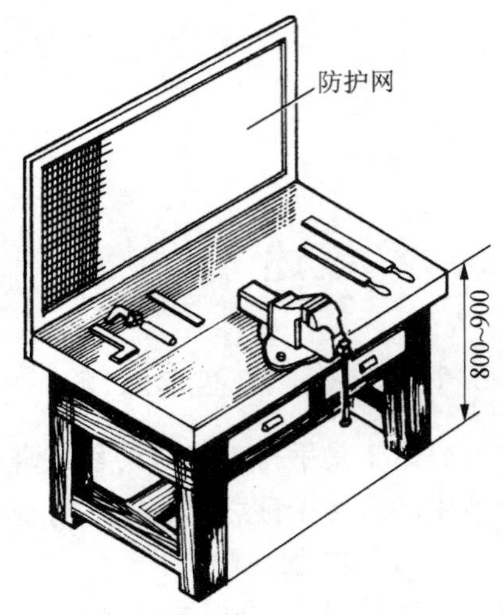

图 6.1　钳工工作台

2) 虎钳

虎钳是用来夹持工件，其规格以钳口的宽度来表示，常用的有 100 mm、125 mm、150 mm 三种，使用虎钳时应注意：

(1) 工件尽量夹在钳口中部，以使钳口受力均匀；

(2) 夹紧后的工件应稳定可靠，便于加工，并不产生变形；

(3) 夹紧工件时，一般只允许依靠手的力量来扳动手柄，不能用手锤敲击手柄或随意套上长管子来扳手柄，以免丝杠、螺母或钳身损坏；

(4) 不要在活动钳身的光滑表面进行敲击作业，以免降低配合性能；

(5) 加工时用力方向最好是朝向固定钳身。

6.2　划线

6.2.1 划线的作用及种类

划线是根据图样的尺寸要求，用划线工具在毛坯或半成品上划出待加工部位的轮廓线(或称加工界限)或作为基准的点、线的一种操作方法。划线的精度一般为 0.25～0.5 mm。

1) 划线的作用

(1) 所划的轮廓线即为毛坯或半成品的加工界限和依据，所划的基准点或线是工件安装时的标记或校正线。

(2) 在单件或小批量生产中，用划线来检查毛坯或半成品的形状和尺寸，合理地分配各加工表面的余量，及早发现不合格品，避免造成后续加工工时的浪费。

(3) 在板料上划线下料，可做到正确排料，使材料合理使用。

划线是一项复杂、细致的重要工作，如果将划线划错，就会造成加工工件的报废。所以划线直接关系到产品的质量。对划线的要求是：尺寸准确、位置正确、线条清晰、冲眼均匀。

2) 划线的种类

划线分为平面划线和立体划线两种类型(见图 6.2)。

(a) 平面划线　　(b) 立体划线

图 6.2　划线种类

(1) 平面划线　即在工件的一个平面上划线后即能明确表示加工界限，它与平面作图法类似。

(2) 立体划线　是平面划线的复合，是在工件的几个相互成不同角度的表面(通常是相互垂直的表面)上都划线，即在长、宽、高三个方向上划线。

6.2.2　划线的工具及其用法

按用途不同划线工具分为基准工具、支承装夹工具、直接绘划工具和量具等。

1) 基准工具——划线平板

划线平板是划线的基准工具，由铸铁制成(见图 6.3)，其上平面是划线的基准平面，要求非常平直和光洁。使用时要注意：

(1) 安放时要平稳牢固、上平面应保持水平；

(2) 平板不准碰撞或用锤敲击，以免使其精度降低；

(3) 长期不用时，应涂油防锈，并加盖保护罩。

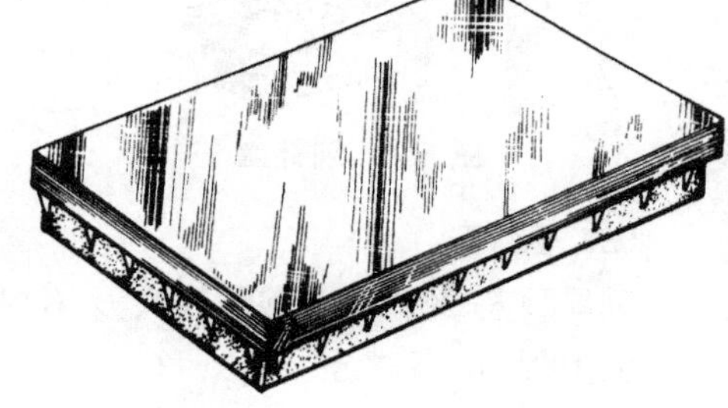

图 6.3　划线平板

2) 绘划工具——划针和划针盘

(1) 划针

划针是划线的基本工具，如图 6.4 所示。

划线时划针针尖应紧贴钢尺移动，尽量做到线条一次划出，使线条清晰、准确，如图 6.5 所示。

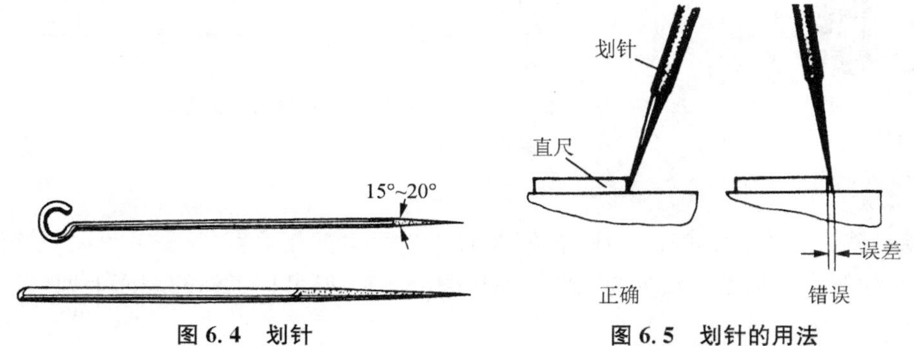

图 6.4　划针　　图 6.5　划针的用法

(2) 划针盘

划针盘是立体划线和校正工件位置时用的工具(见图 6.6)。

划线时划针盘上的划针装夹要牢固,伸出长度要适中,底座应紧贴划线平台,移动平稳,不能摇晃。

3) 夹持工具——V 形铁、千斤顶和方箱

(1) V 形铁

V 形铁用于支承圆柱形工件,使工件轴线与底板平行(见图 6.7)。它便于找出中心和划出中心线。较长的工件可放在两个等高的 V 形铁上。

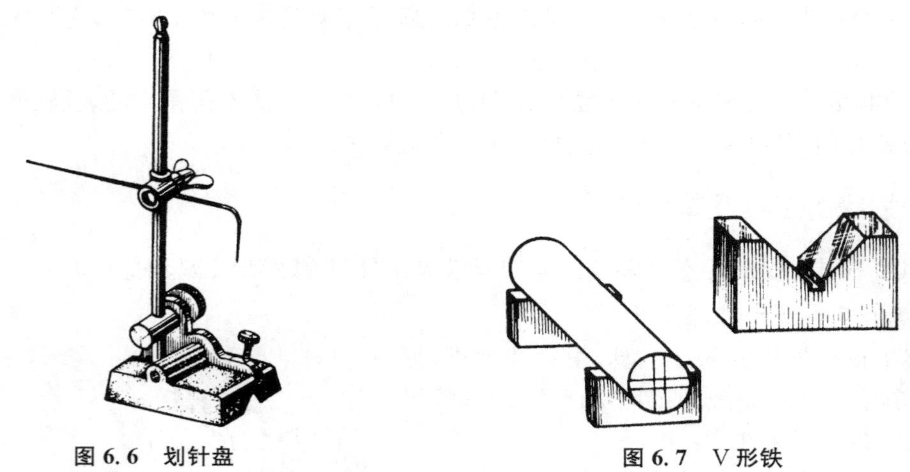

图 6.6 划针盘　　图 6.7 V 形铁

(2) 千斤顶

千斤顶是在平板上支承较大及不规则工件时使用,其高度可以调整。通常用三个千斤顶支承工件(见图 6.8)。

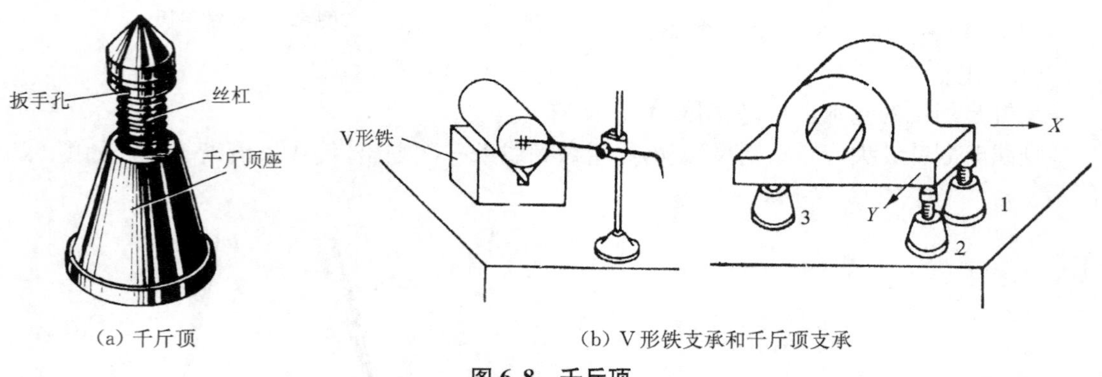

(a) 千斤顶　　(b) V 形铁支承和千斤顶支承

图 6.8 千斤顶

(3) 方箱

方箱是铸铁制成的空心立方体,各相邻的两个面均互相垂直(见图 6.9)。方箱用于夹持、支承尺寸较小而加工面较多的工件。通过翻转方箱,便可在工件的表面上划出互相垂直的线条。

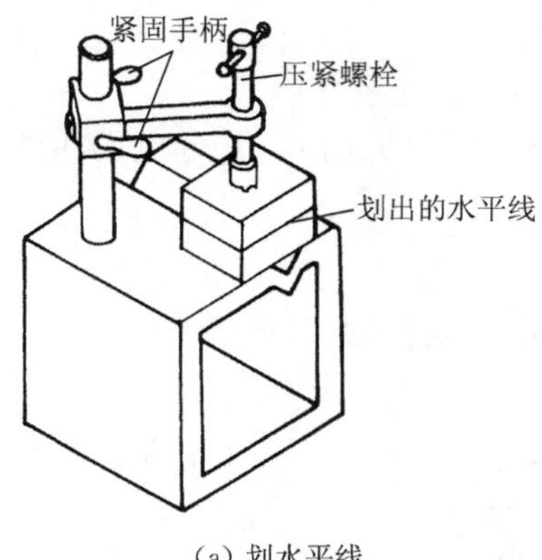

(a) 划水平线

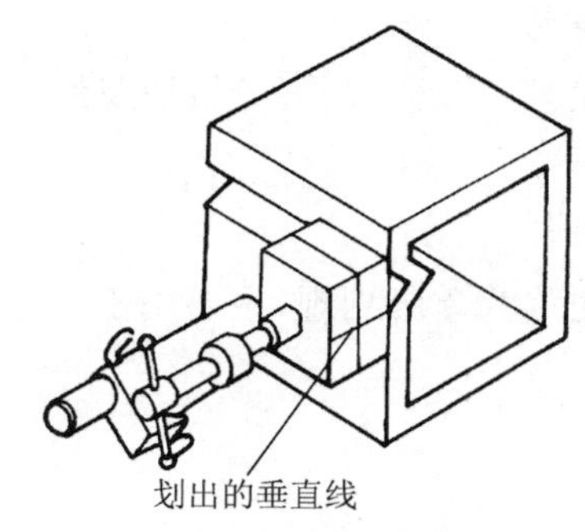

(b) 翻转90°划垂直线

图6.9 划线方箱

4) 划线量具——钢尺、直角尺、高度尺

(1) 钢尺

钢尺是长度量具,用于测量工件尺寸,如图6.10(a)所示。

(2) 直角尺

直角尺两边成90°角(见图6.10(b))。将直角尺放在平台上,用划针划出工件的垂直线,将直角尺的垂直边与工件已划的直角线重合,用划针盘可划出工件的水平线。

(3) 游标高度尺

游标高度尺是附有划线量爪的精密高度划线工具(见图6.10(c))。它除用来测量工件的高度外,还可用来做半成品划线用,其读数精度一般为0.02 mm。它只能用于半成品划线,不允许用于毛坯。

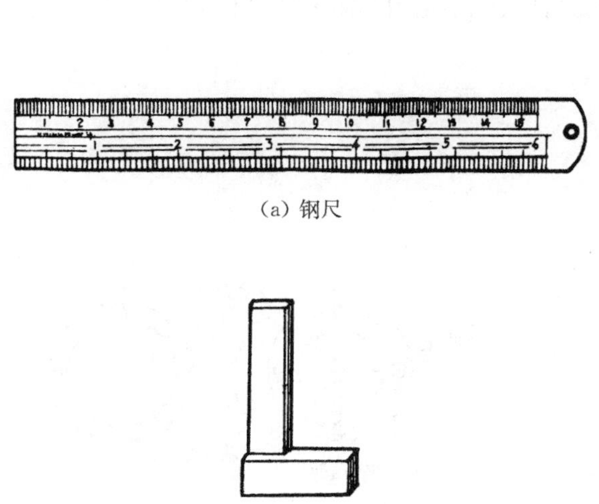

(a) 钢尺

(b) 直角尺

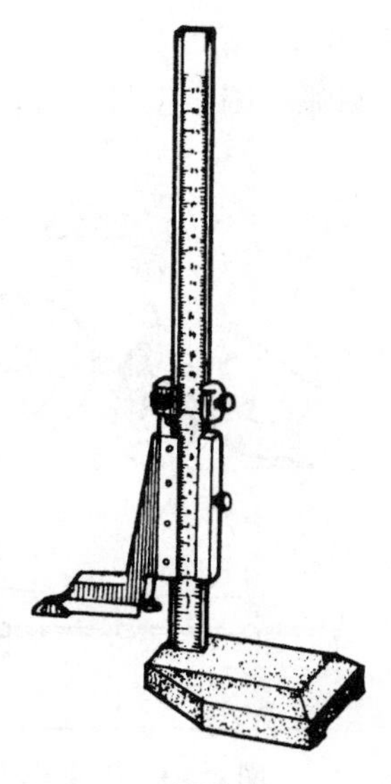

(c) 游标高度尺

图6.10 划线量具

5）划规、划卡和样冲

(1) 划规

划规是划圆或弧线、等分线段及量取尺寸等用的工具(见图 6.11)。它的用法与制图的圆规相似。

(2) 划卡

划卡也称为单脚划规，主要用于确定轴和孔的中心位置(见图 6.12)。

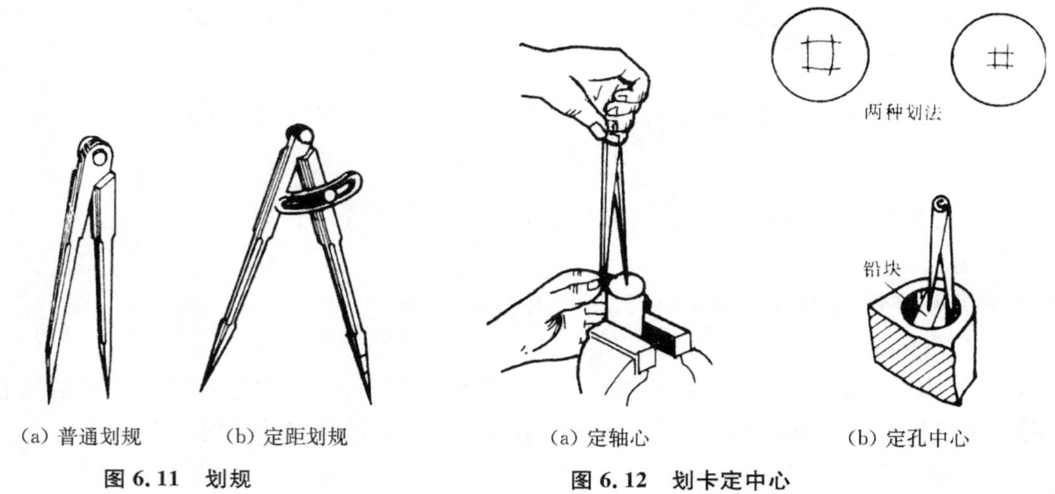

(a) 普通划规　(b) 定距划规

图 6.11　划规

(a) 定轴心　(b) 定孔中心

图 6.12　划卡定中心

(3) 样冲

样冲是在划出的线条上打出样冲眼的工具。样冲眼使划出的线条留下长久的位置标记(见图 6.13)。

在圆弧和圆心上打样冲眼有利钻孔时钻头的定心和找正(见图 6.14)。

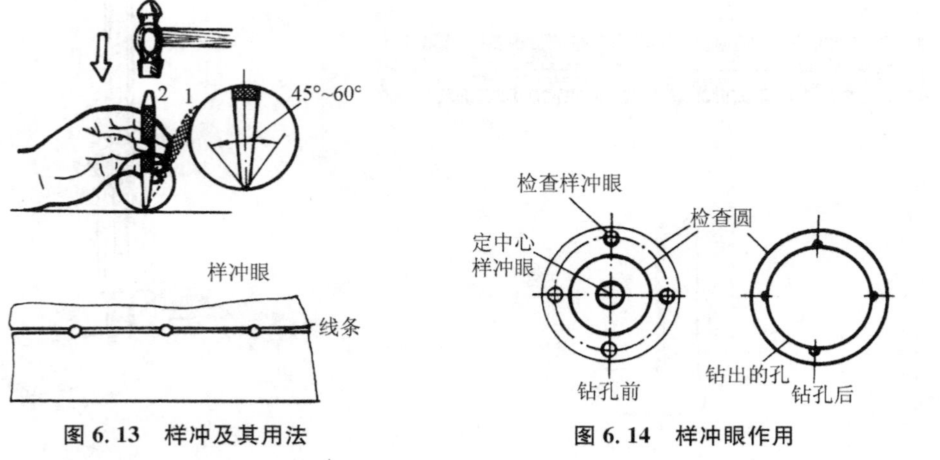

图 6.13　样冲及其用法

图 6.14　样冲眼作用

6.2.3 划线基准及其选择

1）划线基准

划线时，选定工件上某些点、线、面作为工件上其他点、线、面的度量起点，则被选定的点、线、面作为划线基准。

常用划线基准有：以两个互相垂直的外平面（见图 6.15(a)）为基准；以两条互相垂直的中心线（见图 6.15(b)）为基准；以一个平面和一条中心线（图 6.15(c)）为基准等。

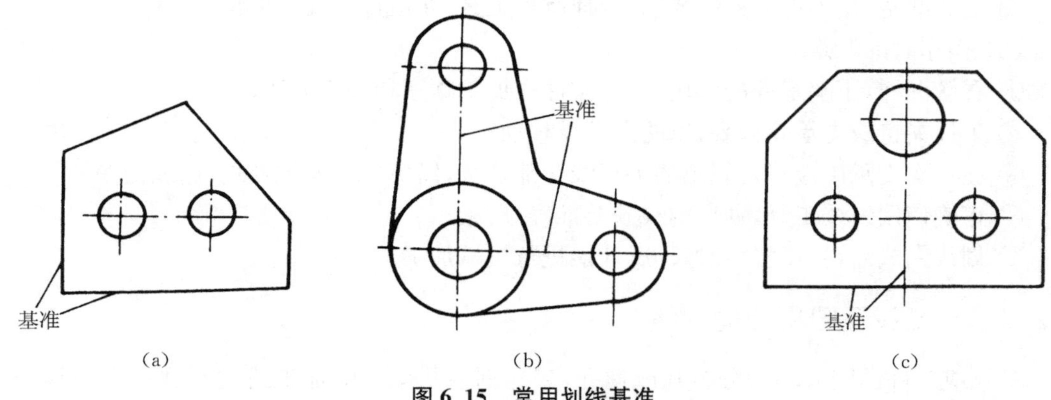

图 6.15 常用划线基准

2）划线基准选择正确与否，对划线质量和划线速度有很大影响

选择划线基准时，应尽量使划线基准与图纸上的设计基准相一致，尽量选用工件上已加工表面为基准，如图 6.16(a)所示。工件为毛坯时，应选用重要孔的中心线为基准，如图 6.16(b)所示。毛坯上没有重要孔时，可选用较大的平面为基准。

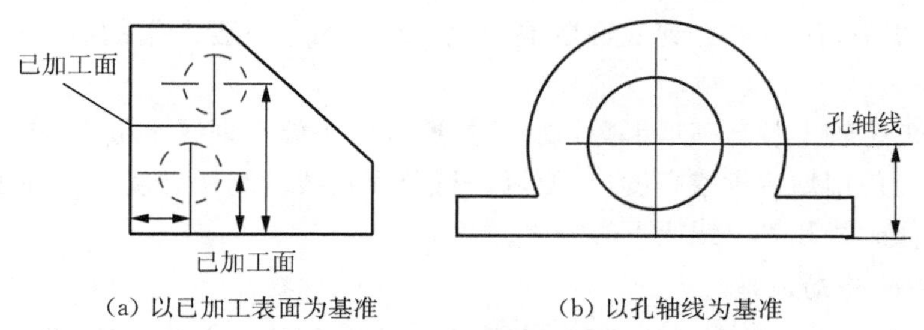

(a) 以已加工表面为基准　　(b) 以孔轴线为基准

图 6.16 划线基准选择

6.2.4 划线步骤和操作要点

1）划线一般步骤

(1) 熟悉图样并选择划线基准。

(2) 检查和清理毛坯并在划线表面上涂涂料。

(3) 工件上有孔时，可用木块或铅块塞孔，找出孔中心。

(4) 正确安放工件并选择划线工具。

(5) 进行划线。首先划出基准线，然后划出水平线、垂直线、斜线，最后划出圆、圆弧和曲线等。

(6) 根据图纸检查划线的正确性。

(7) 在线条上打出样冲眼。

2) 划线操作要点

(1) 划线前的准备工作

① 工件准备：包括工件的清理、检查和表面涂色。

② 工具准备：按工件图样的要求，选择所需工具，并检查和校验工具。

(2) 操作时的注意事项

① 看懂图样，了解零件的作用，分析零件的加工顺序和加工方法；

② 工件夹持或支承要稳妥，以防滑倒或移动；

③ 在一次支承中应将要划出的平行线全部划全，以免再次支承补划，造成误差；

④ 正确使用划线工具，划出的线条要准确、清晰；

⑤ 划线完成后，要反复核对尺寸，才能进行机械加工。

6.2.5 分度头及圆周上的划线

毛坯或工件的圆周均匀分布孔或螺孔，怎样划各孔位置的加工线呢？这就用到等分圆周的画法。下面介绍一种实用的等分圆周方法——用分度头等分圆周。

1) 分度头

分度头是铣床上等分圆周用的附件，钳工在划线时也常用分度头对工件进行分度和划线。分度头的外形如图 6.17 所示。

分度头的主要规格是以顶尖(主轴)中心线到底面的高度(mm)表示的。例如 FW125 表示一种万能分度头，顶尖中心到底面的高度为 125 mm。一般常用的有 FW100、FW125、FW160 等几种。

在分度头的主轴上装有三爪卡盘，划线时，把分度头放在划线平板上，将工件用三爪卡盘夹持住。配合使用划线盘或高度尺，便可进行分度划线。利用分度头可在工件上划出水平线、垂直线、倾斜线和等分线或不等分线。

2) 分度头的传动原理

图 6.18 是分度头传动原理示意图。蜗轮是 40 齿，蜗杆是单头。B1、B2 是齿数相同的两个圆柱直齿齿轮。分度盘 6、套筒 5 与圆锥齿轮 A2 连成一体，空套在分度头心轴 4 上。工件装夹在与蜗轮相连的主轴上，当拔出手柄插销 9，转动分度手柄 8 绕分度头心轴转一周时，通过圆柱直齿齿轮 B1、B2 带动蜗杆旋转一周，从而使蜗轮转动 1/40 周，即工件转过了 1/40 周。分度盘正反面有孔数不同的孔圈，根据算出工件等分数的要求，利用这些小孔，选择合适的孔圈，将手柄依次转过一定的转数和孔数，使工件转过相应的角度，就可对工件进行分度与划线。

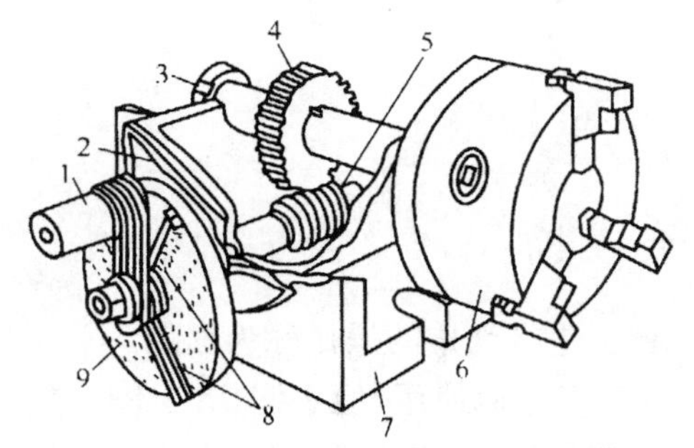

1—手柄；2—回转体；3—分度头主轴；4—40 齿齿轮；
5—单线蜗杆；6—三爪卡盘；7—基座；8—扇形夹；9—分度盘

图 6.17 万能分度头

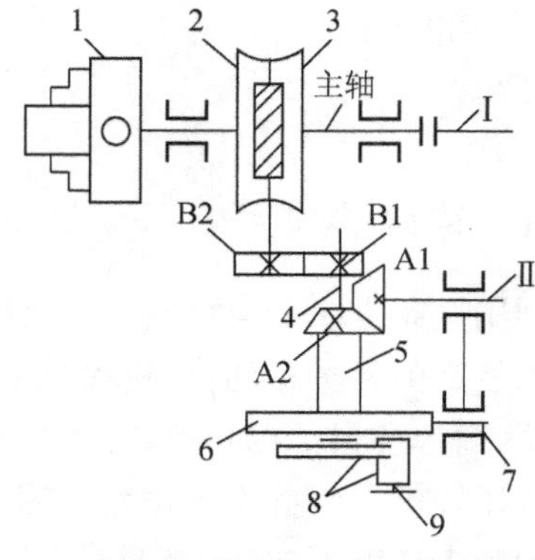

图 6.18 分度头传动原理示意图

3）*分度方法*

分度的方法有简单分度、差动分度、直接和间接分度等多种方法，本书介绍常用的简单分度。简单分度方法是分度盘固定不动，通过转动分度头心轴上的手柄，经过蜗轮蜗杆传动进行。由于蜗轮蜗杆的传动比是 1/40，若工件在圆周上的等分数目 z 已知，则工件每转过一个等分，分度头主轴转过 $1/z$ 圈。因此工件转过每一等分时分度头手柄应转过的转数由下式确定。

$$n=\frac{40}{z}$$

式中：n—在工件转过每一等分时，分度头手柄应转过的圈数，z—工件的等分数。

例： 要在工件的某圆周上划出均匀分布的 10 个孔，试求出每划完一个孔的位置后，手柄转过多少转？

解： 根据公式 $n=40/z$，$n=40/10=4$

即每划完一个孔的位置后，手柄应转过 4 圈，再划另一个孔，依此类推。

有时，由工件等分数计算出来的手柄数不是整数。例如，要把某圆周 9 等分，手柄的转数 $n=40/z=40/9$ 圈时，就要固定分度盘，再将分度手柄的定位销调整到为 9 的倍数的孔圈上，若在 54 的孔圈上，此时手柄转过 4 圈后，再沿孔数为 54 的孔圈上转过 24 个孔距即可，24 个孔用分度叉调整并固定好。数学表达式为：

$$n=40/z=40/9=4+4/9=4+4\times6/9\times6=4+24/54(\text{圈})$$

分度手柄旋转时不应摇过应摇的孔数，否则须把手柄多退回一些再摇到应到的孔圈，再把手柄插入该孔中。分度盘的孔圈数目如表 6.1 所示。

表 6.1 分度盘的孔数

分度头形式	分度盘的孔数
带一块分度盘	正面：24、25、28、30、34、37、38、39、41、42、43 反面：46、47、49、51、53、54、57、58、59、62、66
带两块分度盘	第一块　正面：24、25、28、30、34、37 　　　　反面：38、39、41、42、43 第二块　正面：46、47、49、51、53、54 　　　　反面：57、58、59、62、66

6.3 锯削

6.3.1 锯削的作用

利用锯条锯断金属材料(或工件)或在工件上进行切槽的操作称为锯削。

虽然当前各种自动化、机械化的切割设备已广泛地使用,但手锯切割还是常见的,它具有方便、简单和灵活的特点,在单件小批生产、在临时工地以及切割异形工件、开槽、修整等场合应用较广。因此手工锯削是钳工需要掌握的基本操作之一。

锯削工作范围包括(见图 6.19):

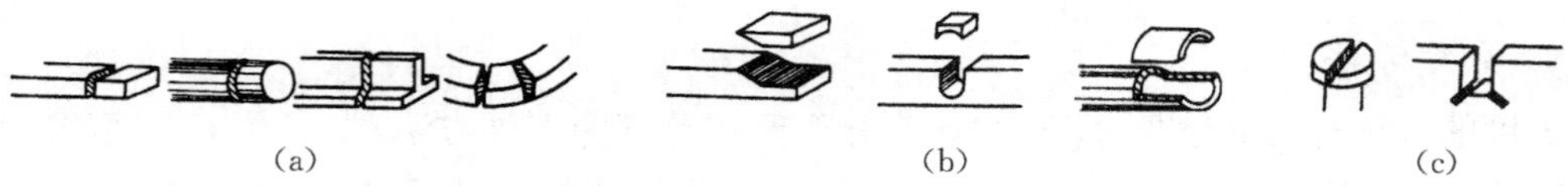

图 6.19 锯削的应用

(1) 分割各种材料及半成品;

(2) 锯掉工件上多余部分;

(3) 在工件上锯槽。

6.3.2 锯削的工具——手锯

手锯由锯弓和锯条两部分组成。

1) 锯弓

锯弓是用来夹持和拉紧锯条的工具,有固定式和可调式两种类型(见图 6.20)。固定式锯弓的弓架是整体的,只能装一种长度规格的锯条。可调式锯弓的弓架分成前段、后段,由于前段在后段套内可以伸缩,因此可以安装几种长度规格的锯条,故目前广泛使用的是可调式锯弓。

2) 锯条及选用

(1) 锯条的材料与结构

锯条是用碳素工具钢(如 T10 或 T12)或合金工具钢,并经热处理制成。

锯条的规格以锯条两端安装孔间的距离来表示(长度有 150~400 mm)。常用的锯条长 300 mm、宽 12 mm、厚 0.8 mm。

锯条的锯齿按一定形状左右错开,排列成一定形状称为锯路。锯路有交叉、波浪等不同排列形状(见图 6.21)。

锯路的作用是使锯缝宽度大于锯条背部的厚度,防止锯割时锯条卡在锯缝中,并减少锯条与锯缝的摩擦阻力,使排屑顺利,锯割省力。锯齿的粗细是按锯条上每 25 mm 长度内齿数表示的。14~18 齿为粗齿,24 齿为中齿,32 齿为细齿。锯齿的粗细也可按齿距 t 的大小来划分:粗齿的齿距 $t=1.6$ mm,中齿的齿距 $t=1.2$ mm,细齿的齿距 $t=0.8$ mm。

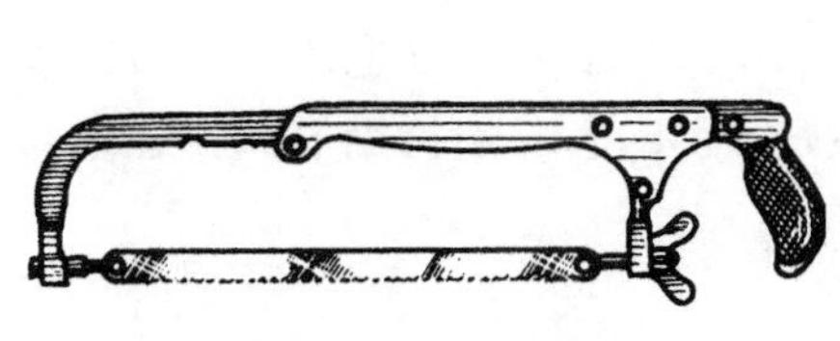

图 6.20 可调式锯弓

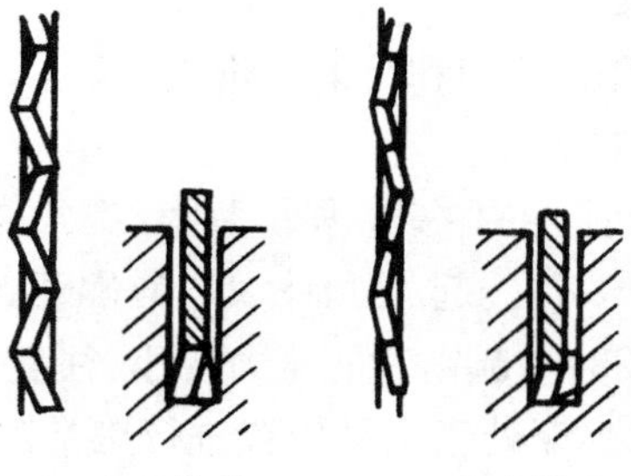

(a) 交叉排列　　(b) 波浪排列

图 6.21 锯齿排列

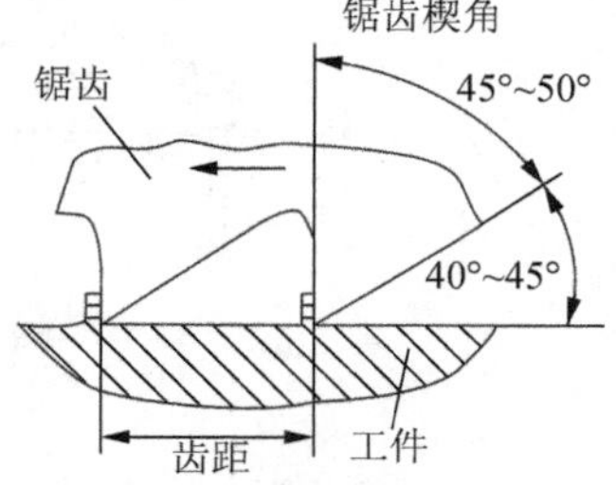

图 6.22 锯齿的切削角度

锯条的切削部分由许多锯齿组成，每个齿相当于一把錾子起切割作用。常用锯条的前角 γ 为 0°、后角 α 为 40°～50°、楔角 β 为 45°～50°(见图 6.22)。

(2) 锯条粗细的选择

锯条的粗细应根据加工材料的硬度、厚薄来选择。

锯割软的材料(如铜、铝合金等)或厚材料时，应选用粗齿锯条，因为锯屑较多，要求较大的容屑空间。锯割硬材料(如合金钢等)或薄板、薄管时，应选用细齿锯条，因为材料硬，锯齿不易切入，锯屑量少，不需要大的容屑空间。锯薄材料时，锯齿易被工件勾住而崩断，需要同时工作的齿数多，使锯齿承受的力量减少。锯割中等硬度材料(如普通钢、铸铁等)和中等硬度的工件时，一般选用中齿锯条。锯齿粗细的划分及用途见表 6.2。

表 6.2 锯齿粗细及用途

锯齿粗细	每 25 mm 长度内齿数	用途
粗	14～18	锯软钢、铝、紫铜、成层材，人造胶质材料
中	22～24	一般适用中等硬性钢，硬性轻合金，黄铜，厚壁管子
细	32	锯板材、薄壁管子等
从细齿变为中齿	从 32 到 20	一般工厂中用，易起锯

6.3.3 锯削的操作

1) 锯条的安装

手锯是在向前推时起切削作用，因此锯条安装在锯弓上时，锯齿尖端应向前。锯条的松紧应适中，否则锯切时易折断锯条。

2) 工件的安装

工件伸出钳口部分应尽量短，以防止锯切时产生振动。锯割线应与钳口垂直，以防锯斜；工件要夹紧，但要防止变形和夹坏已加工表面。

3) 起锯

分起锯、锯切和结束三阶段。

(1) 起锯

起锯时,右手握着锯弓手柄,锯条靠住左手大拇指,锯条应与工件表面倾斜一起锯角。(约 10°～15°)。起锯角太小,锯齿不易切入工件,产生打滑,但也不宜过大,以免崩齿(见图 6.23)。起锯时的压力要小,往复行程要短,速度要慢,一般待锯痕深度达到 2 mm 后,可将手锯逐渐处于水平位置进行正常锯削。

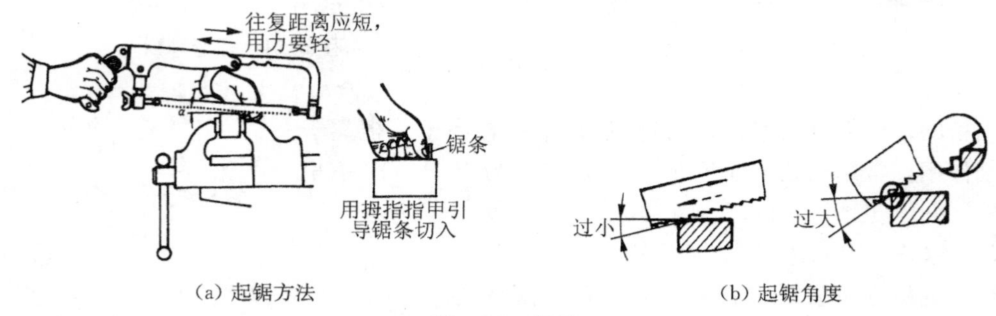

(a) 起锯方法　　(b) 起锯角度

图 6.23　起锯

(2) 正常锯削

正常锯削时,锯条应与工件表面垂直,做直线往复,不能左右晃动。左手施压,右手推进,用力要均匀,推速不宜太快。返回时不要加压,轻轻拉回,速度可快些。锯割时速度不宜过快,以每分钟 30～60 次为宜,并应用锯条全长的三分之二工作,以免锯条中间部分迅速磨钝。

推锯时锯弓运动方式有两种:一种是直线运动,适用于锯缝底面要求平直的槽和薄壁工件的锯割;另一种是锯弓上下摆动,这样操作自然,两手不易疲劳。锯割到材料快断时,用力要轻,以防碰伤手臂或折断锯条。

(3) 结束锯削

当锯切临结束时,用力应轻,速度要慢,行程要小。锯削将完成时,用力不可太大,并需用左手扶住被锯下的部分,以免该部分落下时砸脚。

4) 锯削示例

锯削前在工件上划出锯切线,划线时应留有锯削后加工余量。

(1) 锯削圆钢

锯削圆钢时,为了得到整齐的锯缝,应从起锯开始以一个方向锯至结束。如果对断面要求不高,可逐渐变更起锯方向,以减少抗力,便于切入。

(2) 锯削圆管

锯削圆管时,应在管壁即将锯穿时,把圆管向推锯方向转一角度,从原锯缝下锯,依次不断转动,直至锯断(见图 6.24(a))。如不转动圆管,则是错误的锯法(见图 6.24(b))。当锯条切入圆管内壁后,锯齿在薄壁上锯切应力集中,极易被管壁勾住而产生崩齿或折断锯条。

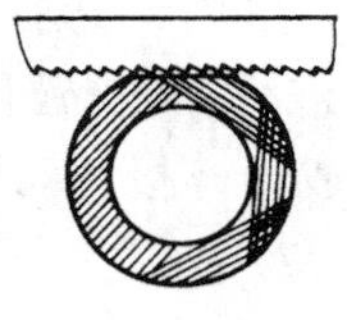

(a) 正确

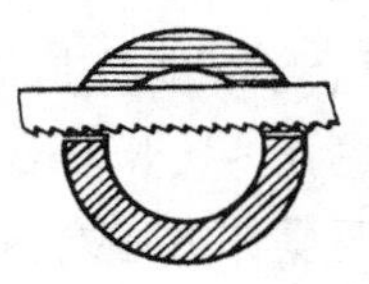

(b) 不正确

图 6.24 锯削圆管方法

(3) 锯削厚件

① 锯切部分厚度超过锯弓高度时，如图 6.25(a)所示，应将锯条转过 90°安装后进行锯切，如图 6.25(b)所示。

② 锯缝和锯切部分宽度超过锯弓高度，锯条可转过 180°安装后进行锯切，如图 6.25(c)所示。

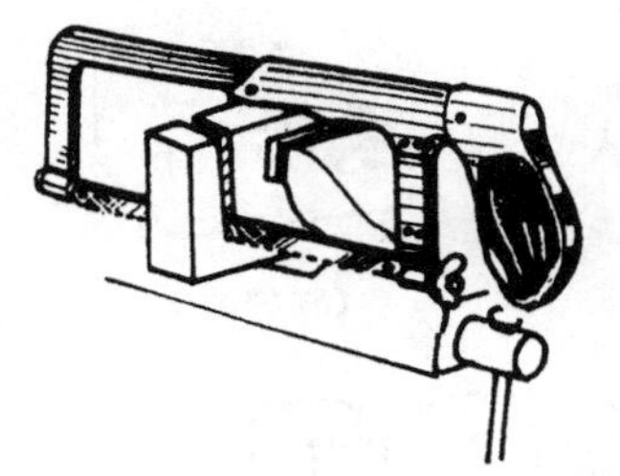

(a) 锯缝深度超过锯弓高度

(b) 将锯条转过 90°安装

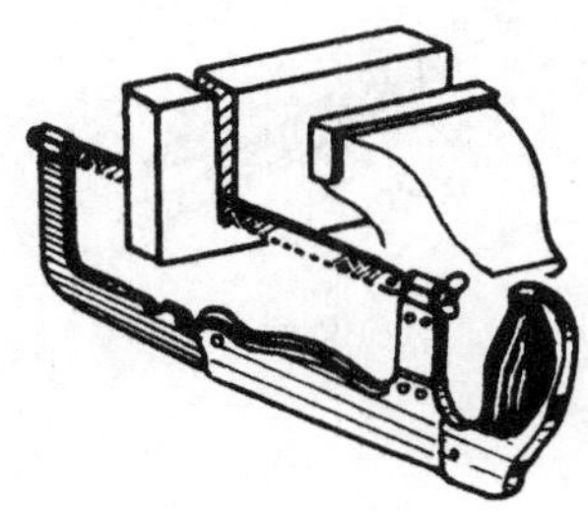

(c) 将锯条转过 180°安装

图 6.25 锯削原件方法

(4) 锯削薄件

① 从薄件宽面起锯，以使锯缝浅而整齐，如图 6.26(a)所示。

② 从薄件窄面锯切时，薄件应夹在两木板当中，增加薄件刚度，减少振动，并避免锯齿被卡住而崩断，如图 6.26(b)所示。

③ 薄件太宽，虎钳夹持不便时，采用横向斜锯切，如图 6.26(c)所示。

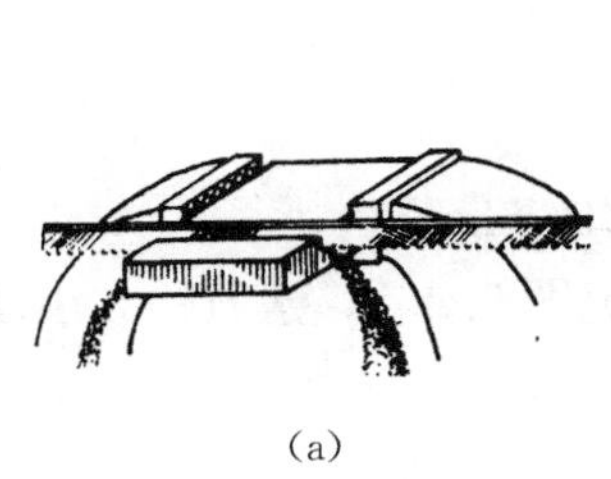

(a)

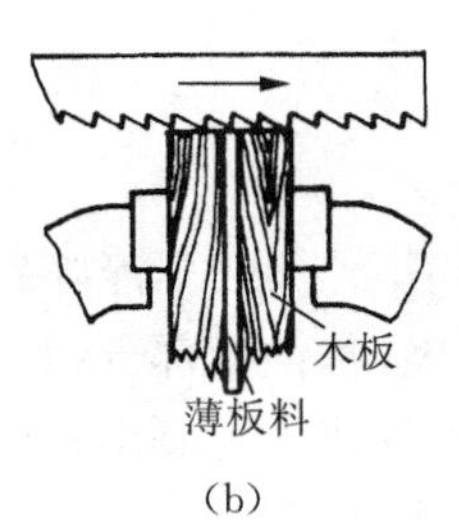

(b)

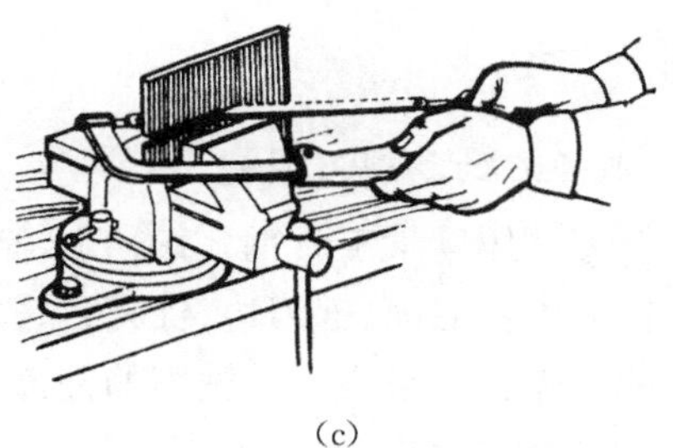

(c)

图 6.26 锯削薄件

6.4 锉削

6.4.1 锉削加工的应用

用锉刀对工件表面进行切削加工，使它达到零件图纸要求的形状、尺寸和表面粗糙度，这种加工方法称为锉削。锉削加工简便，工作范围广，多用于錾削、锯削之后，锉削可对工件上的平面、曲面、内外圆弧、沟槽以及其他复杂表面进行加工，锉削的最高精度可达 IT7～IT8，表面粗糙度 R_a 可达 1.6～0.8 μm。它可用于成型样板、模具型腔以及部件，机器装配时的工件修整，是钳工主要操作方法之一。（见图 6.27）

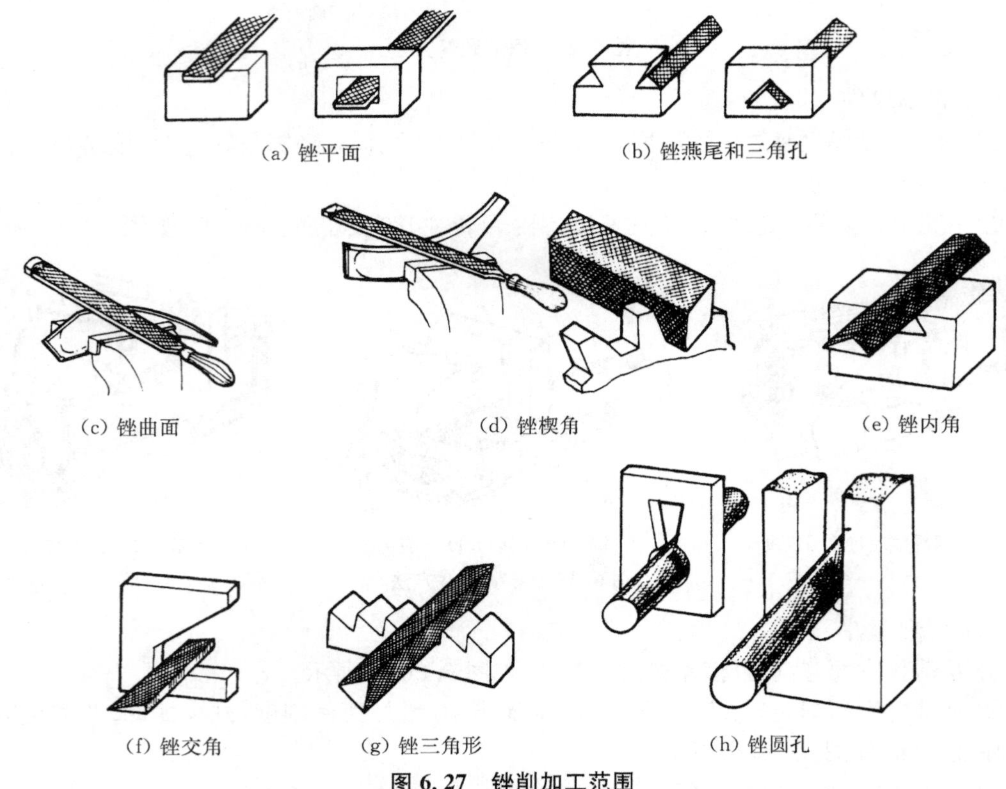

(a) 锉平面　(b) 锉燕尾和三角孔　(c) 锉曲面　(d) 锉楔角　(e) 锉内角　(f) 锉交角　(g) 锉三角形　(h) 锉圆孔

图 6.27　锉削加工范围

6.4.2　锉刀

1）锉刀的材料及构造

锉刀常用碳素工具钢 T10、T12 制成，并经热处理淬硬到 HRC62～67。

锉刀由锉刀面、锉刀边、锉刀舌、锉刀尾、木柄等部分组成（见图 6.28）。锉刀的大小以锉刀面的工作长度来表示。锉刀的锉齿是在剁锉机上剁出来的。

2）锉刀的种类

锉刀按用途不同分为普通锉（或称钳工锉）、特种锉和整形锉（或称什锦锉，见图 6.30）三类。其中普通锉使用最多。

普通锉按截面形状不同分为平锉、方锉、圆锉、半圆锉和三角锉五种；按其长度可分为 100 mm、200 mm、250 mm、300 mm、350 mm 和 400 mm 等七种；按其齿纹可分为单齿纹、双齿纹（大多用双齿纹见图 6.29）；按其齿纹疏密可分为粗齿、细齿和油光锉等（锉刀的粗细以每 10 mm 长的齿面上锉齿齿数来表示，粗锉为 4～12 齿，细齿为 13～24 齿，油光锉为 50～62 齿）。

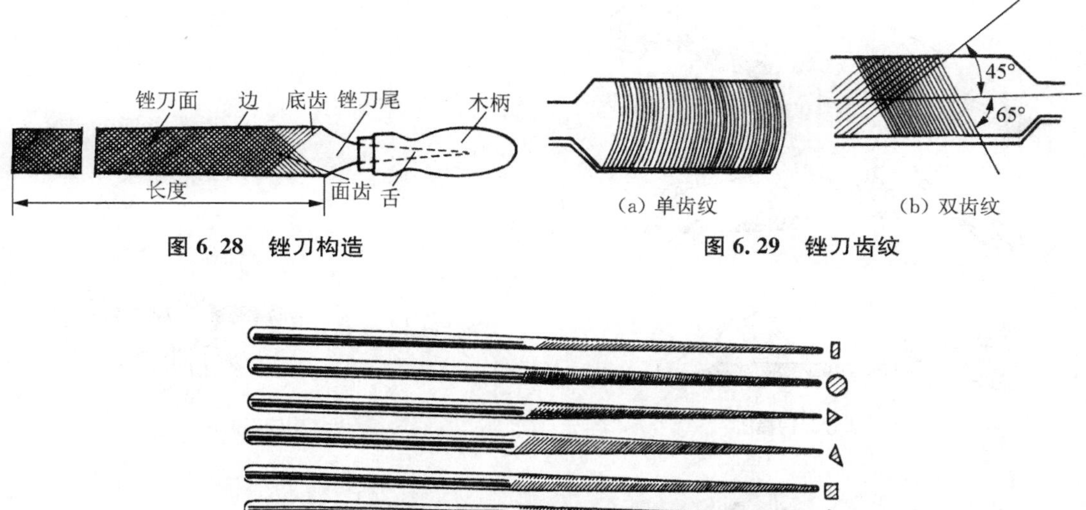

图 6.28 锉刀构造

图 6.29 锉刀齿纹

图 6.30 整形锉

3）锉刀的选用

合理选用锉刀，对保证加工质量，提高工作效率和延长锉刀使用寿命有很大的影响。一般选择锉刀的原则是：

（1）根据工件形状和加工面的大小选择锉刀的形状和规格；

（2）根据加工材料软硬、加工余量、精度和表面粗糙度的要求选择锉刀的粗细（如表 6.3 所示）。

粗锉刀的齿距大，不易堵塞，适宜于粗加工（即加工余量大、精度等级和表面质量要求低）及铜、铝等软金属。

表 6.3 锉刀锉齿粗细及特点和应用

锉齿粗细	10 mm 长度内齿数	特点和应用
粗齿	4～12	齿间大，不易堵塞，适宜粗加工或锉铜、铝等有色金属
中齿	13～24	齿间适中，适于粗锉后加工
细齿	30～40	锉光表面或锉硬金属
油光锉	50～62	精加工时，修光表面

4）锉削操作

（1）装夹工件

工件必须牢固地夹在虎钳钳口的中部，需锉削的表面略高于钳口，不能高得太多，夹持已加工表面时，应在钳口与工件之间垫以铜片或铝片。

（2）锉刀的握法（见图 6.31）

正确握持锉刀有助于提高锉削质量。

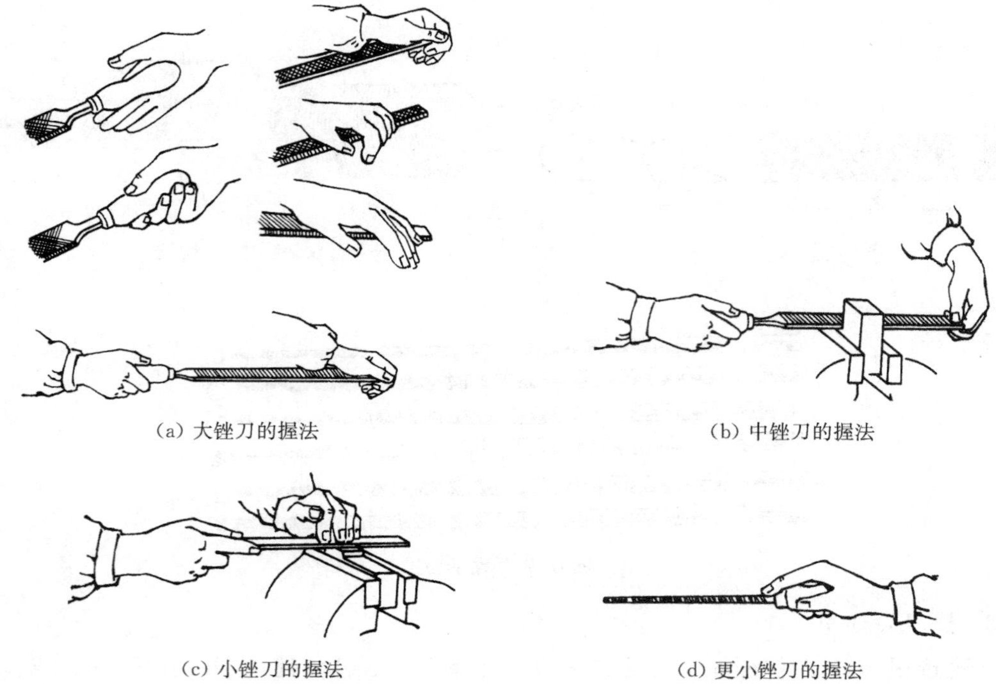

(a) 大锉刀的握法　(b) 中锉刀的握法

(c) 小锉刀的握法　(d) 更小锉刀的握法

图 6.31　锉刀的握法

① 大锉刀的握法

右手心抵着锉刀木柄的端头，大拇指放在锉刀木柄的上面，其余四指弯在木柄的下面，配合大拇指捏住锉刀木柄，左手则根据锉刀的大小和用力的轻重，可有多种姿势。

② 中锉刀的握法

右手握法大致和大锉刀握法相同，左手用大拇指和食指捏住锉刀的前端。

③ 小锉刀的握法

右手食指伸直，拇指放在锉刀木柄上面，食指靠在锉刀的刀边，左手几个手指压在锉刀中部。

④ 更小锉刀(什锦锉)的握法

一般只用右手拿着锉刀，食指放在锉刀上面，拇指放在锉刀的左侧。

5）锉削的姿势

正确的锉削姿势能够减轻疲劳，提高锉削质量和效率，人的站立姿势为：左腿在前弯曲，右腿伸直在后，身体向前倾斜(约 10°左右)，重心落在左腿上。锉削时，两腿站稳不动，靠左膝的屈伸使身体做往复运动，手臂和身体的运动要相互配合，并要使锉刀的全长充分利用。

6）锉削力的运用

锉削时锉刀的平直运动是锉削的关键。锉削的力有水平推力和垂直压力两种。推力主要由右手控制，其大小必须大于锉削阻力才能锉去切屑，压力是由两个手控制的，其作用是使锉齿深入金属表面。由于锉刀两端伸出工件的长度随时都在变化，因此两手压力大小必须随着变化，使两手的压力对工件的力矩相等，这是保证锉刀平直运动的关键。锉刀运动不平直，工件中间就会凸起或产生鼓形面。锉削速度一般为每分钟30～60次。太快，操作者容易疲劳，且锉齿易磨钝；太慢，切削效率低，如图6.32所示。

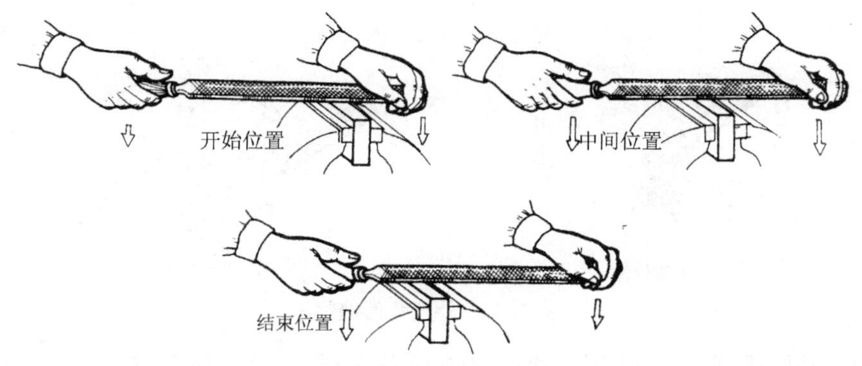

图6.32 锉削时用力情况

6.4.3 平面的锉削方法及锉削质量检验

1）平面锉削

平面锉削是最基本的锉削，常用三种方式锉削，如图6.33所示。

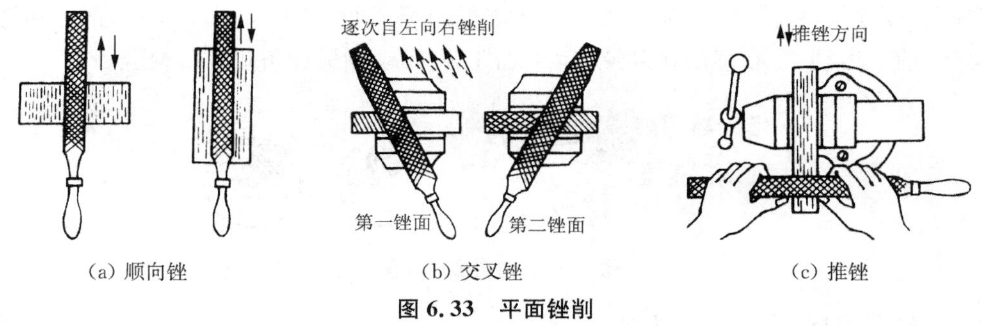

(a) 顺向锉　(b) 交叉锉　(c) 推锉

图6.33 平面锉削

（1）顺向锉法

锉刀沿着工件表面横向或纵向移动，锉削平面可得到平直的锉痕，比较美观。此方法适用于工件锉光、锉平或锉顺锉纹。

（2）交叉锉法

交叉锉法是以交叉的两个方向顺序地对工件进行锉削。由于锉痕是交叉的，容易判断锉削表面的不平程度，因此也容易把表面锉平，交叉锉法去屑较快，适用于平面的粗锉。

（3）推锉法

两手对称地握着锉刀，用两大拇指推锉刀进行锉削。这种方式适用于较窄表面且已锉平、加工余量较小的情况，用来修正和减小表面粗糙度。

2）曲面锉削

曲面是由各种不同的曲线形面所组成，但最基本的曲面还是单一的内、外圆弧面。这里主要介绍外圆弧面的锉削方法。选用板锉刀锉削外圆弧面，锉削时锉刀要同时完成两个运动，即锉刀在做前进运动的同时，还应绕工件圆弧的中心转动，如图 6.34 所示，其锉削方法常见的有两种：

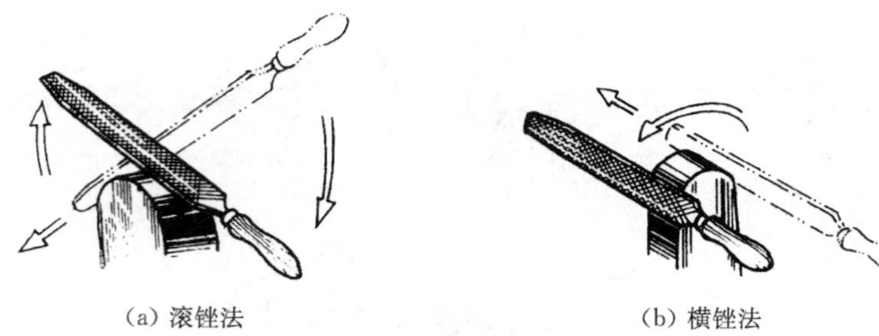

(a) 滚锉法　　(b) 横锉法

图 6.34　外圆弧面锉削

(1) 顺着圆弧面锉　锉削时右手把锉刀柄部往下压，左手把锉刀前端(尖端)向上抬，这样锉出的圆弧面不会出现棱边现象，使圆弧面光洁圆滑。它的缺点是不易发挥锉削力量，而且锉削效率不高，只适用于在加工余量较小或精锉圆弧面时采用。

(2) 横着圆弧面锉　锉削时锉刀向着图示方向做直线推进，容易发挥锉削力量，能较快地把圆弧外的部分锉成接近圆弧的多边形，适宜于加工余量较大时的粗加工。当按圆弧要求锉成多棱形后，应再用顺着圆弧锉的方法精锉成形。

内圆弧面锉削：用圆锉、半圆锉或椭圆锉进行内圆弧面锉削。锉削时，锉刀要同时完成三个运动：前推运动、左右移动和自身转动(见图 6.35)。圆弧面可用样板检验。

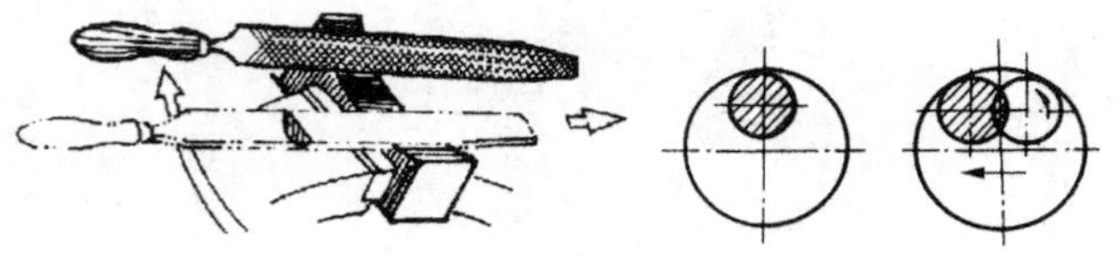

图 6.35　内圆弧面锉削

3) 锉削平面质量的检查(见图 6.36)

锉削质量问题及产生原因见表 6.4。

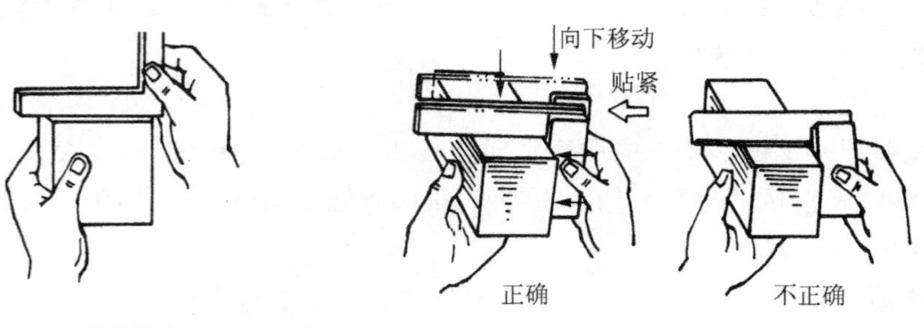

(a) 直线度检查　　(b) 垂直度检查

图 6.36　锉削平面质量的检查

表 6.4　锉削质量问题及产生原因

质量问题	产生原因
形状尺寸不准确	划线不准确或锉削时未及时检查尺寸
平面不平直，中间高、两边低	锉削时施力不当，锉刀选择不合适
表面粗糙	锉刀粗细选择不当，锉屑堵塞齿面未及时清除
工件夹坏	虎钳钳口未垫铜片，虎钳夹持工件过紧

(1) 检查平面的直线度和平面度

用钢尺和直角尺以透光法来检查，要多检查几个部位并进行对角线检查。

(2) 检查垂直度

用直角尺采用透光法检查，应选择基准面，然后对其他面进行检查。

(3) 检查尺寸

根据尺寸精度用钢尺和游标卡尺在不同尺寸位置上多测量几次。

(4) 检查表面粗糙度

一般用眼睛观察即可，也可用表面粗糙度样板进行对照检查。

6.4.4　锉削注意事项

(1) 锉刀必须装柄使用，以免刺伤手腕。松动的锉刀柄应装紧后再用。

(2) 不准用嘴吹锉屑，也不要用手清除锉屑。当锉刀堵塞后，应用钢丝刷顺着锉纹方向刷去锉屑。

(3) 对铸件上的硬皮或粘砂、锻件上的飞边或毛刺等，应先用砂轮磨去，然后锉屑。

(4) 锉屑时不准用手摸锉过的表面，因手有油污、再锉时打滑。

(5) 锉刀不能作橇棒或敲击工件，防止锉刀折断伤人。

(6) 放置锉刀时，不要使其露出工作台面，以防锉刀跌落伤脚；也不能把锉刀与锉刀叠放或锉刀与量具叠放。

6.5　钻孔、扩孔、锪孔与铰孔

各种零件的孔加工，除去一部分由车、镗、铣等机床完成外，很大一部分是由钳工利用钻床和钻孔工具(钻头、扩孔钻、铰刀等)完成的。

钳工加工孔的方法一般指钻孔、扩孔和铰孔。

用钻头在实体材料上加工孔叫钻孔。在钻床上钻孔时，一般情况下，钻头应同时完成两个运动：主运动，即钻头绕轴线的旋转运动(切削运动)；辅助运动，即钻头沿着轴线方向对着工件的直线运动(进给运动)。钻孔时，主要由于钻头结构上存在的缺点，影响加工质量，加工精度一般在IT10级以下，表面粗糙度为 R_a 12.5 μm 左右，属粗加工。

6.5.1　钻床

常用的钻床有台式钻床、立式钻床和摇臂钻床三种，手电钻也是常用的钻孔工具。

1) 台式钻床

台钻(见图 6.37)放在工作台上使用,其钻孔直径一般在 12 mm 以下。台钻主轴下端有锥孔,用以安装钻夹头或钻套,由于加工的孔径较小,故台钻的主轴转速一般较高,最高转速可高达近万转/分,最低亦在 400 r/min 左右。主轴的转速可用改变三角胶带在带轮上的位置来调节。台钻的主轴进给由转动进给手柄实现。在进行钻孔前,需根据工件高低调整好工作台与主轴架间的距离,并锁紧固定。台钻小巧灵活,使用方便,结构简单,主要用于加工小型工件上的各种小孔。它在仪表制造、钳工和装配中用得较多。

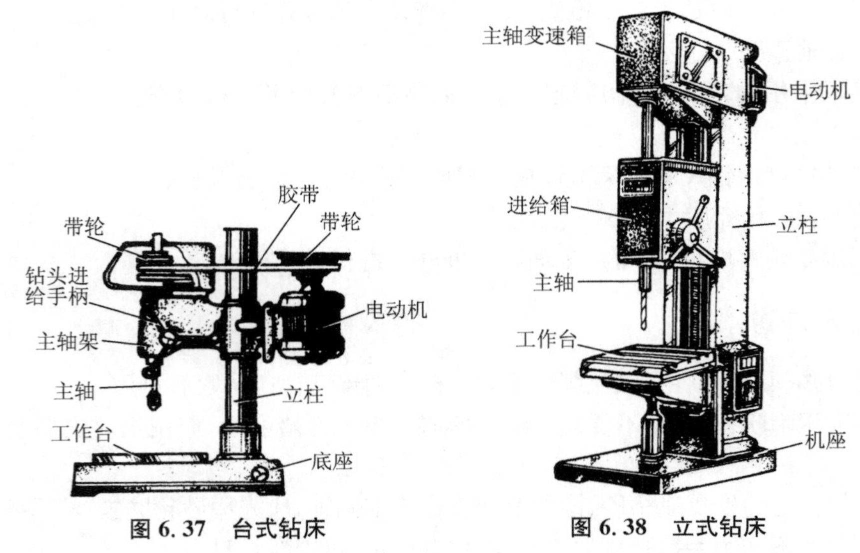

图 6.37　台式钻床　　**图 6.38　立式钻床**

2) 立式台钻

立钻(见图 6.38)一般用来钻中型工件上的孔,其规格是以其加工的最大孔径表示,常用 35 mm、40 mm 和 50 mm 等几种。

立式钻床主轴变速箱和进给箱,分别用于改变主轴的转速和进给速度。立钻主轴的轴向进给可自动进给,也可做手动进给。在立钻上加工多孔工件可通过移动工件来完成。

3) 摇臂钻床

摇臂钻床(见图 6.39)一般用于大型工件、多孔工件上的各种孔加工。它有一个能绕立柱旋转 360°的摇臂,摇臂上装有主轴箱,可随摇臂一起沿立柱上下移动,并能在摇臂上做横向移动,可以方便地将刀具调整到所需的位置对工件进行加工。

4) 手电钻

手电钻(见图 6.40)主要用于不便使用钻床的场合,钻直径 12 mm 以下的孔。手电钻的电源有 220 V 和 380 V 两种。它携带方便,操作简单,使用灵活,应用较广泛。

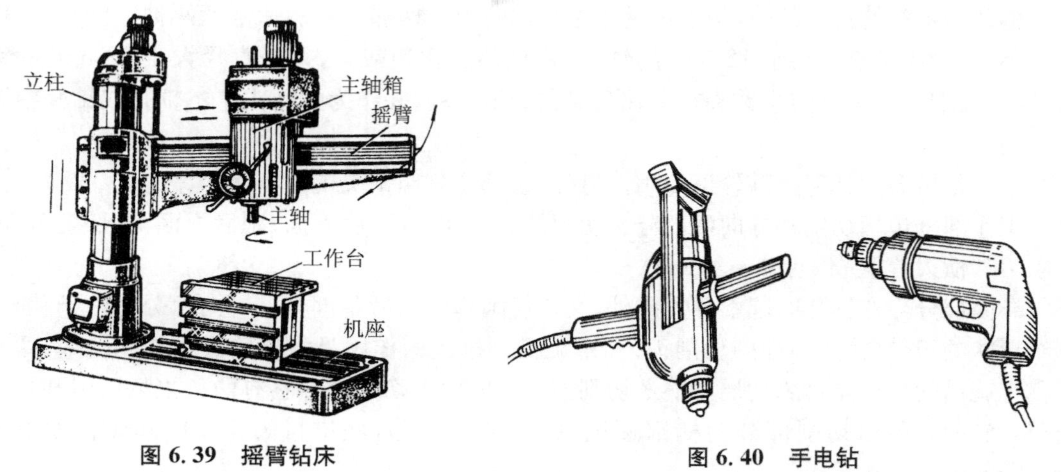

图 6.39　摇臂钻床　　　图 6.40　手电钻

6.5.2　钻孔

用钻头在实心工件上加工出孔的方法称钻孔。孔加工精度差，一般为 IT10 以下，表面粗糙度 R_a 值为 6.3～12.5 μm。

钻头(俗称麻花钻)是钻孔的主要刀具，由工作部分、颈部和柄部(尾部)组成(见图 6.41(a))。

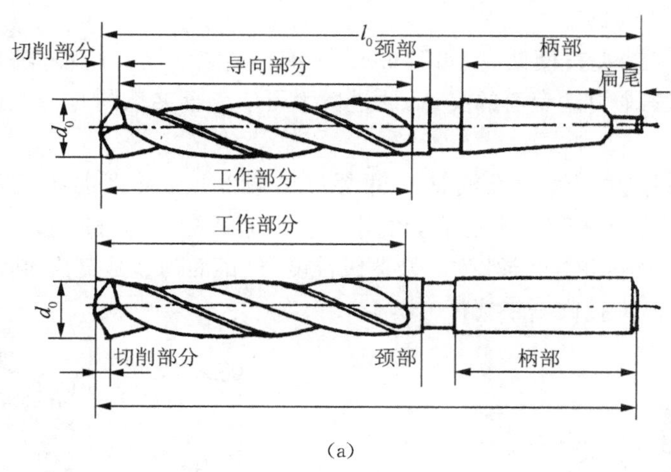

(a)

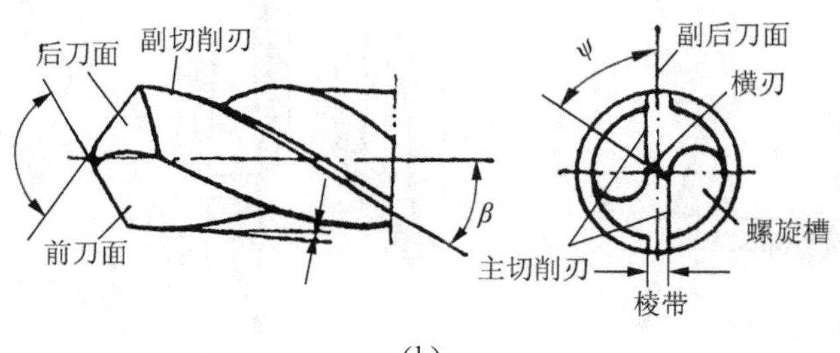

(b)

图 6.41　麻花钻的构造

柄部是钻头的夹持部分，用于传递扭矩和轴向力。柄部有直柄和锥柄两种，直柄传递扭矩较小，一般用于直径小于 12 mm 的钻头；锥柄传递扭矩较大，用于直径大于 12 mm 的钻头；锥柄顶端的扁尾可防止钻头在主轴孔或钻套里转动，并作为把钻头从主轴孔或钻套中退出之用。

颈部是供磨削柄部时砂轮退刀用。另外，颈部还刻印钻头规格和商标等铭记。

工作部分包括切削和导向两部分。切削部分由前刀面、后刀面、副后刀面、主切削刃、副切削刃和横刃等组成(见图 6.41(b))。

导向部分除在钻孔时起引导方向外，又是切削部分的后备部分。导向部分有两条狭长、螺纹形状的刃带(棱边亦即副切削刃)和螺旋槽。棱边的作用是引导钻头和修光孔壁；两条对称螺旋槽的作用是排除切屑和输送切削液(冷却液)。切削部分它有两条主切屑刃和一条横刃。它的直径由切削部分向柄部逐渐减小，成倒锥形，倒锥量为每 100 mm 长度上减小0.03～0.12 mm。

两条主切削刃之间通常为 118°±2°，称为顶角。横刃的存在使钻削的轴向力增加。

6.5.3 钻孔用的夹具

钻孔用的夹具主要包括装夹钻头夹具和装夹工件的夹具。

1) 装夹钻头夹具

常用的是钻夹头和钻套。

(1) 钻夹头用于装夹直柄钻头，如图 6.42 所示。钻夹头尾部是圆锥面可装在钻床主轴内锥孔里。头部有三个自动定心的夹爪，通过扳手可使三个夹爪同时合拢或张开，起到夹紧和松开钻头的作用。

(2) 钻套又称过渡套筒。锥柄钻头柄部尺寸较小时，可借助于过渡套筒进行安装(见图 6.43)。若用一个钻套仍不适宜，可用两个以上钻套作过渡连接。钻套有 5 种规格(1～5 号)，例如 1 号钻套的内锥孔为 1 号莫氏锥度、外锥面为 2 号莫氏锥度。选用时可根据麻花钻锥柄及钻床内锥孔锥度来选择。

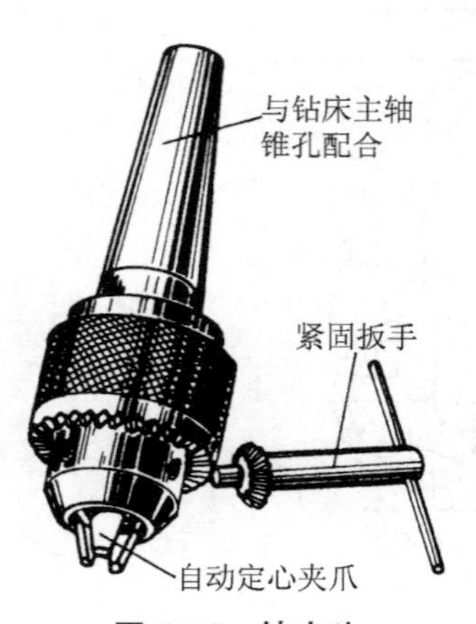

图 6.42 钻夹头

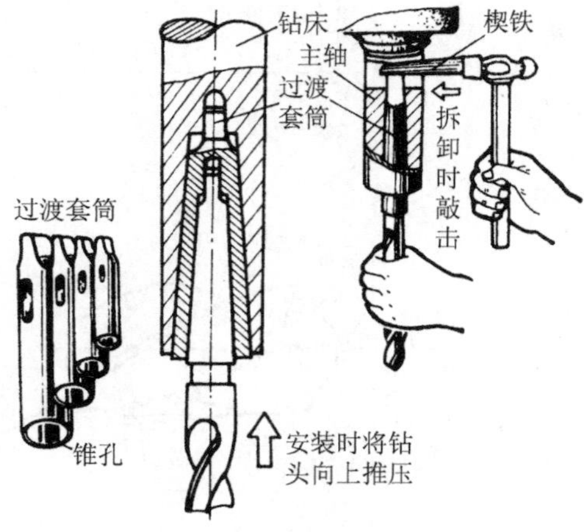

图 6.43 钻套及其应用

2) 装夹工件夹具

装夹工件的夹具常用的有手虎钳、平口钳、压板等(见图 6.44)。按钻孔直径、工件形状和大小等合理选择。选用的夹具必须使工件装夹牢固可靠,不能影响钻孔质量。

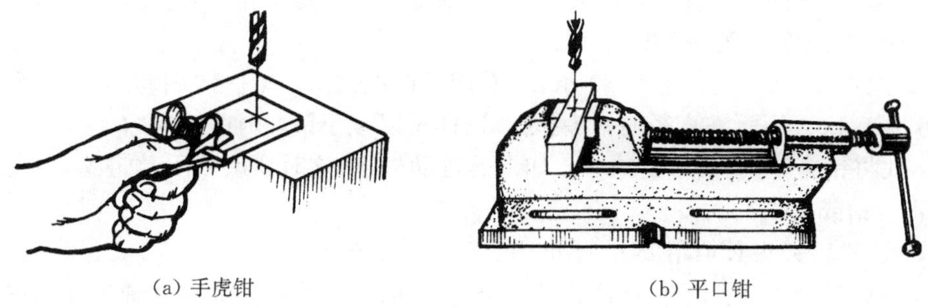

(a) 手虎钳　　(b) 平口钳

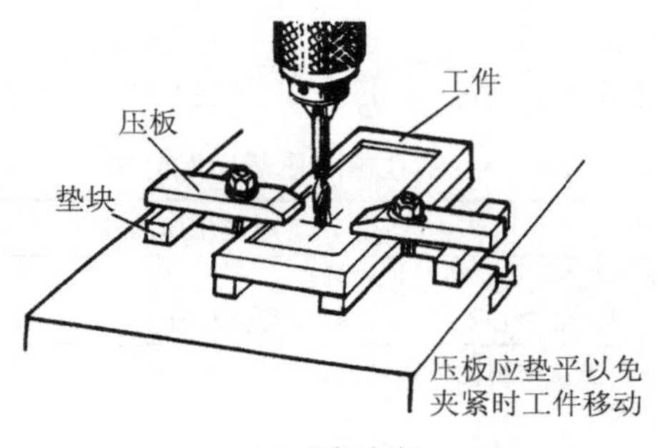

(c) 压板夹紧

图 6.44　工件装夹

薄壁小件可用手虎钳夹持;中小型平整工件用平口钳夹持;大件用压板和螺栓直接装夹在钻床工作台上。

6.5.4　钻孔操作要点

(1) 工件划线定心。划出加工圆和检查圆,在加工圆和孔中心打出样冲眼,孔中心眼要打得大一些,起钻时不易偏离中心。

(2) 工件安装。根据工件确定装夹,装夹时要使孔中心线与钻床工作台垂直,安装要稳固。

(3) 选择钻头。根据孔径选取钻头,并检查主切削刃是否锋利和对称。

(4) 选择切削用量。根据工件材料、孔径大小等确定钻速和进给量。

(5) 先对准样冲眼钻一浅孔,如有偏位,可用样冲重新打中心孔纠正或用錾子錾几条槽来纠正,如图 6.45 所示。

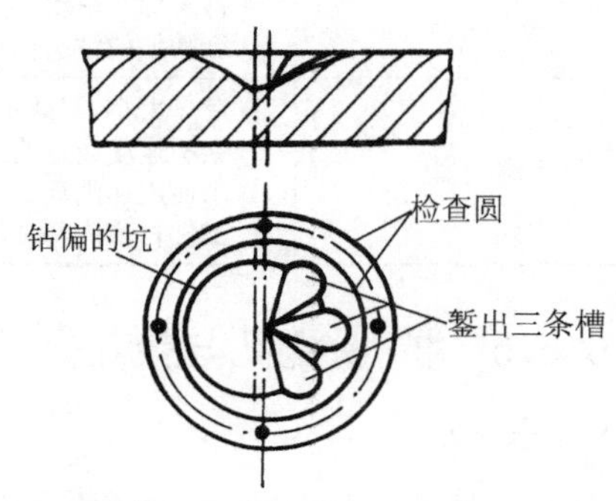

图 6.45　钻偏的纠正方法

(6) 钻孔时，进给速度要均匀，钻塑性材料时要加切削液。

(7) 钻盲孔时，要根据钻孔深度调整好钻床上的挡块，深度标尺或采用其他控制钻孔深度的办法，避免孔钻得过浅或过深。

(8) 钻深孔时(孔深与直径之比大于 5)，钻头必须经常退出排屑，防止切屑堵塞，卡断钻头或使钻头头部温度过高而烧损。

(9) 钻大直径孔时(孔径大于 30 mm)，孔应分两次钻出。第一次用 0.6～0.8 倍孔径的钻头钻孔，第二次再用所需直径的钻头扩孔，这样可以减小钻削时的轴向力。

(10) 孔将钻穿时，进给量要减小。如果是自动进给，这时要改成手动进给，以免工件旋转而甩出、卡钻或折断钻头。

(11) 松、紧钻夹头必须用扳手，不准用手锤或其他东西敲打。

(12) 注意安全。钻孔时不准戴手套，不准手拿棉纱头等物。钻床主轴未停稳前不准用手去捏钻夹头。不准用手去拉切屑或用口去吹碎屑。清除切屑应停车后用钩子或刷子进行。

(13) 钻孔中的质量问题分析。钻孔中的质量问题和产生原因如表 6.5 所示。

表 6.5　钻孔中的质量问题分析

质量问题	产生原因
孔径扩大	① 两主切削刃长度不等，锋角不对称； ② 钻头中心与主轴中心不重合，钻削时发生偏摆
孔壁粗糙	① 钻头已磨损仍在使用或后角过大； ② 进给量过大； ③ 断屑不良，排屑不顺畅； ④ 切削液使用不当
轴线歪斜	① 钻头轴线与工件表面不垂直； ② 横刃太长定心差使钻头轴线歪斜； ③ 进给量过大，造成钻头弯曲
轴线偏移	① 工件划线不正确； ② 钻孔前钻头中心未与孔轴线对准，钻孔时又未能及时矫正； ③ 横刃太长定心不准； ④ 工件安装时未夹紧
钻头折断	① 进给量过大，孔将钻穿时未及时减小进给量； ② 切屑堵塞未及时清除； ③ 钻头轴线歪斜，造成钻头弯曲； ④ 已磨损的钻头仍在钻孔
钻头磨损加剧	① 后角太小，刃磨不当； ② 钻削速度或进给量太大； ③ 未使用切削液； ④ 工件材料内部硬度不均匀，有硬质点等

6.5.5　扩孔、锪孔与铰孔

1) 扩孔

用扩孔钻将已有孔(铸出、锻出或钻出的孔)扩大的加工方法称为扩孔(见图 6.46)。扩孔的加工精度一般可达到 IT9～IT10，表面粗糙度 R_a 值为 3.2～6.3 μm。

扩孔钻如图 6.47 所示，其形状和钻头相似，但前端为平面，无横刃，有 3～4 条切削刃，螺旋槽较浅，钻芯粗大，刚性好，扩孔时不易弯曲，导向性好，切削稳定。它可以适当地校正孔轴线的偏差，获得较正确的几何形状和较低的表面粗糙度。扩孔可以作为孔加工的最后工序或铰孔前的准备工序。

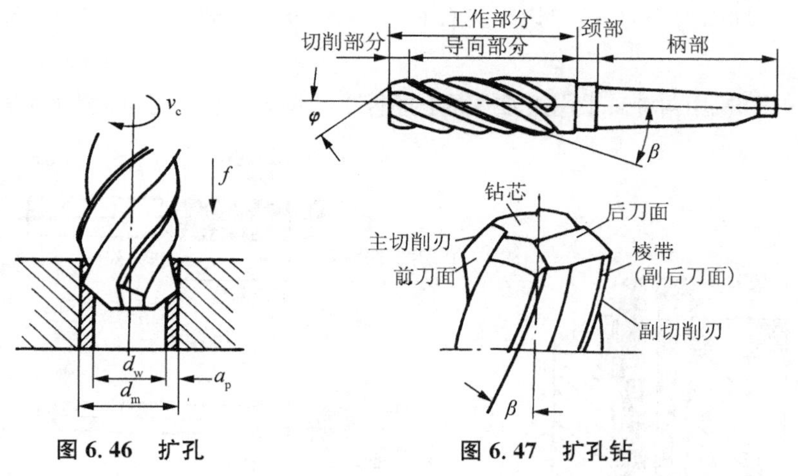

图 6.46　扩孔　　**图 6.47　扩孔钻**

2）锪孔

锪孔是对工件上的已有孔进行孔口形面的加工。锪孔用的刀具称为锪钻，它的形式很多，常用的有圆柱形埋头锪钻、锥形锪钻和端面锪钻等。

圆柱形埋头锪钻端刃起切削作用，周刃作为副切削刃起修光作用(见图 6.48(a))。为保证原有孔与埋头孔同心，锪钻前端带有导柱，与已有孔配合起定心作用。导柱和锪钻本体可制成整体也可分开装上去。

锥形锪钻是用于锪圆锥形沉头孔，如图 6.48(b)所示。锪钻顶角有 60°，75°，90°和 120°等四种。顶角为 90°的锥形锪钻用得最广泛。

端面锪钻是用于锪与孔垂直的孔口端面，如图 6.48(c)所示。

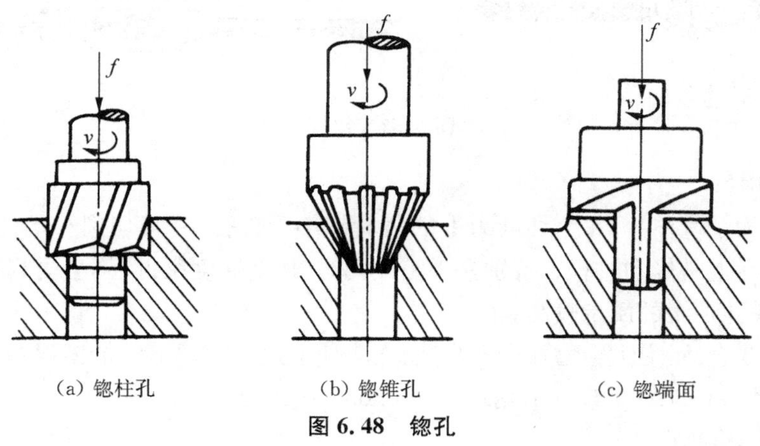

(a) 锪柱孔　　(b) 锪锥孔　　(c) 锪端面

图 6.48　锪孔

3）铰孔

铰孔是对工件上的已有孔进行精加工的一种加工方法，如图 6.49 所示。铰孔的余量小，铰孔的加工精度一般可达到 IT6～IT7，表面粗糙度 R_a 值为 0.8～1.6 μm。

（1）铰刀

铰孔用的刀具称为铰刀，铰刀切削刃有 6～12 个，容屑槽较浅，横截面大，因此铰刀刚性和导向性好。

铰刀有手用和机用两种。手用铰刀柄部是直柄带方榫，机用铰刀是锥柄带扁尾（见图 6.50）。

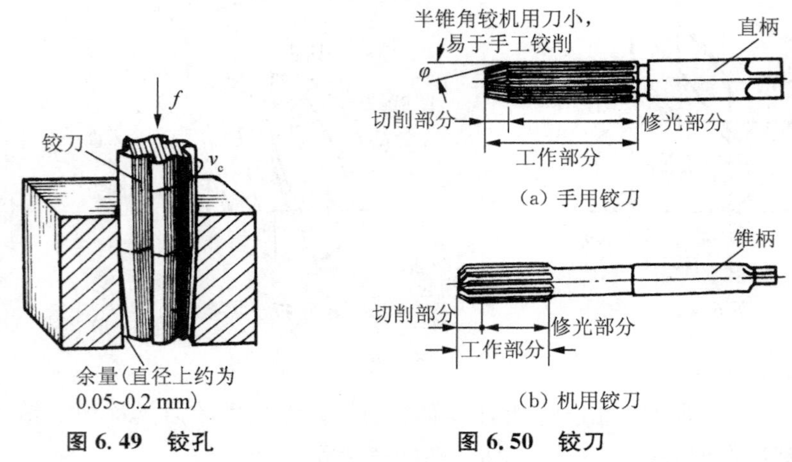

图 6.49　铰孔　　图 6.50　铰刀

手工铰孔时，将铰刀的方榫夹在铰杠的方孔内，转动铰杠带动铰刀旋转进行铰孔。

（2）铰杠

铰杠是用来夹持手用铰刀的工具。常用的铰杠有固定式和活动式两种（图 6.51）。活动式铰杠可以转动左边手柄或螺钉调节方孔大小，实现夹紧各种尺寸的手用铰刀。

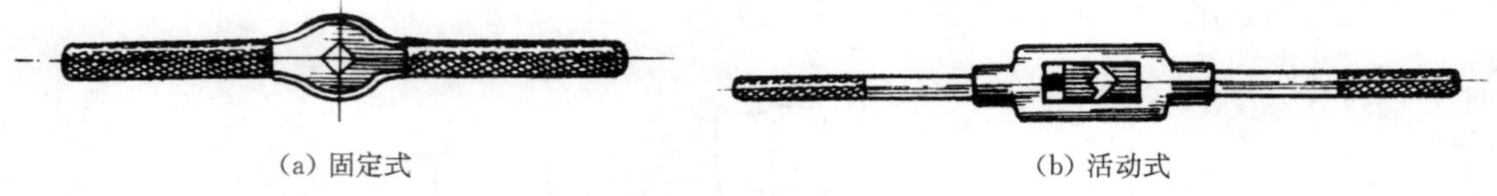

图 6.51　铰杠

（3）铰削用量

铰孔时因为余量很小，每个切削刃上的负荷都小于扩孔钻，且切削刃的前角 $\gamma_0=0°$，所以铰削过程实际上是修刮过程。特别是手工铰孔时，切削速度很低，不会受到切削热和振动的影响，因此使孔加工的质量较高。

铰孔余量要合适，太大会增加铰孔次数；太小使上道工序留下的加工误差不能纠正。一般粗铰时，余量为 0.15～0.5 mm，精铰时为 0.05～0.25 mm。

（4）铰孔操作要点

① 铰杠只能顺时针方向带动铰刀转动，绝对不能倒转，否则切屑嵌在铰刀后刀面和孔

壁之间，划伤孔壁或使刀刃崩裂。

② 手工铰孔过程中，两手用力要一致，发现铰杠转不动或感到很紧时，不能强行转动或倒转，应慢慢地在顺转的同时向上提出铰刀。检查铰刀是否被切屑卡住或碰到硬质点，在排除切屑等后，再慢慢铰下去，铰完后仍需顺时针旋转退出铰刀。

③ 机铰时，要在铰刀退出孔后再停车，否则孔壁有退刀痕迹。机铰通孔时，铰刀的修光部分不能全部露出孔外，否则铰刀退出时会将孔口划坏。

④ 铰孔时，应选用合适的切削液。铰铸铁用煤油，铰钢件用乳化液。

6.6 攻丝和套丝

攻螺纹(亦称攻丝)是用丝锥在工件内圆柱面上加工出内螺纹。套螺纹(或称套丝、套扣)是用板牙在圆柱杆上加工外螺纹。

6.6.1 攻丝

攻丝是用丝锥加工内螺纹的操作。

1) 攻丝工具

丝锥是加工内螺纹的标准刀具，如图6.52所示。它由工作部分和柄部组成。柄部带有方榫可以与铰杠配合传递扭矩。工作部分由切削和校准两部分组成。切削部分主要起切削作用，其顶部磨成圆锥形可以使切削负荷由若干个刀齿分担。校准部分有完整的齿形，主要起修光和引导作用。丝锥上有3～4条容屑槽，起容屑和排屑作用。通常M6～M24的丝锥一组有2个；M6以下及M24以上的手用丝锥一组有3个。分别称为头锥、二锥和三锥。这样分组是由于小丝锥强度不高，容易折断。大丝锥切削量大，需要几次逐步切削，减小切削力。每组丝锥的外径、中径和内径相同，只是切削部分长度 l_1 和锥角 α_1 不同。头锥 l_1 稍长，锥角 α_1 较小；二锥 l_1 稍短，锥角 α_1 较大。

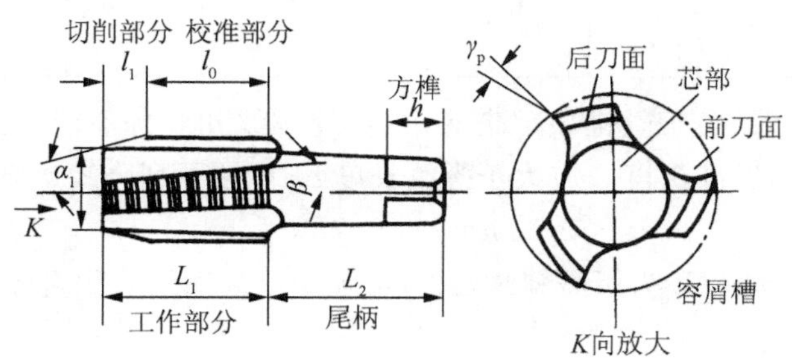

图6.52 丝锥

2) 攻丝前螺纹底孔直径的确定

攻丝前需要钻孔。丝锥攻丝时，除了切削金属外，还有挤压金属的作用。材料塑性越大，挤压作用越明显。被挤出的金属嵌入丝锥刀齿间，甚至会接触到丝锥内径将丝锥卡住。因此螺纹底孔的直径应大于螺纹标准规定的螺纹内径。确定螺纹底孔直径 d_0 可用下列经验公式计算：

钢材及其他塑性材料： $d_0 \approx D-p$

铸铁及其他脆性材料： $d_0 \approx D-(1.05\sim1.1)p$

式中，d_0为底孔直径(mm)；D为螺纹公称直径(mm)；p为螺距(mm)。

d_0也可直接查表6.6。

表6.6　攻普通螺纹底孔的钻头直径

螺纹直径 D	螺距 p	钻头直径 $D_{钻}$ 铸铁、青铜黄铜	钻头直径 $D_{钻}$ 钢、可锻铸铁紫铜、层压板
2	0.4 0.25	1.6 1.75	1.6 1.75
2.5	0.45 0.35	2.05 2.15	2.05 2.15
3	0.5 0.35	2.5 2.65	2.5 2.65
4	0.7 0.5	3.3 3.5	3.3 3.5
5	0.8 0.5	4.1 4.5	4.2 4.5
6	1 0.75	4.9 5.2	5 5.2
8	1.25 1 0.75	6.6 6.9 7.1	6.7 7 7.2
10	1.5 1.25 1 0.75	8.4 8.6 8.9 9.1	8.5 8.7 9 9.2
12	1.75 1.5 1.25 1	10.1 10.4 10.6 10.9	10.2 10.5 10.7 11
14	2 1.5 1	11.8 12.4 12.9	12 12.5 13
16	2 1.5 1	13.8 14.4 14.9	14 14.5 15
18	2.5 2 1.5 1	15.3 15.8 16.4 16.9	15.5 16 16.5 17
20	2.5 2 1.5 1	17.3 17.8 18.4 18.9	17.5 18 18.5 19
22	2.5 2 1.5 1	19.3 19.8 20.4 20.9	19.5 20 20.5 21
24	3 2 1.5 1	20.7 21.8 22.4 22.9	21 22 22.5 23

攻盲孔(不通孔)时，由于丝锥顶部带有锥度，使螺纹孔底部不能形成完整的螺纹，为了得到所需的螺纹长度，钻孔深度h应大于螺纹长度L，可按下列公式计算：

$$h=L+0.7D$$

式中，h为钻孔深度(mm)；L为所需螺纹长度(mm)；D为螺纹公称直径(mm)。

3）攻丝操作要点

(1) 螺纹底孔孔口应倒角，以便于丝锥切入工件。

(2) 将头锥垂直放入螺纹底孔内，用目测或直角尺校正后，用铰杠轻压旋入。丝锥切削部分切入底孔后，则转动铰杠不再加压。丝锥每转一圈应反转1/4圈，以便于断屑(见图6.53)。

(3) 头锥攻完退出，用二锥和三锥时，应先用手将丝锥旋入螺孔1～2圈后，再用铰杠转动，此时不需加压，直到完毕。

(4) 攻丝时，要用切削液润滑，以减少摩擦，延长丝锥寿命，并能提高螺纹的加工质量。

工件材料为塑性时，加机油；工件材料为脆性时，加煤油。

6.6.2　套螺纹

1）板牙和板牙架

套丝工具：板牙是加工外螺纹的刀具，有固定的和开缝的两种。其结构形状像圆螺母，如图 6.54(a)所示，由切削部分、校正部分和排屑孔组成。板牙两端是带有 60°锥度的切削部分，起切削作用。板牙中间一段是校正部分，起修光和导向作用。板牙的外圆有一条 V 形槽和四个锥坑，下面两个锥坑通过紧固螺钉将板牙固定在板牙架上用来传递扭矩，带动板牙转动。板牙一端切削部分磨损后可翻转使用另一端。板牙校正部分磨损使螺纹尺寸超出公差时，可用锯片砂轮沿板牙 V 形槽将板牙锯开，利用上面两个锥坑，靠板牙架上的两个调整螺钉将板牙缩小。

板牙架是装夹板牙并带动板牙旋转的工具，如图 6.54(b)所示。

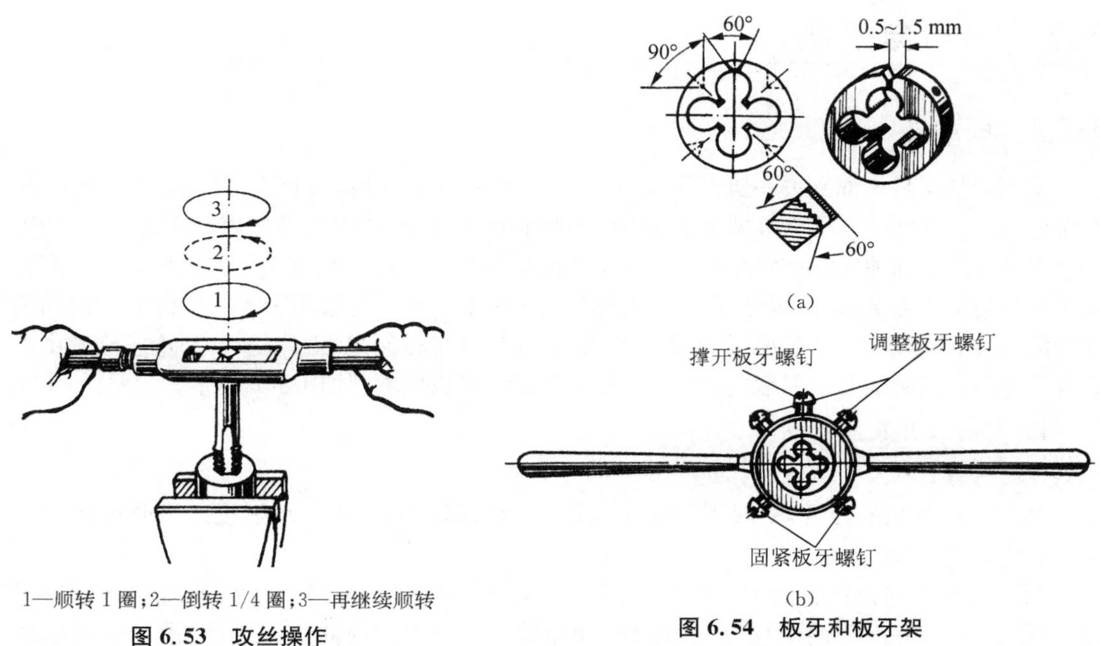

1—顺转 1 圈；2—倒转 1/4 圈；3—再继续顺转

图 6.53　攻丝操作

图 6.54　板牙和板牙架

2）套丝操作要点

（1）套丝前，先确定圆杆直径，直径太大，板牙不易套入；直径太小，套丝后螺纹牙型不完整。圆杆直径可按以下经验公式计算：

$$d_0 = D - 0.13\ p$$

式中，d_0 为圆杆直径(mm)；D 为螺纹公称直径(mm)；p 为螺距(mm)。

（2）圆杆端部倒角 60°左右，使板牙容易对准中心和切入，如图 6.55(a)所示。

（3）将板牙端面垂直放入圆杆顶端。为使板牙切入工件，开始施加的压力要大，转动要慢。套入几牙后，可只转动板牙架而不再加压，但要经常反转来断屑如图 6.55(b)所示。

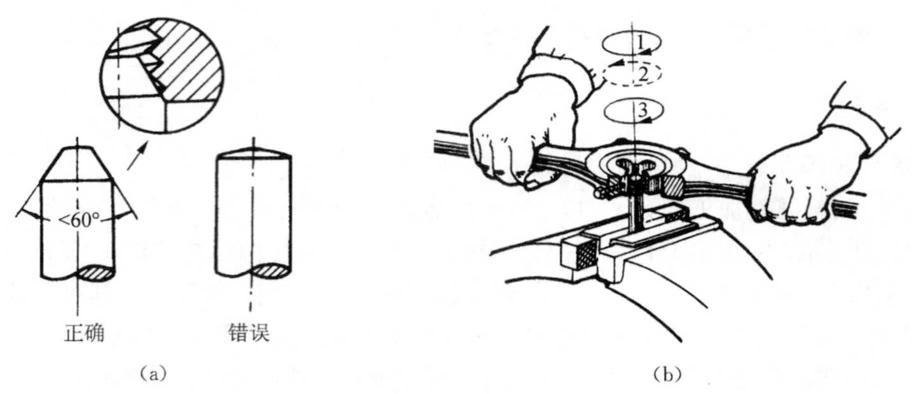

图 6.55　套丝

(4) 套丝部分离钳口应尽量近些，圆杆要夹紧。为了不损坏圆杆已加工表面，可用硬木或铜片做衬垫。在钢制件上套丝需加切削液冷却润滑，以提高螺纹加工质量和延长板牙寿命。

6.7　刮削与研磨

6.7.1　刮削

用刮刀从工件表面刮去一层极薄的金属称为刮削。刮削时刮刀对工件既有切削作用，又有压光作用。刮削能够消除机械加工留下的刀痕和微观不平，提高工件的表面质量，可以使工件表面形成存油间隙，减少摩擦阻力，提高工件的耐磨性。还可以获得美观的工件表面。刮削属于一种精加工方法，表面粗糙度 R_a 值可达到 0.4～0.1 μm。它常用于零件相配合的滑动表面。例如，机床导轨、滑动轴承、钳工划线平台等，并且在机械制造，工具、量具制造或修理中占有重要地位。刮削的劳动强度大，生产率低，一般用于难以用磨削加工的场合。

1) 刮削工具及显示剂

(1) 刮刀

刮刀是刮削用的刀具，一般用碳素工具钢或轴承钢锻制而成。刮削硬工件时可用焊有硬质合金刀头的刮刀。

刮刀有平面刮刀和曲面刮刀两种。图 6.56(a)是最常用的一种平面刮刀，用来刮削平面。图 6.56(b)是一种曲面刮刀，也称为三角刮刀，用来刮削内曲面。例如，滑动轴承的轴瓦内表面等。

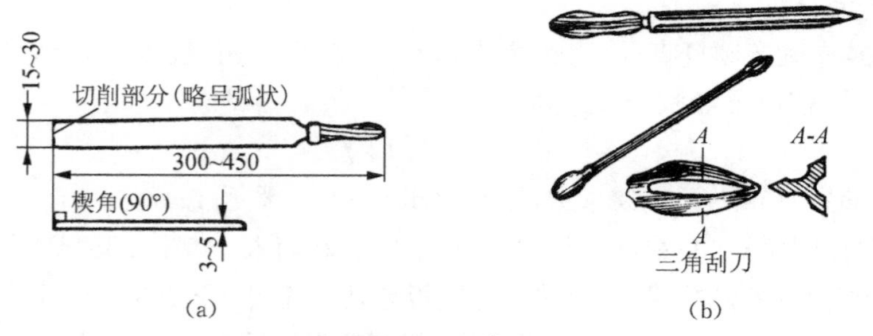

图 6.56　刮刀

(2) 校准工具

用来与刮削表面磨合，显示出接触点多少和分布情况，为刮削提供依据，也称为研具。它还可用于检验刮削表面精度。常用的校准工具有校准平板、桥式直尺、工字形直尺和角度直尺等(见图6.57)。

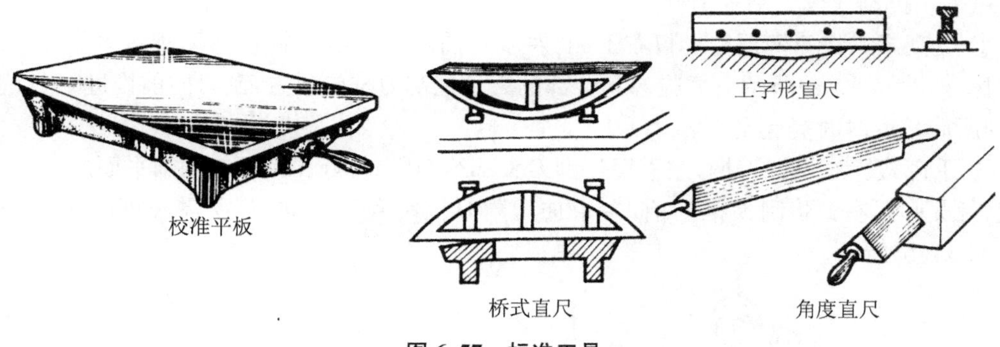

图6.57 标准工具

(3) 显示剂

在刮削过程中，为显示被刮削表面与校准工具表面接触的程度，在校准工具或被刮削表面上涂一层显示材料即为显示剂。

常用显示剂有以下几种：

① 红丹油。由红丹粉和机油混合而成，用于铸铁和钢材刮削。

② 蓝油。由普鲁士蓝颜料和蓖麻油混合而成，用于铜、铝等工件的刮削。

2) 刮削质量检查

刮削精度的检查常用刮削研合点(接触点)的数目来检查。其标准用边长为25 mm×25 mm的正方形面积内研合点的数目来表示。研合点越多，点子越小则刮削质量越好。一级平面为：5～16点/25 mm×25 mm；精密平面为：16～25点/25 mm×25 mm；超精密平面为：大于25点/25 mm×25 mm。

检验时，先将校准工具和工件的刮削表面揩干净，然后在校准工具上均匀涂一层红丹油，再将工件的刮削表面与校准工具配研(见图6.58)。配研后，工件表面上高点子因磨去红丹油而显示出亮点即为研合点。这种显示研合点的方法称为"研点"。

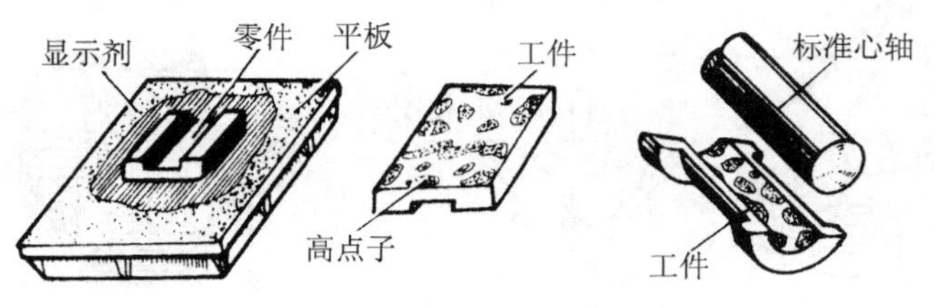

图6.58 研点

3) 刮削方法

(1) 确定刮削余量

刮削是非常精细和繁重的工作，每次刮削量很少。因此，切削加工后，留下的刮削余量不能太多。一般是以工件刮削面积的大小而定。例如，平面宽 100～500 mm，长 100～1 000 mm 时，刮削余量为 0.15～0.2 mm。孔径小于 80 mm，孔长小于 100 mm 时，刮削余量为0.05 mm。

(2) 平面刮削

可采用挺刮式或手刮式两种。

① 挺刮式。将刀柄顶在小腹右下侧，左手在前，右手在后，握住离刀刃约 80～100 mm 的刀身，如图 6.59(a)所示。靠腿部和臂部的力量把刮刀推向前方，刮刀向前推进时，双手加压，到所需长度时时提起刮刀。

② 手刮式。右手握刀柄，左手捏住刮刀头部约 50 mm 处。刮刀与刮削平面成 25°～30° 角度。刮削时，右臂将刮刀推向前，左手加压同时控制刮刀方向，到所需长度时提起刮刀，如图 6.59(b)所示。

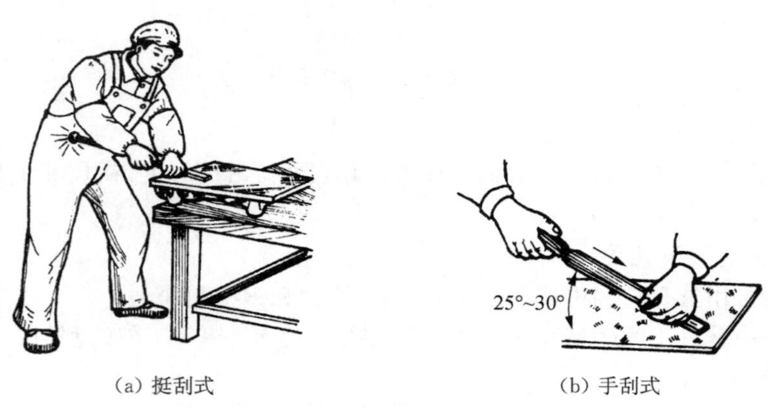

(a) 挺刮式　　(b) 手刮式

图 6.59　平面刮削方法

(3) 曲面刮削

要求较高的滑动轴承的轴瓦，为了获得良好的配合，需要刮削。刮削轴瓦用三角刮刀，如图 6.60 所示。先在轴上涂一层蓝油，再与轴瓦配研如图 6.61 所示。先正转后反转，并做适当轴向移动。在轴瓦上研出点子后，按平面刮削步骤刮削轴瓦。

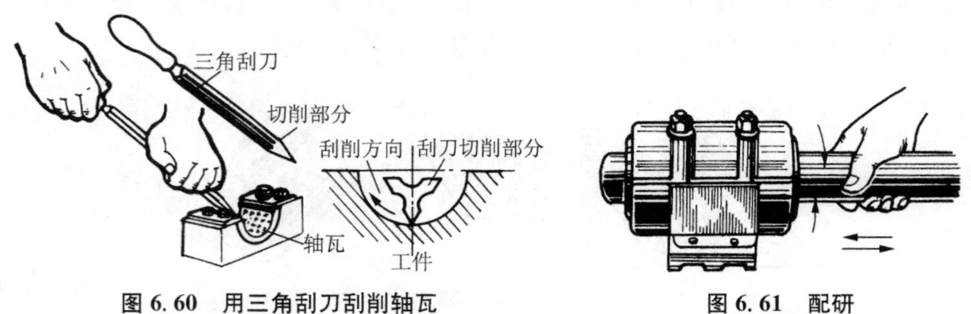

图 6.60　用三角刮刀刮削轴瓦　　**图 6.61　配研**

(4) 选择刮削方式

刮削方式一般分为粗刮、细刮、精刮和刮花等。根据工件表面情况和对表面质量要求进行选择。

① 粗刮

工件表面较粗糙时，先用长刮刀将表面全部刮一遍，当工件表面较平滑后进行研点，将显示出的高点刮去。在工件表面研合点达每 25 mm× 25 mm 有 4～5 个点时，进入细刮。

② 细刮

将粗刮后的高点刮去，使工件表面的研合点增多。细刮用短刮刀，刮削刀痕短，不连续，每次都要刮在点子上。点子越少，刮去的金属应越多，且朝一个方向刮。刮第二遍时，要成 45°或 60°方向交叉刮成网纹。直到每 25 mm× 25 mm 有 12～15 点后进行精刮。

③ 精刮

用小刮刀或带圆弧的精刮刀，将大而宽的点子全部刮去，中等点子的中间刮去一小块，小点子不刮。经过反复刮削和研点，直到每 25 mm×25 mm 有 20～25 点为止。精刮主要用于校准工具、精密导轨面、精密工具的接触面等。

④ 刮花

使工件表面美观和具有良好的润滑，还可根据花纹的完整和消失来判断平面的磨损情况。常见花纹有三角花纹、方块花纹和燕子花纹等(图 6.62)。

(a) 三角花纹(一刀)

(b) 方块花纹(一刀)

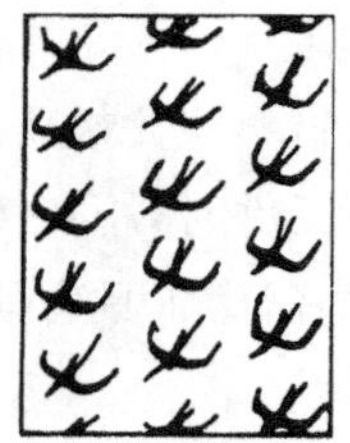

(c) 燕子花纹(二刀)

图 6.62　刮削花纹

(5) 刮削操作要点

① 刮削前工件的锐边，锐角要去掉，以免碰伤手。

② 工件表面一般放在低于腰部的地方进行刮削。

③ 刮削时要拿稳刮刀，用力均匀，姿势要正确，防止刮刀在工件上划出不必要的刀痕。

④ 显示剂要涂得薄而均匀，以免影响研点的正确性。

⑤ 推磨研具时用力要均匀，注意悬空部分的长度，防止研具落下伤人。

(6) 刮削质量分析

刮削中常见的质量问题有凹痕、振痕、丝纹和刮削精度不符要求等。

6.7.2　研磨

用研磨工具和研磨剂从机械加工过的工件表面上磨去一层极微薄的金属，称为研磨。

研磨是精密加工，它能使工件达到精确的尺寸(尺寸公差可达 IT0)、准确的几何形状和很小的表面粗糙度(R_a 值可达 0.012 μm)。研磨可提高零件的耐磨性、抗腐蚀性和疲劳强度，延长零件的使用寿命。研磨能用于碳钢、铸铁、铜等金属材料，也能用于玻璃、水晶等非金属材料。

1）研磨原理

研磨时，加在工件和研具间的研磨剂受到压力后，一部分嵌入研具表面，一部分处于工件与研具之间。在研磨过程中，每一磨粒不重复自己的运动轨迹，对工件表面产生切削和挤压作用，某些研磨剂还起化学作用。经过研磨可以将精加工后残留在工件表面上的波峰磨掉，如图 6.63 所示。

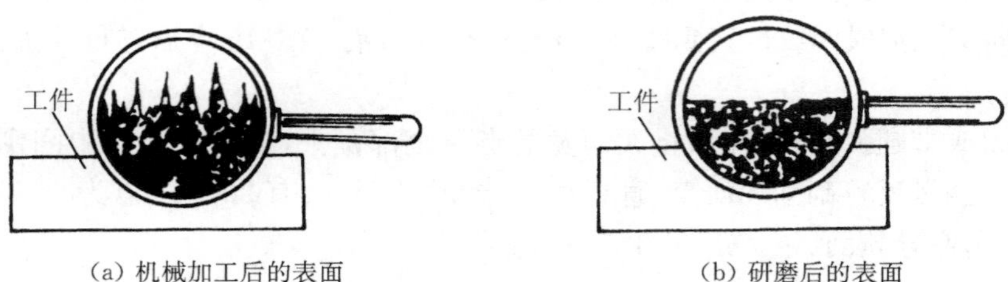

(a) 机械加工后的表面　　(b) 研磨后的表面

图 6.63　研磨作用

2）研磨工具和研磨剂

(1) 研磨工具

研磨工具的材料应比被研工件软，研磨剂里的磨粒才能嵌入研磨工具的表面，不致刮伤工件。研磨淬硬工件时，用灰铸铁或软钢等制成研磨工具。不同形状的工件用不同类型的研磨工具，常用的研磨工具有研磨平板、研磨环、研磨棒等(见图 6.64)。

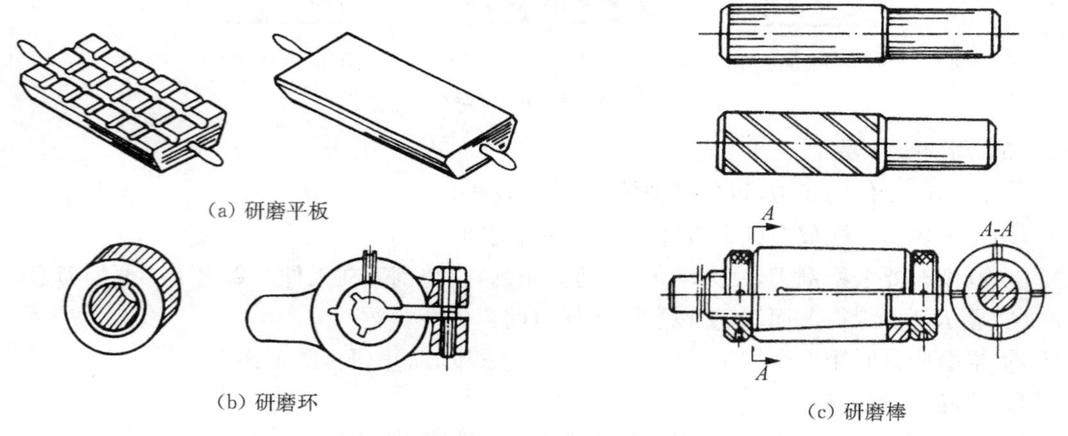

(a) 研磨平板　　(b) 研磨环　　(c) 研磨棒

图 6.64　研磨工具

(2) 研磨剂

研磨剂是由磨料和研磨液调和而成的混合剂。磨料在研磨中起切削作用。常用磨料有氧化铝、碳化硅、人造金刚石等。经粉碎、筛网成磨粉后，用于粗研。如果再经粉碎、沉淀成微粉后，用于精研。研磨液在研磨中起调和磨料、冷却和润滑作用。常用研磨液有煤油、汽油和机油等。目前，工厂都用研磨膏，它是在磨料中加入粘结剂和润滑剂调制而成。使用时，用油稀释。

3) 研磨方法

(1) 研磨余量

研磨属于微量切削，每研磨一遍磨去的金属层不超过 0.002 mm，研磨的余量很小，一般控制在 0.005～0.030 mm 之间。有时研磨余量直接留在工件的公差范围内。

研磨前工件必须经过精镗或精磨，粗糙度 R_a 值为 0.8 μm。粗研时，研磨剂中磨料的粒度较粗，压力重，运动速度慢。精研时，磨料粒度细，压力轻，运动速度快。

(2) 平面研磨

平面研磨是在研磨平板上进行的。用煤油或汽油把平板擦洗干净，再涂上适量研磨剂。将工件的被研表面与平板贴合，手按工件在平板全部表面上做“8”字形或螺旋形运动轨迹进行研磨(见图 6.65)。用力要均匀，研磨速度不宜太快。

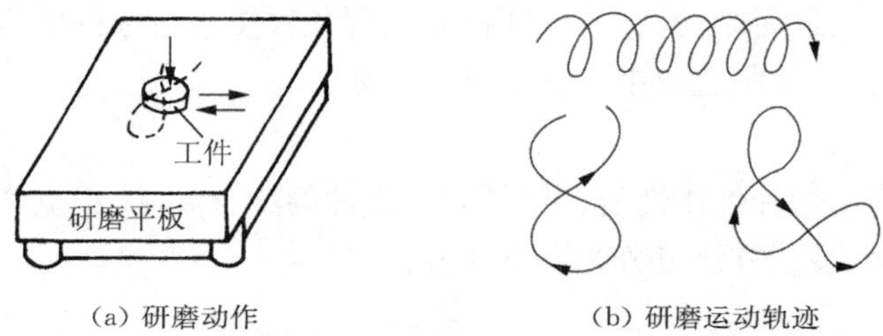

(a) 研磨动作　　(b) 研磨运动轨迹

图 6.65　平面研磨

(3) 外圆柱面研磨

外圆柱面研磨一般在车床或钻床上进行。研磨工具是研磨环，其孔径比工件外径约大 0.025～0.05 mm，长约为孔径的 1～2 倍。研磨时，工件上涂研磨剂，再套上研磨环，见图 6.66(a)。工件以一定的速度转动，手握住研磨环以适当的速度做往复运动，使工件表面研磨出 45°的交叉网纹(见图 6.66(b))。研磨一段时间后，将工件调转 180°，再进行研磨。使外圆柱面研磨得精确，研磨环磨损较均匀。

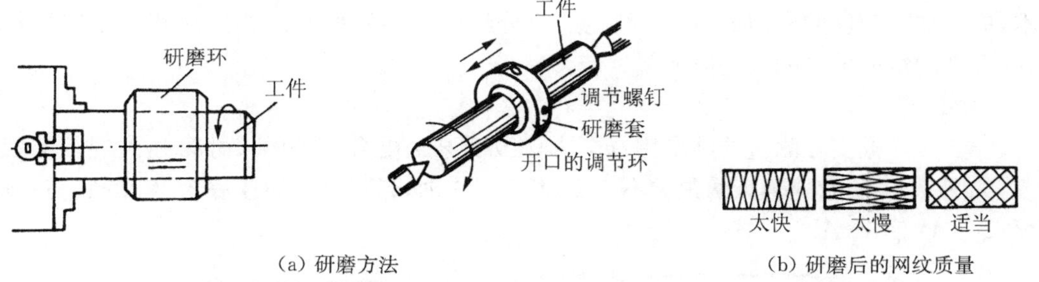

(a) 研磨方法　　(b) 研磨后的网纹质量

图 6.66　外圆柱面研磨

(4) 内孔研磨

研磨棒放置在车床两顶尖之间或夹在钻床的钻夹头上，工件套在研磨棒上。研磨棒做旋转运动，手握工件做往复直线运动。

6.8 装配

6.8.1 装配常识

1）装配概念及其重要性

机器是由许多零件组成的，将零件按照规定的技术要求装在一起成为一个合格产品的过程称为装配。

一台复杂的机器，往往是先以某一个零件为基准零件，将若干个其他零件装在它上面构成"组件"，然后将几个组件和零件装在另一个基准零件上面构成"部件"，最后将几个部件、组件和零件一起装在产品的基准零件上面构成一台机器。

装配是机器制造的最后阶段，它是保证机器达到各种技术指标的关键，装配工作好坏直接影响机器的质量，在机器制造业中占有很重要的地位。

2）装配方法

为了保证机器的精度和使用性能，满足零件、部件的配合要求，根据产品的结构、生产条件和生产批量等情况，装配方法可分为以下几种：

（1）完全互换法

装配时在同类零件中任取一个零件，不需修配即可用来装配，且能达到规定的装配要求。装配精度由零件的制造精度保证。

完全互换法的装配特点是装配操作简便，生产率高，容易确定装配时间，有利于组织流水装配线。零件磨损后，调换方便，但零件加工精度要求高，制造费用大。因此，适用于组成件数少，精度要求不高或大批量生产。

（2）选配法

将零件的制造公差放大到经济可行的程度，并按公差范围分成若干组，然后与对应的各组配件进行装配，以达到规定的配合要求。选配法的特点是零件制造公差放大后降低加工成本，但增加了零件的分组时间，还可能造成分组内零件不配套。选配法适用于装配精度高、配合件的组成数少的装配或成批生产。

（3）修配法

装配时，根据实际测量的结果用修配方法改变某个配合零件的尺寸来达到规定的装配精度，如图 6.67 所示的车床两顶尖不等高，相差 ΔA 时，通过修刮尾座底板量 ΔA 后，达到精度要求（$\Delta A=A_1-A_2$）。

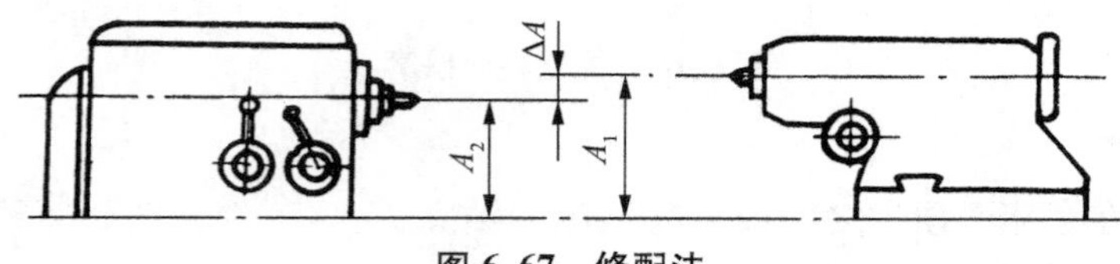

图 6.67 修配法

修配法可使零件加工精度相应降低，减少零件的加工时间，降低产品的制造成本，适用于单件小批生产。

(4) 调整法

装配时,通过调整某一个零件的位置或尺寸来达到装配要求,例如用改变衬套位置达到规定的间隙 ΔA,如图 6.68(a)所示;用不同尺寸的垫片达到规定的间隙 ΔA,如图 6.68(b)所示。

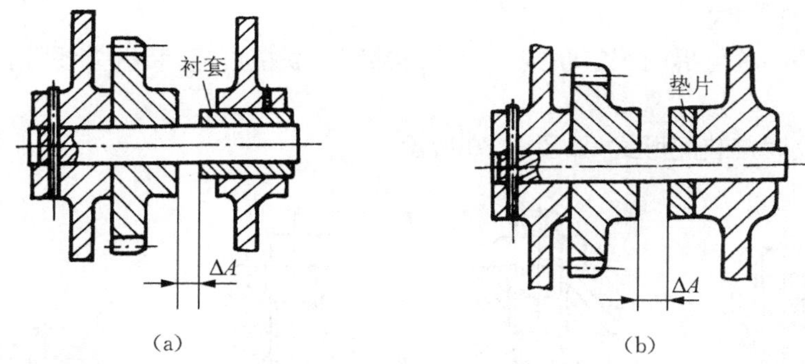

图 6.68 调整法

调整法通过调整零件位置或尺寸达到装配精度,适用于由于磨损引起配合间隙变化的零件的装配。

3) 装配的联接方法

装配时按照零件相互联接的不同要求,联接方法可分为固定联接和活动联接。固定联接零件间没有相对运动;活动联接零件间在工作时能按规定的要求做相对运动。按联接后能否拆卸,又可分为可拆联接和不可拆联接两种。可拆联接在拆卸时不损坏联接零件,例如,螺纹、键、轴和滑动轴承等的联接。而不可拆的联接,拆卸时往往比较困难,并且会使其中一个或几个零件遭受损坏。再装时,就不能应用。例如,焊接、压合和各种活动连接的铆合头等联接。

4) 装配的配合种类

(1) 间隙配合

装配后,保证配合表面有一定的间隙量,使配合零件间具有符合要求的相对运动。例如,轴和滑动轴承的配合。

(2) 过渡配合

装配后,配合表面间有较小的间隙或很小的过盈量,故装拆容易,且零件间有较高的同轴度。当轴装在孔内同轴度要求较高,又需装拆时,常采用过渡配合。例如,齿轮、带轮与轴的配合。

(3) 过盈配合

装配后,靠轴与孔的过盈量使零件表面间产生弹性压力达到紧固联接的目的(见图 6.69)。例如,滚动轴承内孔与轴的配合。

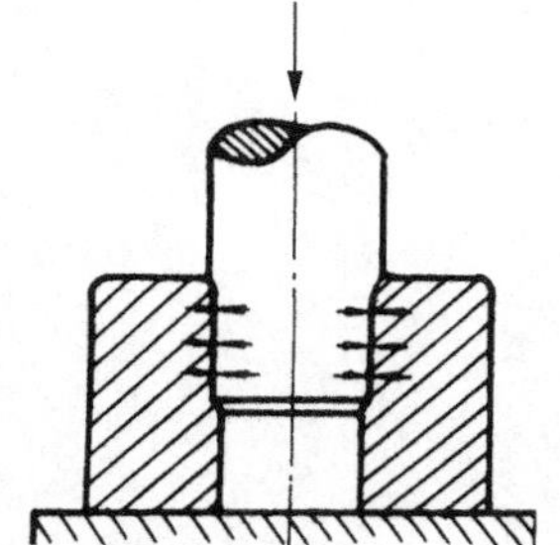

图 6.69 过盈配合

过盈配合时,根据配合零件传递扭矩或轴向力的大小,其过盈量的大小和装配方法也各不相同。过盈量较小时,可用小型压力机将零件压入配合件。过盈量较大时,可将孔类零件浸入热油内加热(油用电炉加热),用红套法进行装配。当轴类零件的相配件很大时,加热有困难,可用冷却轴的办法进行装配。冷却介质一般有干冰(固体二氧化碳,可冷却到 −75 ℃)、液氮(液态氮气,可冷却到−180 ℃）。

6.8.2 装配示例

1）螺纹联接装配

螺纹联接是一种可拆的固定联接，具有结构简单、联接可靠、装拆方便等优点，在机械中应用广泛。

常用的螺纹联接装配形式，如图 6.70 所示。

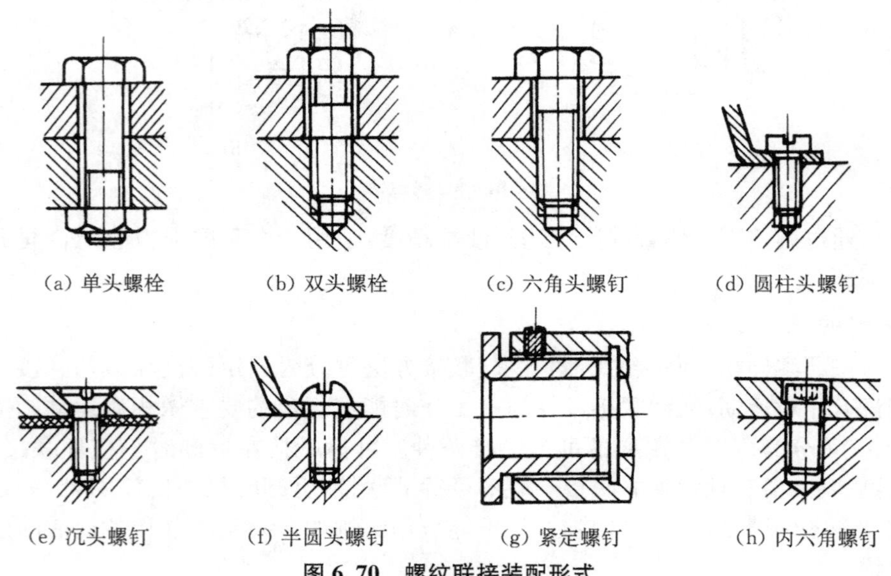

图 6.70 螺纹联接装配形式

螺纹联接装配技术要求是保证有一定的拧紧力矩，使螺纹牙间产生足够的预紧力；螺钉和螺母不产生偏斜和歪曲；有可靠的防松装置等。

装配螺栓、螺柱或螺钉的工具一般有螺钉旋具（见图 6.71）、扳手（见图 6.72）。

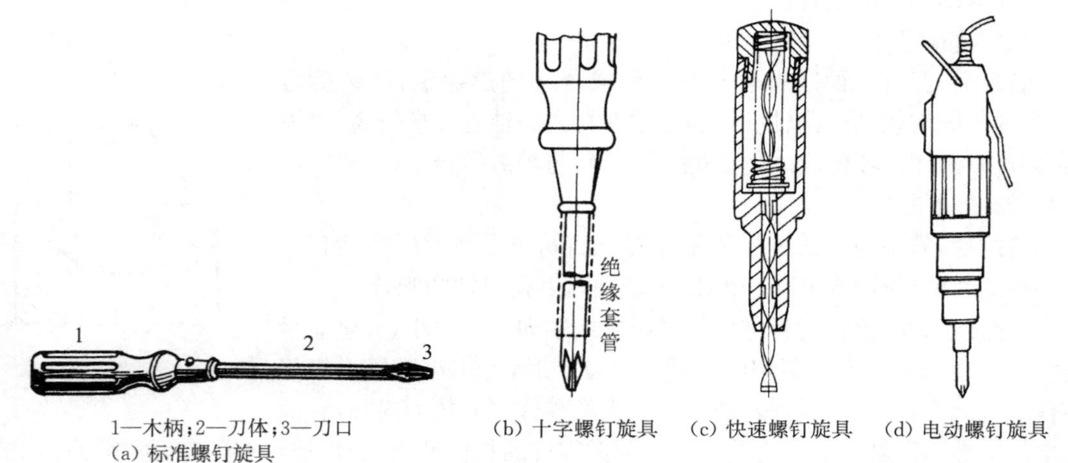

图 6.71 螺钉旋具

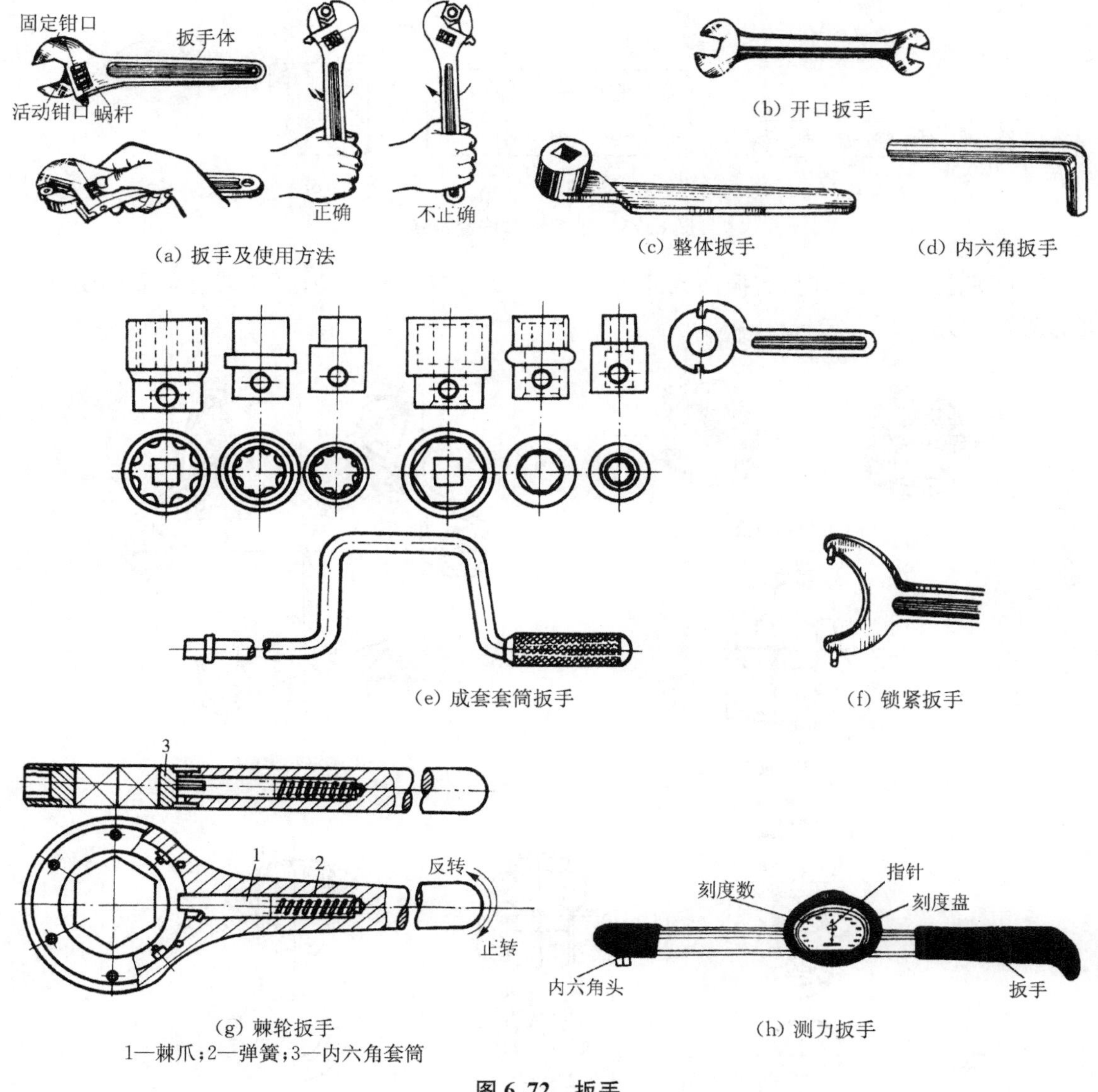

(a) 扳手及使用方法 (b) 开口扳手 (c) 整体扳手 (d) 内六角扳手 (e) 成套套筒扳手 (f) 锁紧扳手

(g) 棘轮扳手

1—棘爪;2—弹簧;3—内六角套筒

(h) 测力扳手

图 6.72 扳手

螺钉和螺母装配要求:

(1) 螺钉头部,螺母底面与联接件接触应良好。

(2) 被联接件受压应均匀,贴合紧密,联接牢固。

(3) 成组螺栓或螺母拧紧时,应根据被联接件形状、螺栓分布情况,按一定顺序逐次拧紧。

例如,在拧紧条形或长方形布置的成组螺母时,应从中间逐渐向两边对称展开,如图 6.73(a)所示。在拧紧方形或圆形时,必须对称进行,如图 6.73(c)、图 6.73(d)所示。如有定位销时,应从靠近定位销的螺栓开始拧。这主要是防止螺栓受力不一致产生变形。

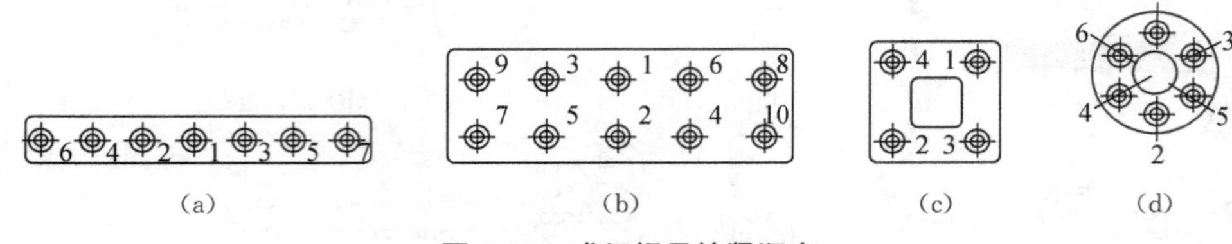

(a) (b) (c) (d)

图 6.73 成组螺母拧紧顺序

(4) 联接件在工作时,有振动或冲击,为防止螺钉或螺母松动,必须装有可靠的防松置(见图 6.74)。

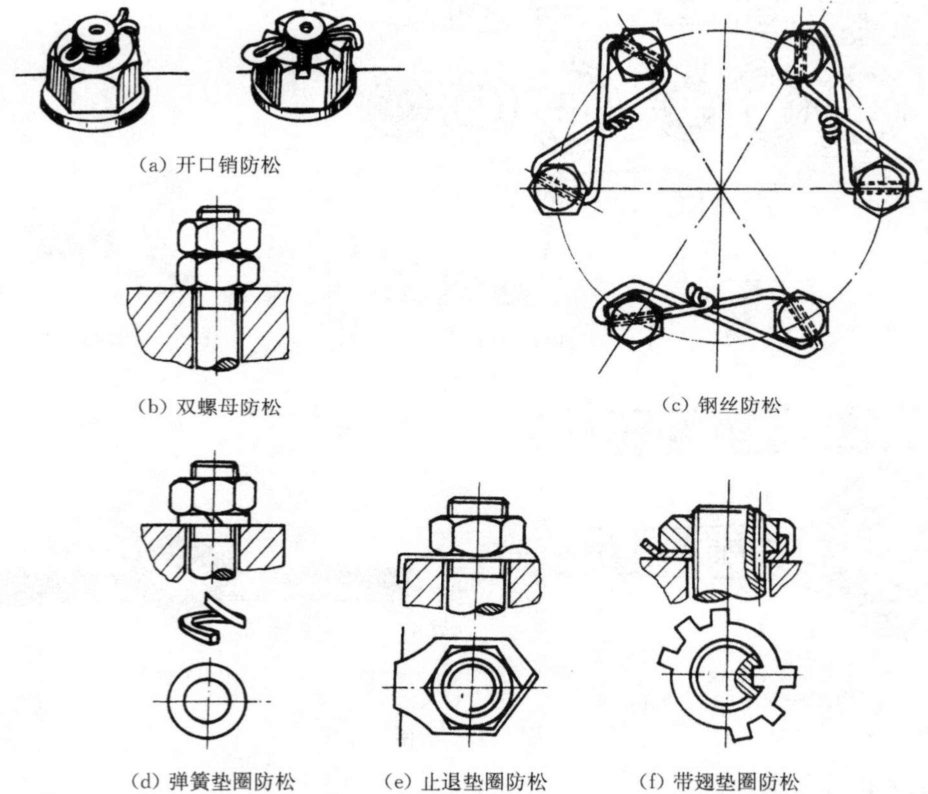
(a) 开口销防松

(b) 双螺母防松

(c) 钢丝防松

(d) 弹簧垫圈防松 (e) 止退垫圈防松 (f) 带翅垫圈防松

图 6.74 螺纹联接防松装置

2) 滚动轴承装配

(1) 滚动轴承装配方法

① 将轴承、轴、轴承座内孔用汽油清洗干净。

② 检查滚动体是否灵活,在装配表面涂上机油。

③ 轴承装到轴上时,不能用手锤直接敲打轴承外圈(见图 6.75(a))。应使用垫套或铜棒,将轴承敲到轴上。用力应均匀,且施加在轴承内圈端面上(见图 6.75(b))。

④ 轴承装到轴承座内孔时,力应均匀地施加在轴承外圈端面上(见图 6.75(c))。

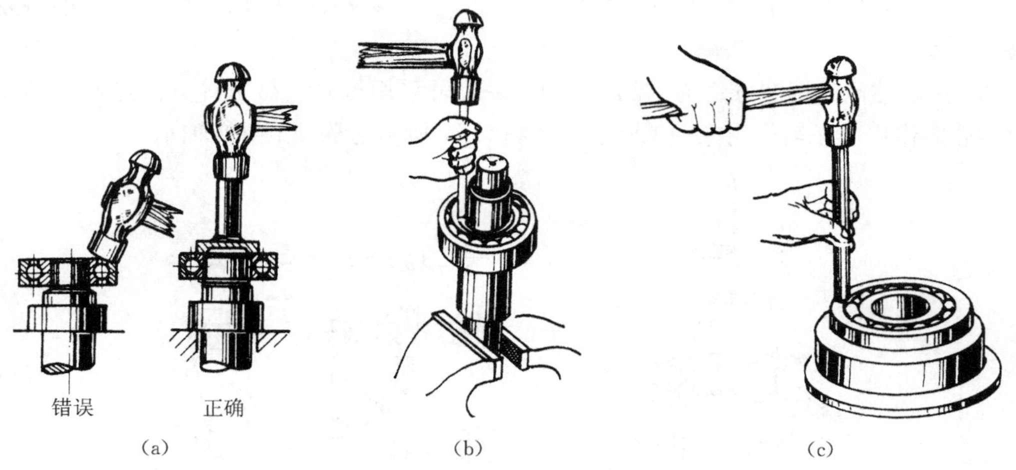

(a) (b) (c)

图 6.75 用手锤装配轴承

⑤ 使用套筒或压力机将轴承压入轴和轴承座孔内(见图 6.76)。

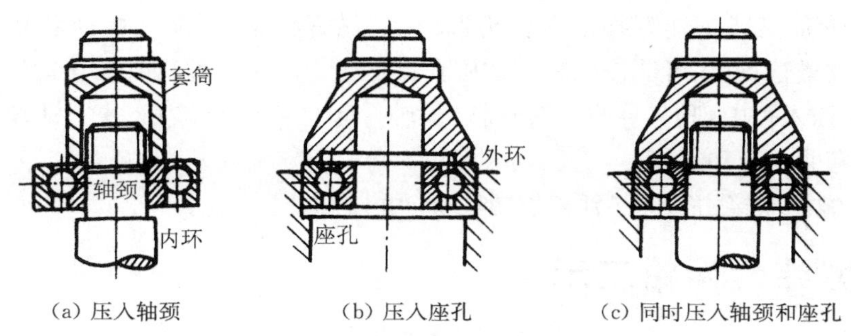

(a) 压入轴颈 (b) 压入座孔 (c) 同时压入轴颈和座孔

图 6.76 用套筒装配轴承

⑥ 轴承内孔与轴为较大的过盈配合时,可采用将轴承放到 80～90 ℃的机油中预热,使轴承孔胀大后与轴相配。

(2) 滚动轴承装配要点

① 滚动轴承的一侧端面标有牌号与规格,该面应装在可见部位,以便于检查。

② 轴承装在轴和轴承座孔内,不能歪斜。

③ 装配后,轴承转动应灵活,无噪音。

6.8.3 拆卸的基本要求

机器长期使用后,某些零件产生磨损和变形,使机器的精度下降,此时就需对机器进行检查和修理。修理时要对机器进行拆卸工作,拆卸机器时的基本要求是:

(1) 拆卸机器前应熟悉图纸,了解机器部件的结构,确定拆卸方法,防止乱敲、乱拆造成零件损坏。

(2) 拆卸要正确地去除零件间的相互联接。因此拆卸工作应按照与装配相反的顺序进行,先装的零件应后拆,后装的零件应先拆。一般是按先外后内、先上后下的顺序进行拆卸。

拆卸时，应尽量使用专用工具，以防损坏零件。直接敲击零件时，不能用铁锤，可用铜锤或木锤敲击。

(3) 滚动轴承的拆卸方法与其结构有关，一般可采用拉、压、敲击等方法进行。同样要注意拆卸的作用力必须作用在轴承圈上。如图 6.77 所示为从轴上拆卸轴承。

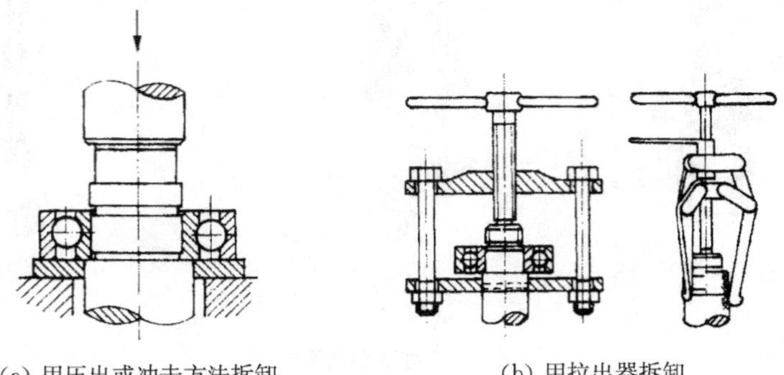

(a) 用压出或冲击方法拆卸　　(b) 用拉出器拆卸

图 6.77　从轴上拆卸轴承

(4) 对成套加工或不能互换的零件拆卸时，应做好标记，以防装配时装错。零件拆卸后，应按次序放置整齐，尽可能按原来的结构套在一起。对小零件，如销、止动螺钉等拆下后应立即拧上或插入孔中，避免寻找。对丝杠、长轴等零件应用布包好，并用铁丝等物将其吊起安置，防止弯曲变形和碰坏。

(5) 拆卸螺纹联接的零件必须辨别螺纹旋向。

6.9　典型综合件钳工示例

6.9.1　手锤头的制作

手锤头零件图如图 6.78 所示。

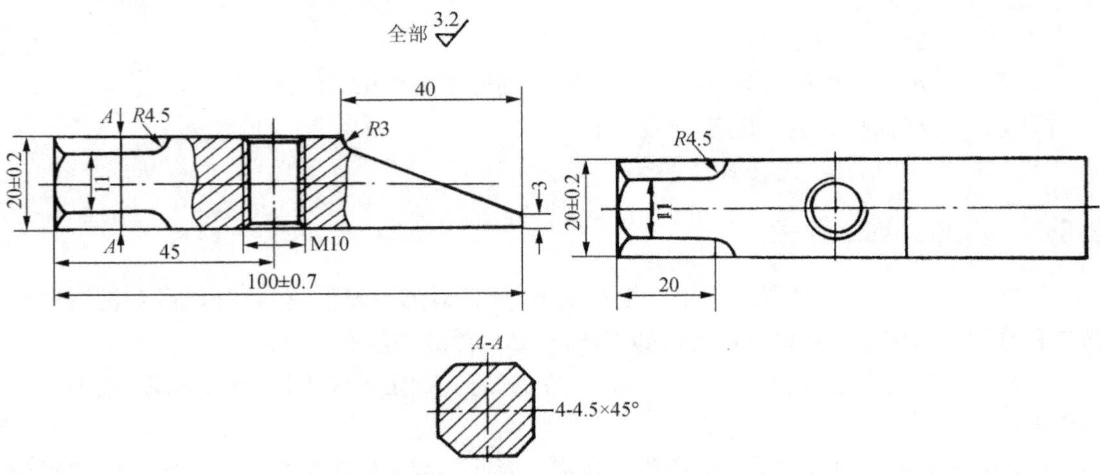

技术要求：1. 两端淬火 49～56 HRC(深 4～5 mm)；2. 发黑

图 6.78　手锤头

手锤头制作步骤如表 6.7 所示。

表 6.7　手锤头制作步骤

制作序号	加工简图	加工内容	工具、量具
1. 备料	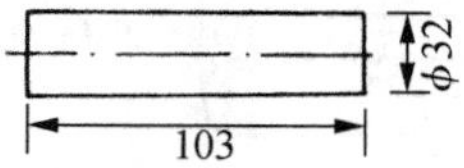 103; φ32	锯切 φ32、长 103 mm 的 45 钢棒料	钢锯、钢尺
2. 划线	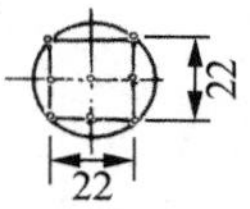 22; 22	在 φ32 圆柱两端面上划 22×22 加工界线及中心线，打上样冲眼	划针盘、V 形铁、直角尺、样冲、手锤
3. 锯切	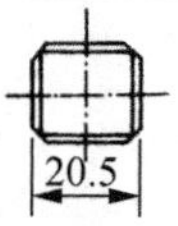 20.5	锯切左右两对应面。要使锯痕整齐、锯切宽度不小于 20.5，平面应平直，对应面平行，邻边垂直	钢锯、钢尺、直角尺
4. 锉削	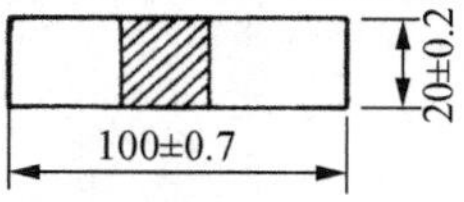 100±0.7; 20±0.2	锉削六个面。要求各面平直，对面平行，邻面垂直，断面成正方形，尺寸为 20±0.2，长度为 100±0.7	粗平锉刀、游标尺、直角尺
5. 划线	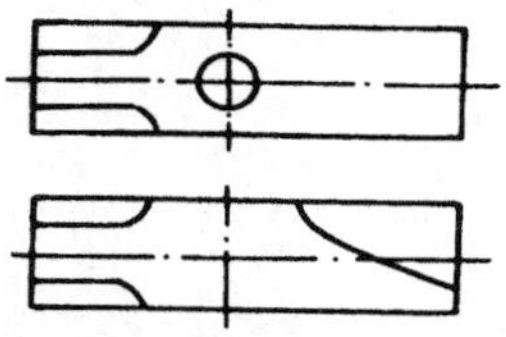	按零件图尺寸，划出全部加工界线，打上样冲眼	划针、划规、钢尺、样冲、手锤、划针盘（游标高度尺）
6. 锉削	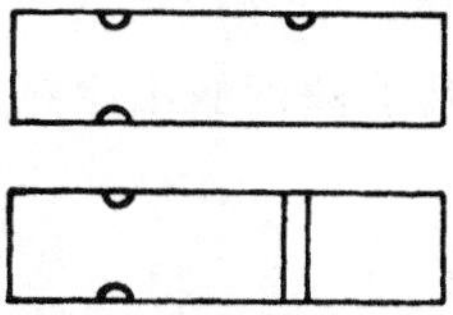	锉削五个圆弧，圆弧半径应符合图纸要求	圆锉刀
7. 锯切		锯切斜面，要求锯痕平整	钢锯
8. 锉削	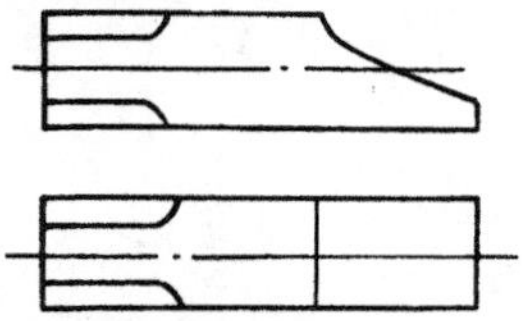	锉削四边斜角平面及大斜平面	粗、中平锉刀
9. 钻孔		用 φ9 麻花钻钻孔将孔钻穿及锪 1×45°锥坑	φ9 麻花钻、90°锪钻
10. 攻丝	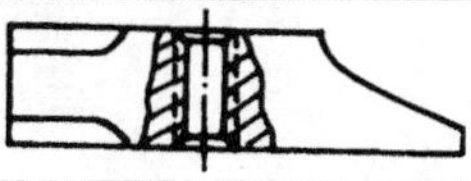	攻 M10 内螺纹至攻穿为止	M10 丝锥
11. 修光		用细平锉和砂布修光各平面，用圆锉和砂布修光各圆弧面	细平锉、圆锉、砂布
12. 热处理		① 两头锤击部分硬度为 49～56 HRC，心部不淬火； ② 发黑	硬度机检验硬度

6.9.2 手锤柄的制作

手锤柄零件图如图 6.79 所示。

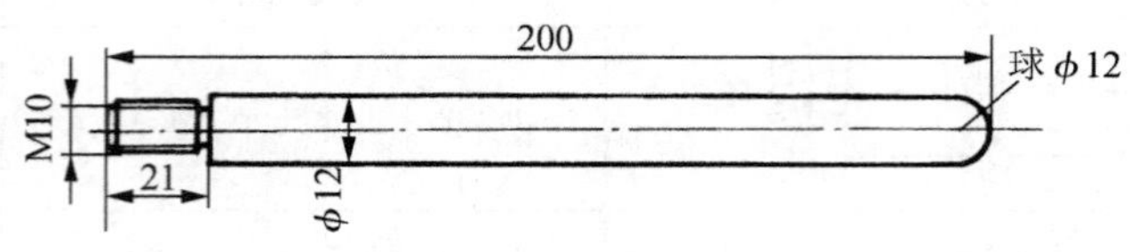

图 6.79 手锤柄

手锤柄的制作步骤如下：

(1) 落料

锯切 ϕ12，长 220 mm 的圆棒料。

(2) 车外圆(在车床上进行)

车一端外圆尺寸为 ϕ9.8×21，并倒角和割退刀槽。

(3) 套丝

用板牙套 M10×21 棒料外螺纹。

(4) 锉削

用平锉锉削棒料另一端 ϕ12 球面(用 ϕ2 样板检验)。

(5) 修光(在车床上进行)

用细平锉和砂布修光 ϕ2 圆柱面。

(6) 装配

将手锤柄螺纹端拧入手锤螺孔内，然后用手锉轻敲手锤柄露出手锤部分，填平倒角为止；再用平锉修平；用砂布修光。

第7章 车　　工

7.1 概述

在机械制造行业中，每天都生产和使用着许多机器和设备。例如：钟表、汽车、拖拉机、飞机、轮船、火车，以及车床、铣床、刨床、磨床、钻床等，无论是天上飞的，地上跑的和海洋上航行的各式各样的机器设备，机器的种类虽然很多，但是任何一部机器制造都离不开金属切削机床，它是制造机器的机器，又称为工作"母机"。所以在机械制造中占有重要的位置，而车床是金属切削机床中数量最多的一种，大约占机床总数的一半以上。

车床的种类很多，主要有普通车床、六角车床、仪表车床、立式车床、多刀车床、自动及半自动车床、数控车床等，其中大部分为卧式车床。

车削加工是指在车床上利用工件的旋转和刀具的移动，从工件表面切除多余材料，使其成为符合一定形状、尺寸和表面质量要求的零件的一种切削加工方法，如图 7.1 所示。其中工件的旋转为主运动，刀具的移动为进给运动。

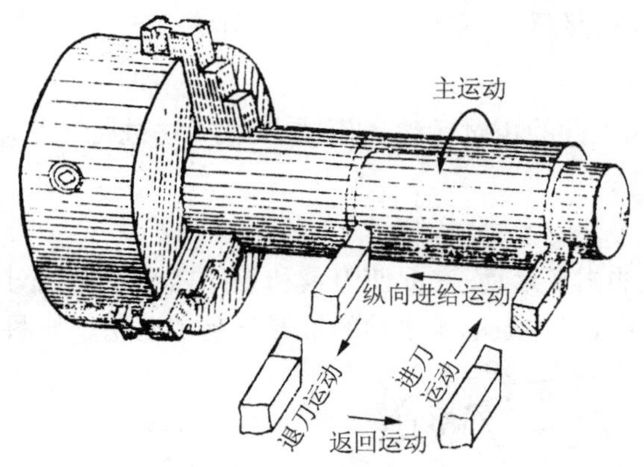

图 7.1　车削

车削加工主要用来加工零件上的回转表面，加工精度达 IT11～IT6，表面粗糙度 R_a 值达 12.5～0.8 μm。

7.1.1 车削加工范围

车削加工应用范围很广泛，它可完成的主要工作如图 7.2 所示。

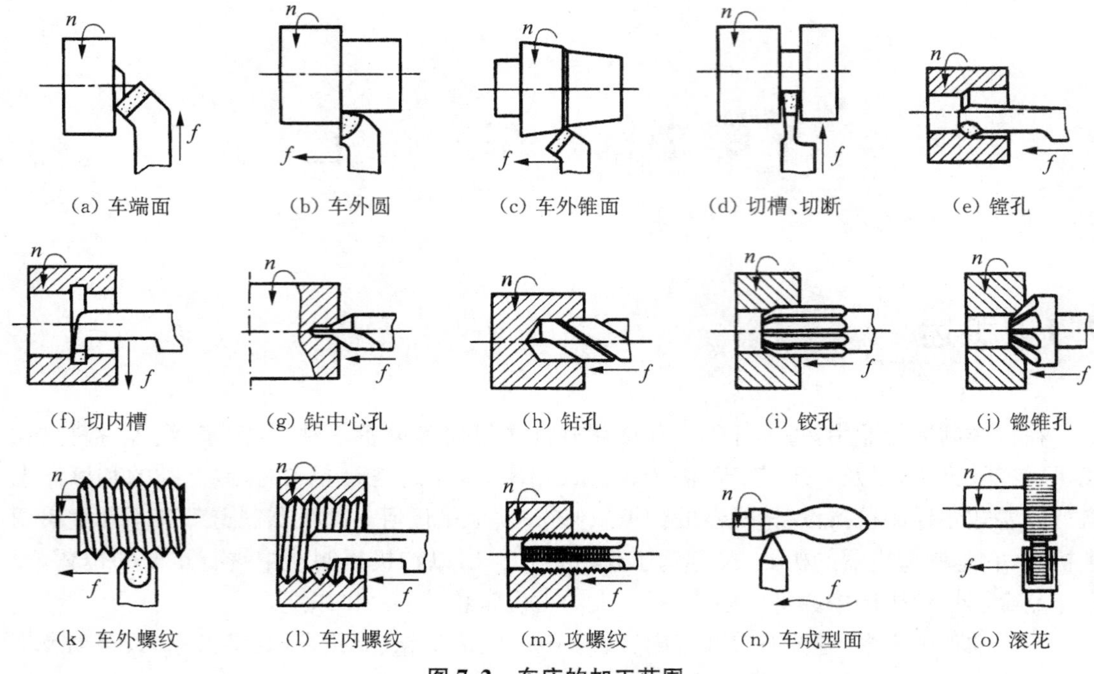

图 7.2 车床的加工范围

7.1.2 切削用量

在生产中,要以一定的生产率加工出质量合格的零件,就要合理选择切削加工工艺参数,合理地使用刀具、夹具、量具,并采用合理的加工方法。

1) 车削加工运动

切削时,没有刀具和工件的相对运动,切削加工就无法进行。切削运动可分为主运动和进给运动。

(1) 主运动

由机床或人力提供的主要运动,它促使刀具和工件之间产生相对运动,从而使刀具前面接近工件。在车削加工中,工件随车床主轴的旋转就是主运动。如图 7.3 所示。

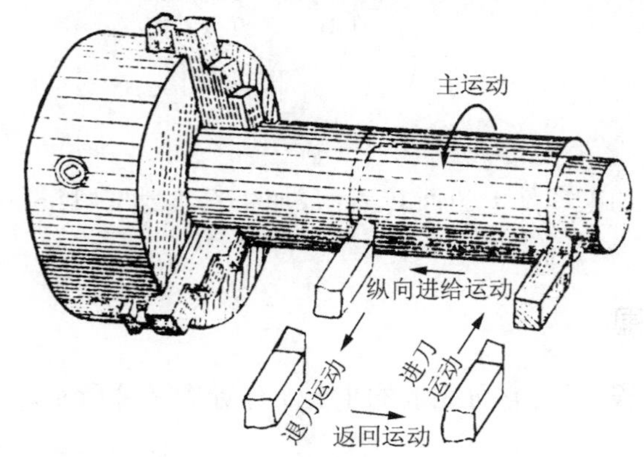

图 7.3 车削运动

(2) 进给运动

由机床和人力提供的运动,它使刀具和工件之间产生附加的相对运动。加上主运动即可不断地或连续地切除切屑,并得到具有所需几何特性的已加工表面。车削加工中,进给运动是刀具沿车床纵向或横向的运动。进给运动的运动速度较低。

2) 切削用量三要素及其合理选用

切削用量三要素是指切削加工时的切削速度 v_c、进给量 f 和背吃刀量 a_p,如图 7.4 所示。

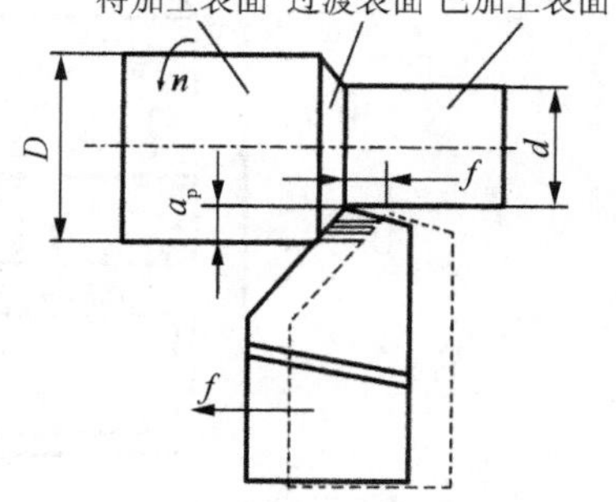

图 7.4 切削用量三要素

(1) 切削速度 v_c

切削刃选定点相对于工件的主运动的瞬时速度。在车削加工中为工件旋转线速度。

$$v_c=\frac{\pi nD}{1\,000\times 60}(\mathrm{m/s})$$

其中:n—工件的转速,单位:r/min;D—工件待加工表面直径,单位:mm。

(2) 进给量 f

刀具在进给运动方向上相对工件的位移量,在车削加工时为工件每转刀具在进给方向的相对移动量,其单位为 mm/r。

(3) 背吃刀量 a_p

在通过切削刃基点并垂直于工件平面的方向上测量的吃刀量。在车削加工中,是指工件的已加工表面与待加工表面之间的垂直距离,即

$$a_p=1/2(D-d)(\mathrm{mm})$$

切削速度、进给量和背吃刀量之所以称为切削用量三要素,是因为它们对切削加工质量、生产率、机床的动力消耗、刀具的磨损有着很大的影响,是重要的切削参数。粗加工时,为了提高生产率,尽快切除大部分加工余量,在机床刚度允许的情况下选择较大的背吃刀量和进给量,但考虑到刀具耐用度和机床功率的限制,切削速度不宜太高。精加工时,为保证工件的加工质量,应选用较小的背吃刀量和进给量,而可选择较高的切削速度。根据被加工工件的材料、切削加工条件、加工质量要求,在实际生产中可由经验或参考《机械加工工艺人员手册》选择合理的切削用量三要素。

7.2 车床

车床的种类很多,下面主要介绍常用的 C6136A 型卧式车床。

7.2.1 车床的型号

车床型号是按 GB/T 15375—2008《金属切削机床型号编制方法》规定的,由汉语拼音字母和阿拉伯数字组成。C6136A 型卧式车床的型号含义如右。

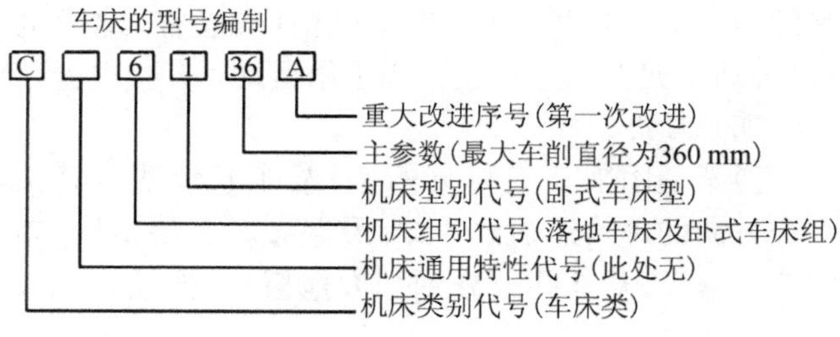

7.2.2 车床的组成

C6136A 型卧式车床的主要组成部分有床身、床头箱、进给箱、光杠和丝杠、溜板箱、刀架、尾座和床腿，如图 7.5 所示。

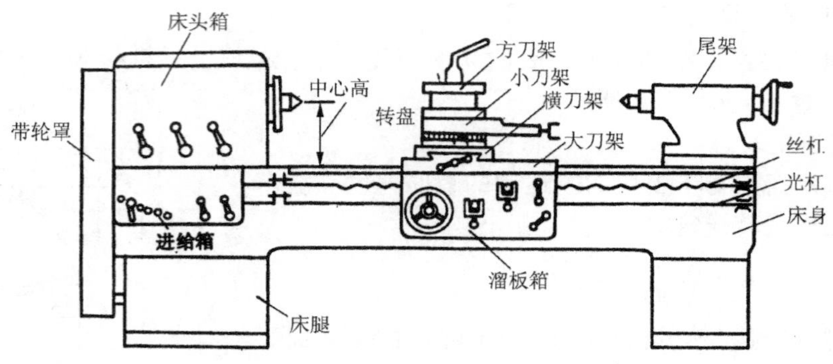

图 7.5　C6136A 型卧式车床示意图

(1) 床身

床身是车床的基础零件，用来支承和连接各主要部件并保证各部件之间有严格、正确的相对位置。床身的上面有内、外两组平行的导轨。外侧的导轨用于大拖板的运动导向和定位，内侧的导轨用于尾座的移动导向和定位。床身的左右两端分别支承在左右床腿上，床腿固定在地基上。左右床腿内分别装有变速箱和电气箱。

(2) 床头箱

床头箱又称主轴箱，内装主轴和主轴变速机构。电动机的运动经三角胶带传给床头箱，再经过内部主轴变速机构将运动传给主轴，通过变换床头箱外部手柄的位置来操纵变速机构，使主轴获得不同的转速。而主轴的旋转运动又通过挂轮机构传给进给箱。

(3) 进给箱

进给箱内装有进给运动的变速齿轮。主轴的运动通过齿轮传入进给箱，经过变速机构带动光杠或丝杠以不同的转速转动，最终通过溜板箱而带动刀具实现直线的进给运动。

(4) 光杠和丝杠

光杠和丝杠将进给箱的运动传给溜板箱。车外圆、车端面等自动进给时，用光杠传动；车螺纹时用丝杠传动。丝杠的传动精度比光杠高。光杠和丝杠不得同时使用。

(5) 溜板箱

溜板箱与大拖板连在一起，它将光杠或丝杠传来的旋转运动通过齿轮、齿条机构(或丝杠、螺母机构)带动刀架上的刀具做直线进给运动。

(6) 刀架

刀架是用来装夹刀具的，刀架能够带动刀具做多个方向的进给运动。为此，刀架做成多层结构，如图 7.6 所示，从下往上分别是大拖板、中拖板、转盘、

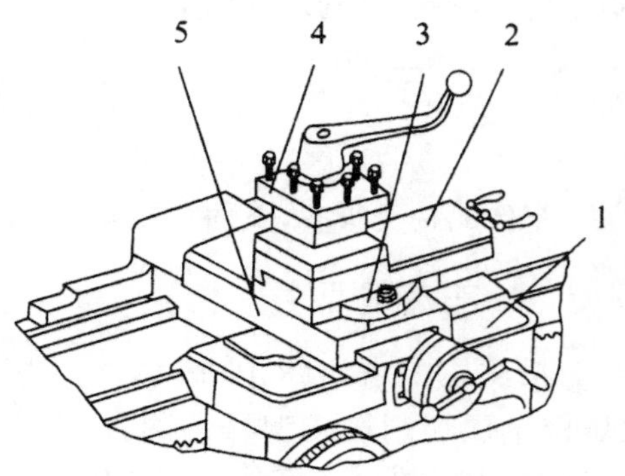

1—大拖板；2—小拖板；3—转盘；
4—四方刀架；5—中拖板

图 7.6　刀架的组成

小拖板和四方刀架。

大拖板可带动车刀沿床身上的导轨做纵向移动。中拖板可以带动车刀沿大拖板上的导轨(与床身上导轨垂直)做横向运动。转盘与中拖板用螺栓相连,松开螺母,转盘可在水平面内转动任意角度。

小拖板可沿转盘上的导轨做短距离移动。当转盘转过一个角度,其上导轨亦转过一个角度,此时小拖板便可以带动刀具沿相应的方向做斜向进给运动。最上面的四方刀架专门夹持车刀,最多可装四把车刀。逆时针松开锁紧手柄可带动四方刀架旋转,选择所用刀具;顺时针旋转时四方刀架不动,但将四方刀架锁紧,以承受加工中各种力对刀具的作用。

(7) 尾座

尾座装在床身内侧导轨上,可以沿导轨移动到所需位置,其结构如图 7.7 所示。尾座由底座、尾座体、套筒等部分组成。套筒装在尾座体上。套筒前端有莫氏锥孔,用于安装顶尖支承工件或用来装钻头、铰刀、钻夹头。套筒后端有螺母与一轴向固定的丝杆相连接,摇动尾座上的手轮使丝杆旋转,可以带动套筒向前伸或向后退。当套筒退至终点位置时,丝杆的头部可将装在锥孔中的刀具或顶尖顶出。移动尾座及其套筒前均须松开各自锁紧手柄,移到位置后再锁紧。松开尾座体与底座的固定螺钉,用调节螺钉调整尾座体的横向位置,可以使尾座顶尖中心与主轴顶尖中心对正,也可以使它们偏离一定距离,用来车削小锥度长锥面。

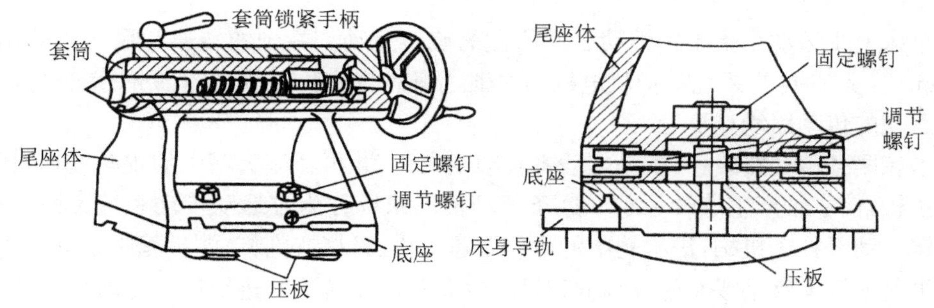

图 7.7　尾座

(8) 床腿

床腿用来支承床身,并与地基连接。

7.2.3　C6136A 型车床的传动系统

C6136A 型车床的传动系统如图 7.8 所示。

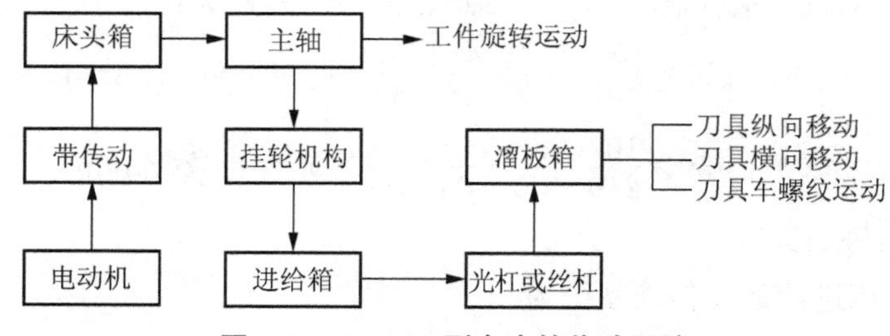

图 7.8　C6136A 型车床的传动系统

C6136A 型车床的传动系统由主运动传动系统和进给运动传动系统两部分组成(见图 7.9)。

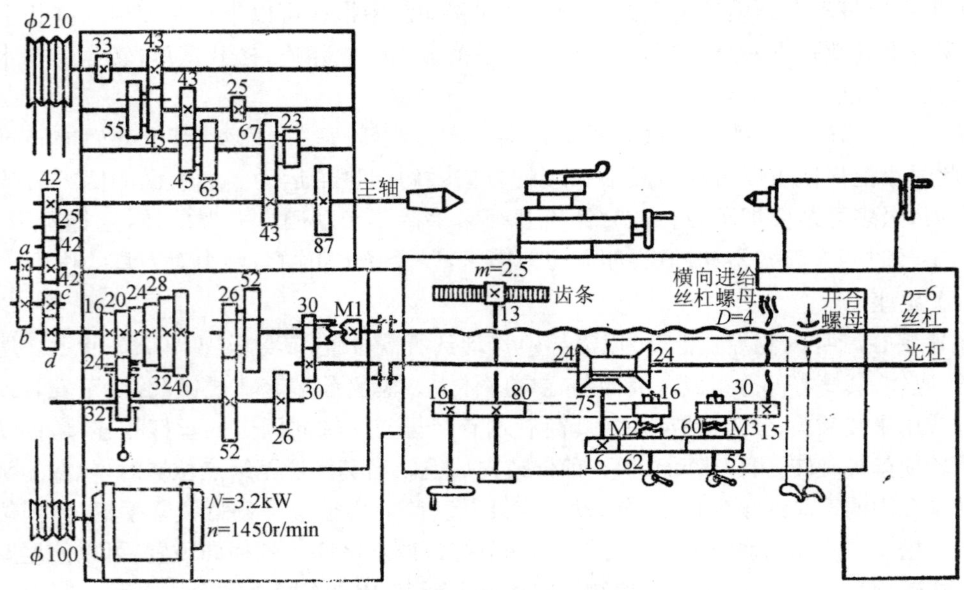

图 7.9　C6136A 型车床传动系统路线图

在车床上主运动是指主轴带动工件所做的旋转运动。主轴的转速常用 n 来表示,单位为 r/min。主运动传给系统是指从电机到主轴之间的传动系统,如图 7.9 所示。

主运动的传动路线如下:

这里有两条传动路线:一条是电动机转动经带传动,再经床头箱中的主轴变速机构把运动传给主轴,使主轴产生旋转运动。这条运动传动系统称为主运动传动系统。另一条是主轴的旋转运动经挂轮机构,进给箱中的齿轮变速机构、光杠或丝杠、溜板箱把运动传给刀架,使刀具纵向或横向移动或车螺纹纵向移动。这条传动系统称为进给运动传动系统。

(1) 主运动传动系统

C6136A 型车床主运动传动系统为:

$$\text{电动机}—\frac{\phi100}{\phi210}—\left\{\begin{matrix}\frac{33}{55}\\ \frac{43}{45}\end{matrix}\right\}—\left\{\begin{matrix}\frac{43}{45}\\ \frac{25}{63}\end{matrix}\right\}—\left\{\begin{matrix}\frac{67}{43}\\ \frac{23}{87}\end{matrix}\right\}—\text{主轴}$$

改变各个主轴变速手柄的位置,即改变了滑移齿轮的啮合位置,可使主轴得到 8 种不同的正转。反转由电动机直接控制。其中主轴正转的极限转速为:

$$n_{\max}=1\ 450\times\frac{100}{210}\times\frac{43}{45}\times\frac{43}{45}\times\frac{67}{43}\times0.98=962(\text{r/min})$$

$$n_{\min}=1\ 450\times\frac{100}{210}\times\frac{33}{55}\times\frac{25}{63}\times\frac{23}{87}\times0.98=42(\text{r/min})$$

(2) 进给运动传动系统

C6136A 型车床进给运动传动系统为:

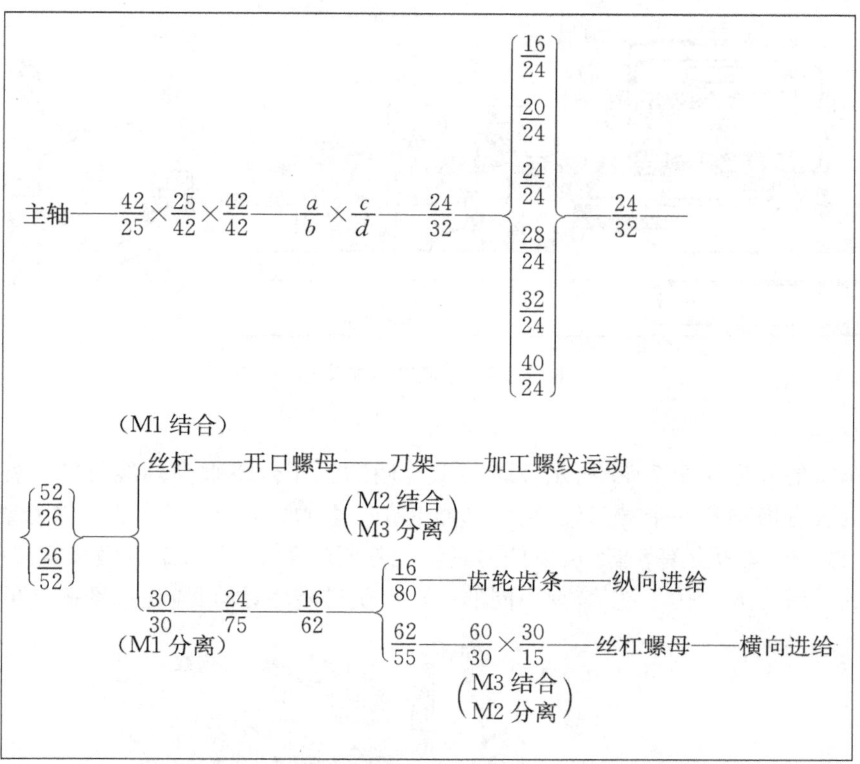

改变各个进给变速手柄的位置，即改变了进给变速机构中各滑移齿轮的不同啮合位置，可获得 12 种不同的纵向或横向进给量或螺距。其进给量变动范围是：

纵向进给量 $f_{纵}=0.043\sim2.37$ mm/r

横向进给量 $f_{横}=0.038\sim2.1$ mm/r

如果变换挂轮的齿数，则可得到更多的进给量或螺距。

7.2.4 其他车床

在生产上，除了使用普通卧式车床外，还使用六角车床、立式车床、自动车床、数控车床等，以满足不同形状、不同尺寸和不同生产批量的零件的加工需要。

1）六角车床

六角车床有转塔式六角车床和回轮式六角车床。如图 7.10 所示为转塔式六角车床，其结构与卧式车床相似，但没有丝杠，并且由可转动的六角刀架代替尾座。六角刀架可以同时装夹六把（组）刀具，既能加工孔，又能加工外圆和螺纹。这些刀具按零件加工顺序装夹。六角刀架每转 60°就可以更换一把（组）刀具。四方刀架上亦可以装夹刀具进行切削。机床上设有定程挡块以控制刀具的行程，操作方便迅速。

六角车床主要用在成批生产中加工轴销、螺纹套管以及其他形状复杂的工件，生产率高。

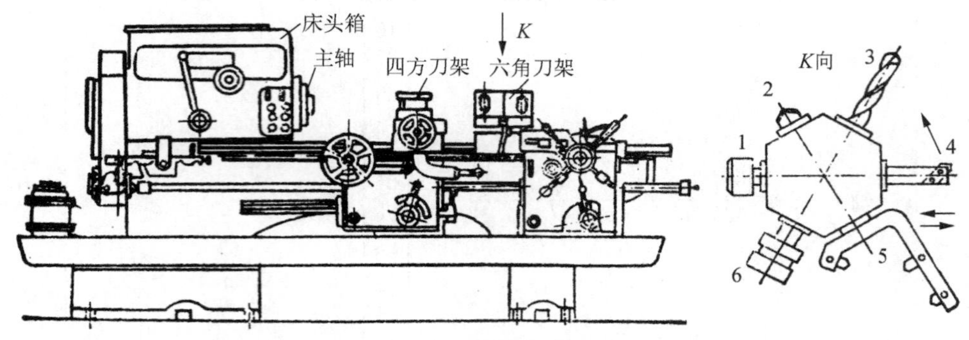

图 7.10　转塔式六角车床

2）立式车床

立式车床的外形如图 7.11 所示。装夹工件用的工作台绕垂直轴线旋转。在工作台的后侧立柱上装有横梁和一个横刀架，它们都能沿立柱上的导轨上、下移动。立刀架溜板可沿横梁左、右移动。溜板上有转盘，可以使刀具斜成需要的角度，立刀架可做竖直或斜向进给。立刀架上的转塔有五个孔，可以装夹不同的刀具。旋转转塔，即可以迅速准确地更换刀具。

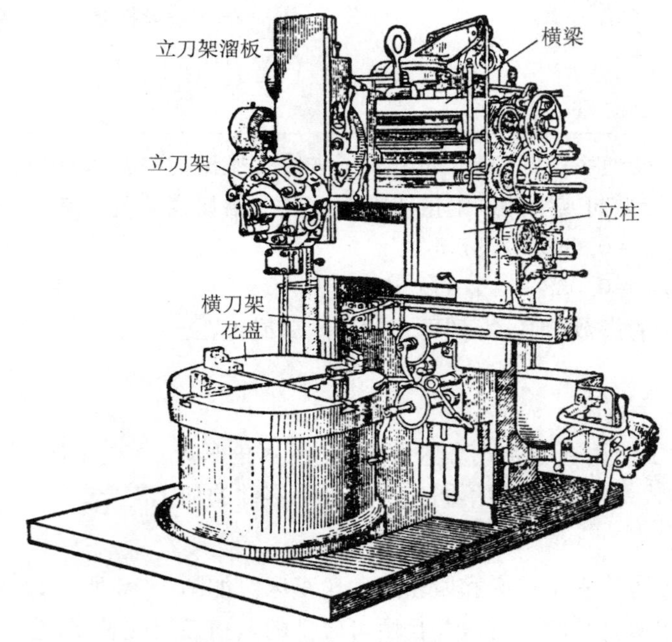

图 7.11　立式车床外形图

利用立刀架可进行车内、外圆柱面，内、外圆锥面，车端面，切槽，还可以进行钻孔、扩孔和铰孔等加工。横刀架上的四方刀台夹持刀具，可沿立柱导轨和刀架滑座导轨做竖直或横向进给，完成车外圆、端面、切外沟槽和倒角等工作。

由于工作台面处于水平位置，工件的装夹、找正和夹紧都比较方便。立式车床适用于径向尺寸大、横向尺寸相对较小及形状复杂的大型和重型工件的加工。

7.3 车削基础

7.3.1 车刀及其安装

在实习中我们发现同样的车床、同样的转速和进给量但加工出来的零件质量却有差别，虽然设备好差有影响外，但最主要的还是刀具的影响，下面我们对车刀知识简单了解一下。

1）车刀

车刀的种类很多，根据工件和被加工表面的不同，常用的车刀有外圆车刀、端面车刀、螺纹车刀、内孔镗刀等，如图 7.12 所示。

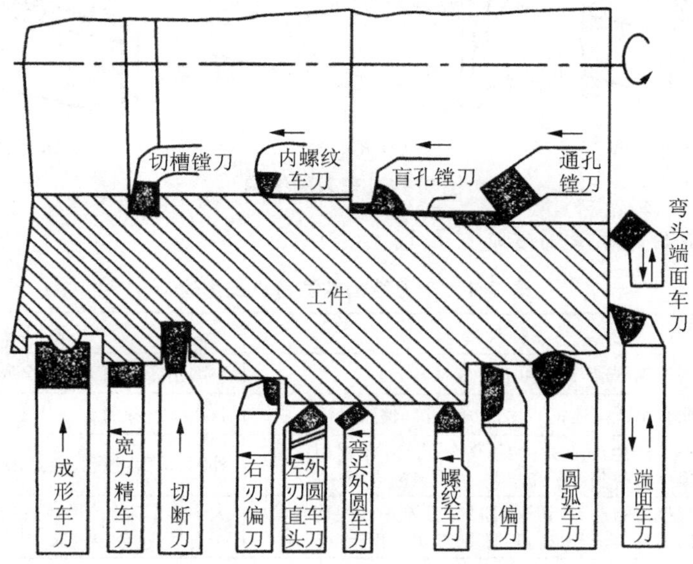

图 7.12 车刀的种类和用途

（1）车刀的组成

车刀由刀头和刀杆组成，如图 7.13 所示。刀头直接参加切削工作，故又称切削部分。刀杆是用来将车刀夹持在刀架上的，故又称为夹持部分。

车刀的切削部分一般由三个面、两条切削刃和一个刀尖所组成，分别是：

前面：刀具上切屑流过的表面。

主后面：刀具上同前面相交成主切削刃的后面。该面与工件上的过渡表面相对。

刀杆
刀头
副切削刃
前面
副后面
主切削刃
刀尖
主后面

图 7.13 外圆车刀的组成

副后面：刀具上同前面相交形成副切削刃的后面。

主切削刃：起始于切削刃上主偏角为零的点，并至少有一段切削刃拟用来在工件上切出过渡表面的那个整段切削刃。它担负主要的切削工作。

副切削刃：切削刃上除主切削刃以外的刃。它担负部分切削工作。

刀尖：指主切削刃与副切削刃的连接处相当少的一部分切削刃，通常是一小段圆弧或一小段直线。

按照刀头与刀杆的连接形式可将车刀分为四种结构形式，如图 7.14 所示。

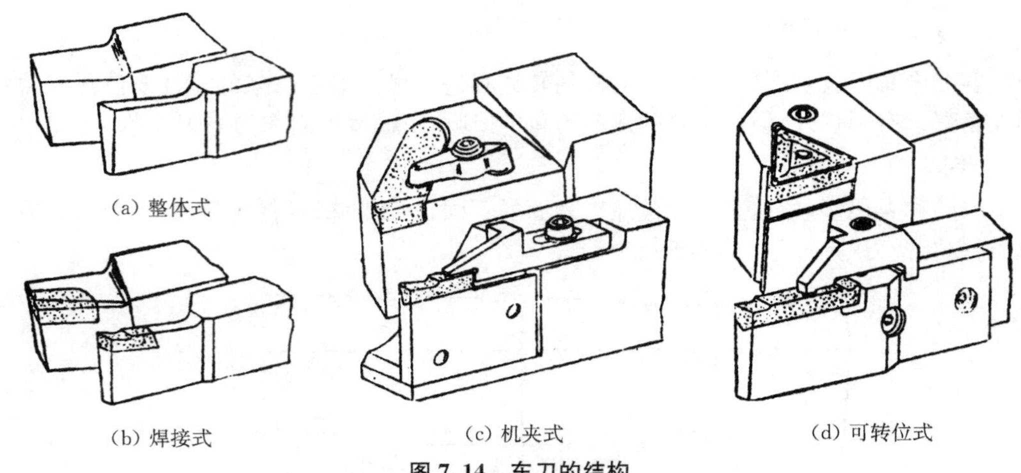

图 7.14　车刀的结构

车刀结构类型的特点及用途见表 7.1。

表 7.1　车刀结构类型特点及用途

名称	特点	适用场合
整体式	用整体高速钢制造，刃口可磨得较锋利	小型车床或加工有色金属
焊接式	焊接硬质合金或高速钢刀片，结构紧凑，使用灵活	各类车刀特别是小刀具
机夹式	避免了焊接产生的应力、裂纹等缺陷，刀杆利用率高。刀片可集中刃磨获得所需参数，使用灵活方便	外圆、端面、镗孔、割断、螺纹车刀等
可转位式	避免了焊接刀的缺点，切削刃磨钝后刀片可快速转位，无需刃磨刀具，生产率高，断屑稳定，可使用涂层刀片	大中型车床加工外圆、端面、镗孔，特别适用于自动线、数控机床

(2) 车刀的角度及合理选用

刀具的几何形状、刀具的切削刃及前后面的空间位置都是由刀具的几何角度所决定的。这里给定一组辅助平面作为标注、刃磨和测量车刀角度的基准，称为静止参考坐标系。它是由基面、主切削平面和正交平面三个相互垂直的平面所构成，如图 7.15 所示。

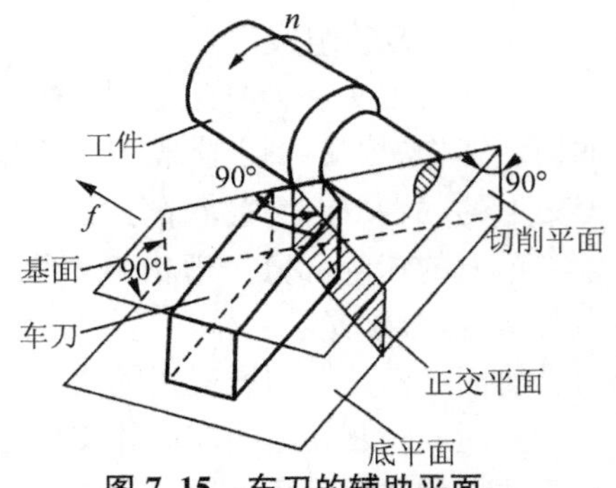

图 7.15　车刀的辅助平面

基面：过切削刃选定点的平面，它平行或垂直于刀具在制造、刃磨及测量时适合于装夹或定位的一个平面或轴线，一般说来其方位要垂直于假定的主运动方向。

主切削平面：通过切削刃上选定点与主切削刃相切并垂直于基面的平面。

正交平面：通过切削刃选定点并同时垂直于基面和切削平面的平面。

假定进给速度 $v_f=0$，且主切削刃上选定点与工件旋转中心等高时，该点的基面正好是水平面，而该点的切削平面和正交平面都是铅垂面。

在刀具静止参考系内，车刀切削部分在辅助平面中的位置形成了车刀的几何角度。车刀的几何角度主要有前角 γ_0、后角 α_0、主偏角 κ_r、副偏角 κ'_r、和刃倾角 λ_s，见图 7.16 所示。

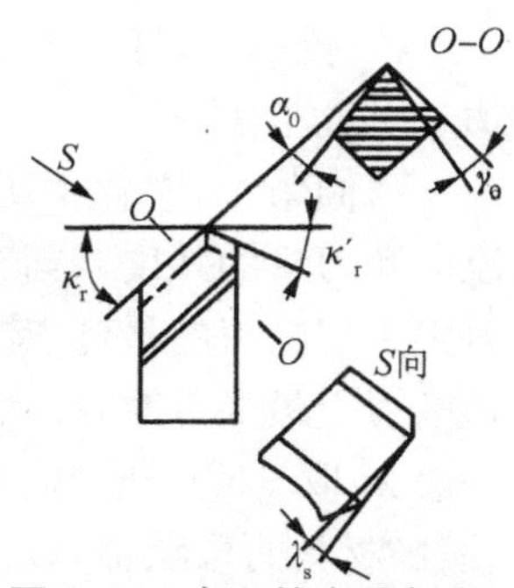

图 7.16 车刀的主要角度

前角 γ_0：它是在正交平面中测量的，是前面与基面的夹角。前角越大，刀具越锋利，切削力减小，有利于切削，工件的表面质量好。但前角太大会降低切削刃的强度，容易崩刃。

一般情况下，工件材料的强度、硬度较高，刀具材料硬脆时；工件材料为脆性材料或断续切削时；粗加工时，γ_0 均取小值。若反之，γ_0 可以取得大一些。用高速钢车刀车削钢件时，γ_0 取 15°～25°；用硬质合金刀具车削钢件时，γ_0 取 10°～15°；用硬质合金刀具车削铸铁件时，取 γ_0 为 0°～8°。

后角 α_0：它也在正交平面中测量，是主后面与切削平面间的夹角。后角影响主后面与工件过渡表面的摩擦，影响刀刃的强度。α_0 一般取值 6°～12°。粗加工或切削较硬材料时取小些；精加工或切削较软材料时取大些。

主偏角 κ_r：它是在基面中测量的，是主切削平面与假定工作平面间的夹角。主偏角的大小影响切削刃实际参与切削的长度及切削力的分解。减小主偏角会增加刀刃的实际切削长度，总切削负荷增加，但单位长度切削刃上的负荷减小，使刀具耐用度得以提高，但会加大刀具对工件的径向作用力，易将细长工件顶弯，如图 7.17 所示。

通常 κ_r 选择 45°、60°、75°和 90°几种。

副偏角 κ'_r：它也在基面中测量，是副切削平面与假定工作平面间的夹角，副偏角影响副后面与工件已加工表面之间的摩擦以及已加工表面粗糙度数值的大小，如图 7.18 所示。

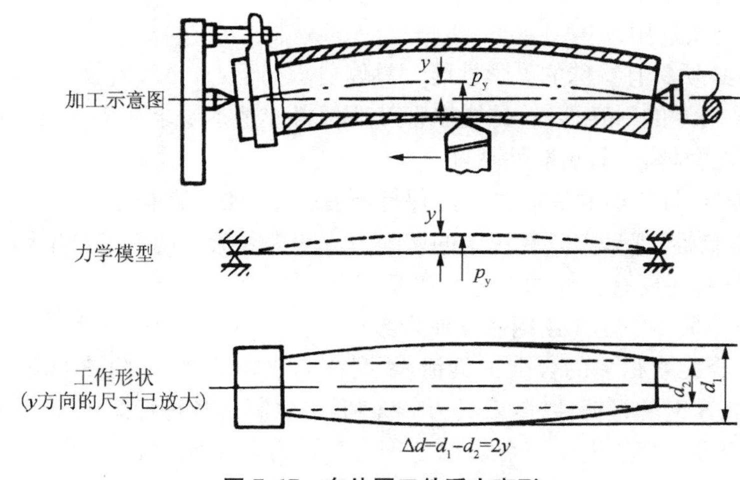

图 7.17 车外圆工件受力变形

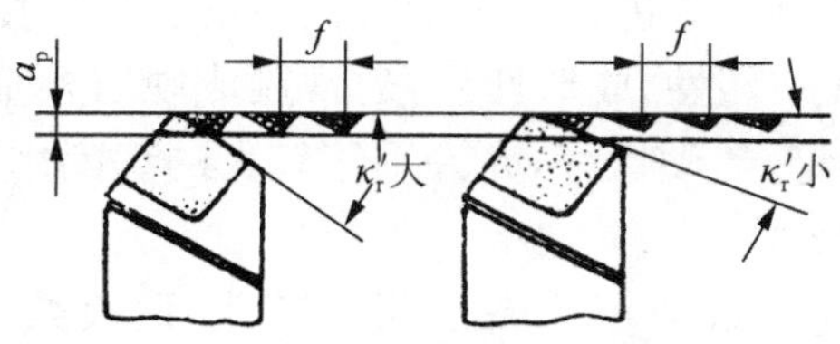

图 7.18 副偏角对切削残留面积的影响

κ'_r 较小时,可减小切削的残留面积,减小表面粗糙度数值。通常 κ'_r 取值为 5°～15°,精加工时取小值。

刃倾角 λ_s:它在主切削平面中测量,是主切削刃与基面的夹角。刃倾角主要影响切屑的流向和刀头的强度。当 $\lambda_s=0°$时,切屑沿垂直于主切削刃的方向流出,如图 7.19(a)所示;当刀尖为切削刃的最低点时,λ_s 为负值,切屑流向已加工表面,如图 7.19(b)所示;当刀尖为主切削刃上最高点时,λ_s 为正值,切屑流向待加工表面,如图 7.19(c)所示,此时刀头强度较低。一般 λ_s 取－5°～＋5°。精加工时取正值或零,以避免切屑划伤已加工表面;粗加工或切削硬、脆材料时取负值,以提高刀尖强度。断续车削时 λ_s 可取－12°～－15°。

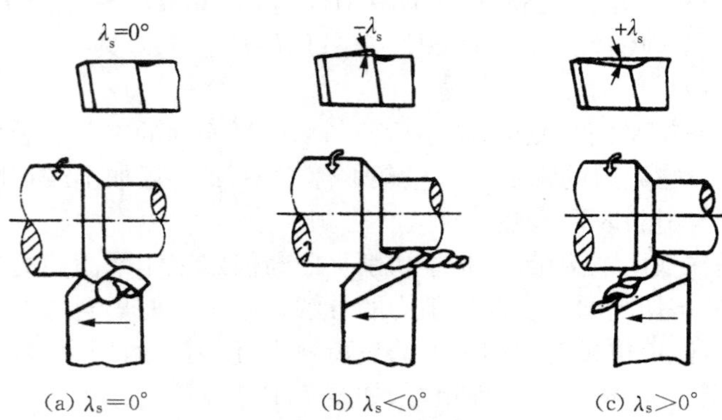

(a) $\lambda_s=0°$　　(b) $\lambda_s<0°$　　(c) $\lambda_s>0°$

图 7.19　刃倾角对切屑流向的影响

刀具静止参考系角度主要在刀具的刃磨与测量时使用。在实际的工作过程中刀具的角度可能会有一定程度的改变。

(3) 车刀材料及选用

车刀的材料必须具有特殊的力学性能。具体要求如下:

① 高硬度及良好的耐磨性,这是能作为刀具材料的基本要求。车刀材料的硬度必须在 60 HRC 以上。硬度越高,其耐磨性越好。

② 高的热硬性,即刀具材料在高温时保持原有强度、硬度的能力。

③ 足够的强韧性,保证刀具在一定的切削力或冲击载荷作用下不产生崩刃等损坏。

另外,刀具材料还要有较好的工艺性和经济性。

车刀材料用得最多的是高速钢和硬质合金。

高速钢是合金元素很多的合金工具钢,硬度在 63 HRC 以上,耐热 600 ℃,常用的牌号为 W18Cr4V。高速钢的强韧性好,刀具刃口锋利,可以制造各种形式的车刀,尤其是螺纹精车刀具、成形车刀等。高速钢车刀可以加工钢、铸铁、有色金属材料。高速钢车刀的切削速度不能太高。

硬质合金是由 WC、TiC、Co 等进行粉末冶金而成的。其硬度很高,达 89～94HRA,耐热 800～1 000 ℃。质脆,没有塑性,成形性差,通常制成硬质合金刀片装在 45 钢刀体上使用。由于其硬度高、耐磨性好、热硬性好,允许采用较大的切削用量。实际生产中一般性车削用车刀大多数采用硬质合金。

常用硬质合金有钨钴类(YG 类)和钨钴钛类(YT 类)两大类。YG 类硬质合金较 YT 类硬度略低，韧性稍好一些，一般用于加工铸铁件。YT类常用来车削钢件。常用的硬质合金中：YG8用于铸铁件粗车，YG6用于半精加工，YG3用于精车；YT5用于钢件粗车，YT15用于半精车，YT30用于精车。

除上述材料外，车刀材料还有硬质合金涂层刀片、陶瓷等。

(4) 车刀的刃磨

未经使用的新刀或用钝后的车刀需要进行刃磨(不重磨车刀除外)，得到所需的锋利刀刃后才能进行车削。车刀的刃磨一般在砂轮机上进行，也可以在车刀磨床或工具磨床上进行。刃磨高速钢车刀时应选用白刚玉(氧化铝晶体)砂轮，刃磨硬质合金车刀时则选用绿色碳化硅砂轮。车刀的刃磨包括刃磨三个刀面和刀尖圆弧，如图7.20所示，最后达到所需形状和角度的要求。

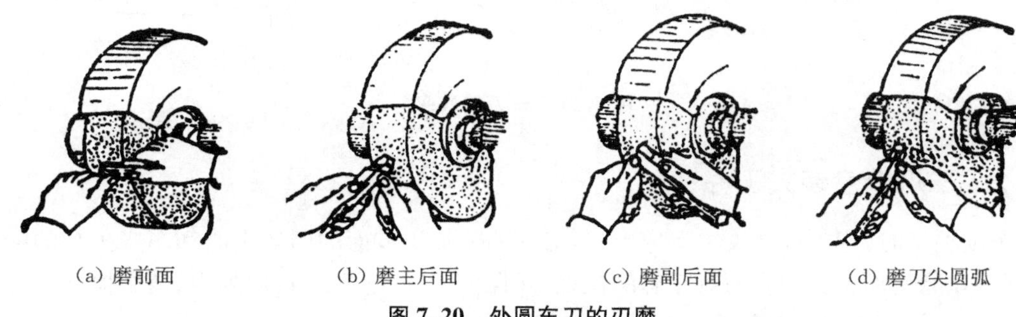

(a) 磨前面　　(b) 磨主后面　　(c) 磨副后面　　(d) 磨刀尖圆弧

图7.20　外圆车刀的刃磨

刃磨车刀时应注意下列事项：

① 启动砂轮或刃磨车刀时，磨刀者应站在砂轮侧面，以防砂轮破碎伤人。

② 刃磨时，两手握稳车刀，使刀柄靠近支架，刀具轻轻接触砂轮，接触过猛会导致砂轮碎裂或手拿车刀不稳而飞出。

③ 被刃磨的车刀应在砂轮圆周面上左、右移动，使砂轮磨耗均匀，不出沟槽。应避免在砂轮侧面用力粗磨车刀，以防砂轮受力偏摆、跳动，甚至碎裂。

④ 刃磨高速钢车刀时，发热后应将刀具置于水中冷却，以防车刀升温过高而回火软化。而磨硬质合金车刀时不能蘸水，以免产生热裂纹，缩短刀具使用寿命。

2) 正确装夹车刀

车刀应正确地装夹在车床刀架上，这样才能保证刀具有合理的几何角度，从而提高车削加工的质量。

车刀的装夹正、误对比如图7.21所示。

装夹车刀应注意下列事项：

(1) 车刀的刀尖应与车床主轴轴线等高。装夹时可根据尾座顶尖的高度来确定刀尖高度。

(2) 车刀刀杆应与车床轴线垂直，否则将改变主偏角和副偏角的大小。

(3) 车刀刀体悬伸长度一般不超过刀杆厚度的两倍，否则刀具刚性下降，车削时容易产生振动。

(4) 垫刀片要平整，并与刀架对齐。垫刀片一般使用 2～3 片，太多会降低刀杆与刀架的接触刚度。

(5) 车刀装好后应检查车刀在工件的加工极限位置时是否会产生运动干涉或碰撞。

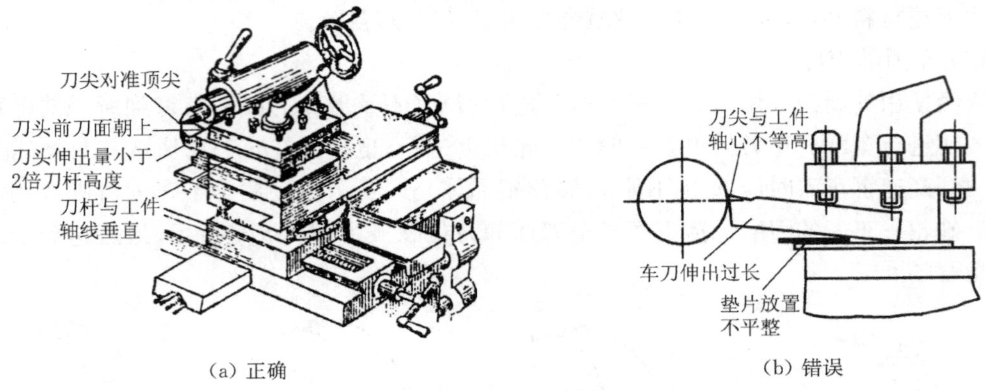

(a) 正确　　(b) 错误

图 7.21　车刀的装夹

7.3.2　三爪卡盘装夹工件

车削加工时，将工件装夹在车床上时，必须使要加工表面的回转中心和车床主轴的中心线重合，才能使加工后的表面有正确的位置，并保证工件在受重力、切削力、离心惯性力等作用时仍能保持原有的正确位置。

三爪定心卡盘是车床上最常用的夹具，其构造如图 7.22 所示。

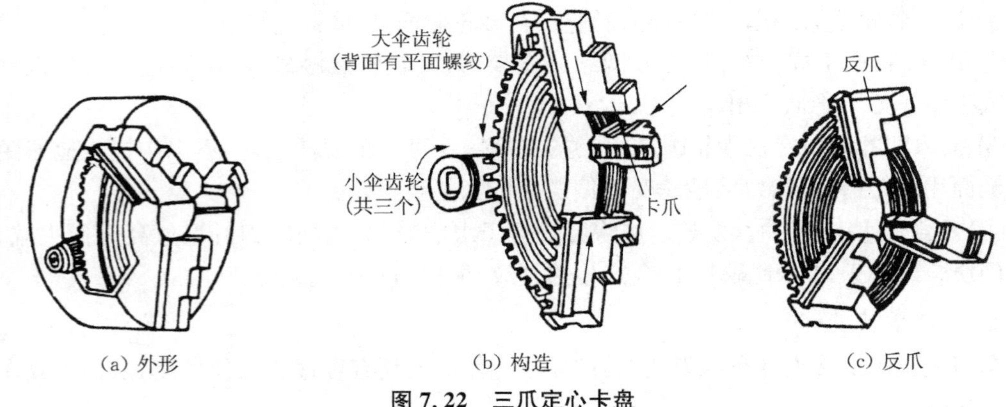

(a) 外形　　(b) 构造　　(c) 反爪

图 7.22　三爪定心卡盘

当转动小伞齿轮时，与之相啮合的大伞齿轮随之转动，大伞齿轮背面的平面螺纹带动三个卡爪沿卡盘体的径向槽同时做向心或离心移动，以夹紧或松开不同直径的工件。由于三个卡爪是同时移动的，夹持圆形截面工件时可自行对中，其对中的准确度约为 0.05～0.15 mm。三爪定心卡盘装夹工件一般不需找正，方便迅速，但不能获得高的定心精度，而且夹紧力较小。它主要用来装夹截面为圆形、正六边形的中小型轴类、盘套类工件。当工件直径较大，用正爪不便装夹时，可换上反爪，如图 7.22(c)所示，进行装夹。

工件用三爪卡盘定心装夹必须装正夹牢。夹持长度一般不小于 10 mm，在机床开动时，工件不能有明显的摇摆、跳动，否则需要重新找正工件的位置，夹紧后方可进行加工。图 7.23 为三爪定心卡盘装夹工件举例。

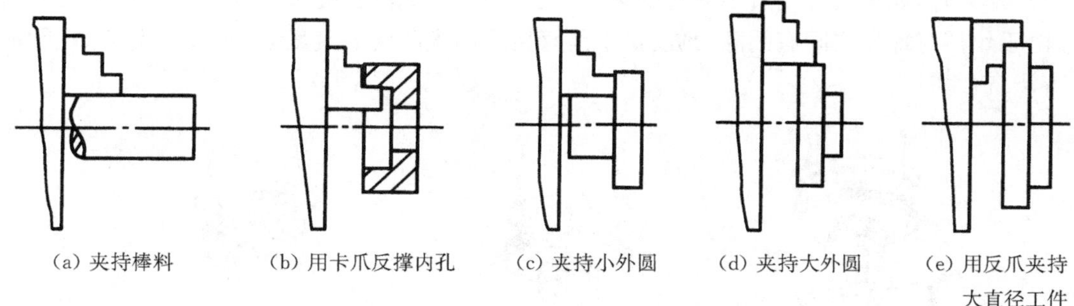

(a) 夹持棒料　(b) 用卡爪反撑内孔　(c) 夹持小外圆　(d) 夹持大外圆　(e) 用反爪夹持大直径工件

图 7.23　三爪定心卡盘装夹工件举例

三爪定心卡盘与机床主轴的联接如图 7.24 所示。卡盘以孔和端面与卡盘座相联接，并用螺钉紧固。卡盘座以锥孔与主轴前端的圆锥体配合定位，用键传递扭矩，并用环形螺母将卡盘座紧固在主轴轴端。除上述联接方式之外，卡盘与主轴的联接还有其他形式。

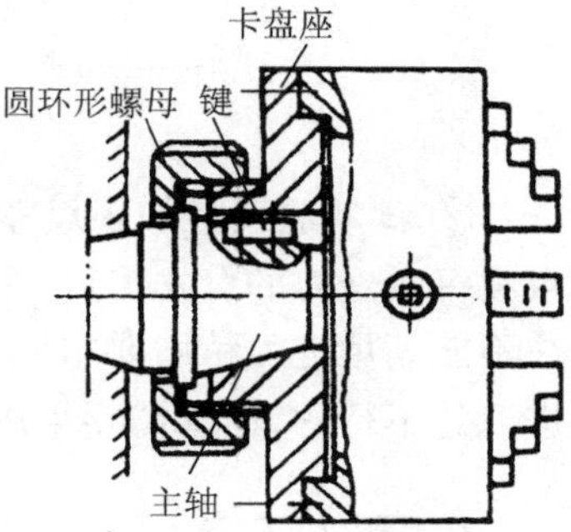

图 7.24　卡盘与主轴的联接

7.4　车削的基本工作

7.4.1　基本车削加工

1）车外圆

将工件车削成圆柱形表面的加工称为车外圆，这是车削加工最基本，也是最常见的操作。

（1）外圆车刀

常用外圆车刀主要有以下几种：

① 尖刀：主要用于粗车外圆和车削没有台阶或台阶不大的外圆。

② 45°弯头刀：既可车外圆，又可车端面，还可以进行 45°倒角，应用较为普遍。

③ 右偏刀：主要用来车削带直角台阶的工件。由于右偏刀切削时产生的径向力小，常用于车削细长轴。

④ 刀尖带有圆弧的车刀：一般用来车削母线带有过渡圆弧的外圆表面。这种刀车外圆时，残留面积的高度小，可以降低工件表面粗糙度。

（2）车削外圆时径向尺寸的控制

① 刻度盘手柄的使用：要准确地获得所车削外圆的尺寸，必须正确掌握好车削加工的背吃刀量 a_p。车外圆的背吃刀量是通过调节中拖板横向进给丝杠获得的。

横向进刀手柄连着刻度盘转一周，丝杠也转一周，带动螺母及中拖板和刀架沿横向移动一个螺杠导程。由此可知，中拖板进刀手柄刻度盘每转一格，刀架沿横向移动的距离为：

刀架沿横向移动的距离＝丝杠导程÷刻度盘总格数

对于 C6136A 型车床，此值为 0.02 mm/格。所以，车外圆时当刻度盘顺时针转一格，横向进刀 0.02 mm，工件的直径减小 0.04 mm。这样就可以按背吃刀量 a_p 决定进刀格数。

车外圆时，如果进刀超过了应有的刻度，或试切后发现车出的尺寸太小而须将车刀退回时，由于丝杠与螺母之间有间隙，刻度盘不能直接退回到所要的刻度线，应按如图 7.25 所示的方法进行纠正。

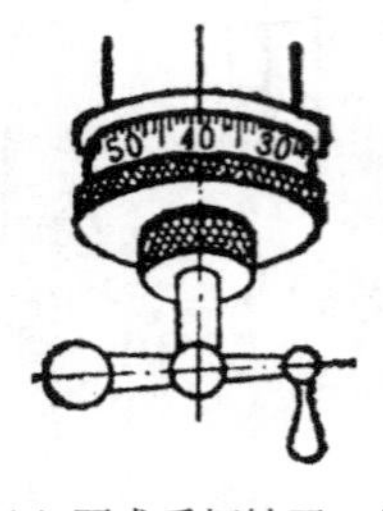

(a) 要求手柄转至 30°
但摇过头成 40°

(b) 错误：直接退至 30°

(c) 正确：反转约一圈后
再转至所需要位置 30°

图 7.25　手柄摇过头的纠正方法

② 试切法调整加工尺寸：工件在车床上装夹后，要根据工件的加工余量决定走刀的次数和每次走刀的背吃刀量——因为刻度盘和横向进给丝杠都有误差，在半精车或精车时，往往不能满足进刀精度要求。为了准确地确定吃刀量，保证工件的加工尺寸精度，只靠刻度盘进刀是不行的，这就需要采用试切的方法。试切的方法与步骤如图 7.26 所示。

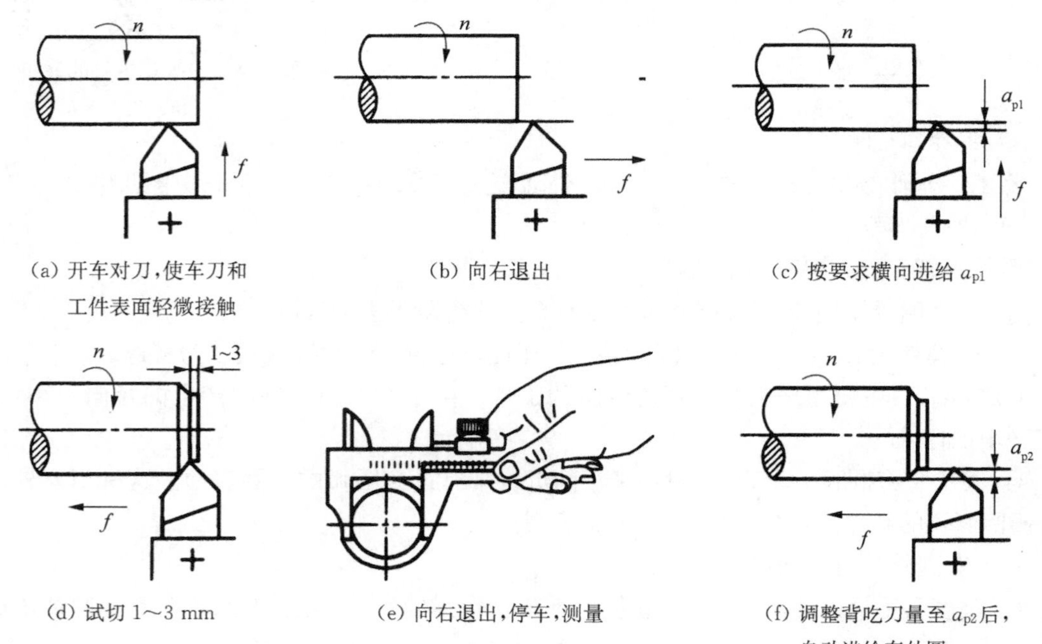

(a) 开车对刀，使车刀和工件表面轻微接触　(b) 向右退出　(c) 按要求横向进给 a_{p1}

(d) 试切 1～3 mm　(e) 向右退出，停车，测量　(f) 调整背吃刀量至 a_{p2} 后，自动进给车外圆

图 7.26　车外圆试切法

如果按照背吃刀量 a_{p1} 试切后的尺寸合格，就按 a_{p1} 车出整个外圆面。如果尺寸还大，要重新调整背吃刀量 a_p 进行试切，如此直至尺寸合格为止。

(3) 外圆车削

工件的加工余量需要经过几次走刀才能切除，而外圆加工的精度要求较高，表面粗糙度值要求低，为了提高生产效率，保证加工质量，常将车削分为粗车和精车。这样可以根据不同阶段的加工，合理选择切削参数。粗车和精车的加工特点如表 7.2 所示。

表 7.2 粗车和精车的加工特点

	粗车	精车
目的	尽快去除大部分加工余量，使之接近最终的形状和尺寸，提高生产率	切去粗车后的精车余量，保证零件的加工精度和表面粗糙度
加工质量	尺寸精度低：IT4～IT11 表面粗糙度值偏高，R_a 值 12.5～6.3 μm	尺寸精度低：IT6～IT8 表面粗糙度值偏高，R_a 值 1.6～0.8 μm
背吃刀量	较大，1～3 mm	较小，0.3～0.5 mm
进给量	较大，0.3～1.5 mm/r	较小，0.1～0.3 mm/r
切削速度	中等或偏低的速度	一般取高速
刀具要求	切削部分有较高的速度	切削刃锋利、光洁

在粗车铸件、锻件时，因表面有硬皮，可先倒角或车出端面，然后用大于硬皮厚度的背吃刀量(见图 7.27)粗车外圆，使刀尖避开硬皮，以防刀尖磨损过快或被硬皮打坏。

用高速钢车刀低速精车钢件时用乳化液润滑，用高速钢车刀低速精车铸铁件时用煤油润滑，都可降低工件表面粗糙度值。

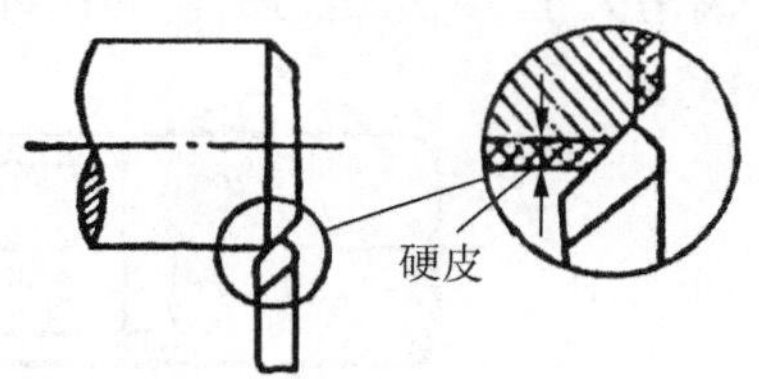

图 7.27 粗车铸件、锻件的背吃刀量

2) 车端面

轴类、盘类、套类工件的端面经常用来作轴向定位、测量的基准，车削加工时，一般都先将端面车出。端面的车削加工见图 7.28。

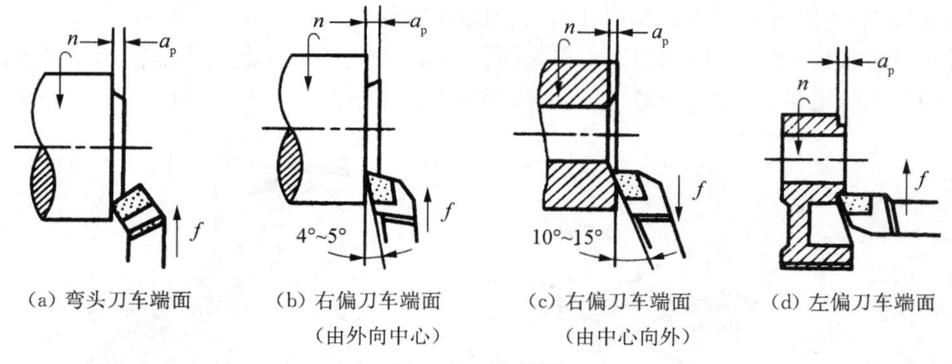

(a) 弯头刀车端面　(b) 右偏刀车端面(由外向中心)　(c) 右偏刀车端面(由中心向外)　(d) 左偏刀车端面

图 7.28 车端面

弯头车刀车端面使用较多。弯头车刀车端面对中心凸台是逐步切除的，不易损坏刀尖，但 45°弯头车刀车端面，表面粗糙度数值较大，一般用于车大端面，如图 7.28(a)所示。右偏刀由外向中心车端面时，如图 7.28(b)所示，凸台是瞬时去掉的，容易损坏刀尖。右偏刀向中心进给切削时前角小，切削不顺利，而且背吃刀量大时容易引起扎刀，使端面出现内凹。

所以，右偏刀一般用于由中心向外车带孔工件的端面，如图 7.28(c)所示，此时切削刃前角大，切削顺利，表面粗糙度数值小。有时还需要用左偏刀车端面，如图 7.28(d)所示。

车端面时应注意以下几点：

(1) 车刀的刀尖应对准工件的回转中心，否则会在端面中心留下凸台；

(2) 工件中心处的线速度较低，为获得整个端面上较好的表面质量，车端面的转速要比车外圆的转速高一些；

(3) 直径较大的端面车削时应将大拖板锁紧在床身上，以防由大拖板让刀引起的端面外凸或内凹，此时用小拖板调整背吃刀量；

(4) 精度要求高的端面，应分粗、精加工。

3) 车台阶

很多的轴类、盘类、套类零件上有台阶面。台阶面是有一定长度的圆柱面和端面的组合。台阶的高、低由相邻两段圆柱体的直径所决定。高度小于 5 mm 的为低台阶，加工时由正装的 90°偏刀车外圆时车出；高度大于 5 mm 的为高台阶，高台阶在车外圆几次走刀后用主偏角大于 90°的偏刀沿径向向外走刀车出，见图 7.29。

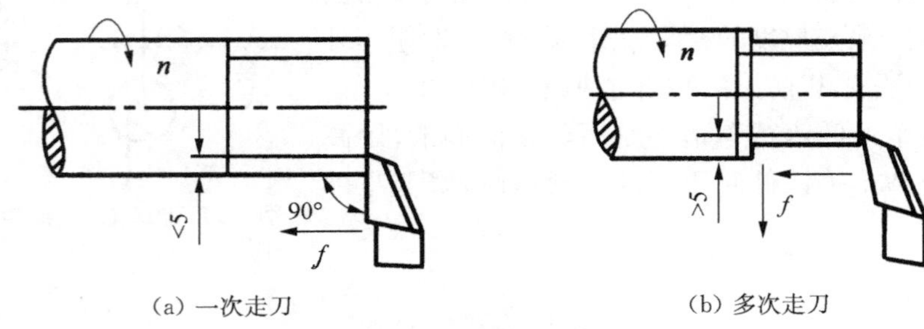

(a) 一次走刀　　(b) 多次走刀

图 7.29　车台阶轴

台阶长度的确定可视生产批量而定，批量较小时，台阶的长度可用如图 7.30 所示钢尺或样板确定位置，车削时先用刀尖车出比台阶长度略短的刻痕作为加工界限，准确长度可用游标卡尺或深度尺获得，进刀长度视加工要求高、低分别用大拖板刻度盘或小拖板刻度盘控制。如果工件的加工数量多，工件台阶多，可以用行程挡块来控制走刀长度，如图 7.31 所示。

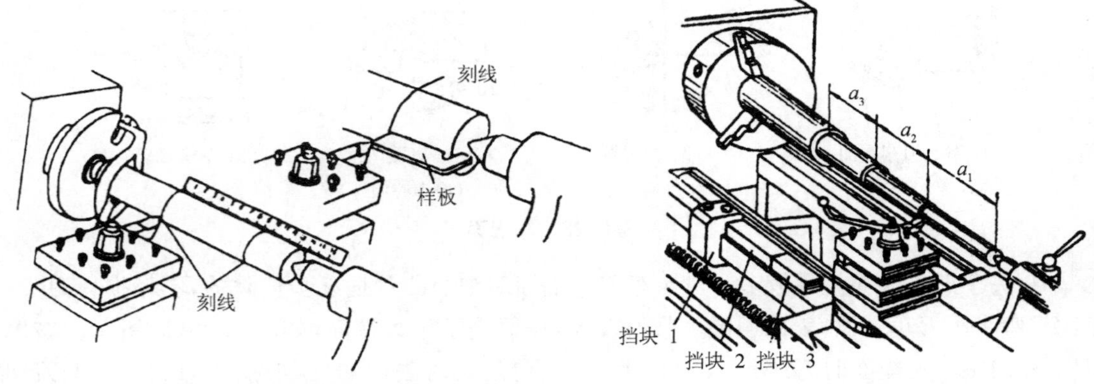

图 7.30　台阶长度的控制方法　　**图 7.31　用挡块定位控制长度**

7.4.2 车槽、切断与滚压加工

1）车槽

回转体工件表面经常存在一些沟槽，这些槽有螺纹退刀槽、砂轮越程槽、油槽、密封圈槽等，分布在工件的外圆表面、内孔或端面上。车槽加工见图 7.32。

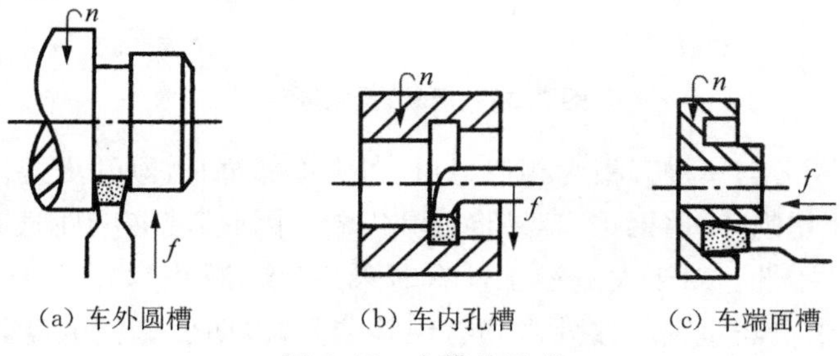

图 7.32 车槽的形式

在轴的外圆表面车槽与车端面有些类似。车槽所用的刀具为车槽刀，如图 7.33 所示，它有一条主切削刃、两条副切削刃、两个刀尖，加工时沿径向由外向中心进刀。

车削宽度小于 5 mm 的窄槽时，用主切削刃尺寸与槽宽相等的车槽刀一次车出；车削宽度大于 5 mm 的宽槽时，先沿纵向分段粗车，再精车，车出槽深及槽宽，如图 7.34 所示。

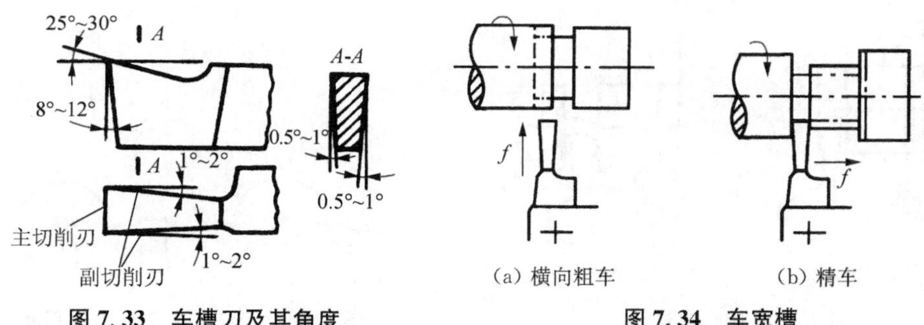

图 7.33 车槽刀及其角度

图 7.34 车宽槽

当工件上有几个同一类型的槽时，槽宽应一致，如图 7.35 所示，以便用同一把刀具切削。

图 7.35 槽宽的工艺性

2）切断

切断是将坯料或工件从夹持端上分离下来，如图 7.36 所示。

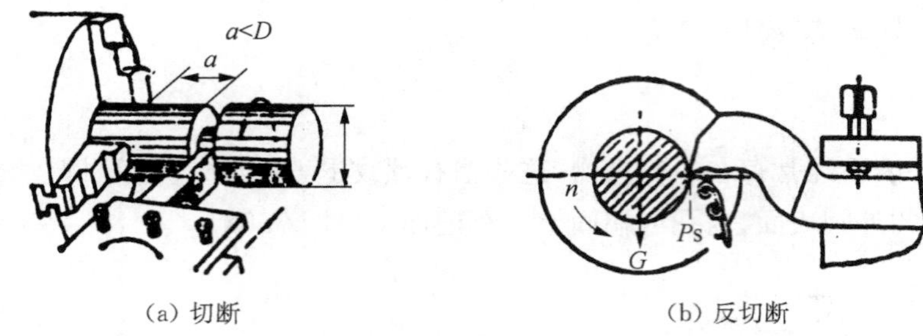

(a) 切断　　(b) 反切断

图 7.36　切断、反切断法

切断所用的切断刀与车槽刀极为相似，只是刀头更加窄长，刚性更差。由于刀具要切至工件中心，呈半封闭切削，排屑困难，容易将刀具折断。因此，装夹工件时应尽量将切断处靠近卡盘，以增加工件刚性。对于大直径工件有时采用反切断法，如图 7.36(b)所示，目的在于排屑顺畅。此时卡盘与主轴联接处必须有保险装置，以防倒车使卡盘与主轴脱开。切断铸铁等脆性材料时常采用直进法切削，切断钢等塑性材料时常采用左、右借刀法切削，如图 7.37 所示。

切断时应注意下列事项：

(1) 切断时刀尖必须与工件中心等高，否则切断处将留有凸台，也容易损坏刀具，如图 7.38 所示；

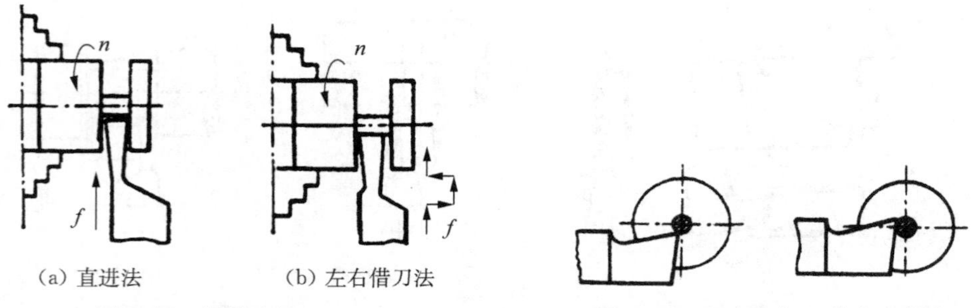

(a) 直进法　　(b) 左右借刀法

图 7.37　切断方法

图 7.38　刀尖应与工件中心等高

(2) 切断处靠近卡盘，增加工件刚性，减小切削时的振动；

(3) 切断刀伸出不宜过长，以增强刀具刚性；

(4) 减小刀架各滑动部分的间隙，提高刀架刚性，减少切削过程中的变形与振动；

(5) 切断时切削速度要低，采用缓慢均匀的手动进给，以防进给量太大造成刀具折断；

(6) 切断钢件时应适当使用切削液，加快切断过程的散热。

3) 滚花

许多工具和机器零件的手握部分，为了便于握持和增加美观，常常在表面滚压出各种不同的花纹，如百分尺的套管，铰杠扳手及螺纹量规等。这些花纹一般都是在车床上用滚花刀滚压而成的，如图 7.39 所示。

滚花的实质是用滚花刀在原本光滑的工件表面挤压，使其产生塑性变形而形成凸凹不平但均匀一致的花纹。由于工件表面一部分下凹，而另一部分凸出，从大的范围来说，工件的直径有所增加。滚花时工件所受的径向力大,工件装夹时应使滚花部分靠近卡盘。滚花时工件的转速要低,并且要有充分的润滑,以减少塑性流动的金属对滚花刀的摩擦和防止产生乱纹。

滚花的花纹有直纹和网纹两种,滚花刀也分如图 7.40(a)所示的直纹滚花刀和如图 7.40(b)、图 7.40(c)所示的网纹滚花刀。花纹亦有粗细之分,工件上花纹的粗细取决于滚花刀上滚轮。

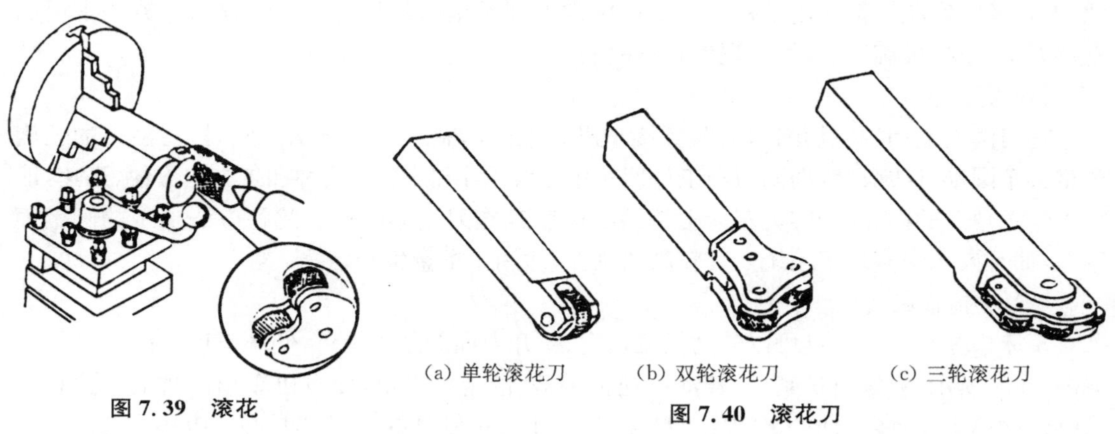

图 7.39 滚花

(a) 单轮滚花刀 (b) 双轮滚花刀 (c) 三轮滚花刀

图 7.40 滚花刀

4) 滚压

滚压是利用滚轮或滚珠等工具在工件的表面施加压力进行加工的。在车床上用滚轮滚压工件外圆与滚花的加工形式十分接近。滚压加工可以加工外圆、内孔、端面、过渡圆弧等,如图 7.41 所示。

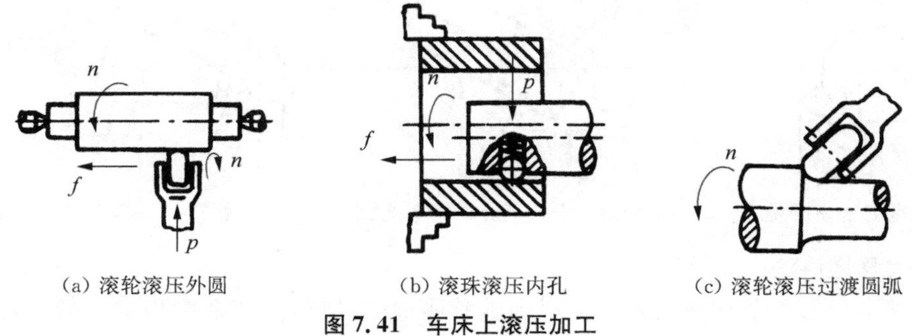

(a) 滚轮滚压外圆 (b) 滚珠滚压内孔 (c) 滚轮滚压过渡圆弧

图 7.41 车床上滚压加工

在车床上滚压时,工具可以装在刀架上或装在尾座上,工件做低速旋转,滚压工具做缓慢进给。

滚压加工时,工件表面产生微量塑性变形,表面硬化,硬度提高,形成残余应力,疲劳强度提高。经过滚压加工的零件表面粗糙度 R_a 值达 0.4～0.1 μm,精度达 IT7～IT6,可代替精密磨削。

7.4.3 车圆锥和成形面

1）锥面的车削

在各种机械结构中，还广泛存在圆锥体和圆锥孔的配合。如顶尖尾柄与尾座套筒的配合；顶尖与被支承工件中心孔的配合；锥销与锥孔的配合。圆锥面配合紧密，装拆方便，经多次拆卸后仍能保证有准确的定心作用。小锥度配合表面还能传递较大的扭矩。正因为如此，大直径的麻花钻都使用锥柄。在生产中常遇到圆锥面的加工。车削锥面的方法常用的有宽刀法、小拖板旋转法、偏移尾座和靠模法。

（1）宽刀法

宽刀法就是利用主切削刃横向直接车出圆锥面，如图 7.42 所示。此时，切削刃的长度要略长于圆锥母线长度，切削刃与工件回转中心线成半锥角 α。这种加工方法方便、迅速，能加工任意角度的内、外圆锥。车床上倒角实际就是宽刀法车圆锥。此种方法加工的圆锥面很短，而且要求切削加工系统要有较高的刚性，适用于批量生产。

（2）小拖板旋转法

车床中拖板上的转盘可以转动任意角度，松开上面的紧固螺钉，使小拖板转过半锥角 α。如图 7.43 所示，将螺钉拧紧后，转动小拖板手柄，沿斜向进给，便可以车出圆锥面。这种方法操作简单方便，能保证一定的加工精度，能加工各种锥度的内、外圆锥面，应用广泛。但受小拖板行程的限制，不能车太长的圆锥。而且，小拖板只能手动进给，锥面的粗糙度数值大。小拖板旋转法在单件、小批生产中用得较多。

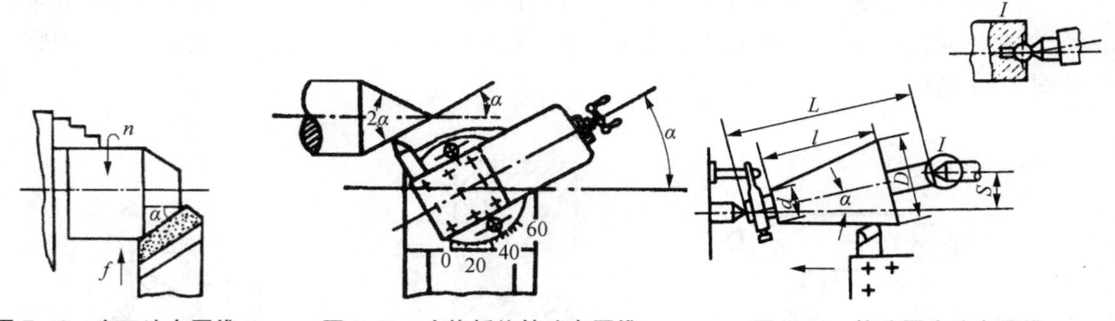

图 7.42 宽刀法车圆锥　　图 7.43 小拖板旋转法车圆锥　　图 7.44 偏移尾座法车圆锥

（3）偏移尾座法

如图 7.44 所示，将尾座带动顶尖横向偏移距离 S，使得安装在两顶尖间的工件回转轴线与主轴轴线成半锥角 2α。这样车刀做纵向走刀车出的回转体母线与回转体中心线成斜角，形成锥角为 2°的圆锥面。尾座的偏移量：

$$S=L\cdot\sin\alpha$$

当 α 很小时

$$S=L\tan\alpha=L(D-d)/2l$$

偏移尾座法能切削较长的圆锥面，并能自动走刀，表面粗糙度值比小拖板旋转法小，与自动走刀车外圆一样。由于受到尾部偏移量的限制，一般只能加工小锥度圆锥，也不能加工内锥面。

(4) 靠模法

在大批量生产中还经常用靠模法车削圆锥面，如图 7.45 所示。

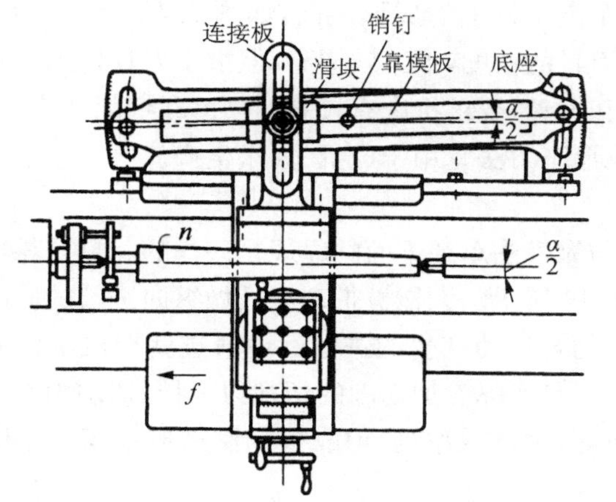

图 7.45 靠模法车圆锥

靠模装置的底座固定在床身的后面，底座上装有锥度靠模板。松开紧固螺钉，靠模板可以绕定位销钉旋转，与工件的轴线成一定的斜角。靠模上的滑块可以沿靠模滑动，而滑块通过连接板与拖板连接在一起。中拖板上的丝杠与螺母脱开，其手柄不再调节刀架横向位置，而是将小拖板转过 90°，用小拖板上的丝杠调节刀具横向位置，以调整所需的背吃刀量。

如果工件的锥角为 α，则将靠模调节成 $\alpha/2$ 的斜角。当大拖板做纵向自动进给时，滑块就沿着靠模滑动，从而使车刀的运动平行于靠模板，车出所需的圆锥面。

靠模法加工进给平稳，工件的表面质量好，生产效率高，可以加工 $\alpha<12°$ 的长圆锥。

2) 成形面车削

在回转体上有时会出现母线为曲线的回转表面，如手柄、手轮、圆球等。这些表面称为成形面。成形面的车削方法有手动法、成形刀法、靠模法、数控法等。

(1) 手动法

如图 7.46 所示，操作者双手同时操纵中拖板和小拖板手柄移动刀架，使刀尖运动的轨迹与要形成的回转体成形面的母线尽量相符合。车削过程中还经常用成形样板检验，如图 7.47 所示。

图 7.46 双手操作法车成形面

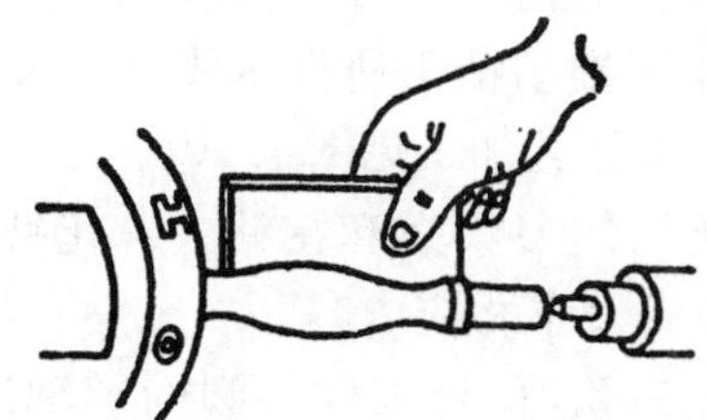

图 7.47 用成形样板检测成形面

通过反复的加工、检验、修正，最后形成要加工的成形表面。手动法加工简单方便，但对操作者技术要求高，而且生产效率低，加工精度低，一般用于单件小批生产。

切削刃形状与工件表面形状一致的车刀称为成形车刀（样板车）。用成形车刀切削时，只要做横向进给就可以车出工件上的成形表面，如图 7.48 所示。用成形车刀车削成形面，工件的形状精度取决于刀具的精度，加工效率高，但由于刀具切削刃长，加工时的切削力大，加工系统容易产生变形和振动，要求机床有较高的刚度和切削功率。成形车刀制造成本高，且不容易刃磨。因此，成形车刀法宜用于成批、大量生产。

（2）靠模法

用靠模法车成形面与靠模法车圆锥面的原理是一样的。只是靠模的形状是与工件母线形状一样的曲线，如图 7.49 所示。大拖板带动刀具做纵向进给的同时靠模带动刀具做横向进给，两个方向进给形成的合运动产生的进给运动轨迹就形成工件的母线。靠模法加工采用普通的车刀进行切削，刀具实际参加切削的切削刃不长，切削力与普通车削相近，变形小，振动小，工件的加工质量好，生产效率高，但靠模的制造成本高。靠模法车成形面主要用于成批或大量生产。

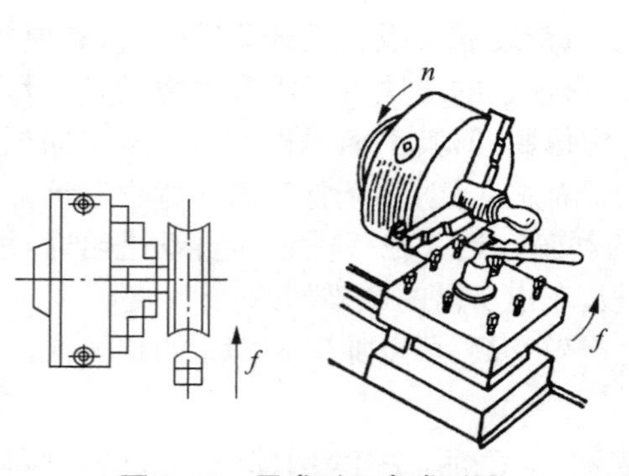

图 7.48　用成形刀车成形面

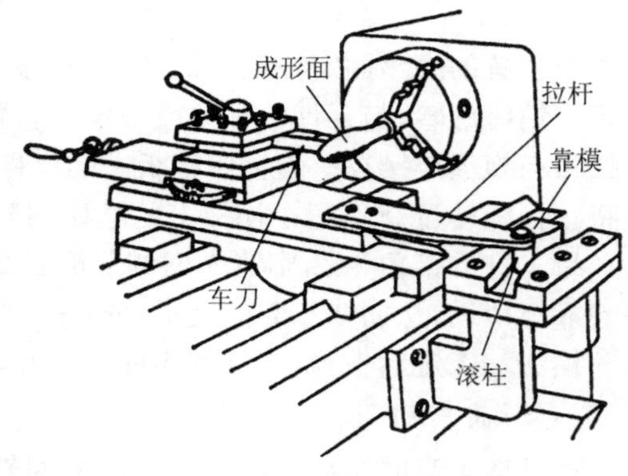

图 7.49　靠模法车成形面

（3）数控法：将在第 4 篇中详细介绍

7.4.4　孔加工

车床上孔的加工方法有钻孔、扩孔、铰孔和镗孔。

1）钻孔

在车床上钻孔时，工件的回转运动为主运动，尾座上的套筒推动钻头所做的纵向移动为进给运动。车床上的钻孔加工见图 7.50。

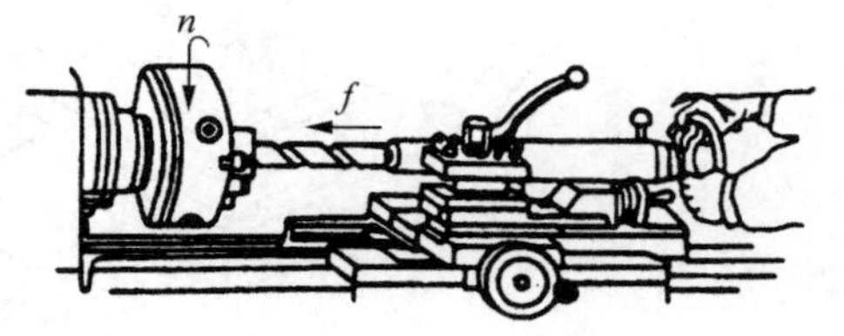

图 7.50　车床上钻孔

钻孔所用的刀具为麻花钻。麻花钻的结构参见第 6 章 6.5.2 节相应内容。

车床上钻孔，孔与工件外圆的同轴度比较高，与端面的垂直度也较高。

车床钻孔的步骤如下：

(1) 车平端面：为便于钻头定心，防止钻偏，应先将工件端面车平。

(2) 预钻中心孔：用中心孔钻在工件中心处先钻出麻花钻定心孔，或用车刀在工件中心处车出定心小坑。

(3) 装夹钻头：选择与所钻孔直径对应的麻花钻，麻花钻工作部分长度略长于孔深。如果是直柄麻花钻，则用钻夹头装夹后插入尾座套筒。锥柄麻花钻用过渡锥套或直接插入尾座套筒。

(4) 调整尾座纵向位置：松开尾座锁紧装置，移动尾座直至钻头接近工件，将尾座锁紧在床身上。此时要考虑加工时套筒伸出不要太长，以保证尾座的刚性。

(5) 开车钻孔：钻孔是封闭式切削，散热困难，容易导致钻头过热，所以，钻孔的切削速度不宜高，通常取 $v_c=0.3\sim0.6$ m/s。开始钻削时进给要慢一些，然后以正常进给量进给。

钻盲孔时，可利用尾座套筒上的刻度控制深度，亦可在钻头上做深度标记来控制孔深。孔的深度还可以用深度尺测量。对于钻通孔，快要钻通时应减缓进给速度，以防钻头折断。钻孔结束后，先退出钻头，然后停车。

钻孔时，尤其是钻深孔时，应经常将钻头退出，以利于排屑和冷却钻头。钻削钢件时，应加注切削液。

2) 镗孔

镗孔是利用镗孔刀对工件上铸出、锻出或钻出的孔作进一步的加工。如图 7.51 所示为车床上镗孔加工。

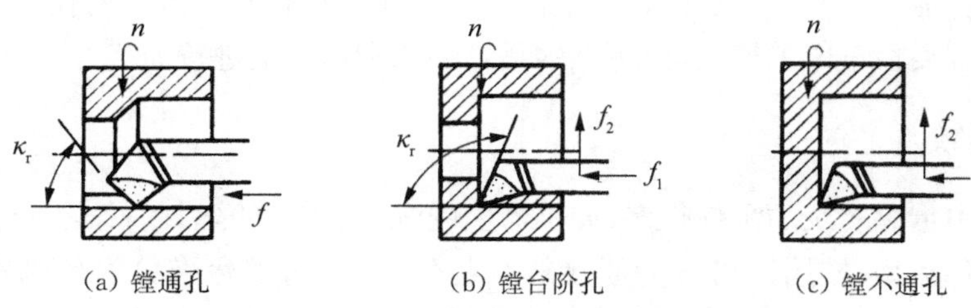

图 7.51　车床上镗孔

在车床上镗孔，工件旋转做主运动，镗刀在刀架带动下做进给运动。镗孔主要用来加工大直径孔，可以进行粗加工、半精加工和精加工。镗孔可以纠正原来孔的轴线偏斜，提高孔的位置精度。镗刀的切削部分与车刀是一样的，形状简单，便于制造。但镗刀要进入孔内切削，尺寸不能大，导致镗刀杆比较细，刚性差，因此加工时背吃刀量和走刀量都选得较小，走刀次数多，生产率不高。镗削加工的通用性很强，应用广泛。镗孔加工的精度接近于车外圆加工的精度。

车床镗孔的尺寸获得与外圆车削基本一样，也是采用试切法，边测量边加工。孔的测量也是用游标卡尺。精度要求高时可用内径百分尺或内径百分表测量孔径。在大批大量生产时，工件的孔径可以用量规来进行检验。

镗孔深度的控制与车台阶及车床上钻孔相似，如图 7.52 所示。孔深度可以用游标卡尺或深度尺进行测量。

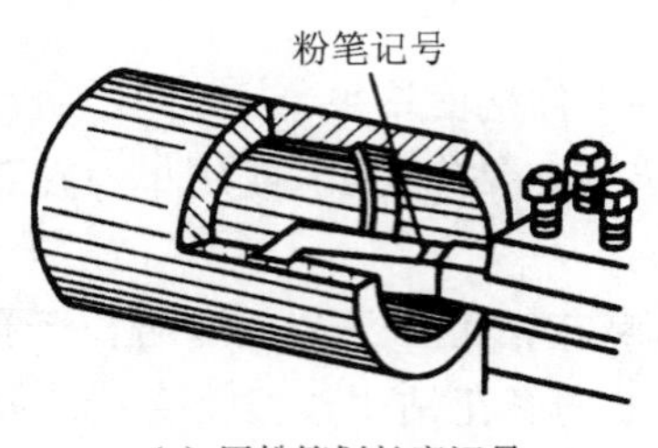

(a) 用粉笔划长度记号

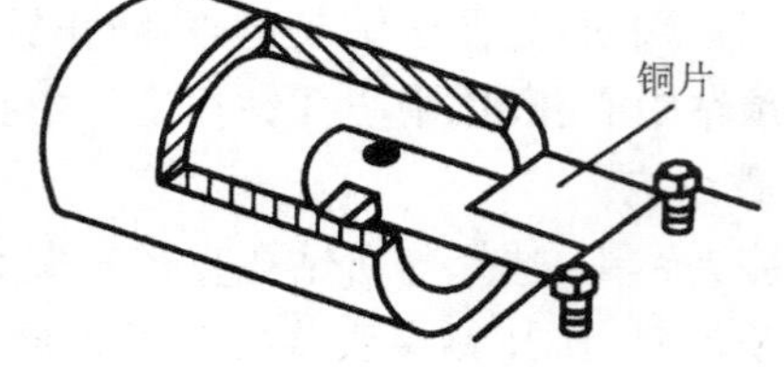

(b) 用铜片控制孔深

图 7.52　控制车床镗孔深度的方法

由于镗孔加工是在工件内部进行的，操作者不易观察到加工状况，所以操作比较困难。

在车床上镗孔时应注意下列事项：

(1) 镗孔时镗刀杆应尽可能粗一些，但在镗不通孔时，镗刀刀尖到刀杆背面的距离必须小于孔的半径，否则孔底中心部位无法车平，见图 7.52(b)；

(2) 镗刀装夹时，刀尖应略高于工件回转中心，以减少加工中的颤振和扎刀现象，也可以减少镗刀下部碰到孔壁的可能性，尤其在镗小孔的时候；

(3) 镗刀伸出刀架的长度应尽量短些，以增加镗刀杆的刚性，减少振动，但伸出长度不得小于镗孔深度；

(4) 镗孔时因刀杆相对较细，刀头散热条件差，排屑不畅，易产生振动和让刀，所以选用的切削用量要比车外圆小些，其调整方法与车外圆基本相同，只是横向进刀方向相反；

(5) 开动机床镗孔前使镗刀在孔内手动试走一遍，确认无运动干涉后再开车切削。

车床上的孔加工主要是针对回转体工件中间的孔。对非回转体上的孔可以利用四爪单动卡盘或花盘装夹在车床上加工，但更多的是在钻床和镗床上进行加工。

7.4.5　车螺纹

机械结构中带有螺纹的零件很多，如机器上的螺钉、车床的丝杠。按不同的分类方法可将螺纹分为多种类型：按用途可分为联接螺纹与传动螺纹；按标准分为公制螺纹与英制螺纹；按牙型分为三角螺纹、梯形螺纹、矩形(方牙)螺纹等，见图 7.53。其中公制三角螺纹应用最广，称为普通螺纹。

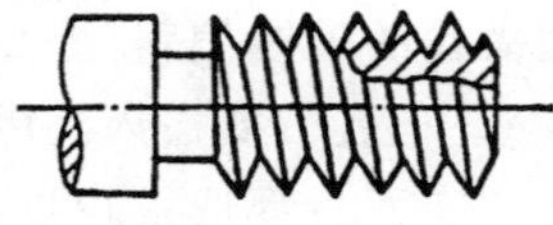
(a) 三角螺纹

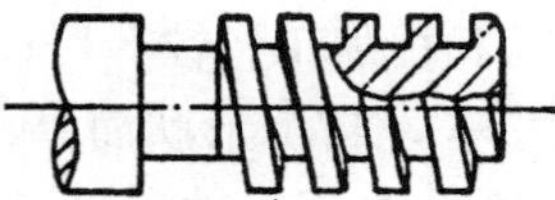
(b) 方牙螺纹

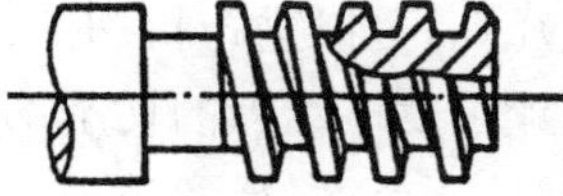
(c) 梯形螺纹

图 7.53　螺纹的种类

车床上加工螺纹主要是用车刀车削各种螺纹。对于小直径螺纹也可用板牙或丝锥在车床上加工。这里只介绍普通螺纹的车削加工。

1) 螺纹车刀

各种螺纹的牙型都是靠刀具切出的，所以螺纹车刀切削部分的形状必须与将要车的螺纹的牙型相符。这就要求螺纹车刀的刀尖角 ε(即两切削刃的夹角)与螺纹的牙型角 α 相等

(用对刀板检验)。车削普通螺纹的螺纹车刀几何角度如图 7.54 所示,刀尖角 $\varepsilon=60°$,其前角 $\gamma_0=0°$,以保证工件螺纹牙型角的正确,否则将产生形状误差。粗加工螺纹或螺纹要求不高时,其前角 γ_0 取 5°～20°。

螺纹车刀装夹时,刀尖必须与工件中心等高,并用样板对刀,保证刀尖角的角平分线与工件轴线垂直,以保证车出的螺纹牙型两边对称,如图 7.55 所示。

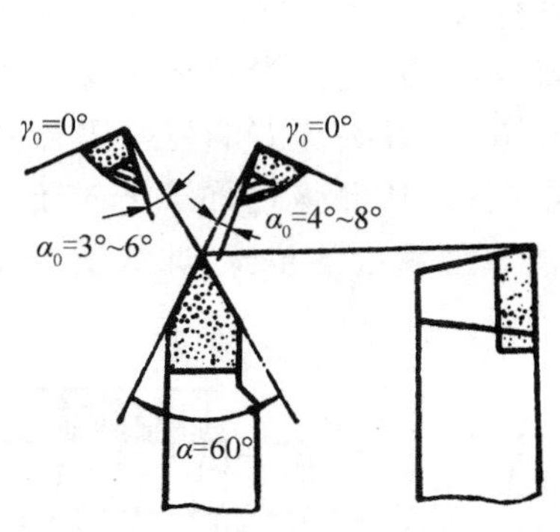

图 7.54　螺纹车刀的角度

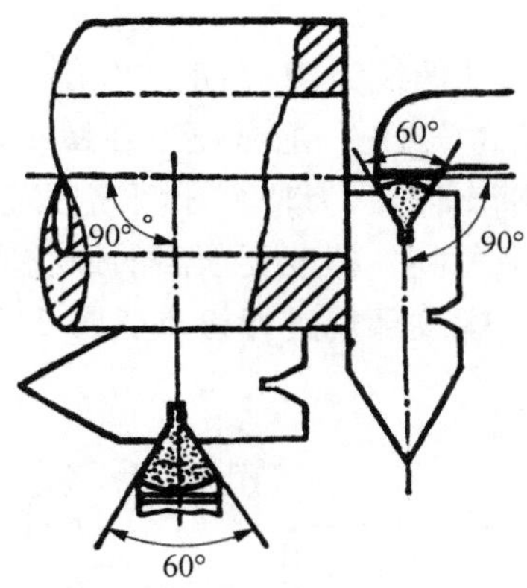

图 7.55　螺纹车刀的对刀方法

螺纹的直径可以通过调整横向进刀获得,螺距则需要由严格的纵向进给来保证。所以,车螺纹时,工件每转一周,车刀必须准确而均匀地沿进给运动方向移动一个螺距或导程(单头螺纹为螺距,多头螺纹为导程)。为了获得上述关系,车螺纹时应使用丝杠传动。因为丝杠本身的精度较高,且传动链比较简单,减少了进给传动误差和传动积累误差。图 7.56 为车螺纹的进给传动系统。

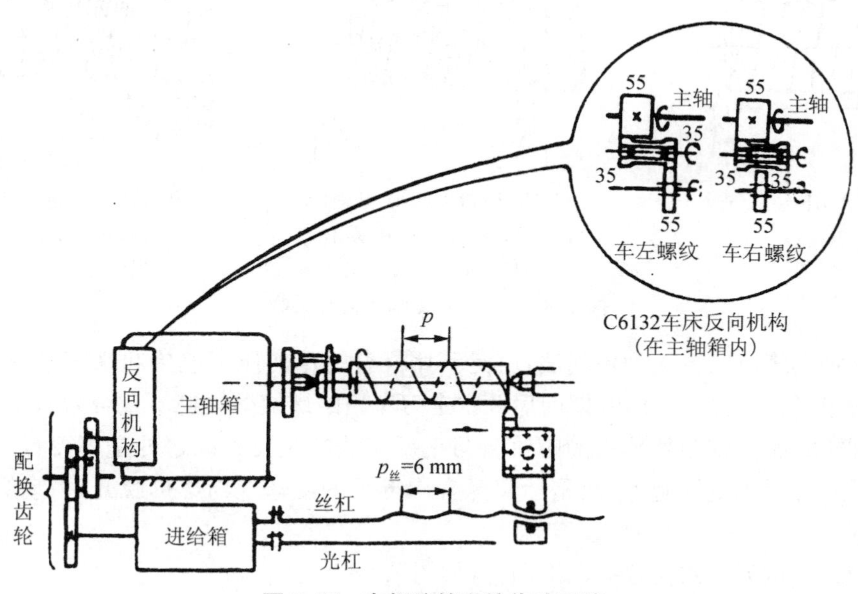

图 7.56　车螺纹的进给传动系统

标准螺纹的螺距可根据车床进给箱的标牌调整进给箱手柄获得。对于特殊螺距的螺纹有时需更换配换齿轮才能获得。

与车外圆相比，车螺纹时的进给量特别大，主轴的转速应选择得低些，以保证进给终了时有充分的时间退刀停车。否则可能会造成刀架或溜板与主轴箱相撞的事故。刀架各移动部分的间隙应尽量小，以减少由于间隙窜动所引起的螺距误差，从而提高螺纹的表面质量。

以车削外螺纹为例，在正式车削螺纹之前，先按要求车出螺纹外径，并在螺纹起始端车出 45°或 30°倒角。通常还要在螺纹末端车出退刀槽，退刀槽比螺纹槽略深。螺纹车削的加工余量比较大，为整个牙型高度，应分几次走刀切完，每次走刀的背吃刀量由中拖板上刻度盘来控制。精度要求高的螺纹应以单针法或三针法边测量边加工。对于一般精度螺纹可以用螺纹环规进行检查。图 7.57 为正反车法车削螺纹的步骤，此法适合于车削各种螺纹。

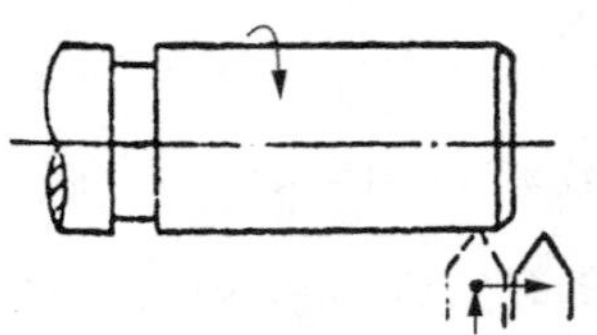
(a) 开车，使车刀与工件轻微接触，记下刻度盘读数，向右退出车刀

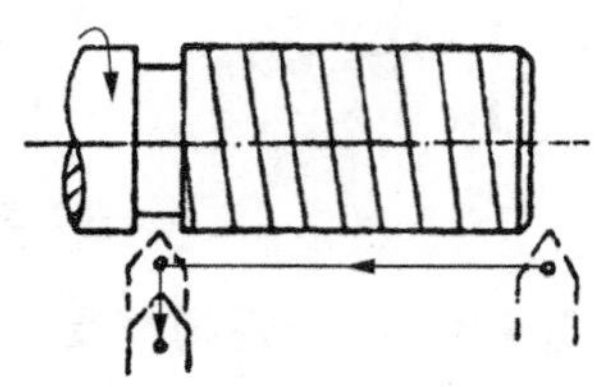
(b) 合上对开螺母，在工作表面上车出一条螺旋线，横向退出车刀，停车

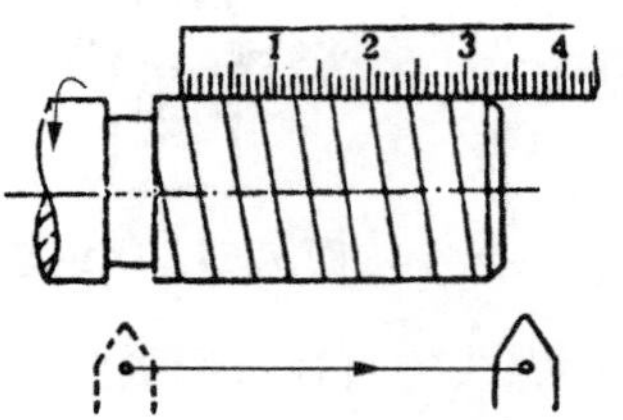

(c) 开反车使刀退到工件右端，停车，用钢尺检查螺距是否正确

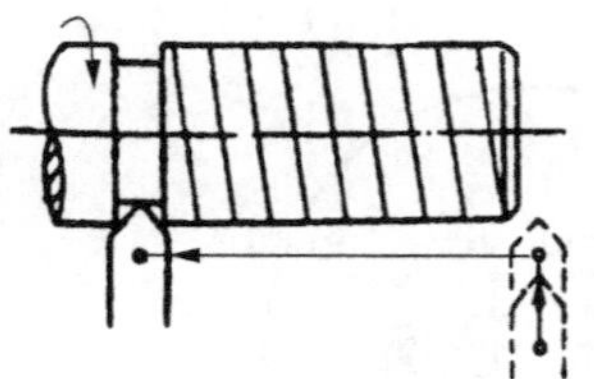
(d) 利用刻度调整 a_p，开车切削

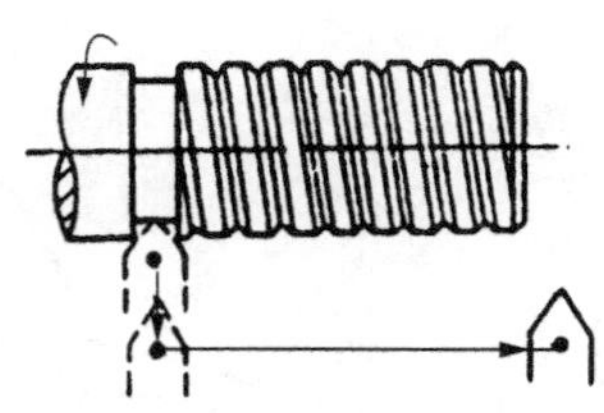
(e) 车刀将至行程终了时，应做好退刀停车准备，先快速退出车刀，然后停车，开反车退回刀架

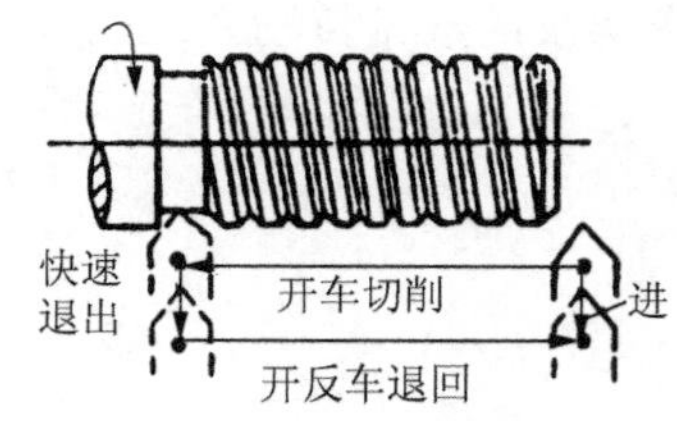

(f) 再次横向进 a_p，继续切削，其切削过程的路线如图所示

图 7.57　螺纹的车削方法与步骤

另外一种车螺纹的方法为抬闸法，就是利用开合螺母的压下或抬起来车削螺纹。这种方法操作简单，但容易出现乱扣(即前后两次走刀车出的螺旋槽轨迹不重合)，只适合于加工车床丝杠螺距是工件螺距整数倍的螺纹。与正反车法的主要不同之处是车刀行至终点时，横向退刀后不开反车返回起点，而是抬起开合螺母手柄使丝杠与螺母脱开，手动纵向退回，再进刀车削。

车削螺纹的进刀方式主要有以下两种，如图 7.58 所示。

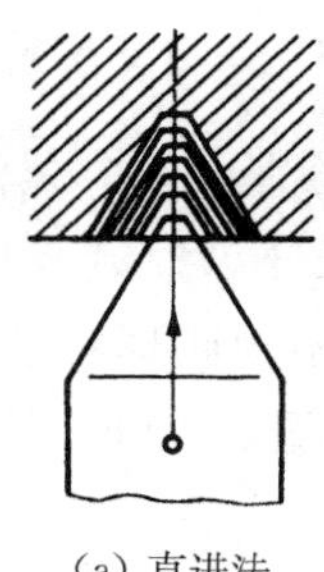
(a) 直进法

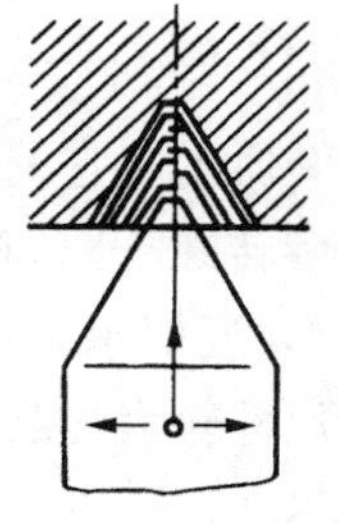
(b) 左右切削法

图 7.58　车螺纹的进刀方法

(1) 直进法

用中拖板垂直进刀,两个切削刃同时进行切削。此法适用于小螺距或最后精车。

(2) 左右切削法

除用中拖板垂直进刀外,同时用小拖板使车刀左、右微量进刀(借刀),只有一个刀刃切削,因此车削比较平稳。此法适用于塑性材料和大螺距螺纹的粗车。

车削内螺纹时先车出螺纹内径 d_1,螺纹本身切削的方法与车外螺纹基本相同,只是横向进给手柄的进退刀手柄转向不同。车削左旋螺纹时,需要调整换向机构,使主轴正转,丝杠反转,车刀从左向右走刀切削。

2) 车削螺纹的注意事项

(1) 车螺纹时,每次走刀的背吃刀量要小,通常只有 0.1 mm 左右,并记住横向进刀的刻度,作为下次进刀时的基数。特别要记住刻度手柄进、退刀的整数圈数,以防多进一圈导致背吃刀量太大,刀具崩刃损坏工件。

(2) 应该按照螺纹车削长度及时退刀。退刀过早,使得下次车至末端时背吃刀量突然增大而损坏刀尖,或使螺纹的有效长度不够。退得过迟,会使车刀撞上工件,造成车刀损坏,工件报废,甚至损坏设备。

(3) 当工件螺纹的螺距不是丝杠螺距的整数倍时,螺纹车削完毕之前不得随意松开开合螺母。加工中需要重新装刀时,必须将刀头与已有的螺纹槽仔细吻合,以免产生乱扣。

(4) 车削精度较高的螺纹时应适当加注切削液,减少刀具与工件的摩擦,降低螺纹表面的粗糙度值。

7.5　工件的装夹与车床附件

工件在车床上装夹的基本要求是定位准确,夹紧可靠。定位准确,即工件的回转表面的中心与车床主轴中心重合。夹紧可靠就是工件夹牢后能承受切削力,保证定位不变,加工安全。由于车削加工零件的类型、形状多种多样,因此车床上装夹工件的方法也很多。除前述最常用的三爪卡盘外,还常用其他车床附件装夹工件。在大批量生产中或加工一些要求较高的特殊零件时,还可用专用夹具装夹工件。

7.5.1 四爪卡盘装夹工件

四爪卡盘外形如图 7.59 所示。它的 4 个卡爪分别由 4 个螺杆调节位置，每个卡爪后面的半瓣内螺纹与螺杆啮合，旋转螺杆时，相应的卡爪便单独沿卡盘体上的径向槽移动，故又称单动卡盘，可用来夹持方形、近似于方形、椭圆或不规则形状的工件。同时因四爪卡盘的夹紧力大，故也可用来夹持尺寸较大的圆形工件，如图 7.60 所示。

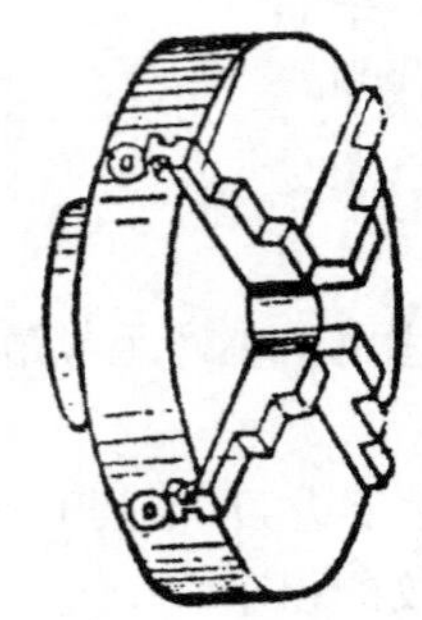

图 7.59　四爪卡盘(四爪单动卡盘)　　**图 7.60　适合四爪单动卡盘装夹工件举例**

用四爪卡盘装夹工件时，必须根据加工件的精度要求，按工件的外圆、内孔、端面或所划的线进行找正，使待加工表面的轴线对准主轴轴线。粗加工或精度要求较低时用划线盘找正；精加工或精度要求较高时，用百分表找正，可使定位精度达 0.02～0.01 mm，找正方法如图 7.61 所示。

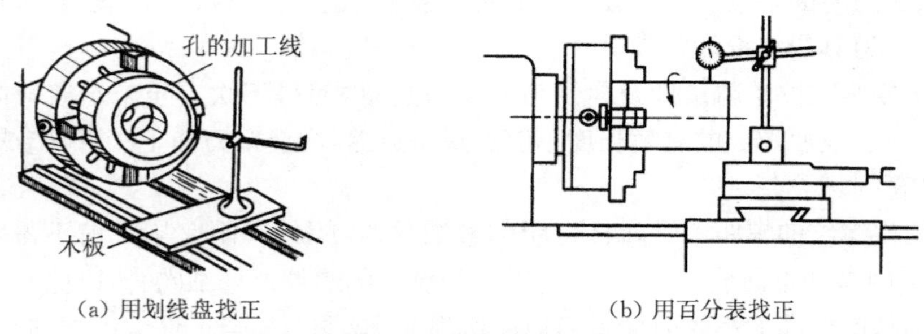

(a) 用划线盘找正　　(b) 用百分表找正

图 7.61　用四爪单动卡盘装夹工件找正

7.5.2 顶尖安装工件

加工长度较长或工序较多的轴类零件时，为了保证每道工序内及各道工序间的加工要求，通常采用工件两端的中心孔作为统一的定位基准，用两顶尖装夹工件。如图 7.62 所示，工件装夹在前后两顶尖间，由卡箍、拨盘带动旋转。

有时亦可用三爪卡盘代替拨盘，如图 7.63 所示。此时用一段钢料夹在三爪上车成 60°圆锥体作前顶尖。

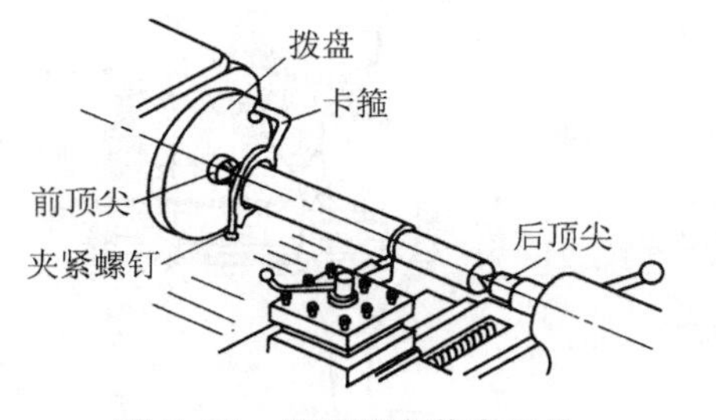

图 7.62 用两顶尖装夹工件

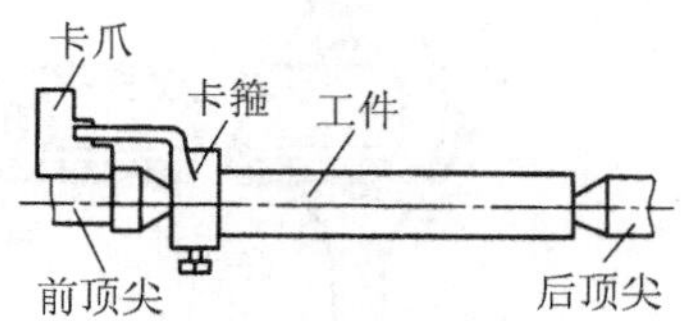

图 7.63 用三爪卡盘代替拨盘

1）顶尖的种类

常用的顶尖有死顶尖和活顶尖两种，如图 7.64 所示。

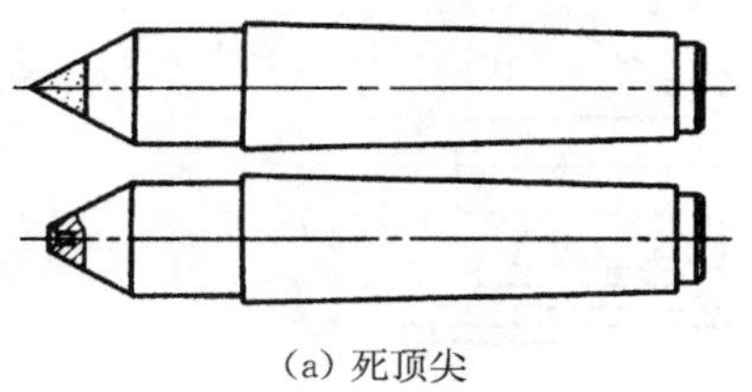

(a) 死顶尖

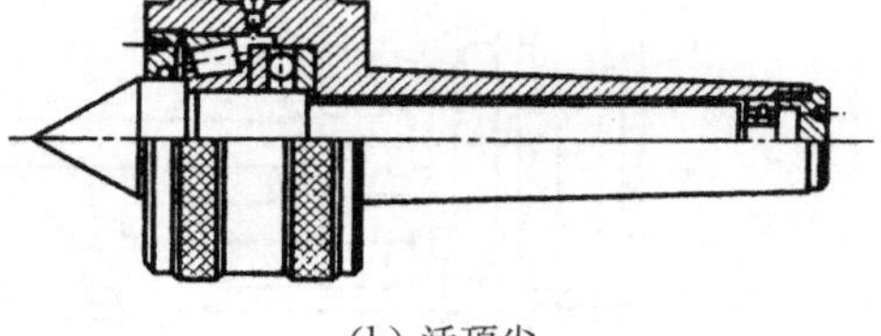

(b) 活顶尖

图 7.64 顶尖

车床上的前顶尖装在主轴锥孔内，并随主轴与工件一起旋转，与工件无相对运动，不发生摩擦，故用死顶尖。后顶尖装在尾座套筒内，一般也用死顶尖，但高速切削时，为防止后顶尖与中心孔摩擦发热或烧损，常用活顶尖，加工时活顶尖与工件一起转动。当工件轴端直径很小不便钻中心孔时，可将轴端车成60°圆锥体，顶在反顶尖中心孔中（见图 7.64）。

2）中心孔的作用与结构

中心孔是轴类工件在顶尖上装夹的定位基准。中心孔有 A 型和 B 型，A 型中心孔的60°锥孔与顶尖的 60°锥面配合，里端的小圆孔可保证锥孔与顶尖锥面配合贴切，并可贮存少量润滑油。B 型中心孔外端的 120°锥面又称保护锥面，用以保护 60°锥孔的外缘不被碰坏。

A 型和 B 型中心孔，分别用相应的中心钻在车床、钻床或专用机床上加工，如图 7.65 所示。其操作如同钻孔一般，但因中心孔直径小，应选择较高的转速，并缓慢地进给，待钻到尺寸后让中心钻停留数秒钟，以使中心孔获得较低的表面粗糙度。钻中心孔之前一般要将轴端车平。

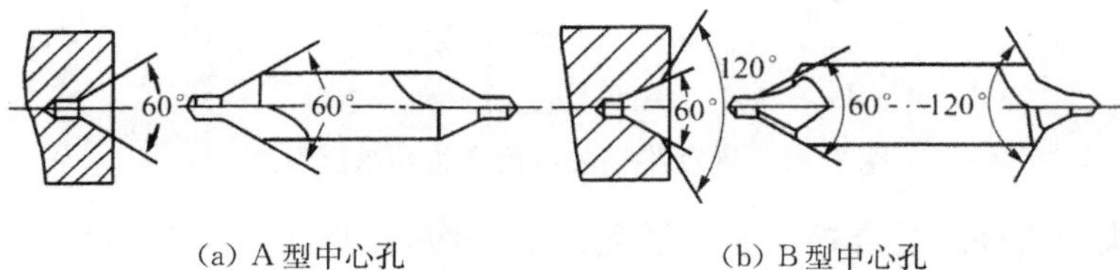

(a) A 型中心孔　　(b) B 型中心孔

图 7.65 中心钻与中心孔

3）工件的装夹步骤

在工件一端装夹卡箍，如图 7.66 所示。顶尖间工件的装夹如图 7.67 所示。

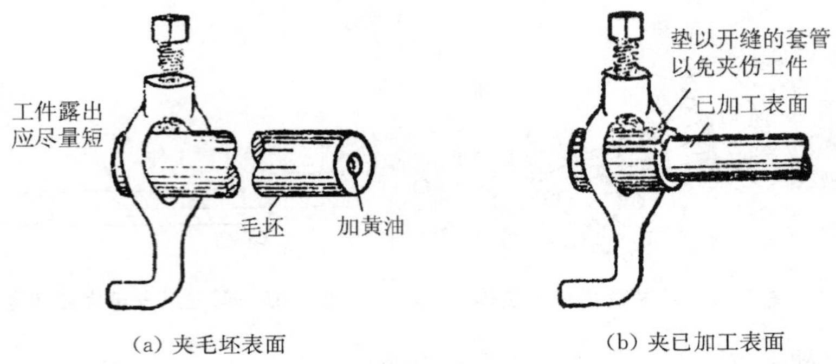

(a) 夹毛坯表面　　(b) 夹已加工表面

图 7.66　装卡箍

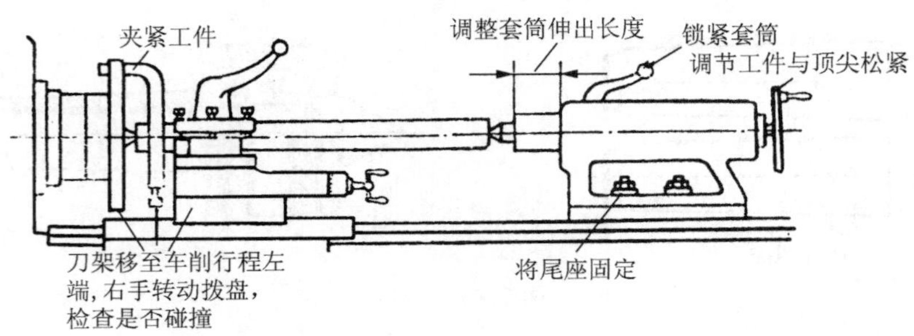

图 7.67　顶尖间装夹工件

使用顶尖装夹工件应注意下列事项：

(1) 前后两顶尖应对准,否则轴将车成锥体。校正时可调整尾座横向位置,使两顶尖对准,如图 7.68、图 7.69 所示。

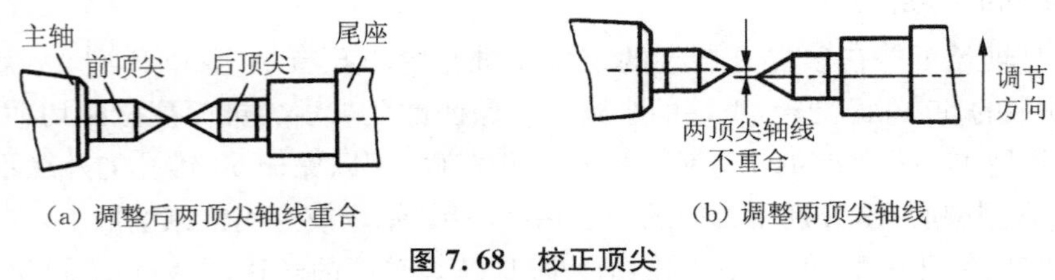

(a) 调整后两顶尖轴线重合　　(b) 调整两顶尖轴线

图 7.68　校正顶尖

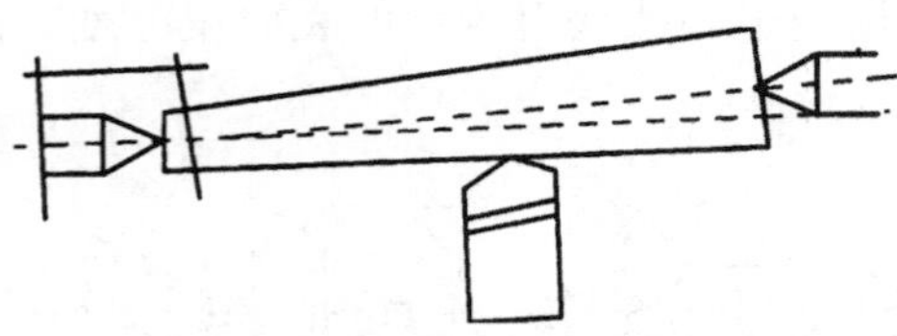

图 7.69　两顶尖轴线不重合将会车出锥体

(2) 两顶尖与工件的配合松紧必须适度。过松时,工件定心不准,容易引起振动,甚至会发生工件飞出的危险;太紧时,锥面间的摩擦增加,会将顶尖和中心孔磨损甚至烧坏,当切削用量较大时工件因发热而伸长,加工过程中还需将顶尖稍松开一些。

(3) 较重的轴类零件粗车、半精车时,可采用一夹一顶的装夹方法,这种方法装夹工件能承受较大的切削力，比较安全，因此应用得很广泛。

4）中心架和跟刀架

当加工长径比 $L/D>20$ 的轴类工件时，为防止车刀顶弯工件和避免振动，需要使用中心架或跟刀架来保持工件的刚性，以减少工件的变形。

（1）中心架

如图 7.70 所示，中心架固定在床身上，其三个爪支承在预先加工好的工件外圆上，起固定支承的作用。它一般多用于加工阶梯轴及长轴的车端面、打中心孔及加工内孔等。

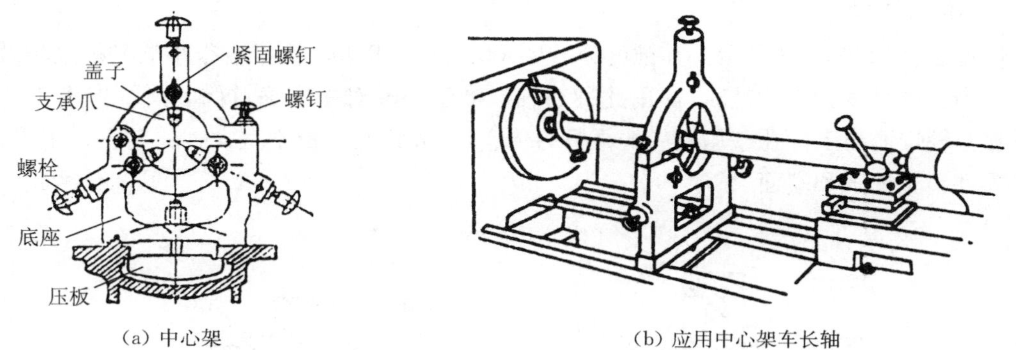

（a）中心架　　（b）应用中心架车长轴

图 7.70　中心架及其应用

（2）跟刀架

如图 7.71 所示，跟刀架固定在大拖板上，并随之一起移动。使用跟刀架时，首先在工件右端车出一段外圆，根据外圆调整支承爪的位置和松紧，然后即可进行车削。跟刀架一般在车削光轴及丝杠时起辅助支承的作用。

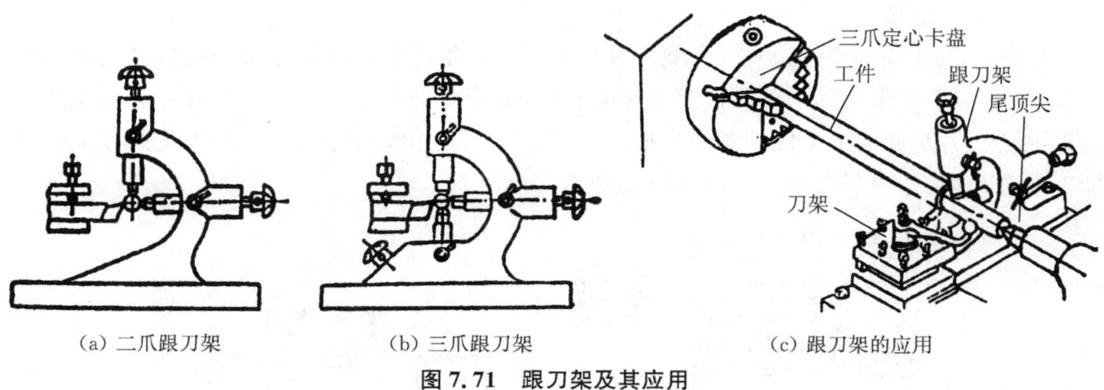

（a）二爪跟刀架　　（b）三爪跟刀架　　（c）跟刀架的应用

图 7.71　跟刀架及其应用

使用中心架、跟刀架一般都是以已加工面作为支承面，所以为防止磨损，应加机油进行润滑。

5）心轴安装工件

盘、套类零件的外圆及端面对内孔常有同轴度及垂直度要求，若有关的表面不能在三爪卡盘的一次装夹中与孔同时进行加工，则先将孔精加工（一般需达 IT9～IT7），再以孔定位装到心轴上加工其他表面，以保证上述要求心轴在车床上的装夹方法与轴类零件相同。

根据工件的形状、尺寸、精度要求以及加工数量的不同,可选用不同结构的心轴。常用的心轴有圆柱心轴和锥度心轴。

(1) 圆柱心轴

圆柱心轴如图 7.72 所示。当工件的长度比孔径小时,常用此种心轴。因工件左端紧靠在心轴的轴肩,右端由螺母及垫圈压紧,故其夹紧力较大。由于圆柱心轴装夹工件时,孔与轴之间的配合有一定的间隙,对中性较差,因此应尽可能减小孔与心轴的配合间隙,以保证加工要求。

(2) 锥度心轴

锥度心轴如图 7.73 所示。其锥度为 1∶1 000 至 1∶5 000,因锥度很小故又称之为微锥心轴。当工件长度大于孔径时,常用此种心轴。锥度心轴对中准确,拆卸方便,但由于切削力是靠心轴锥面与工件孔壁压紧后的摩擦力传递的,故背吃刀量不宜太大。它主要用于盘、套类零件精车外圆和端面。

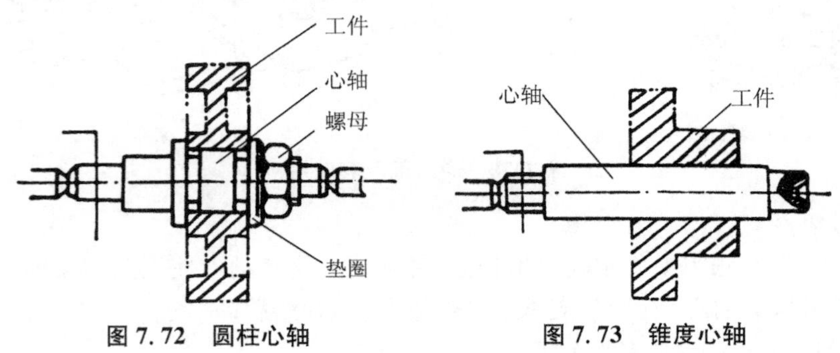

图 7.72　圆柱心轴　　图 7.73　锥度心轴

(3) 可胀心轴

如图 7.74 所示为可胀心轴(弹簧心轴),是通过调整锥形螺杆使心轴一端做微量的径向扩张,从而将工件胀紧的一种可快速装卸的心轴,适于装夹中小型零件。此外还有适用于装夹以毛坯孔为基准加工工件外圆的伞形心轴(见图 7.75)和适用于装夹已具有内螺纹而需要加工外圆和端面,适于批量生产的螺纹心轴等。

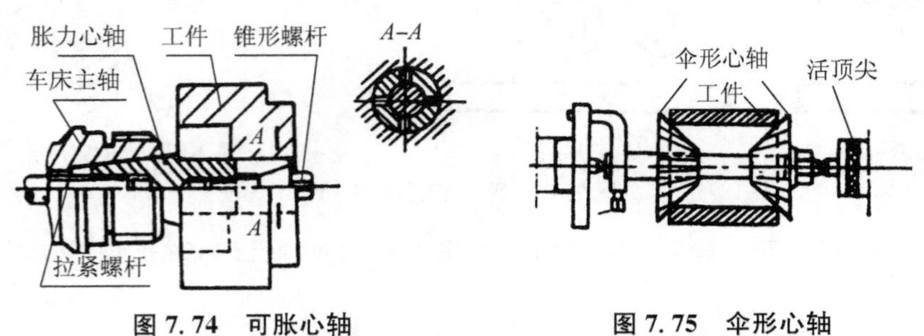

图 7.74　可胀心轴　　图 7.75　伞形心轴

6) 花盘装夹工件

花盘是一个直径较大的铸铁圆盘,其中心的内螺纹孔可直接装夹在车床主轴上,端面上的 T 型槽用来穿压紧螺栓。花盘端面应平整,装夹时,端面应与主轴轴线垂直。花盘适用于装夹待加工孔或外圆与装夹基准面垂直的工件，如图 7.76 所示。

当待加工孔或外圆与装夹基准面平行时，可配以弯板装夹即可加工，如图 7.77 所示。

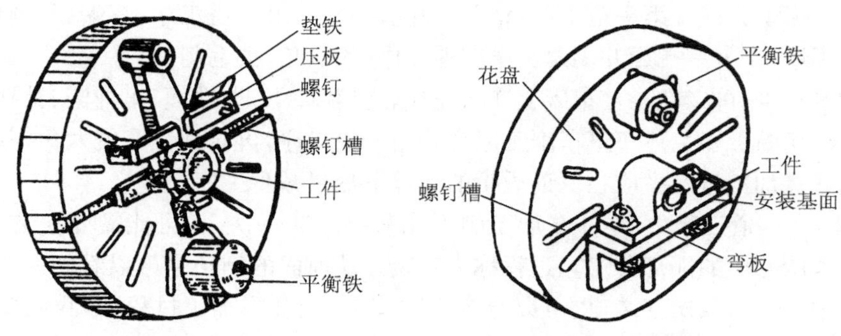

图 7.76 用花盘装夹工件　　图 7.77 用花盘弯板装夹工件

用花盘或花盘加弯板装夹工件时，应调整平衡铁进行平衡，以防止加工时因工件及弯板的重心偏离旋转中心而引起振动。

7.6 车削加工的工艺和质量分析

在车削实习中要加工出合格的零件，我们必须对切削加工的工艺知识有一定的了解，并制定出正确、合理的车削工艺。

7.6.1 工艺的基本概念

1) 什么叫工艺

工艺包含工艺文件(工艺规程)和工艺过程两方面的内容。

(1) 工艺文件(工艺规程)：指一个零件(或一批零件)从毛坯制造到加工完毕用以指导生产的技术资料，机械加工工艺文件一般由以下几种资料组成。

① 零件图纸；

② 机械加工工艺过程综合卡片；

③ 工序卡片；

④ 工序协作卡片；

⑤ 工艺卡片。

另外在一定条件下还需要技术检查卡片，用以指导成品的质量检验工作(如质检卡、产品合格证等)，以上技术资料总和称为这一零件的机械加工工艺文件，这些文件称为工艺规程。

(2) 工艺过程：生产过程中直接改变原材料(毛坯)的形状、尺寸和材料的性能等，使之成为成品或半成品过程称为工艺过程。用金属切削刀具在机床上加工的过程称为机械加工过程，装配车间中把零件装配成机器的过程称为装配工艺过程。机械加工工艺过程一般由一系列的工序、安装、工步等组成。

① 工序：指一个工人在一台机床(或一个工作位置上)加工一个或一批零件，从开始直

到加工另一种零件之前所完成的那一部分加工称为工序。

例如:加工六角螺母,采用圆棒料,如果批量较大,它的加工工艺过程可分为四道工序,分别在四台车床上完成。第一道工序:钻孔、镗孔、切断。第二道工序:车端面、倒角、车内螺纹。第三道工序:车另一端面并倒角。第四道工序:铣六角、去毛刺。

如果数量较少,可以在一台车床上连续完成。步骤如下:车端面、车外圆、钻孔、镗孔、倒角、车内螺纹、切断。将上述三道车削工序合并为一道工序,再转到铣床铣六角,共用两道工序完成。因此在加工过程中应在保证质量的前提下尽量减少工序。

② 安装:在一道工序中,零件在加工中可能只要安装一次,也可能需要安装几次,零件在一次装夹中所完成的那部分工艺过程称为安装。从前面的例子中可以看到一个六角螺母在加工过程中可分为四次安装,也可以分为三次安装,因此在加工过程中,我们要在保证质量的前提下尽量减少安装次数。当然,有些要求较高的轴类零件,为了保证质量需要增加安装次数。

③ 工步:当加工表面,切削刀具和切削用量中的转速和走刀量都保持不变的情况下所完成的那部分工艺过程称为工步。

如果其中一个(或两、三个)因素变化时,则为另一个工步。

例如:我们在加工榔头柄的过程中,车端面称一个工步,如果再车外圆又是一个工步,凡零件的位置或尺寸有一点变化都算一个工步。必须说明目前我国单件或成批生产的工厂,为了制定工艺规程方便,往往把一个工种作为一道工序。工序、安装、工步的划分并不十分严格。

2) 基准的初步概念

为了更好地实现工艺规程的要求,我们必须了解一点基准的知识。基准即"根据或依据"的意思,它们是指零件上的一些点、线、面,由这些点、线、面来确定零件的其他点、线、面的位置。例如:加工长轴时,端面就是测量长度和定位的基准面。

基准可分为设计基准、工艺基准等几种。其中工艺基准又可以分为定位基准、测量基准、装配基准。

(1) 设计基准:设计时在图纸上作为标注尺寸依据的点、线、面。

(2) 工艺基准:零件在加工、测量、装配中,用来作为依据的点、线、面。

① 定位基准:零件加工时用来确定被加工零件在车床上相对于刀具的正确位置所依据的点、线、面称为定位基准。在使用夹具时,其定位基准就是零件上夹具定位件相接触的表面。例如:加工长轴时,如采用一夹一顶加工方法加工,其定位基准就是轴的外圆和中心孔。

② 测量基准:用于检验已加工表面尺寸及其相对位置所依据的点、线、面称为测量基准。例如检验台阶轴的同轴度时,把工件安装在台式中心架的两顶尖之间进行测量,其测量基准为两端中心孔。

③ 装配基准:参见第 6 章相应内容。

必须指出:作为工艺基准的点或线,总是以具体表面来体现的,这个表面就称为基准面。

7.6.2 车削工艺分析

1）轴类零件

如图7.78所示为齿轮箱中的传动轴，该轴的表面由外圆、轴肩、螺纹退刀槽、螺纹、砂轮越程槽等组成。两头轴颈和中间的一段外圆为主要工作表面。轴颈表面与轴承内圈配合，中间的外圆面用于装齿轮等。这三段外圆表面要求有较高的精度和表面粗糙度。中间圆柱面和轴肩对两头轴颈面分别有径向跳动和端面跳动要求。三段主要外圆表面应以磨削作为终加工。由于轴类零件需要有良好的综合力学性能，应进行调质处理。

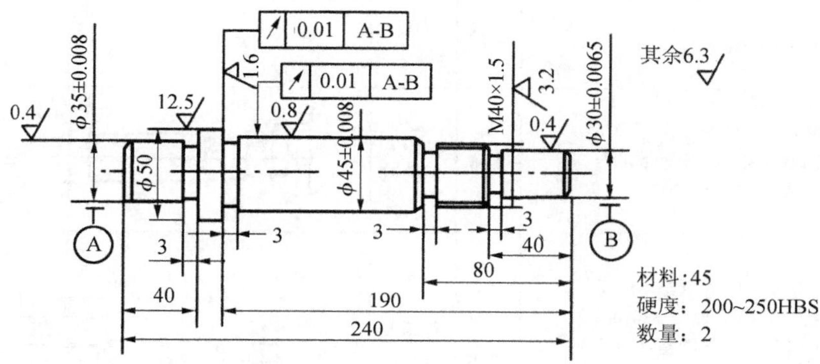

图7.78 传动轴

轴类零件中，对于光轴或直径相差不大的阶梯轴，多采用圆钢为坯料；对于直径相差悬殊的阶梯轴，采用锻件可节省材料，减少机加工工作量，并能提高力学性能。因该轴各外圆直径相差不大，且数量只有两件，选择 $\phi55$ 的圆钢为毛坯。

该传动轴的加工顺序为：粗车→调质→半精车→磨削。

工件粗车时，切削力大，而精度要求不高，采用卡盘和后顶尖装夹；半精车和磨削加工采用两顶尖装夹，统一加工基准，提高各表面的位置精度。

加工所用的刀具为90°右偏刀、45°弯头刀、车槽刀、螺纹车刀和中心孔钻。

传动轴的加工工艺过程见表7.3。

表7.3 传动轴的加工工艺过程

序号	工种	工序内容	设备	刀具或工具	加工简图	装卡方法
1	下料	下料 $\phi55\times245$	锯床			
2	车	夹持 $\phi55$ 外圆，车端面见平 钻 $\phi2.5$ 中心孔 用尾座顶尖顶住 粗车外圆 $\phi52\times202$ 粗车 $\phi45$、$\phi40$、$\phi30$ 各处圆：直径留量2，长度留量1	车床	中心钻 右偏刀	ϕ52 ϕ47 ϕ42 ϕ32 39 79 189 202	三爪定心卡盘顶尖

续表

序号	工种	工序内容	设备	刀具或工具	加工简图	装卡方法
3	车	用三爪定心卡盘夹 ϕ47 外圆，车另一端面，保证总长 240 钻 ϕ2.5 中心孔 粗车 ϕ35 外圆，直径留量 2，长度留量 1	车床	中心钻 右偏刀	39	三爪定心卡盘
4	热处理	调整 220～250 HBS	箱式电炉	钳子		
5	车	修研中心孔	车床	四棱顶尖		三爪定心卡盘
6	车	用卡箍卡 B 端 精车 ϕ50 外圆至尺寸 半精车 ϕ35 外圆至 ϕ35.5 切槽，保证长度 40 倒角	车床	右偏刀 车槽刀	40	两顶尖
7	车	用卡箍卡 A 端 半精车 ϕ45 外圆至 ϕ45.5 精车 M40 大径为 $\phi 40^{-0.1}_{-0.2}$ 半精车 ϕ30 外圆至 ϕ30.5 切槽 3 个，分别保证长度 190、80 和 40 倒角 3 个 车螺纹 M40×1.5	车床	右偏刀 尖刀 车槽刀	190 80 40	两顶尖
8	磨	磨 ϕ30、ϕ45 外圆	外圆磨床	砂轮		两顶尖

2）盘类零件

齿轮是典型的盘类零件，如图 7.79 所示。图中表面粗糙度要求为 R_a 值 6.3～1.6 μm，外圆及端面对内孔的跳动量均不超过 0.02 mm。其主要的加工可以在车床上完成，加工工艺过程见表 7.4。

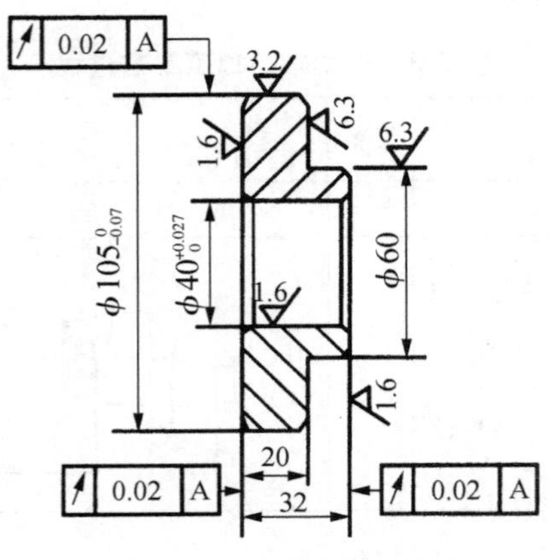

图 7.79　齿轮盘毛坯图

表 7.4　盘类零件的加工工艺过程

序号	工种	工序内容	设备	刀具或工具	加工简图	装卡方法
1	下料	圆钢下料 $\phi110\times36$	锯床			
2	车	夹 $\phi110$ 外圆长 20 车端面见平 车外圆 $\phi63\times12$	车床	右偏刀		三爪定心卡盘
3	车	夹 $\phi63$ 外圆，粗车端面，外圆至 $\phi107\times22$ 钻孔 $\phi36$ 粗精镗孔 $\phi40^{+0.027}_{0}$ 至尺寸 精车端面，保证总长 33 精车外圆 $\phi105^{0}_{-0.07}$ 至尺寸 倒内角 1×45°；外角 2×45°	车床	右偏刀 45°弯头刀 麻花钻 镗刀		三爪定心卡盘
4	车	夹 $\phi105$ 外圆，垫铜皮、找正 精车台肩面，保证厚度 $\phi20$ 车小端面，保证总长 32.3 精车外圆 $\phi60$ 至尺寸 倒内角 1×45°；外角 2×45°	车床	右偏刀 45°弯头刀		三爪定心卡盘

7.6.3　车削的质量检验

由于各种因素的影响，车削加工可能会产生多种质量缺陷，每个工件车削完毕都需要对其进行质量检验。经过检验，及时发现加工存在的问题，分析质量缺陷产生的原因，提出改进措施，保证车削加工的质量。

车削加工的质量主要是指外圆表面、内孔及端面的表面粗糙度、尺寸精度、形状精度和位置精度。

经过检验后，车削加工外圆、内孔和端面可能发现的质量缺陷及产生原因和解决措施见表 7.5、表 7.6 和表 7.7。

表 7.5　车外圆质量缺陷分析及预防

质量缺陷	产生原因	预防措施
尺寸超差	看错进刀刻度	看清并记住刻度盘读数刻度，记住手柄转过的圈数
	盲目进刀	根据余量计算背吃刀量，并通过试切法加以修正
	量具有误差或使用不当	使用前检查量具和校零，掌握正确的测量和读数方法
	量具未校零	
	测量、读数不准	

续表

质量缺陷	产生原因	预防措施
圆度超差	主轴轴线漂移	调整主轴组件
	毛坯余量或材质不均,产生误差复映	采用多次走刀
	质量偏心引起离心惯性力	加平衡块
圆柱度超差	刀具磨损	合理选用刀具材料,降低工件硬度,使用切削液
	工件变形	使用顶尖、中心架、跟刀架,减小刀具主偏角
	尾座偏移	调整尾座
	主轴轴线角度摆动	调整主轴组件
阶梯轴同轴度超差	定位基准不统一	用中心孔定位或减少装夹次数
表面粗糙度数值大	切削用量选择不当	提高或降低切削速度,减小走刀量和背吃刀量
	刀具几何参数不当	增大前角和后角,减少负偏角
	破碎的积屑瘤	使用切削液
	切削振动	提高工艺系统刚性
	刀具磨损	及时刃磨刀具并用油石磨光;使用切削液

表 7.6　车端面质量缺陷分析及预防

质量缺陷	产生原因	预防措施
平面度超差	主轴轴向窜动引起端面不平	调整主轴组件
	主轴轴线角度摆动引起端面内凹或外凸	调整主轴组件
垂直度超差	二次装夹引起工件轴线偏斜	二次装夹时严格找正或采用一次装夹加工
阶梯轴同轴度超差	定位基准不统一	用中心孔定位或减少装夹次数
表面粗糙度数值大	切削用量选择不当	提高或降低切削速度,减小走刀量和背吃刀量
	刀具几何参数不当	增大前角和后角,减小负偏角,右偏角由中心向外进给

表 7.7　车床镗孔质量缺陷分析及预防

质量缺陷	产生原因	预防措施
尺寸超差	看错进刀刻度	看清并记住刻度盘,记住手柄转过的圈数
	盲目进刀	根据余量计算背吃刀量,并通过试切法加以修正
	镗刀杆与孔壁产生运动干涉	重新装夹镗刀并空行程试走刀,选择合适的刀杆直径
	工件热胀冷缩	粗、精加工相隔一段时间或加切削液
	量具有误差或使用不当	使用前检查量具和校零,掌握正确的测量和读数方法
圆度超差	主轴轴线漂移	调整主轴组件
	毛坯余量或材质不均,产生误差复映	采用多次走刀
	卡爪引起夹紧变形	采用多点夹紧,工件增加法兰
	质量偏心引起离心惯性力	加平衡块
圆柱度超差	刀具磨损	合理选用刀具材料,降低工件硬度,使用切削液
	主轴轴线角度摆动	调整主轴组件
与外圆同轴度超差	二次装夹引起工件轴线偏移	二次装夹时严格找正或在一次装夹加工出外圆和内孔

续表

质量缺陷	产生原因	预防措施
表面粗糙度数值大	切削用量选择不当	提高或降低切削速度，减小走刀量和背吃刀量
	刀具几何参数不当	增大前角和后角，减小负偏角
	破碎的积屑瘤	使用切削液
	切削振动	减少镗杆悬伸量，增加刚性
	刀具装夹偏低引起扎刀或刀杆底部与孔壁摩擦	使刀尖高于工件中心，减小刀头尺寸
	刀具磨损	及时刃磨刀具并用油石磨光；使用切削液

7.7 典型综合件车工实例

7.7.1 榔头头的制作

榔头头零件图如图7.80所示。

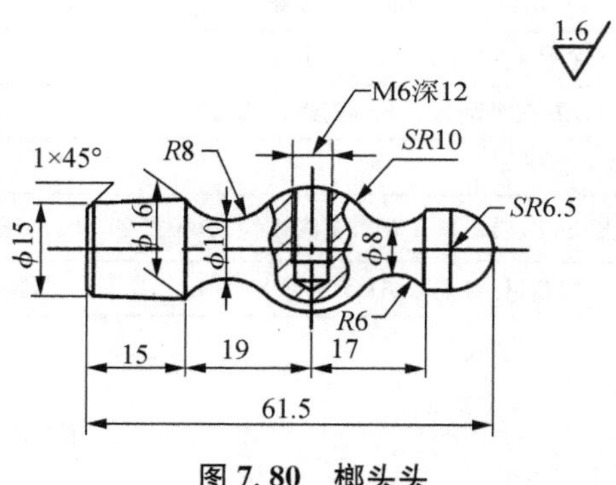

图7.80 榔头头

榔头头制作步骤如表7.8、表7.9所示。

表7.8 榔头头部粗车工艺

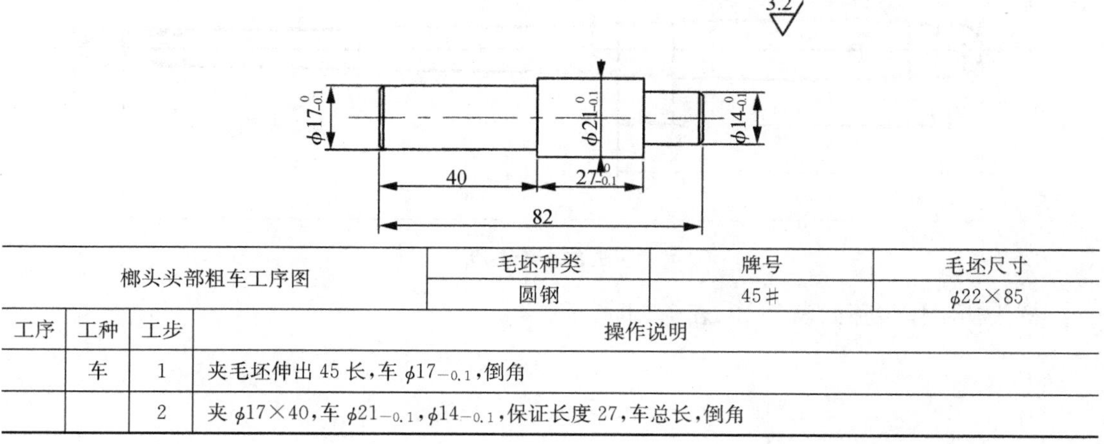

榔头头部粗车工序图				毛坯种类	牌号	毛坯尺寸
				圆钢	45#	$\phi22\times85$
工序	工种	工步	操作说明			
	车	1	夹毛坯伸出45长，车 $\phi17_{-0.1}$，倒角			
		2	夹 $\phi17\times40$，车 $\phi21_{-0.1}$，$\phi14_{-0.1}$，保证长度27，车总长，倒角			

表 7.9 榔头头部精车工艺

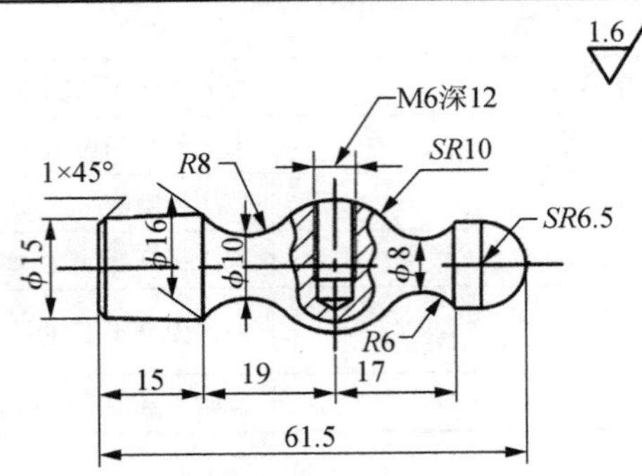

零件名称			榔头头部	毛坯种类	牌号	毛坯尺寸
				圆钢	45#	见粗车工序图
工序	工种	工步	操作说明			
	车	1	夹 $\phi21$，车外圆 $\phi16_{-0.05}$			
		2	夹 $\phi16$，伸出长度 55，车 $\phi20$，车 $\phi13_{-0.05}\times15$			
		3	各作三条圆弧中心线及 17 和 19 长度线			
		4	在 $\phi8$，$\phi10$ 中心线割槽分为 $\phi8^{+0.2}$，$\phi10^{+0.2}$			
		5	车 $SR10$，$R8$，$R6$ 三个圆弧，保证长度 19 及 17			
		6	车 $R6.5$，保证长度 4			
		7	夹 $\phi16$，伸出长 65，转盘转 1°54′，车圆锥与 19 长度处 $\phi16$ 外圆接平，抛光所有表面 1.6			
		8	倒角 1×45°，切断，保证总长 61.5			

7.7.2 榔头柄的制作

榔头柄零件图如图 7.81 所示。

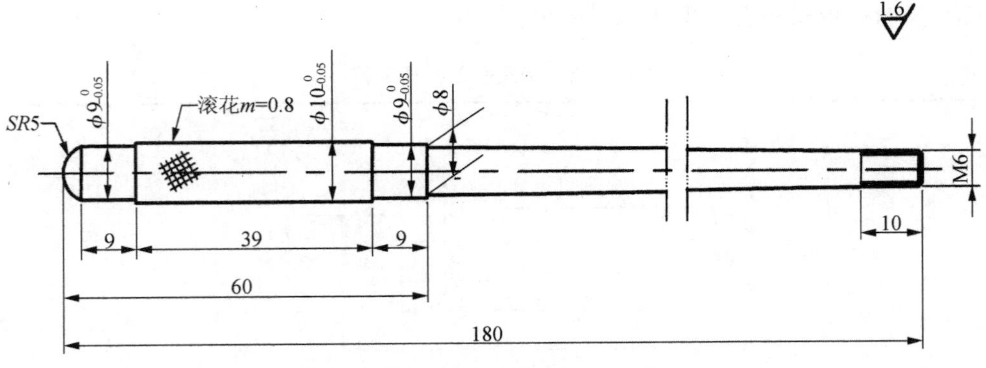

图 7.81 榔头柄

榔头柄制作步骤如表 7.10、表 7.11 所示。

表 7.10　榔头柄粗车工艺

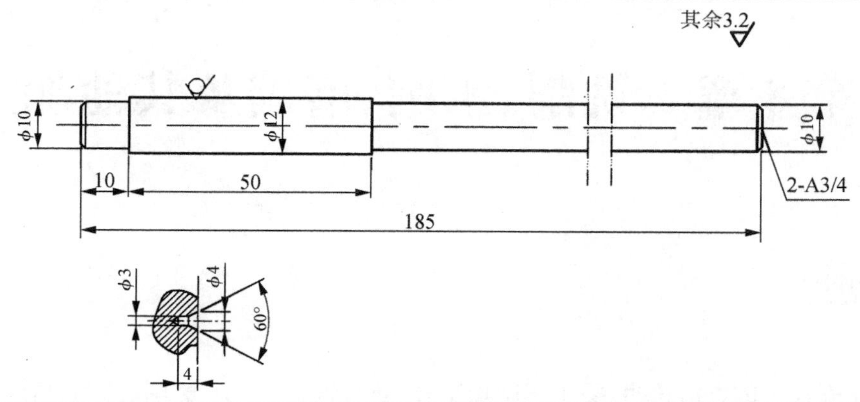

榔头柄部粗车工序图			毛坯种类	牌号	毛坯尺寸
			圆钢	45#	ϕ12×190
工序	工种	工步	操作说明		
		1	夹毛坯外圆，伸出 30，钻 ϕ3 中心孔，车 ϕ10×10		
		2	反身夹毛坯，伸出 30，保证总长 185，车端面钻 ϕ3 中心孔		
		3	夹 ϕ10×10，另一头顶针顶住，车 ϕ10×125		

表 7.11　榔头柄精车工艺

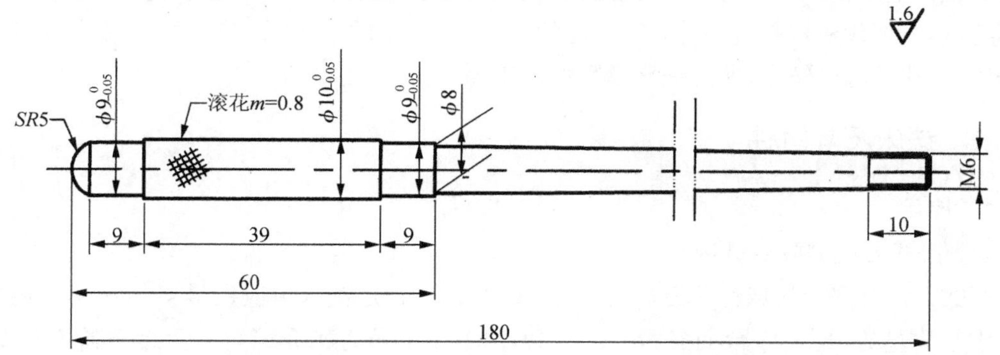

零件名称		榔头柄部	毛坯种类	牌号	毛坯尺寸
			圆钢	45#	见粗车工序图
工序	工种	工步	操作说明		
		1	夹 ϕ10，伸出长度 75，另一头顶针顶住，车 ϕ10×65，车 $\phi 9_{-0.05}$×17，滚花		
		2	反身夹 ϕ9×17，另一头顶针顶住，车 ϕ8，保证 120 长，车 $\phi 9_{-0.02}$，保证 39		
		3	转盘转 0°31′15″，车锥度，保证 120 长，车 $\phi 6_{0-0.01}$×10		
		4	铰 M6 螺纹		
		5	反身夹滚花处，车平面，保证 60 长，车 $R5$ 圆弧，保证 9 长		
		6	抛光 1.6		

第 8 章　铣削、刨削、磨削及其他加工

8.1　概述

机械切削加工的方法很多，除了车削加工外，还有铣削、刨削、磨削、镗削、齿轮加工等加工方法。所用的机床分别为铣床、刨床、磨床、镗床和齿轮加工等。不同的加工方法有其不同特点，因而，适用于有不同要求工件的加工。正确选用加工方法及设备，对提高劳动生产效率和降低成本有着重要的意义。

8.2　铣削加工

在铣床上用铣刀加工工件的过程称为铣削加工。铣削加工具有加工范围广、生产效率高等特点，在现代机器制造中得到了广泛的应用。铣床的种类很多，常用的是卧式万能升降台铣床、立式升降台铣床、龙门铣床及数控铣床等。

8.2.1　铣床及其附件

1）铣床

（1）卧式万能升降台铣床

卧式万能升降台铣床简称万能铣床（见图 8.1）。它是铣床中应用最多的一种。它的主轴是水平放置的，与工作台面平行。下面以 X6132 型号为例介绍卧式万能升降台铣床的型号。

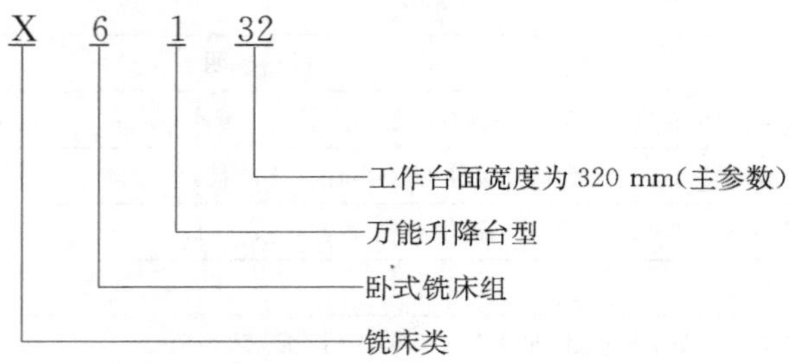

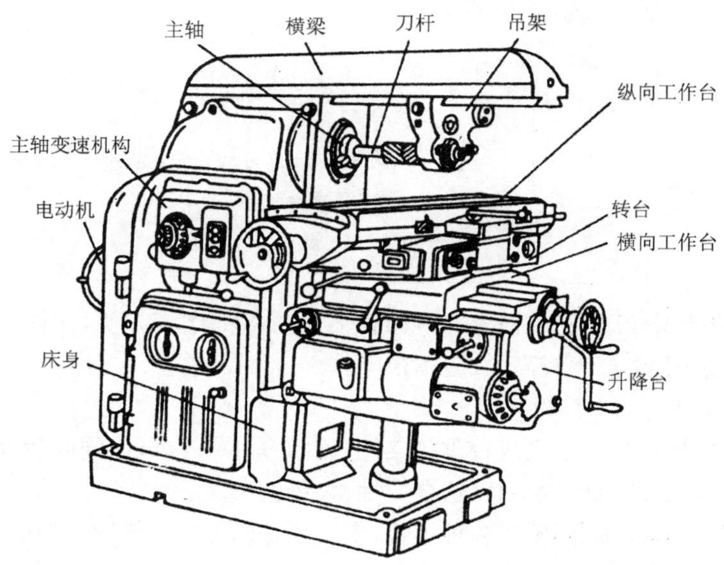

图 8.1　X6132 卧式万能升降台铣床

X6132 卧式万能升降台铣床主要组成部分的名称和作用如下：

① 床身

床身用来支承和固定铣床上所有的部件。床身内部装有主电机、主轴、主轴变速机构、电器控制设备及润滑油泵等部件。顶部有供横梁移动用的水平导轨，下部与底座相连。前壁有燕尾形的直导轨，供升降台上下移动用。

② 横梁

横梁上装有支架，用来支承刀杆的外端。横梁伸出的长度可根据刀杆的长度进行调整。

③ 主轴

主轴是用来安装铣刀刀杆并带动铣刀旋转的。主轴是一根空心轴，前端有安装刀杆锥柄的锥孔。

④ 升降台

升降台位于工作台、转台、横向工作台的下面，并带动它们沿床身垂直导轨移动，以调整台面到铣刀间的距离。升降台内部装有进给电动机及传动系统。

⑤ 横向工作台

横向工作台带动纵向工作台沿升降台水平的导轨做横向运动，在对刀时调整工件与铣刀间的横向位置。横向工作台中部装有转台，可使纵向工作台在水平面内转动±45°。

⑥ 纵向工作台

纵向工作台用来安装工件和夹具，台面上有 T 型槽，通过螺栓来紧固工件或夹具。通过工作台的下部传动丝杠可带动工件做纵向进给运动。

(2) 立式升降台铣床

立式升降台铣床简称立式铣床(见图 8.2)。立式铣床与卧式铣床的主要区别是主轴与工作台台面相垂直。有时根据加工的需要，可以将立铣头(包括主轴)左右扳转一定的角度，以便加工斜面等。以型号 X5032 为例：

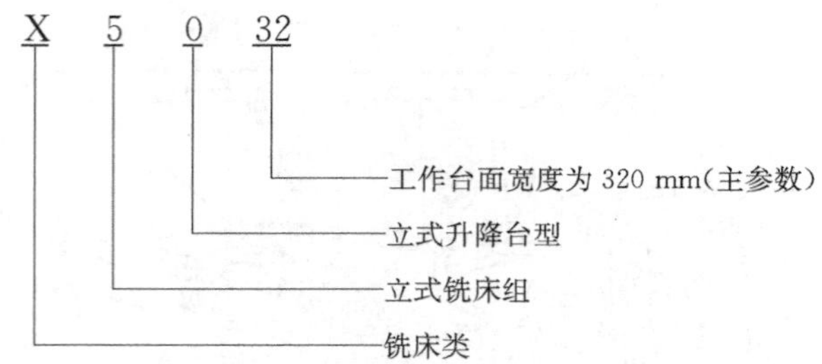

立式铣床，由于操作时观察、检查和调整铣刀位置等都比较方便，又便于装夹硬质合金端铣刀进行高速铣削，生产率较高，故应用很广。

(3) 龙门铣床

龙门铣床主要用来加工大型或较重的工件(见图 8.3)。它可以同时用几个铣头对工件的几个表面进行加工，故生产效率高，适合成批、大量生产。

龙门铣床有单轴、双轴、四轴等多种形式，图 8.3 是四轴龙门铣床外形图。

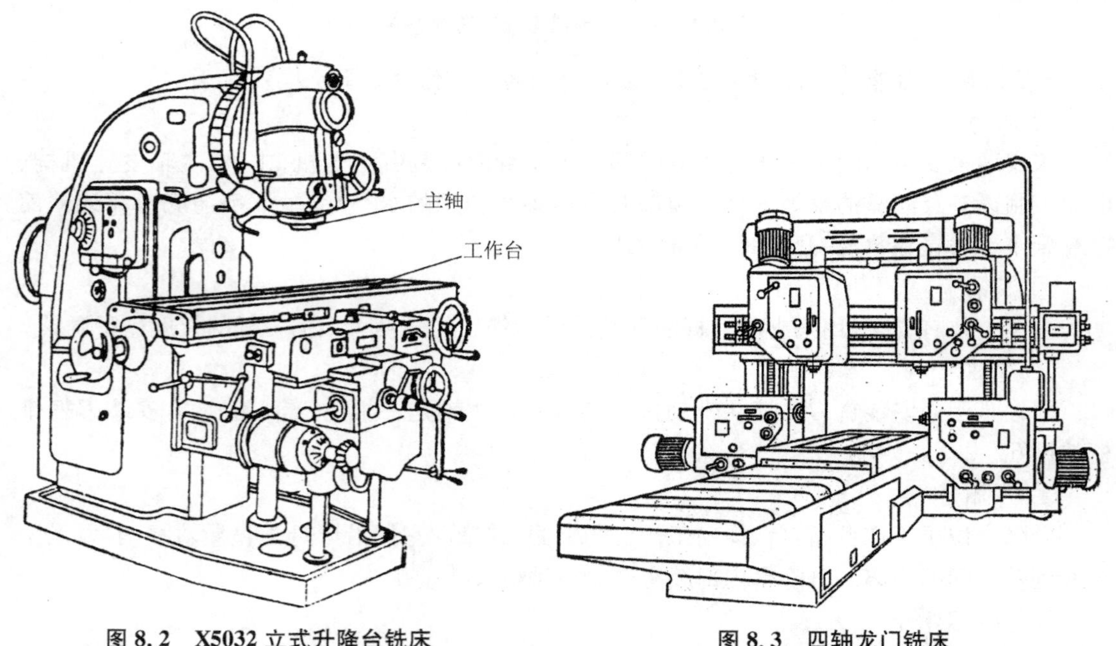

图 8.2 X5032 立式升降台铣床 **图 8.3 四轴龙门铣床**

(4) 数控铣床

数控铣床是综合应用电子、计算机等高新技术的产物。它利用数字信息控制铣床的各种运动，实现对零件的自动加工。它主要适用于单件和小批量生产，加工表面形状复杂、精度要求高的工件。

2) 铣床附件

(1) 机用平口钳

机用平口钳(又称机用虎钳，简称虎钳)，它的结构如图 8.4(a)所示。钳体 1 和固定钳口

2是一体的，在钳体的底部有四个缺口，可用T型螺钉把它固定在铣床工作台上。虎钳体后部的支座是阻止丝杠6轴向移动的。活动钳口5可沿导轨8滑动，活动钳口内装有螺母。旋转丝杠，可调节活动钳口与固定钳口之间的距离，以及夹紧和松开工件。活动钳口下面的压板9，是阻止活动钳口向上动的。钳口护片3和4由淬过火的工具钢制成，使钳口不易磨损。丝杠末端的方榫7是套手柄或扳手转动丝杠用的。

如图8.4(b)所示是回转式机用平口钳。其结构与图8.4(a)的机用平口钳基本相同，只是下面多了一个转盘，可使钳口在水平面内转到任意需要的位置。这种虎钳在使用时虽较方便，但由于多了一层结构，其刚性较差。因此，在不需要的时候，可把转盘拆掉。

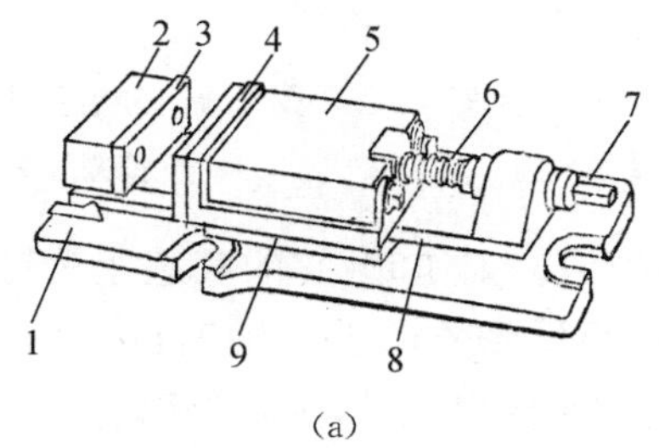

(a)

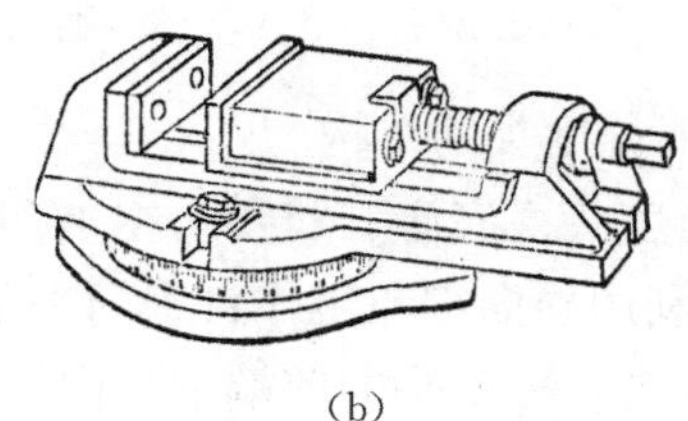
(b)

图8.4 机用平口钳

(2) 回转工作台

回转工作台，又称为转盘或圆工作台。它有手动和机动进给两种，主要功用是大工件的分度以及铣削带有圆弧曲线的外表面和圆弧沟槽的工件。手动回转工作台如图8.5所示。它的内部有一套蜗轮蜗杆传动机构。摇动手轮，通过蜗杆轴，就能直接带动与转台相连接的蜗轮转动。转台周围有0°～360°刻度，可用来观察和确定转台位置。拧紧固定螺钉，转台就固定不动。转台中央有一基准孔，利用它可方便地确定工件的回转中心。铣圆弧槽时(见图8.6)，工件装夹在回转工作台上，铣刀旋转，用手均匀缓慢地摇动回转工作台而在工件上铣出圆弧槽来。也可在转台上安装三爪卡盘等夹具，以方便装夹圆柱形工件。

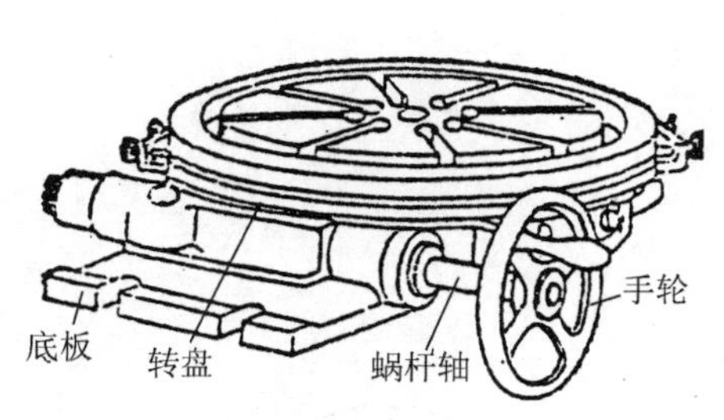

图8.5 手动回转工作台

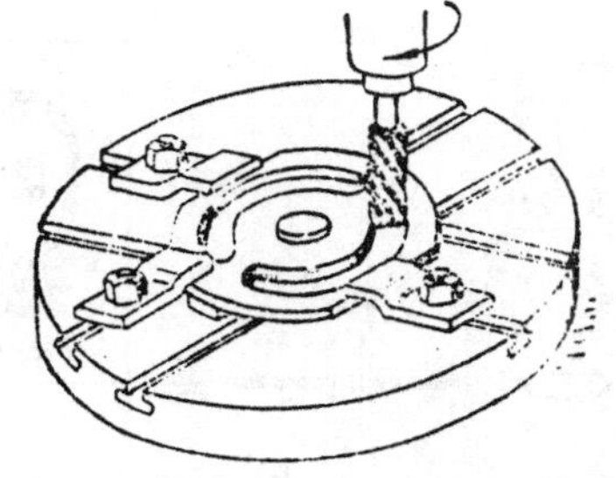
图8.6 在回转工作台上铣圆弧槽

(3) 万能分度头

分度头是能对工件在水平、垂直和倾斜方向上进行等分或不等分地铣削的铣床附件(见图8.7、图8.8、图8.9)。它可铣削四方、六方、齿轮、花键和刻线等。分度头有许多类型，最常见的是万能分度头。

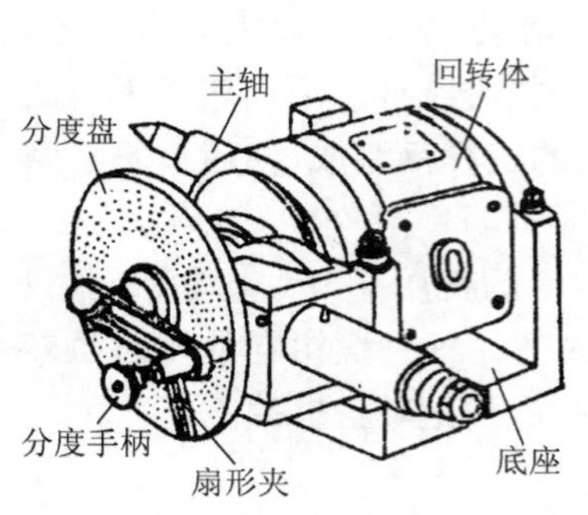

图 8.7 万能分度头

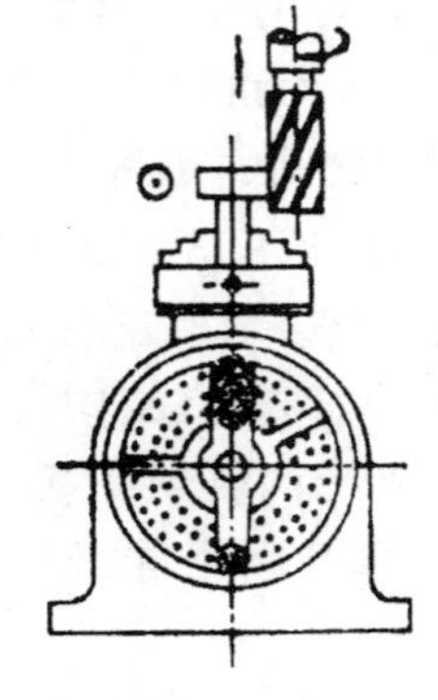

图 8.8 分度头卡盘在垂直位置安装工件

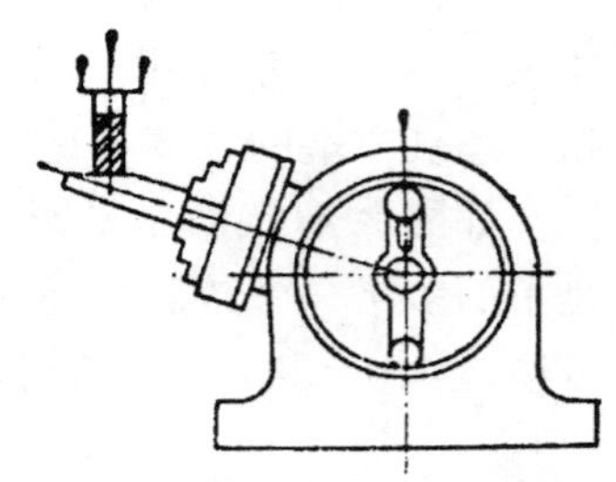

图 8.9 分度头卡盘在倾斜位置安装工件

① 万能分度头的结构

万能分度头由底座、回转体、主轴和分度盘等组成。工作时,它的底座用螺钉紧固在工作台上,并利用导向键与工作台中间一条 T 型槽相配合,使分度头主轴轴心线平行于工作台纵向进给方向。分度头的前端锥孔内可安放顶尖,用来支撑工件;主轴外部有一短定位锥体与卡盘的法兰盘锥孔相连接,以便用卡盘来装夹工件。分度头的侧面有分度盘和分度手柄。分度时摇动分度手柄,通过蜗杆、蜗轮带动分度头主轴旋转进行分度。

② 分度方法

如图 8.10 所示为分度头的传动示意图。分度头的蜗杆、蜗轮传动比为1∶40,即当分度手柄通过一对螺旋齿轮(传动比为 1∶1)带动蜗杆转动一圈时,蜗轮只带动主轴转过 1/40 圈。如果工件在整个圆周上的分度数 z 为已知数时,则每转过一个等分数,主轴需转过 $1/z$ 圈。这时手柄所需的转数 n 可由下列比例关系式确定:

$$1:40=\frac{1}{z}:n \quad 即 \quad n=\frac{40}{z}$$

式中:n—分度的手柄转数;z—工件的等分数;40—分度头的定数。

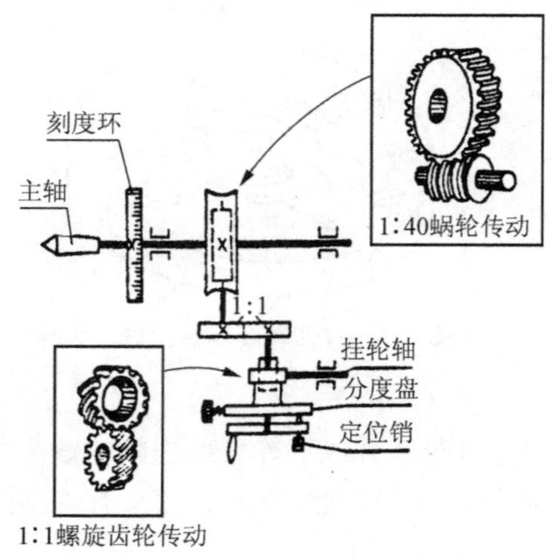

图 8.10 万能分度头的传动系统

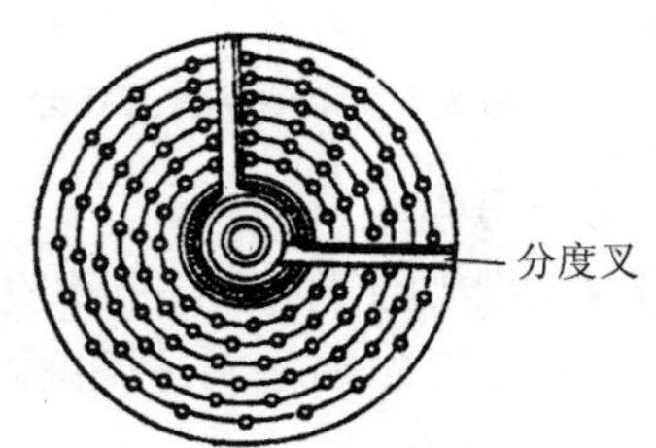

图 8.11 分度盘

分度手柄的准确转数是借助分度盘(见图 8.11)来确定的。分度盘正、反面有许多孔数不同的孔圈。如 FW250 型分度头备有两块分度盘,其各圈孔数如下:

第一块	正面	24、25、28、30、34、37
	反面	38、39、41、42、43
第二块	正面	46、47、49、51、53、54
	反面	57、58、59、62、66

例如:铣削 $z=32$ 的齿轮,手柄的转数 $n=\frac{40}{z}=\frac{40}{32}=1\frac{1}{4}$圈,即每铣一齿,手柄需要转过 $1\frac{1}{4}$圈。

当 $n=1\frac{1}{4}$圈时,先将分度盘固定,再将分度手柄的定位销调整到孔数为 4 的倍数的孔圈上,若在孔数为 28 的孔圈上,此时手柄转过 1 圈后,再沿孔数为 28 的孔圈上转过 7 个孔。

8.2.2　铣刀及其装夹

1) 铣刀

铣刀的种类很多,主要有带孔铣刀和带柄铣刀两大类(如图 8.12 所示)。其中(a)~(e)为带柄铣刀,(f)~(m)为带孔铣刀。

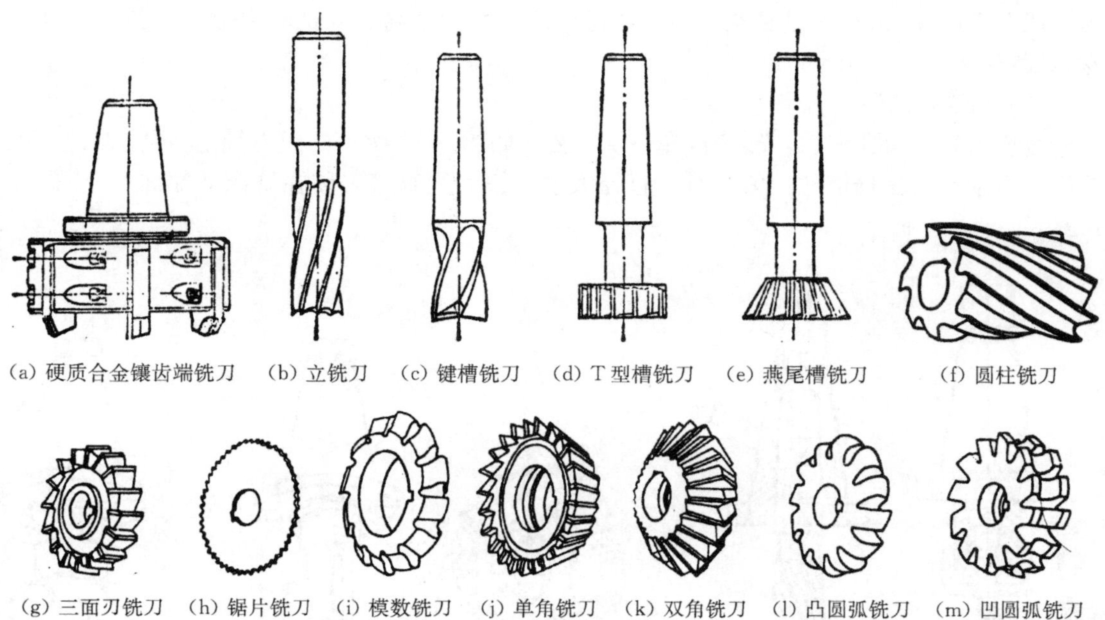

(a) 硬质合金镶齿端铣刀　(b) 立铣刀　(c) 键槽铣刀　(d) T 型槽铣刀　(e) 燕尾槽铣刀　(f) 圆柱铣刀

(g) 三面刃铣刀　(h) 锯片铣刀　(i) 模数铣刀　(j) 单角铣刀　(k) 双角铣刀　(l) 凸圆弧铣刀　(m) 凹圆弧铣刀

图 8.12　铣刀的种类

圆柱铣刀、硬质合金端铣刀一般用于铣削中小型平面;三面刃铣刀用于铣削台阶面、直角沟槽和四方、六方等正多面体的侧面;锯片铣刀用于铣削窄缝或切断;盘状模数铣刀用于铣削齿轮的齿形;单角、双角铣刀用于加工各种角度槽及斜面等;半圆弧铣刀用于铣削内凹和外凸圆弧表面。

2) 铣刀的装夹

(1) 带孔铣刀的装夹

带孔铣刀一般在卧式铣床上使用刀杆安装，如图 8.13 所示。安装时，先将刀杆一端的锥体装入机床前端的锥孔中，并用拉杆螺丝穿过机床主轴将刀杆拉紧使其与主轴锥孔紧密配合。然后将铣刀和套筒的端面擦净，以减少铣刀端面跳动。拧紧刀杆压紧螺母之前，必须先装好吊架，以防刀杆弯曲变形。铣刀装在刀杆上应尽量靠近主轴的前端，以减少刀杆的变形。

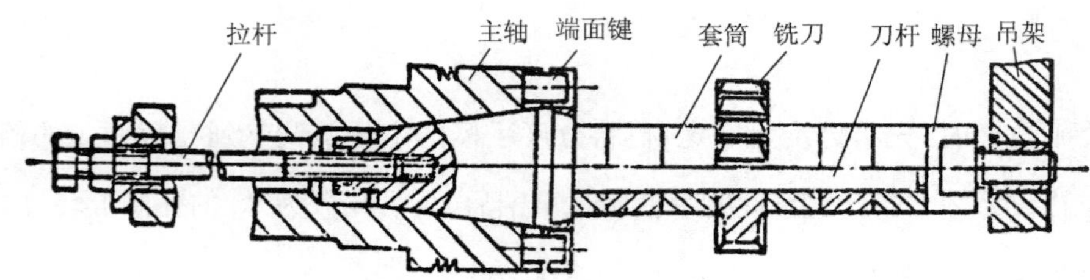

图 8.13 带孔铣刀的装夹

(2) 带柄铣刀的装夹

带柄铣刀有直柄和锥柄两种。直柄铣刀的直径一般在 20 mm 以下，安装直柄铣刀，可使用弹簧夹头装夹，弹簧夹头可装入机床的主轴孔中，如图 8.14(a)所示。锥柄铣刀的直径为一般在 10～50 mm，安装这类铣刀可选择合适的过渡套筒装入机床主轴孔中并用拉杆螺丝拉紧，如图 8.14(b)所示。

(3) 端铣刀的装夹

端铣刀属于带孔铣刀，安装时，先将铣刀装在如图 8.15 所示的短刀轴上，再将刀轴装入机床的主轴并用拉杆螺丝拉紧。对于直径大的端铣刀则直接安装在铣床前端面上，用螺栓拉紧。

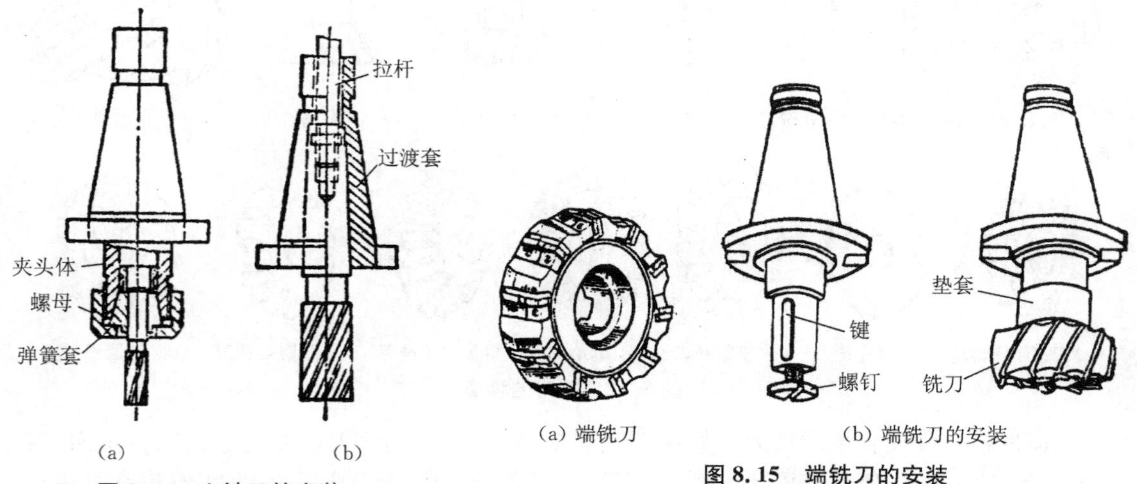

图 8.14 立铣刀的安装

(a) 端铣刀 (b) 端铣刀的安装

图 8.15 端铣刀的安装

8.2.3　工件的装夹

1）用附件装夹

(1) 用平口钳装夹工件，如图 8.16(a)所示。

(2) 用压板螺栓装夹工件，如图 8.16(b)所示。

(3) 用分度头装夹工件，如图 8.16(c)所示。

分度头多用于装夹有分度要求的工件。它既可用分度头卡盘(或顶尖)与尾座顶尖一起使用来装夹轴类零件，也可以只用分度头卡盘直接装夹工件。

(4) 用回转工作台装夹。

带有圆弧状的工件，可以在回转工作台上进行加工。如前图 8.5 及图 8.6 所示。

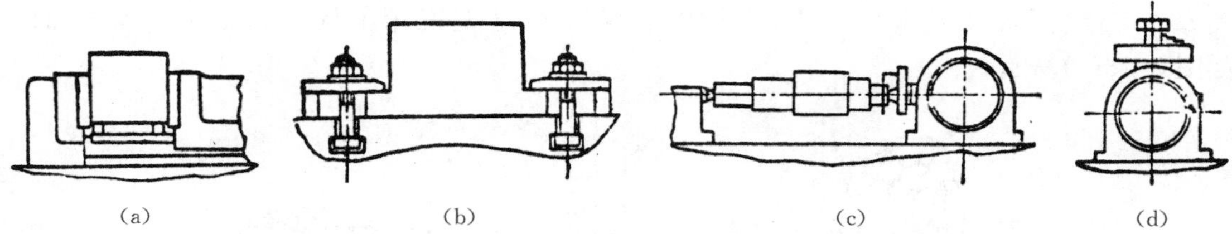

图 8.16　工件在铣床上的常用装夹方法

2）用专用夹具装夹

为了保证零件的加工质量，常用各种专用夹具装夹工件。专用夹具就是根据工件的几何形状及加工方式特别设计的工艺设备。它不仅可以保证加工质量，提高劳动生产率，减轻劳动强度，而且可以使许多通用机床加工形状复杂的工件。

3）用组合夹具装夹

由于工业的迅速发展，产品种类繁多，结构形式变化很快，产品多属中、小批量和试制生产。这种情况要求夹具既能适应工件的变化，保证加工质量的不断提高，又要尽量缩短生产准备时间。

组合夹具是由一套预先准备好的各种不同形状、不同规格尺寸的标准元件所组成。可以根据工件形状和工序要求，装配成各种夹具。当每个夹具用完以后，便可拆开，并经清洗、油封后存放起来，需要时再重新组装成其他夹具。这种方法给生产带来极大的方便。

8.2.4　铣削加工的基本工作

1）铣平面及垂直面

铣平面可在立铣或卧铣上进行，如图 8.17 所示：图 8.17(a)为用镶齿端铣刀在立铣上铣平面；图 8.17(b)为用镶齿端铣刀在卧铣上铣垂直面；图 8.17(c)为用圆柱铣刀在卧铣上铣平面。

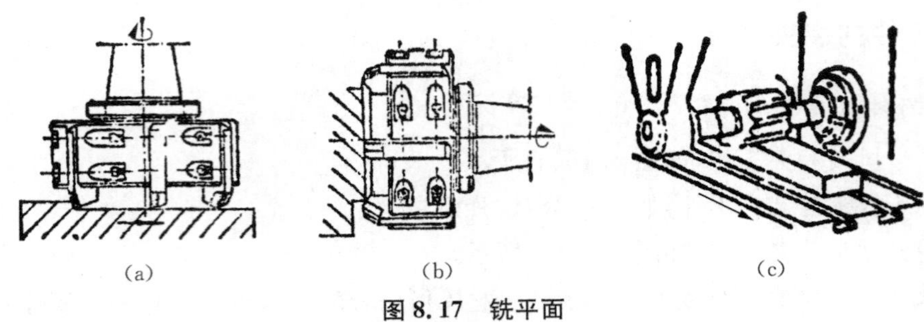

图 8.17 铣平面

2）铣台阶面

台阶面可用三面刃盘铣刀、立铣刀等在卧式铣床或立式铣床上铣削。如图 8.18(a)所示为用三面刃盘铣刀在卧式铣床上铣台阶面；也可用大直径的立铣刀在立式铣床上铣削，如图 8.18(b)所示；在成批生产中，则用组合铣刀在卧式铣床上同时铣削几个台阶面，如图 8.18(c)所示。

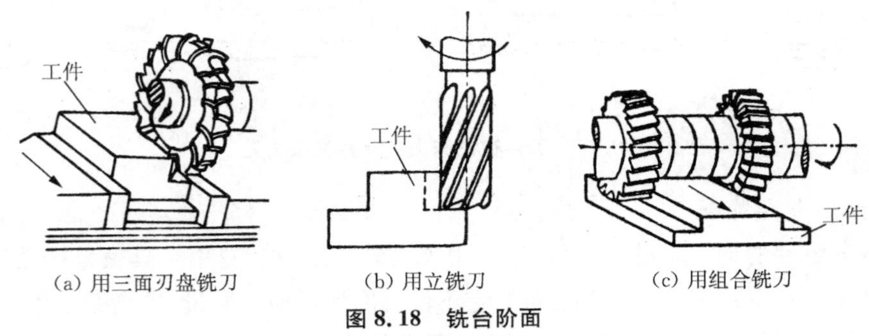

(a) 用三面刃盘铣刀　(b) 用立铣刀　(c) 用组合铣刀

图 8.18 铣台阶面

3）铣削矩形工件

矩形工件要求相对两面相互平行，相邻两面相互垂直。一般加工顺序如图 8.19 所示。

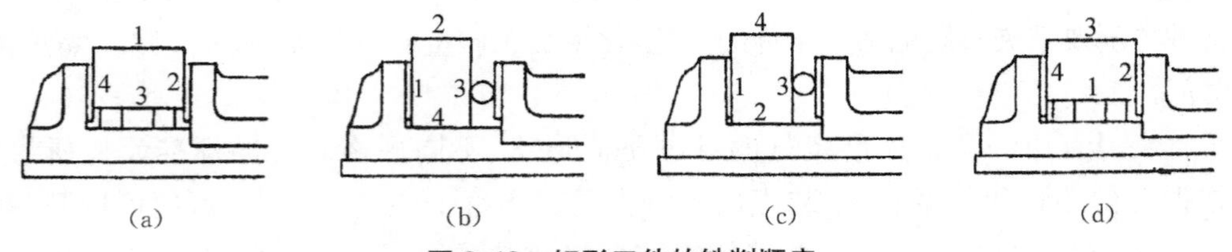

(a)　(b)　(c)　(d)

图 8.19 矩形工件的铣削顺序

4）铣斜面

所谓斜面就是与基准面成一定倾斜角的平面，斜面的铣削方法主要有以下几种：

(1) 偏转铣刀铣斜面

通常在立式铣床上将立铣头主轴扳转成所需的角度来实现。偏转铣刀铣斜面可采用端铣刀的端面刀刃和利用立铣刀的圆柱刀刃进行铣削这两种方法(如图 8.20 所示)。

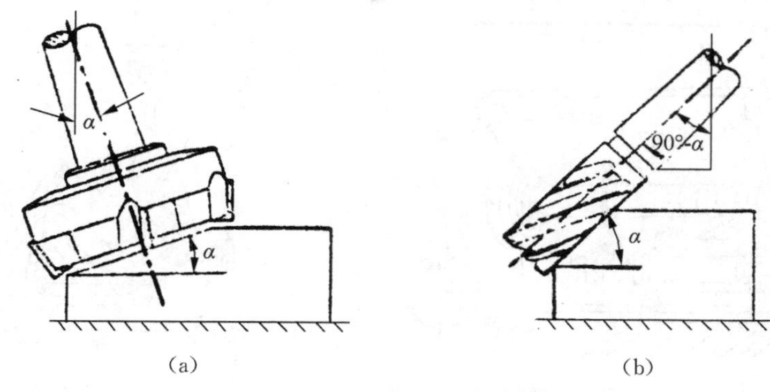

图 8.20　偏转铣刀铣斜面

(2) 转动工件铣斜面

一般情况下先将工件要加工的斜面进行划线，然后按划线在平口钳或工作台上校正工件，夹紧后进行斜面铣削，如图 8.21 所示；也可利用可回转的平口钳、分度头、倾斜垫铁等带动工件转一角度铣斜面。

(3) 用角度铣刀铣斜面

在有角度相符的角度铣刀时，可用来直接铣削斜面，这种方法适合铣削宽度较小的斜面，如图 8.22 所示。

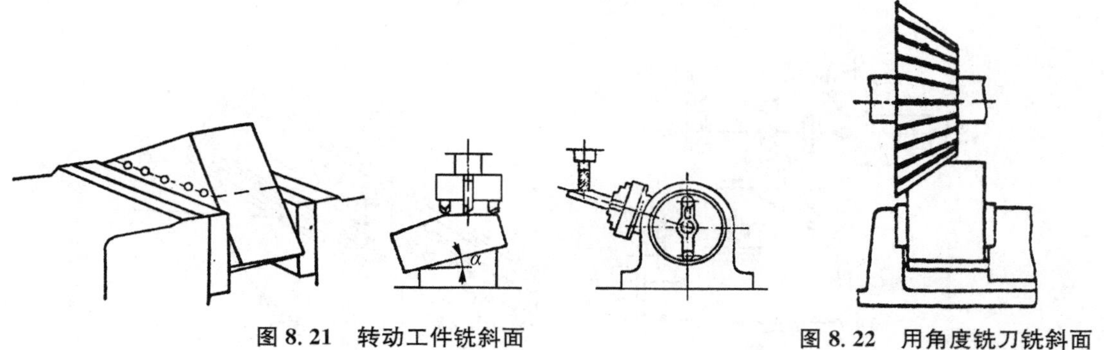

图 8.21　转动工件铣斜面　　图 8.22　用角度铣刀铣斜面

5) 铣键槽

键槽有敞开式和封闭式两种，轴上的键槽通常是在铣床上加工的。图 8.23(a)是用三面刃铣刀在卧式铣床上加工开口式键槽，工件可用平口钳或分度头进行装夹，由于三面刃铣刀参加铣削的刀刃数多、刚性好、散热条件好，其生产率比键槽铣刀高。对于封闭式键槽，一般在立式铣床上铣削，见图 8.23(b)。批量较大时则常在键槽铣床上加工。

6) 铣圆弧槽

铣圆弧槽要在回转工作台上进行，见前图 8.6。工件用压板螺栓直接装在圆形工作台上或用三爪卡盘装夹在回转工作台上。装夹时，工件上圆弧槽的中心必须与回转工作台的中心重合。摇动回转工作台手轮带动工件做圆周进给运动，即可铣出圆弧槽。

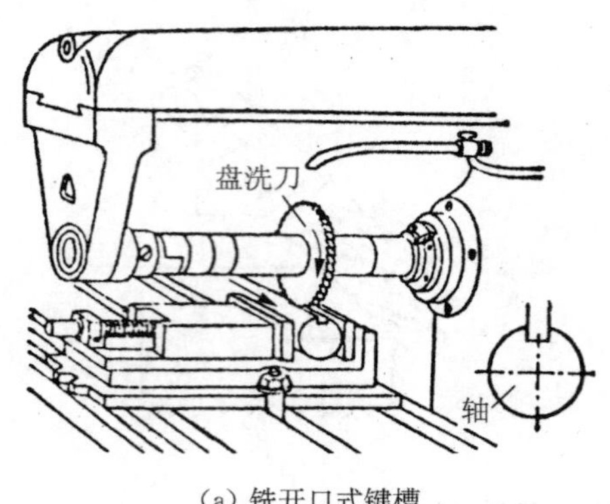

(a) 铣开口式键槽

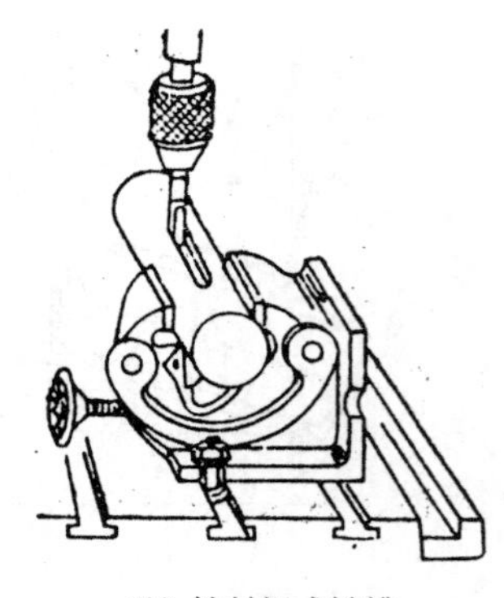
(b) 铣封闭式键槽

图 8.23 铣键槽

7) 铣螺旋槽

麻花钻头、螺旋齿轮、蜗杆等工件上的螺旋槽，常在卧式万能铣床上用万能分度头来配合加工。此时工件一方面随工作台做直线运动，同时又被分度头带动做旋转运动。运动的配合必须满足下列要求：即工件转动一周，工作台纵向移动的距离等于工件螺旋槽的一个导程 L。该运动的实现，是通过丝杠与分度头之间的交换齿轮 z_1、z_2、z_3、z_4 来完成的，如图 8.24、图 8.25 所示。它们的运动平衡式为：

$$\frac{L}{P}\times\frac{z_1}{z_2}\times\frac{z_3}{z_4}\times\frac{1}{1}\times\frac{1}{1}\times\frac{1}{40}=1$$

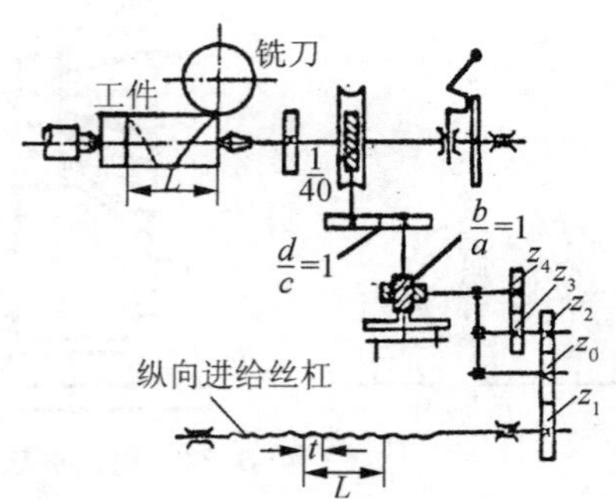

图 8.24 铣螺旋槽时的传动

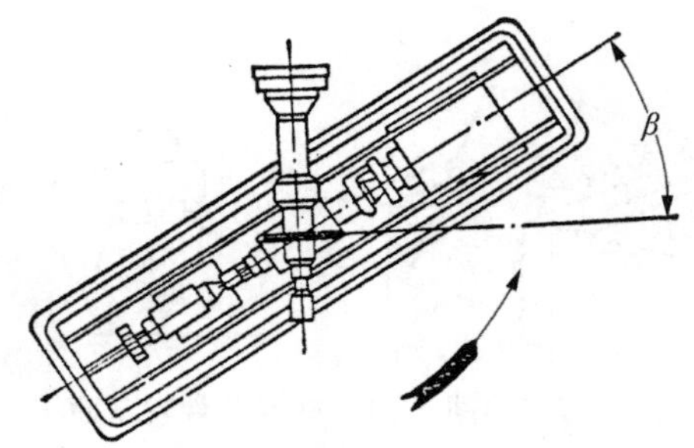

图 8.25 铣右螺旋槽

化简后即得到铣螺旋槽时配齿轮传动比的计算公式：

$$i=\frac{z_1}{z_2}\times\frac{z_3}{z_4}=\frac{40P}{L}$$

式中：L—工件上螺旋槽的导程；P—工作台纵向进给丝杠导程；z_i—齿轮齿数($i=1,2,3,4$)。

在卧式万能铣床上，为了使所铣出螺旋槽的形状与所用铣刀的截面形状相同，必须使铣刀刀齿的旋转平面与被加工螺旋槽方向一致，因此应将工作台旋转 β 角(见图 8.25)。若铣削右旋螺旋槽，工作台应逆时针方向扳转 β 角；若铣削左旋螺旋槽，工作台就应顺时针方向扳转 β 角。如在立式铣床上用指状铣刀铣削螺旋槽，则不必扳转角度。其关系式为：

$$\tan\beta=\pi\frac{d}{L}$$

式中：β—工件的螺旋角；d—工件的外径。

8）铣成形面、曲面、齿形

（1）铣成形面

成形面一般用成形铣刀来加工（见图8.26）。成形铣刀的刀齿形状与工件的加工面相吻合。

（2）铣曲面

曲面一般在立式铣床上加工，其方法有以下两种：

① 按划线铣曲面：对于要求不高的曲面，可按工件上划出的线迹，移动工作台进行加工，如图8.27所示。

② 用靠模铣曲面：在成批及大量生产中，可以采用靠模铣曲面。如图8.28所示为圆形工作台上用靠模铣曲面。铣削时，立铣刀上面的圆柱部分始终与靠模接触，从而加工出与靠模一致的曲面。

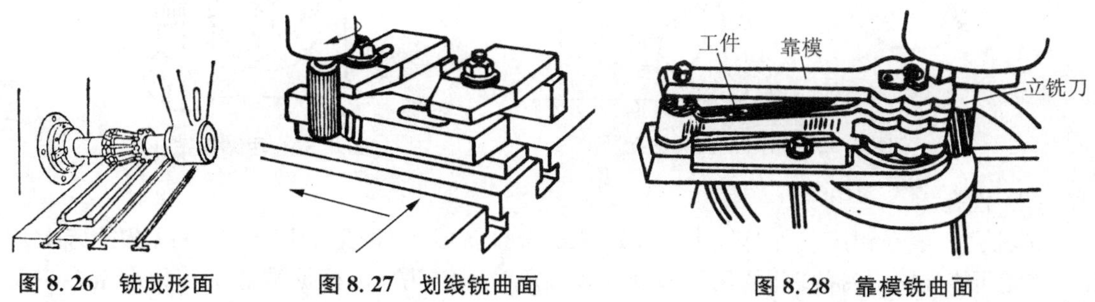

图8.26 铣成形面　图8.27 划线铣曲面　图8.28 靠模铣曲面

9）孔加工

在切削加工中，孔的加工是常见的工作之一。一般情况下孔的加工是在车床、镗床、拉床和内圆磨床上进行的。在某些情况下铣削的工件需要有落刀孔等，一般也可在铣床上加工。在铣床上常用的加工孔的方法有钻孔、镗孔等。

（1）钻孔

在铣床上钻孔，钻头借助于钻夹头和钻套安装在铣床上，钻夹头用来安装圆柱柄钻头（见图8.29(a)），钻套用来安装锥柄钻头（见图8.29(b)）。

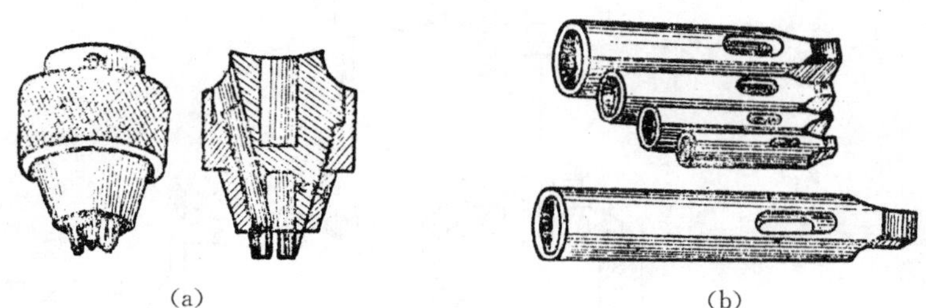

(a)　(b)

图8.29 钻夹头和钻套

在铣床上钻孔有按划线钻孔、用钻模钻孔和利用分度头钻孔三种方法（图8.30～图8.32）。

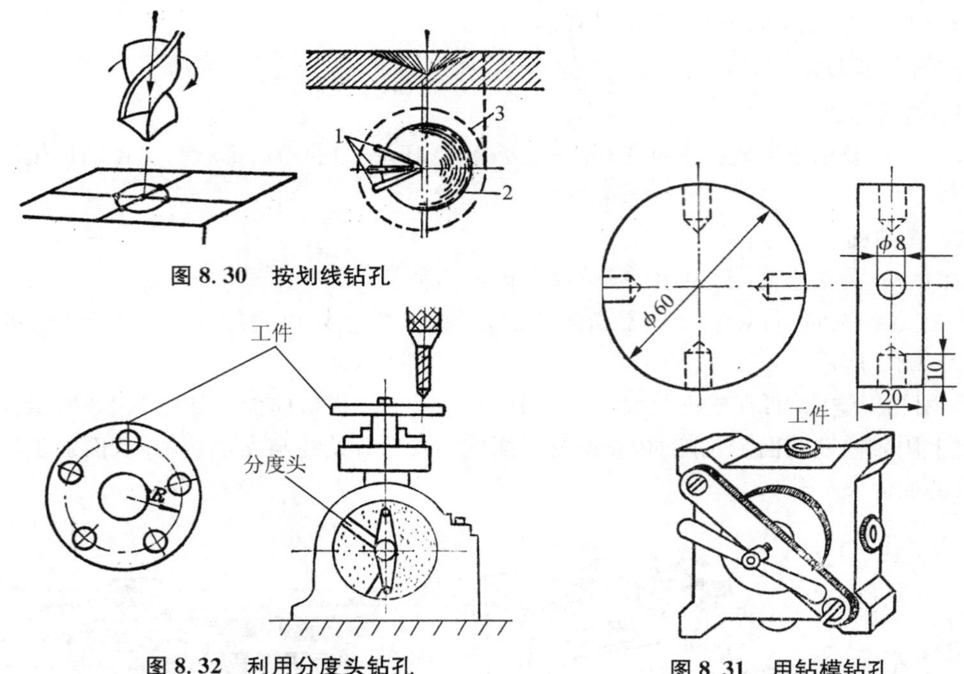

图 8.30　按划线钻孔

图 8.32　利用分度头钻孔

图 8.31　用钻模钻孔

(2) 镗孔

圆柱孔一般在镗床和车床上加工，如果缺少设备或工件形状特殊，也可以在铣床上加工。镗孔可以进一步提高孔的尺寸精度和表面质量。镗孔可以根据被加工孔的余量多少及技术要求，可分为粗镗、半精镗和精镗。在铣床上镗孔其尺寸精度一般为 IT9～IT8 表面粗糙度 R_a 值一般为 6.3～3.2 μm。

在铣床上镗孔的特点是容易控制规定的孔距，但镗孔的精度和生产率要比镗床低，并且只适用于镗削中小型零件上的孔。在铣床上镗孔一般采用机夹式镗刀杆在立式铣床或卧式铣床上进行(图 8.33～图 8.35)。

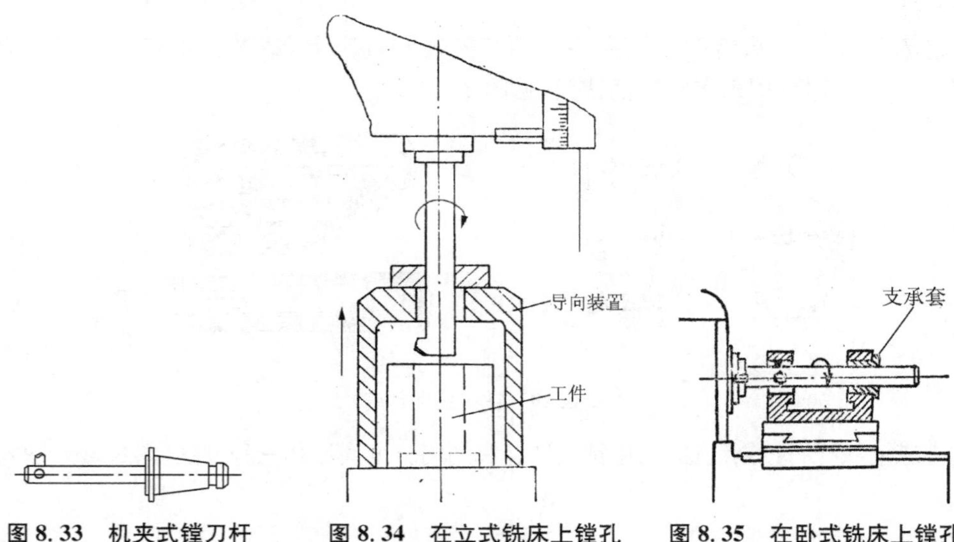

图 8.33　机夹式镗刀杆　　图 8.34　在立式铣床上镗孔　　图 8.35　在卧式铣床上镗孔

10）切断

在铣床上切断工件一般采用薄片圆盘形的锯片铣刀和开缝铣刀（又称切口铣刀）。锯片铣刀一般用来切断工件；开缝铣刀一般用来铣切口和零件上的窄缝，以及切断细小的或薄型的工件，如图 8.36 所示。

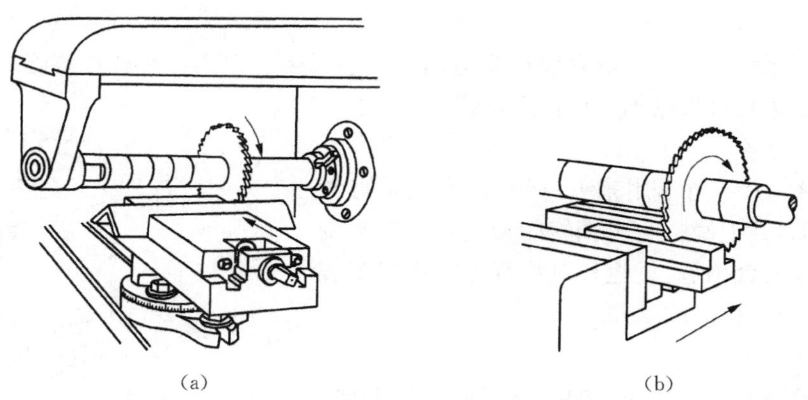

图 8.36　在铣床上切断工件

8.3　刨削加工

在刨床上用刨刀加工工件的过程称为刨削。刨削类机床一般是指牛头刨床、龙门刨床和插床等。

8.3.1　牛头刨床及刨削方法

牛头刨床是刨削类机床中应用较广的一种。它适于刨削长度不超过 1 000 mm 的中小型工件，其尺寸精度一般为 IT9～IT8，也可达 IT6，表面粗糙度 R_a 值一般为 3.2～1.6 μm。图 8.37 为 B6066 牛头刨床的外形。牛头刨床的型号 B6066 中字母与数字的含义如下所示：

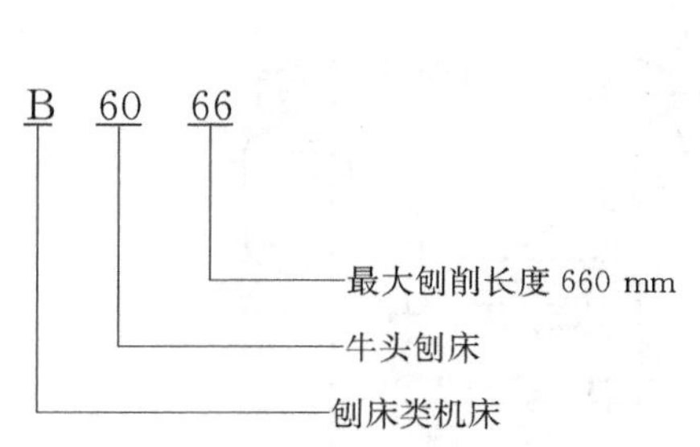

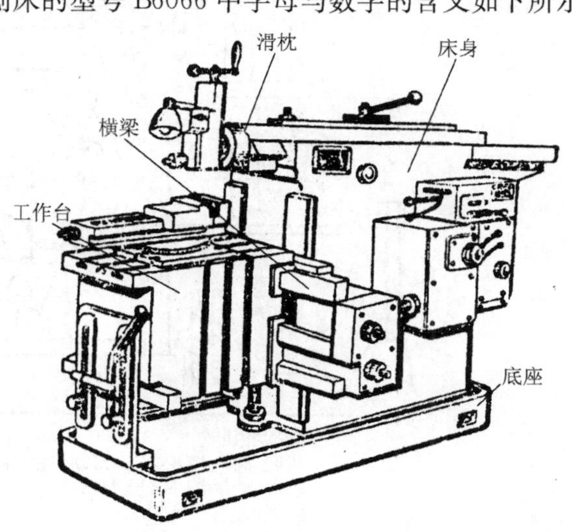

图 8.37　B6066 牛头刨床

(1) B6066 牛头刨床的组成

① 床身

床身用来支撑刨床各部件,床身的内部有传动机构。其顶面燕尾形导轨供滑枕做往复运动,垂直面导轨供工作台升降用。

② 滑枕

滑枕主要用来带动刨刀做直线往复运动。其前端装有刀架。滑枕往复运动的快慢、行程的长短和位置均可根据加工位置进行调整。

③ 刀架

刀架如图 8.38 所示用来夹持刨刀,实现垂直和斜向进给运动,其上滑板有可偏转的刀座。抬刀板绕刀座上的轴顺时针抬起,供返程时将刨刀抬离加工表面,减少刨刀与工件间的摩擦。

④ 工作台

工作台用来装夹工件或夹具,它可随横梁升降,亦可沿横梁水平移动,实现间歇进给运动。

(2) 牛头刨床的传动系统及机构调整

牛头刨床的传动系统、各机构的运动及调整详见图 8.39～图 8.42。其中包括下述内容:

手柄
刻度环
溜板
刀座
抬刀板
刀夹
紧固螺钉
轴
刻度转盘

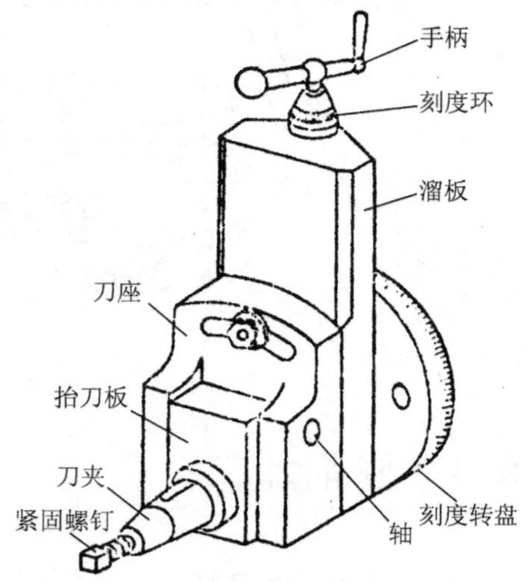

图 8.38 刀架

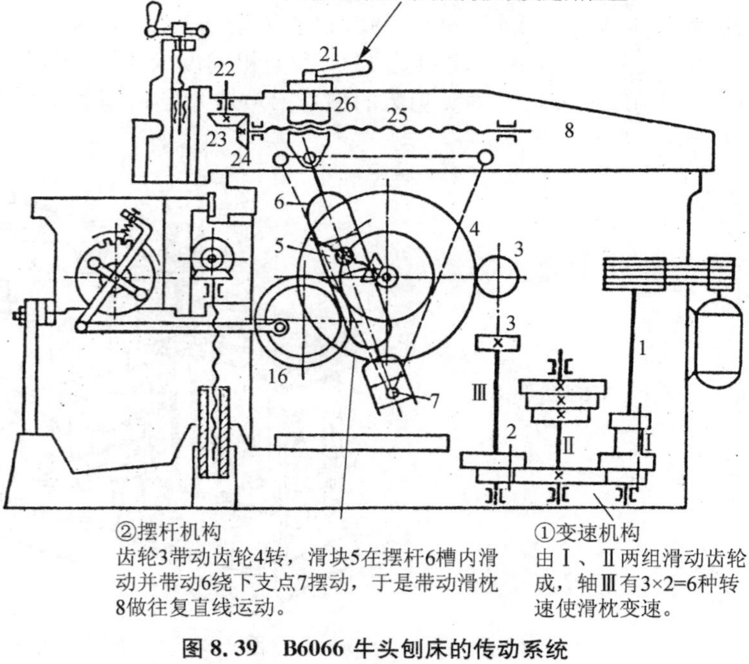

③调整滑枕起始位置
松开手柄21,转动轴22,通过23、24锥齿轮转动丝杠25,由于固定在摇杆6上的丝母26不动,丝杠25带动滑枕8改变起始位置。
21
22
26
25
8
23
24
6
5
4
3
3
16
7
1
Ⅲ
Ⅱ
Ⅰ
2
②摆杆机构
齿轮3带动齿轮4转,滑块5在摆杆6槽内滑动并带动6绕下支点7摆动,于是带动滑枕8做往复直线运动。
①变速机构
由Ⅰ、Ⅱ两组滑动齿轮成,轴Ⅲ有3×2=6种转速使滑枕变速。

图 8.39 B6066 牛头刨床的传动系统

① 变速机构(见图 8.39);

② 摆杆机构(见图 8.39);

③ 调整滑枕起始位置(见图 8.39);

④ 调整滑枕行程长度(见图 8.40);

⑤ 滑枕往复直线运动速度的变化(见图 8.41);

⑥ 横向进给机构及进给量的调整(见图 8.42)。

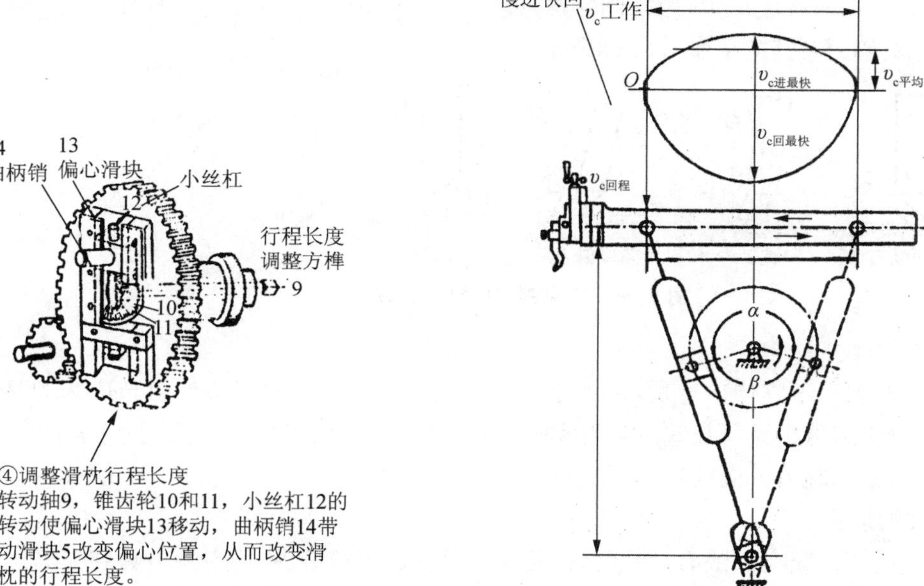

图 8.40　滑枕行程长度调整

图 8.41　滑枕往复直线运动速度的变化

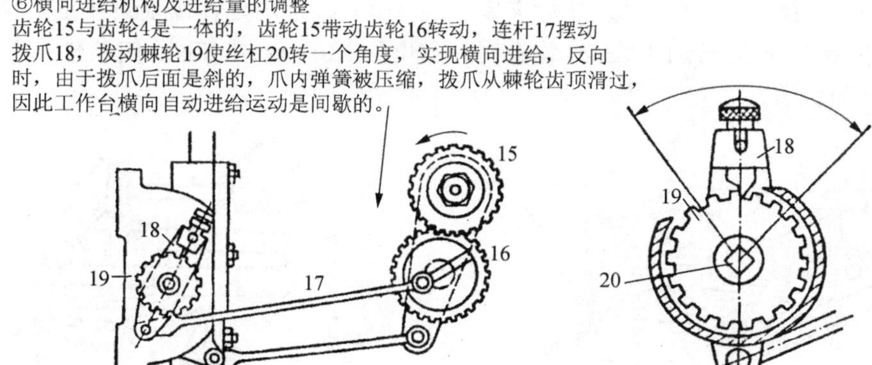

图 8.42　横向进给机构及进给量的调整

(3) 刨刀及其装夹

① 刨刀

刨刀的形状与车刀相似,但由于刨削过程是不连续的,刨削冲击力易损坏刀具,因而刨刀截面通常要比车刀大。为了避免刨刀扎入工件,刨刀刀杆常做成弯头的(见图 8.43)。刨刀的种类很多,其中,平面刨刀用来刨平面;偏刀用来刨垂直面或斜面;角度偏刀用来刨燕尾槽和角度;弯切刀用来刨 T 型槽及侧面槽;切刀及割槽刀用来切断工件或刨沟槽。此外,还有成形刀,用来刨特殊形状的表面。常用的刨刀及其应用如图 8.44 所示。

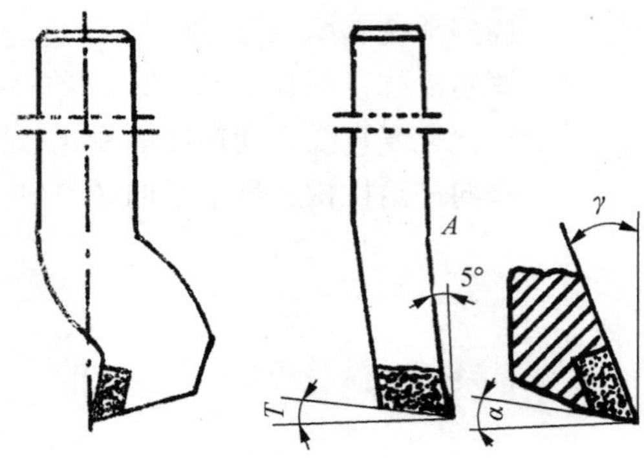

图 8.43 刨刀的形状

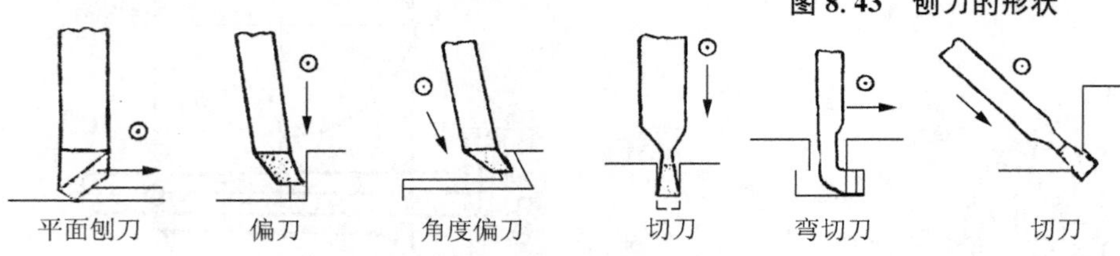

图 8.44 常见刨刀的种类及应用

② 刨刀的装夹

装夹刨刀时刀头不宜伸出过长,否则会产生振动。直头刨刀的刀头伸出长度为刀杆厚度的一倍半,弯头刀伸出量可长些。装刀和卸刀时,必须一手扶刀,一手用扳手夹紧或放松。无论装或卸,扳手的施力方向均需向下。

(4) 工件的装夹

在刨床上的工件装夹方法有:用平口钳装夹;用压板、螺栓装夹;用专用夹具装夹等。

① 用平口钳装夹

平口钳是通用工具,适用于装夹规则的小型工件。使用前先把平口钳固定在工作台上。装夹工件时,先找正工件的位置,然后夹紧。图 8.45(a)是用划针按划线找正工件的位置。如果工件的基准面是已加工表面,装夹时,可用手锤轻轻敲击工件,使工件与垫铁贴紧,如图 8.45(b)所示。

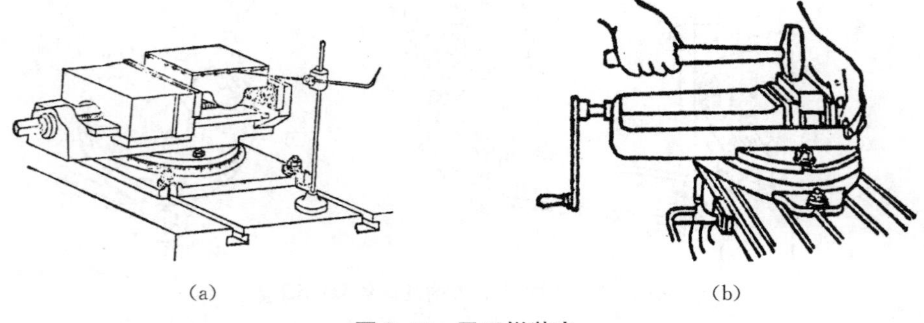

图 8.45 平口钳装夹

② 用压板、螺栓装夹

工件也可用压板、螺栓直接装夹在工作台上。如图 8.46(a)所示是用压板和压紧螺栓装夹较大型的工件。装夹时压板的位置要安排得当，压力的大小要合适，有时还要增加辅助支撑，如图 8.46(b)、(c)所示。

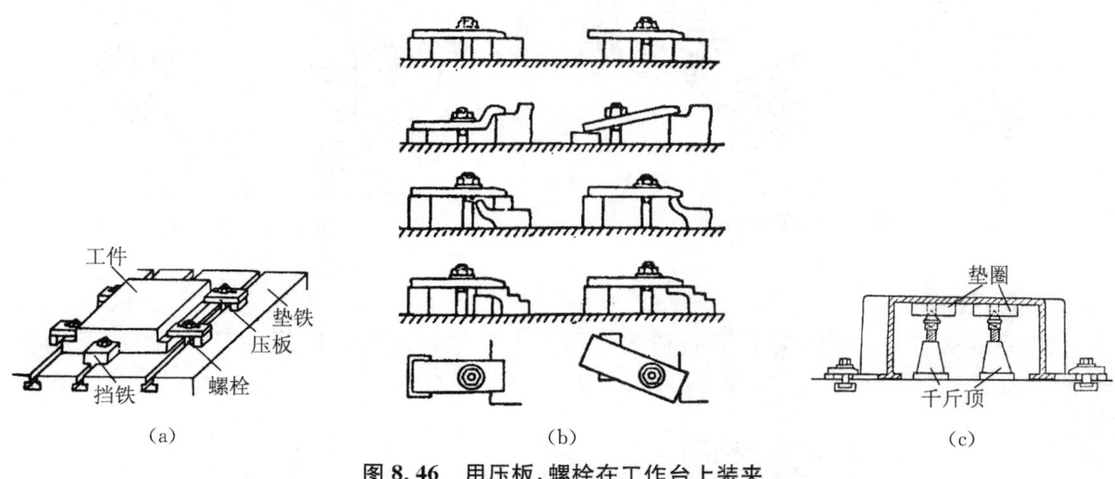

图 8.46　用压板、螺栓在工作台上装夹

用压板、螺栓在工作台上装夹工件时，根据工件装夹精度要求，也用划针、百分表等找正工件或先划好加工线再进行找正。

③ 用专用夹具装夹

专用夹具是根据工件的具体情况而专门设计制造的。用专用夹具装夹的特点是迅速而准确，又不需要找正。它适合于批量生产。

(5) 刨削加工的基本工作

① 刨水平面

刨水平面的一般顺序是：

a. 根据工件加工表面形状选择和装夹刨刀。

b. 根据工件大小和形状确定工件装夹方法，并夹紧工件。

c. 调整刨刀的行程长度和起始位置。

d. 调整往复行程次数和进给量。

e. 先进行试切，然后停车测量，再调整被切刀量。如工件余量较大时，可分几次切削。当工件表面质量要求较高时，粗刨后还要进行精刨。

② 刨垂直面和斜面

刨垂直面的方法如图 8.47 所示。此时应采用偏刀，转盘对准零线，以便刨刀能沿垂直方向移动。刀座上端偏离工件(一般为 10°～15°)，以便返回行程时减少刨刀与工件的摩擦。刨斜面的方法与刨垂直面基本相同，只是刀架转盘必须扳转一定角度，使刨刀能沿斜面方向移动，如图 8.48 所示。

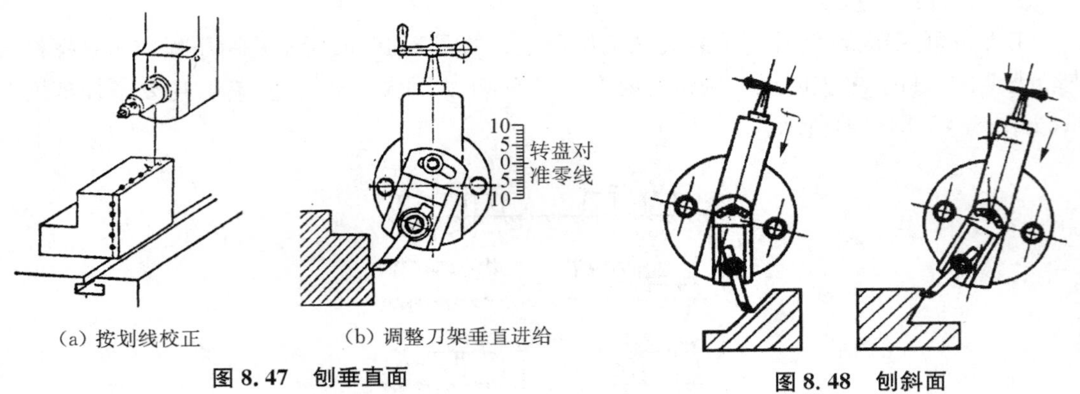

(a) 按划线校正　(b) 调整刀架垂直进给

图 8.47　刨垂直面

图 8.48　刨斜面

③ 刨 T 型槽

刨 T 型槽前先在工件的上平面和端面划出加工线(如图 8.49 所示)。它的加工步骤见图 3.50。

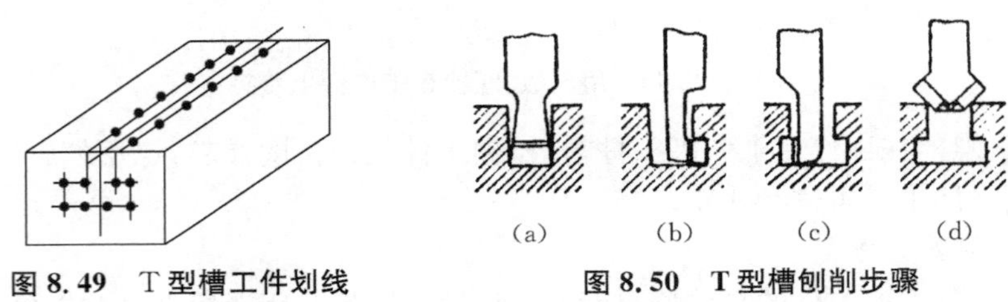
图 8.49　T 型槽工件划线

(a)　(b)　(c)　(d)

图 8.50　T 型槽刨削步骤

④ 刨燕尾槽

燕尾槽的燕尾部分是两个对称的内斜面。其刨削方法是刨直槽和刨内斜面的综合,但需要专门刨燕尾槽的左、右偏刀。在其他各面刨好的基础上可按下列步骤刨燕尾槽(如图 8.51 所示)。

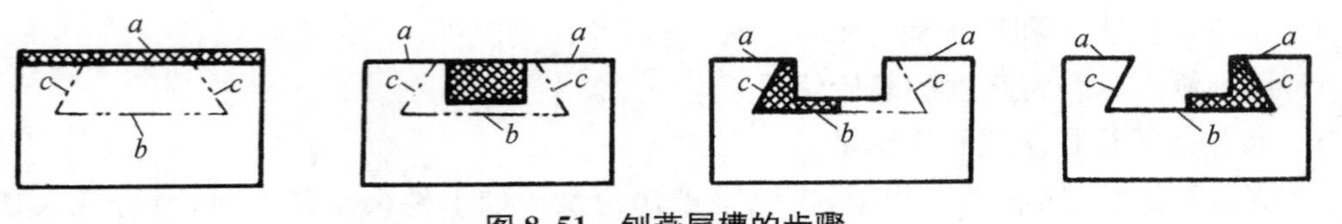

图 8.51　刨燕尾槽的步骤

8.3.2　龙门刨床

龙门刨床主要用于加工大型工件上长而窄的平面、大平面或同时加工多个小型工件的平面。图 8.52 是 B2010A 型龙门刨床的外形。

龙门刨床的主运动是工作台的往复直线运动。进给运动由刀架完成,刀架除垂直刀架外还有侧刀架。垂直刀架可沿横梁导轨做横向进给,用以加工工件的水平面;侧刀架可沿立柱导轨做垂直进给,用以加工工件的垂直面。刀架亦可绕转盘旋转和沿滑板导轨移动,用来调整刨刀的工作位置和实现进刀运动。刨削时要调整好横梁的位置和工作台的行程长度。

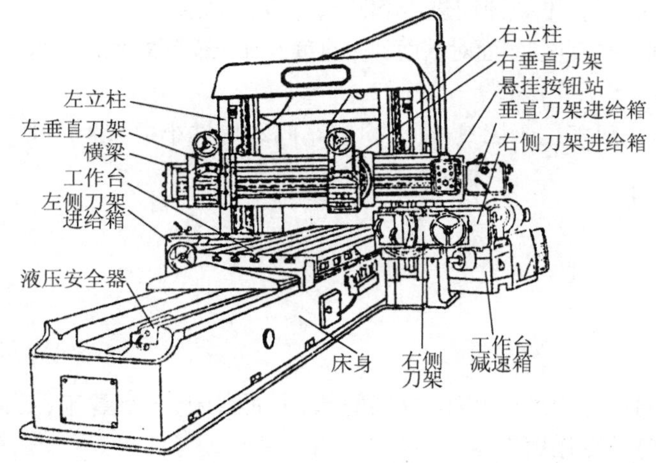

图 8.52　B2010A 型龙门刨床

在龙门刨床上加工箱体、导轨等狭长平面时，可采用多工件、多刀刨削以提高生产率。如在刚性好、精度高的机床上，正确地装夹工件，用宽刃进行大进给量精刨平面，可以加工出平面度在 1 000 mm 内不大于 0.02 mm，表面粗糙度 R_a 值为 1.6～0.8 μm 的平面，并且生产率也较高。刨削还可以保证一定的位置精度。

8.3.3　插床

插床主要用来加工孔内的键槽、花键等；也可用来加工多边形孔；利用划线还可加工盘形凸轮等特殊形面。图 8.53 是 B5020 型插床外形。型号 B5020 中字母与数字的含义如下：

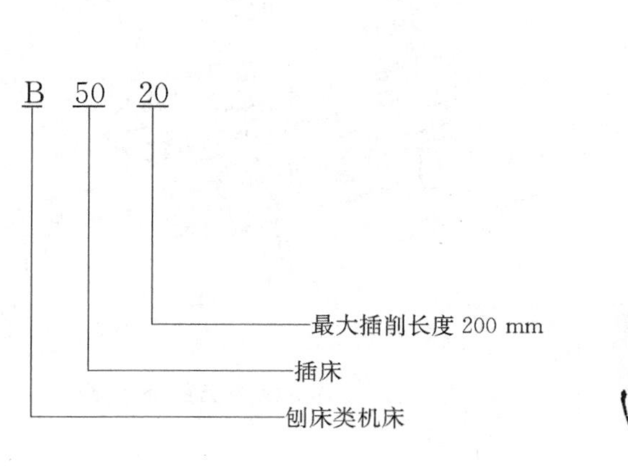

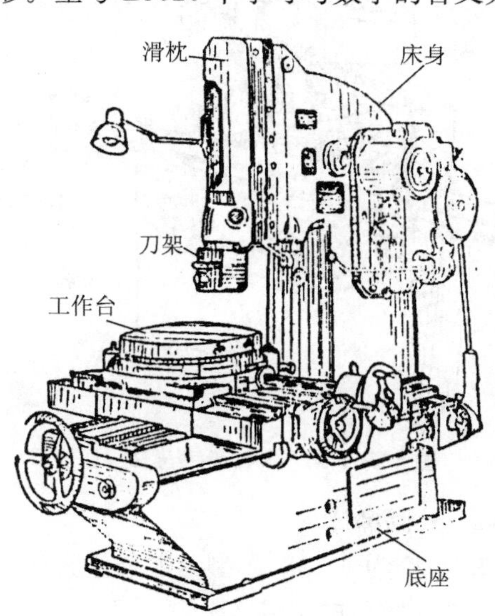

图 8.53　B5020 型插床

它的结构原理与牛头刨床属同一类型。不同的是主运动为滑枕在垂直方向的上下往复运动。工作台由下拖板、上拖板和圆工作台等部分组成。下拖板可做横向进给，上拖板可做纵向进给，圆工作台的回转可做圆周进给和圆周分度。

插削精度如平面的平直度、侧面对基面的垂直度及加工面间的垂直度可达 0.025/300 mm，表面粗糙度 R_a 值为 6.3～1.6 μm。

插削生产率低，一般多用于工具车间、机修车间和单件小批量生产中。

8.4 磨削加工

8.4.1 磨床

1）磨床分类

磨床按用途不同可分为外圆磨床、内圆磨床、平面磨床、无心磨床、工具磨床、螺纹磨床、齿轮磨床以及其他各种专用磨床等。

下面介绍几种常用磨床的构造及其磨削工作。

(1) 平面磨床

平面磨床用来磨削工件的平面。图 8.54 为 M7120A 平面磨床的外形图。工作台上装有电磁吸盘或其他夹具，用以装夹工件。

砂轮架沿拖板的水平导轨可做轴向进给运动，这可由液压带动或手轮移动；拖板可沿立柱的导轨垂直移动，以调整磨头的高低位置及完成径向进给运动。这一运动亦可通过转动手轮实现。

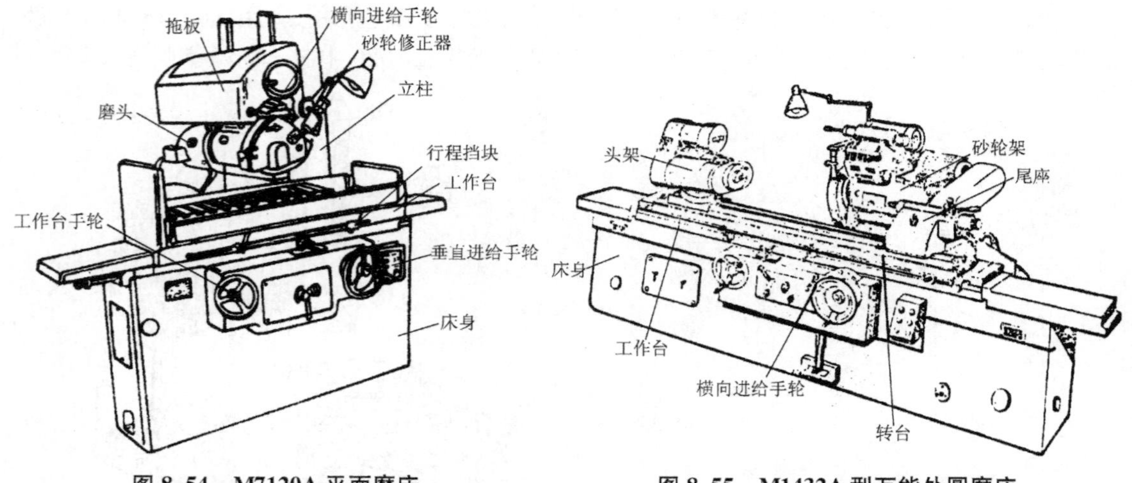

图 8.54　M7120A 平面磨床　　图 8.55　M1432A 型万能外圆磨床

(2) 外圆磨床

图 8.55 为 M1432A 型万能外圆磨床，可用来磨削内、外圆柱面，圆锥面和轴、孔的台阶端面。外圆磨床的型号 M1432A 型号中字母与数字的含义如下：

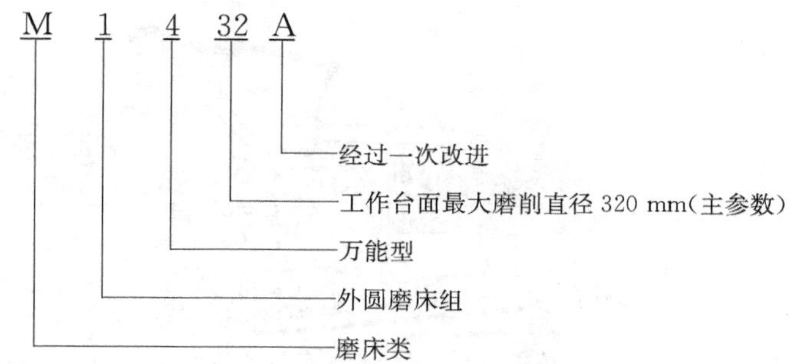

万能外圆磨床由以下几部分组成：

① 床身

床身用于装夹各部件。床身的上部装有工作台和砂轮架，内部装有液压传动系统。

② 砂轮架

用于装夹砂轮，并有单独电动机带动砂轮架旋转。砂轮架可在床身后部的导轨上做横向移动。

③ 工作台

工作台上装有头架和尾座，用以装夹工件并带动工件旋转。磨削时，工作台可自动做纵向往复运动，其行程长度可借挡块位置调节。万能外圆磨床的工作台台面还能扳转一很小的角度，以便磨削圆锥面。

④ 头架

头架内的主轴由单独电动机带动旋转。主轴端部可装夹顶尖、拨盘或卡盘，以便装夹工件。

⑤ 尾座

尾座的功用是用后顶尖支承长工件。它可在工作台上移动，调整位置以装夹不同长度的工件。

(3) 内圆磨床

内圆磨床主要用于磨削圆柱孔、圆锥孔及端面等。图 8.56 是 M2120 内圆磨床的外形图。头架可以绕垂直轴线转动一个角度，以便磨削锥孔。工件转速能做无级调整，砂轮架安放在工作台上，工作台由液压传动做往复运动，也能做无级调速，而且砂轮趋近及退出时能自动变为快速，以提高生产率。M2120 内圆磨床磨削孔径范围为 50～200 mm。

(4) 无心磨床

无心外圆磨床的结构完全不同于一般的外圆磨床，其工作原理如图 8.57 所示。磨削时工件不需要夹持，而是放在砂轮与导轮之间，由托板支持着；工件轴线略高于砂轮与导轮轴线，以避免工件在磨削时产生圆度误差；工件由橡胶结合剂制成的导轮带着做低速旋转($v_w=0.2\sim0.5$ m/s)，并由高速旋转着的砂轮进行磨削。

由于导轮轴线与工件轴线不平行，倾斜一个角度 α($\alpha=1°\sim4°$)，因而导轮旋转时所产生的线速度 $v_w=v_r\cos\alpha$ 垂直于工件的轴线，使工件产生旋转运动，而 $v_{fx}=v_r\sin\alpha$ 则平行于工件的轴线，使工件做轴向进给运动。

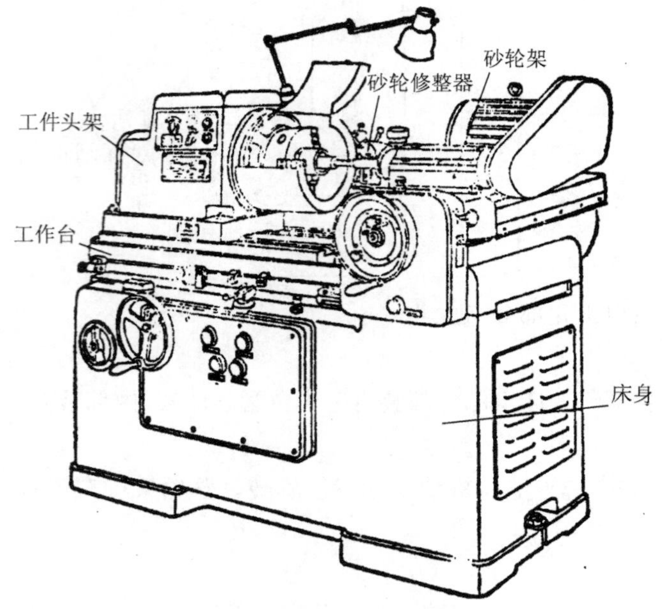

图 8.56 M2120 内圆磨床

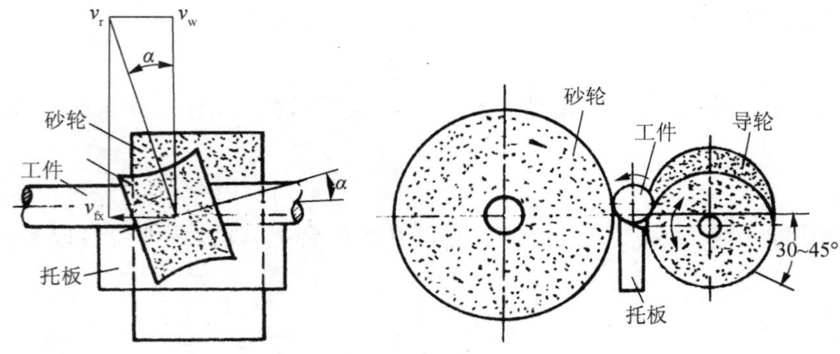

图 8.57 无心外圆磨床工作原理

无心外圆磨削的生产率高，主要用于成批及大量生产中磨削细长轴和无中心孔的短轴等。一般无心外圆磨削的精度为 IT6～IT5 级，表面粗糙度 R_a 值为 0.8～0.2 μm。

2）*磨床传动原理*

液压传动与机械传动相比，具有工作平稳、无冲击、无振动、调速和换向方便以及易于实现自动化等优点，用在以精加工为目的的磨床上尤为适合。图 8.58 为工作台纵向往复运动的液压传动简图。工作时，油泵经滤油器将油从油箱中吸出，转变为高压油，经过转阀、节流阀、换向阀输入油缸的右腔，推动活塞、活塞杆及工作台向左移动。油缸左腔的油则经换向阀流入油箱。当工作台移至行程终点时，固定在工作台前侧面的右行程挡块，自右向左推动换向手柄，并连同换向阀的活塞杆和活塞一起向左移至虚线位置。于是高压油则流入油缸的左腔，使工作台返回。油缸右腔的油也经换向阀流回油箱。如此反复循环，从而实现了工作台的纵向往复运动。

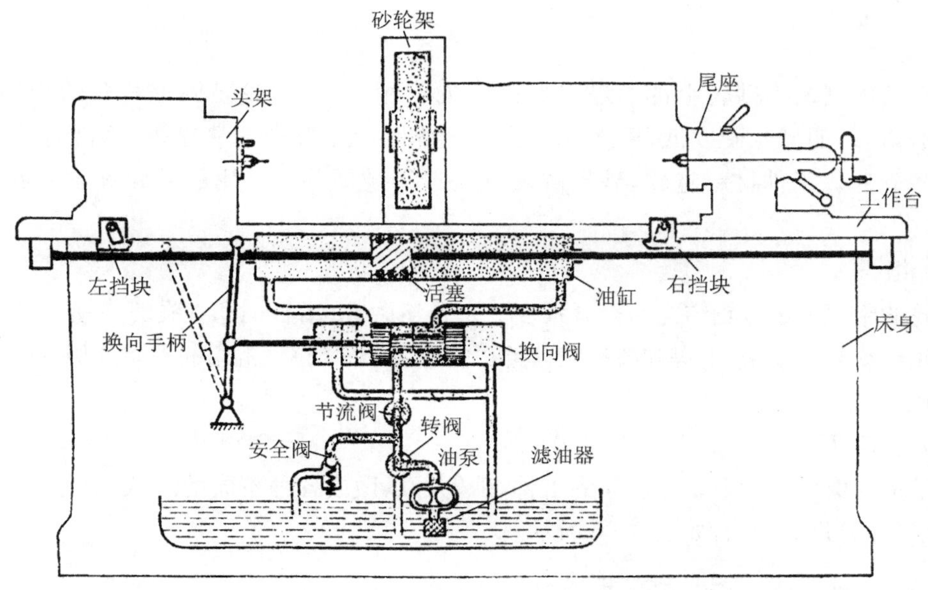

图 8.58 磨床传动原理

工作台的行程长度和位置,可通过改变行程挡块之间的距离和位置来调节。当转阀转过 90°时,油泵中输出的高压油全部流回油箱,工作台停止不动。安全阀的作用是使系统中维持一定的油压,并把多余的高压油排入油箱。

8.4.2 砂轮

1) *砂轮*

砂轮是磨削的主要工具,它是由细小而坚硬的磨料加结合剂制成的疏松的多孔体(见图 8.59)。砂轮表面上杂乱地排列着许多磨粒,磨粒的每一个棱角都相当于一个切削刃,整个砂轮相当于一把具有无数切削刃的铣刀,磨削时砂轮高速旋转,切下粉末状切屑。

砂轮的特性由下列因素决定:磨料、粒度、结合剂、硬度、组织、形状及尺寸。

(1) 磨料

磨料是制造砂轮的主要原料,直接担负着切削工作。它必须具有高的硬度以及良好的耐热性,并具有一定的韧性。常用磨料有棕刚玉(A)、白刚玉(WA)、黑碳化硅(C)和绿碳化硅(GC)。

(2) 粒度

粒度表示磨粒的大小程度,粒度越大,颗粒越小。粗颗粒用于粗加工,细颗粒用于精加工。磨软材料时,为防止砂轮堵塞,用粗磨粒;磨削脆、硬材料时,用细磨粒。

(3) 结合剂

结合剂的作用是将磨粒粘结在一起,使之成为具有一定形状和强度的砂轮。常用的结合剂有陶瓷结合剂(V)、树脂结合剂(B)和橡胶结合剂(R)三种。除切断砂轮外,大多数砂轮都采用陶瓷结合剂。

(4) 硬度

砂轮的硬度是指砂轮上的磨粒在磨削力的作用下,从砂轮表面上脱落的难易程度。磨粒易脱落,表明砂轮硬度低,反之,则表明砂轮硬度高。工件材料越硬,磨削时砂轮硬度应选得越软些。工件材料越软,砂轮的硬度应选得越硬些。常用的砂轮硬度是在 K～R 之间。

(5) 组织

砂轮的组织表示砂轮结构的松紧程度。它是指磨粒、结合剂和气孔三者所占体积的比例。砂轮组织分为紧密、中等和疏松三大类,共 16 级(0～15)。常用的是 5、6 级,级数越大,砂轮越松。

(6) 形状、尺寸

为了适应磨削各种形状和尺寸的工件,砂轮可以做成各种不同的形状和尺寸,有平行、筒形、碗形和薄片等砂轮,如图 8.60 所示。

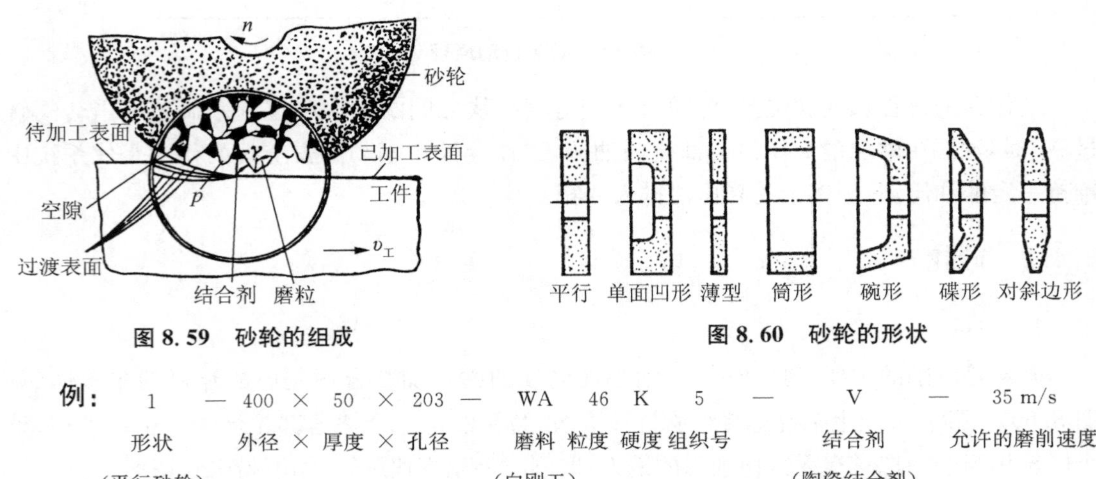

图 8.59　砂轮的组成　　**图 8.60　砂轮的形状**

例: 1 — 400 × 50 × 203 — WA 46 K 5 — V — 35 m/s

形状(平行砂轮)　外径 × 厚度 × 孔径　磨料(白刚玉)　粒度　硬度　组织号　结合剂(陶瓷结合剂)　允许的磨削速度

2) 砂轮的安装及修整

砂轮因在高速下工作,安装前必须经过外观检查,不应有裂纹,并经过平衡试验(见图 8.61)。砂轮安装方法如图 8.62 所示。大砂轮通过台阶法兰盘装夹,如图 8.62(a)所示;不太大的砂轮用法兰盘直接装在主轴上(见图 8.62(b));小砂轮用螺母紧固在主轴上,如图 8.62(c)所示;更小的砂轮可粘固在轴上,如图 8.62(d)所示。

砂轮工作一定时间后,磨粒逐渐变钝,砂轮工作表面空隙被堵塞,砂轮的正确几何形状被破坏。这时必须进行修整,将砂轮表面一层变钝了的磨粒切去,以恢复砂轮的切削能力及正确的几何形状,如图 8.63 所示。

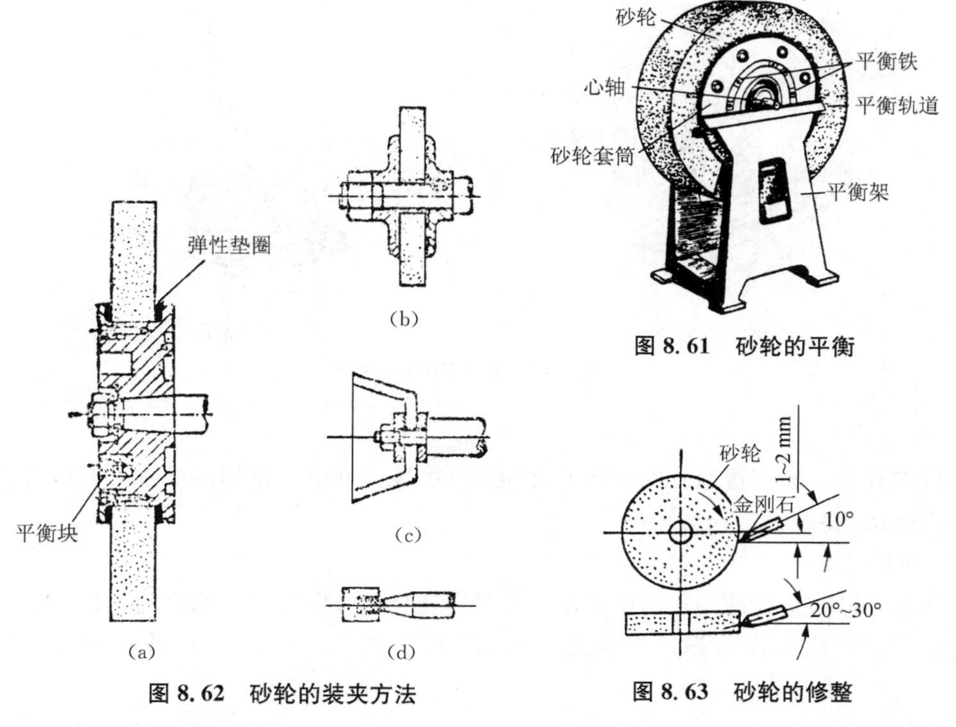

图 8.61 砂轮的平衡

图 8.62 砂轮的装夹方法

图 8.63 砂轮的修整

8.4.3 磨削加工的基本工作

1) 磨平面

磨平面一般使用平面磨床。平面磨床工作台通常采用电磁吸盘来安装工件;对于钢、铸铁等导磁工件可直接安装在工作台上,对于铜、铝等非导磁性工件,要通过精密平口钳等装夹。

根据磨削时砂轮工件表面的不同,平面磨削的方式有两种,即周磨法和端磨法,如图 8.64 所示。

(1) 周磨法(见图 8.64(a)):用砂轮圆周面磨削平面。周磨时,砂轮与工件接触面积小,排屑及冷却条件好,工件发热量少,因此磨削易翘曲变形的薄片工件,能获得较好的加工质量,但磨削效率较低。

(2) 端磨法(见图 8.64(b)):用砂轮端面磨削平面。端磨时,由于砂轮轴伸出较短,而且主要是受轴向力,因而刚性较好,能采用较大的磨削用量。此外,砂轮与工件接触面积大,因而磨削效率高;但发热量大,也不易排屑和冷却,故加工质量较周磨法低。

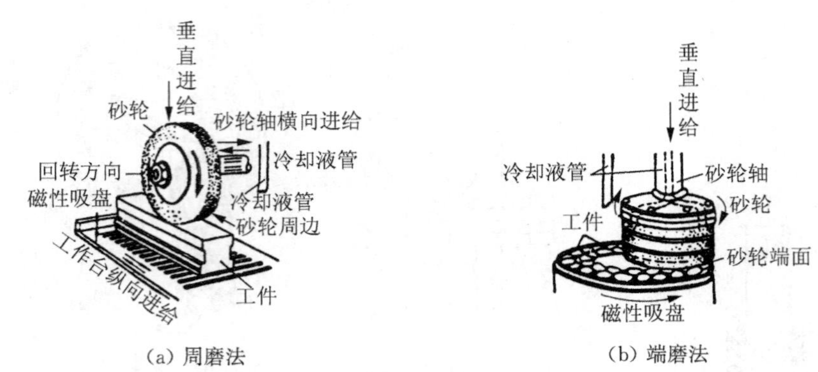

(a) 周磨法　　(b) 端磨法

图 8.64　磨平面的方法

2）磨外圆

工件的外圆一般在普通外圆磨床或万能外圆磨床上磨削。常用的磨削外圆的方法有纵磨法和横磨法两种。

（1）纵磨法

如图 8.65 所示，此法用于磨削长度与直径之比比较大的工件。磨削时，砂轮高速旋转，工件低速旋转并随工作台做纵向往复运动，在工件改变移动方向时，砂轮做间歇性径向进给。

纵磨法的特点是可用同一砂轮磨削长度不同的各种工件，且加工质量好。在单件、小批量生产以及精磨时广泛采用这种方法。

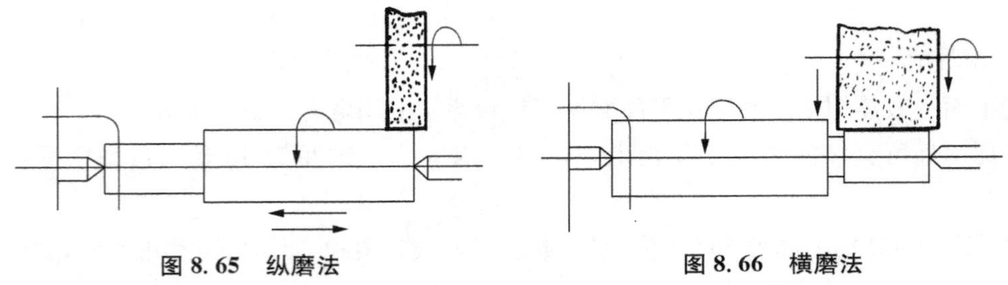

图 8.65　纵磨法　　**图 8.66　横磨法**

（2）横磨法

如图 8.66 所示，此法又称径向磨削法或切入磨削法。当工件刚性较好，待磨的表面较短时，可以选用宽度大于待磨表面长度的砂轮进行横磨。横磨时，工件无纵向往复运动，砂轮以很慢的速度连续地或断续地向工件做径向进给运动，直到磨去全部余量为止。

横磨法的特点是充分发挥了砂轮的切削能力，生产率高。但是横磨时，工件与砂轮的接触面积大，工件易发生变形和烧伤，故这种磨削法仅适用于磨削短的工件、阶梯轴的轴颈和粗磨等。

3）磨内孔和内圆锥面

内圆和内圆锥面可在内圆磨床或万能外圆磨床上用内圆磨头进行磨削（见图 8.67）。磨内圆和内圆锥面使用的砂轮直径小，尽管它的转速很高（一般 10 000～20 000 r/min），但切削速度仍比磨外圆时低，使工件表面质量不易提高。砂轮轴细而长，刚性差，磨削时易产生弯曲变形和振动，故切削用量要低一些。此外，内圆磨削时的磨削热大，而冷却及排屑条件较差，工件易发热变形，砂轮易堵塞，因而内圆和内圆锥面磨削的生产率低，而且加工质量也不如外圆磨削高。

4）磨外圆锥面

磨外圆锥面与磨外圆的主要区别是工件和砂轮的相对位置不同。磨外圆锥面时，工件轴线必须相对于砂轮轴线偏斜一圆锥斜角。常用转动上工作台或转动头架的方法磨外圆锥面，如图 8.68 所示。

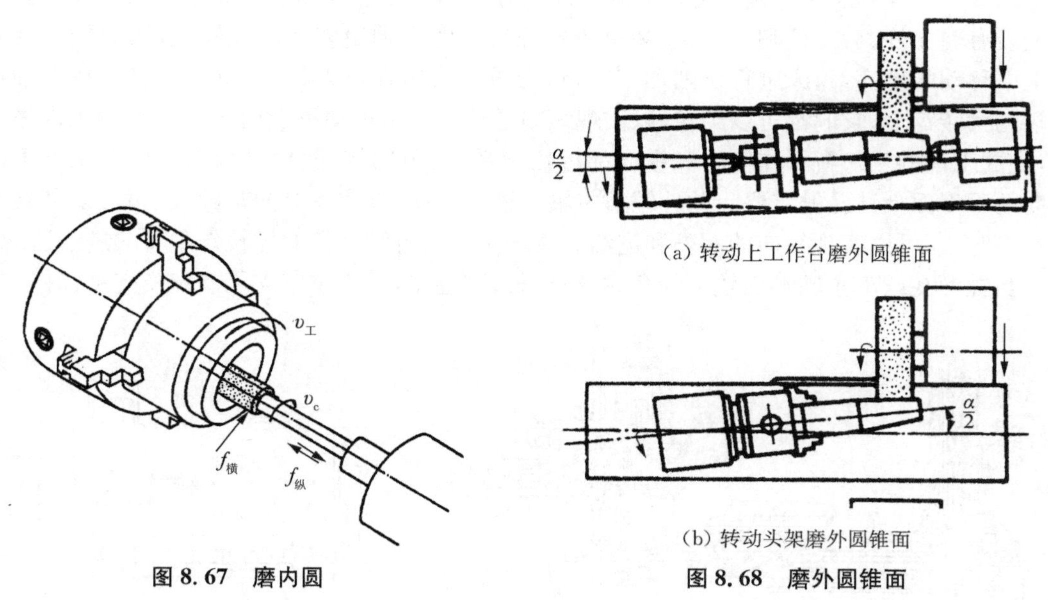

(a) 转动上工作台磨外圆锥面

(b) 转动头架磨外圆锥面

图 8.67　磨内圆

图 8.68　磨外圆锥面

5）磨齿轮

磨齿是在磨齿机上用高速旋转的砂轮对经过淬硬的齿面进行加工的方法。磨齿按其加工原理不同可分为成形法（见图 8.69(a)）和展成法两种；而展成法又根据所用砂轮和机床的不同，可分为双砂轮磨齿（见图 8.69(b)）和单砂轮磨齿（见图 8.69(c)）。

(a) 成形法磨齿　　(b) 双砂轮展成法磨齿　　(c) 单砂轮展成法磨齿

图 8.69　磨齿

8.5 镗削加工

镗削加工主要在镗床上进行，其中卧式镗床是应用最广泛的一种。

镗床用于对大型或形状复杂的工件进行孔和孔系加工。在镗床上除了能进行镗孔工作外，还能进行钻孔、扩孔、铰孔及加工端面、外圆柱面、内螺纹、外螺纹等。由于镗刀结构简单，通用性大，既可粗加工，也可半精加工及精加工，因此特别适用于批量较小的加工中。镗孔的质量（指孔的形状和位置精度）主要取决于机床的精度。

图 8.70 及图 8.71 分别为普通卧式镗床的外形图和各部件的位置关系及运动简图。床身上装有前立柱、后立柱和工作台，装有主轴和转盘的主轴箱装在前立柱上，后立柱上装有可上下移动的尾座，镗床进行切削加工时，镗刀可以安装在镗刀杆上，也可以安装在主轴箱外端的大转盘上，它们都可以旋转，以实现纵向进给。进给运动可以由工作台带动工件来完成，安放工件的工作台可作横向和纵向的进给运动，还可回转任意角度，以适应在工件不同方向的垂直面上镗孔的需要。此外镗刀主轴可轴向移动，以实现纵向进给，当镗刀安装在大转盘上时，还可以实现径向的调整和进给。镗床主轴箱可沿立柱的导轨作垂直的进给运动。

当镗深孔或离主轴端面较远的孔时，镗杆长、刚性差，可用尾座支承或镗模支承镗杆。

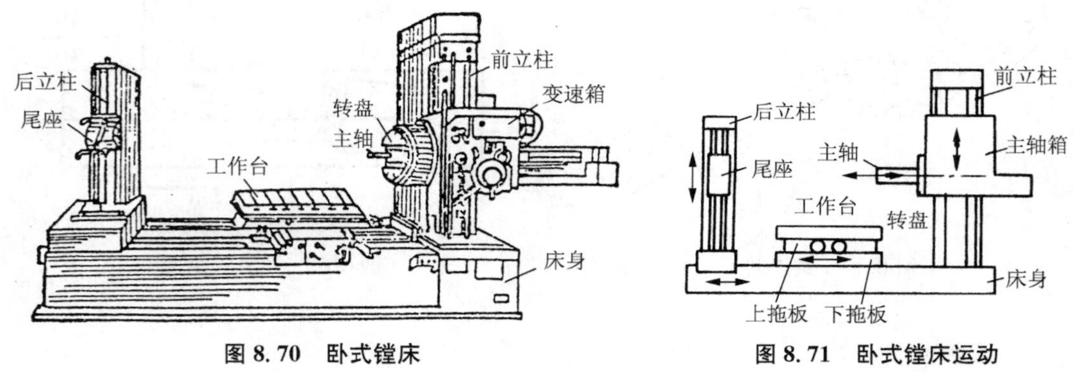

图 8.70 卧式镗床

图 8.71 卧式镗床运动

8.6 齿轮加工

齿轮齿形加工方法有切屑加工与无屑加工。无屑加工是近年来发展起来的新工艺，如热轧、冷轧、精锻及粉末冶金等方法形成齿轮。它具有生产效率高、耗材少、成本低等特点。但由于它受材料塑性和加工精度的限制，目前应用还不广泛。对于精度要求低、表面较粗糙的齿轮也可以用铸造方法铸造。

下面仅介绍切屑加工齿形的方法。按其加工齿形原理可以分为两大类：

（1）仿形法（或称成形法）是用与被切齿轮齿间形状相符的成形铣刀直接铣出齿槽的加工方法，如：铣齿。

（2）展成法（俗称范成法）是根据一对齿轮啮合原理，把其中一个齿轮制成齿轮刀具，利用齿轮刀具与被切齿轮的啮合运动（或展成运动）切出齿形的加工方法，如：滚齿、剃齿、插齿和展成法磨齿。

8.6.1 铣齿、滚齿、插齿

1）铣齿

工件装夹在卧式铣床(或立式铣床)的分度头上，用一定模数的盘形铣刀(或指状铣刀)对齿槽进行铣削。当铣完一齿后，进行分度再铣下一个齿槽(见图8.72)。指状铣刀常用来加工齿轮模数大于8的齿轮。铣齿可以加工直齿、斜齿和八字齿圆柱齿轮，而且还可以加工齿条和锥齿轮等。该加工方法成本低，加工精度低，适用于单件小批量生产或维修工作中要求精度不高的低速齿轮。

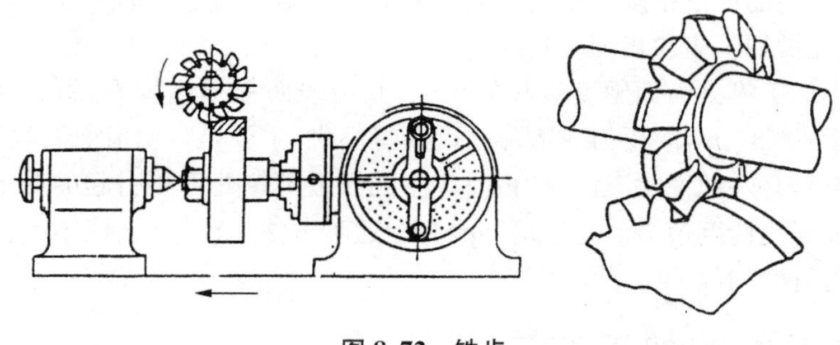

图8.72　铣齿

2）滚齿

滚齿是利用齿轮滚刀在滚齿机上加工齿轮齿形的方法，其加工原理相当于一对螺旋齿轮的啮合原理，如图8.73所示。滚刀可以看成齿数很少的螺旋齿轮。滚刀有齿条形的切削刃，它可以和同一模数齿数的齿轮相啮合，因此用同一把滚刀可以加工任意齿数的齿轮。与铣齿相比，滚齿加工的齿形精度高，生产效率高，齿表面粗糙度数值小，一般滚齿精度可达8～7级，齿表面粗糙度 R_a 值可达6.3～3.2 μm。滚齿可以加工外啮合的直齿轮或斜圆柱齿轮，也可以加工蜗轮，但不能加工内齿轮和相距太近的多联齿轮。

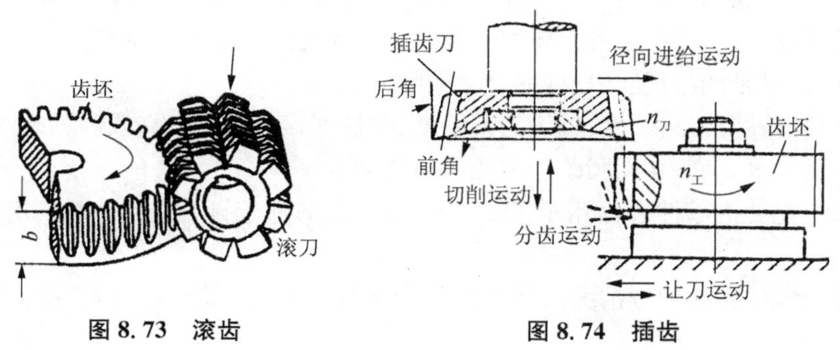

图8.73　滚齿　　图8.74　插齿

3）插齿

插齿是用插齿刀在插齿机上加工齿轮齿形的一种方法，其加工原理如一对齿轮啮合(见图8.74)。插齿与滚齿相比，插齿加工精度高，表面质量高，精度一般可达8～7级，表面

粗糙度值 R_a 可达 1.6 μm。插齿一般用于加工直齿圆柱齿轮，特别适用于滚刀不能加工的内齿轮和多联齿轮。

8.6.2 磨齿、剃齿、珩齿

滚齿和插齿后的精度不高，经热处理后还会产生附加的变形。因此，在 7 级精度以上的齿轮还需要进行精加工。齿轮精加工的方法有剃齿、珩齿和磨齿等。

剃齿主要适用于滚齿、插齿后未经淬火（HRC≤35）的直齿或斜齿圆柱齿轮。加工精度可达 6～5 级，齿表面粗糙度值 R_a 可达 0.8～0.1 μm，且平稳性也有显著提高。

珩齿的加工原理与剃齿完全相同。珩齿所用的珩齿轮，是由金刚砂与环氧树脂浇注或热压而成，具有很高的齿形精度。珩齿过程具有磨、剃、抛光的综合加工性质，所以当珩齿轮高速旋转时，就在被加工齿轮齿面上切除一层很薄的金属层。

珩齿适用于加工淬火齿面硬度较高的齿轮，其齿表面粗糙度值 R_a 不大于 0.4 μm。由于加工余量小于 0.08 μm，故珩齿对齿形精度改善不大，主要是降低齿面的表面粗糙度值。

磨齿的优点是有效地消除滚齿、插齿时产生的误差及热处理所引起的变形；磨齿精度可达 6～4 级，齿表面粗糙度值 R_a 可达 0.4 μm。但这种方法生产率低、成本高，一般低于 6 级精度的齿轮不进行磨削。

8.7 常见表面的加工方法

在实际生产中，一个零件或其某个表面，一般不是在一台机床用一种工艺方法就可以完成的，往往要经过一定的工艺过程才能完成。

零件是多种多样的，但无论是复杂零件还是简单零件，其形状大多是由外圆面、内圆面（孔）、平面或成形面等构成。下面介绍这些表面加工的工艺方法。

8.7.1 外圆面加工

外圆面是轴类、盘类、套类零件以及外螺纹、外花键、外齿轮等坯件的主要表面，因此，外圆面加工在工件加工中占有十分重要的地位。外圆面的技术要求主要有：

尺寸精度：包括外圆直径和长度的尺寸精度。

形状及位置精度：包括圆度、轴线的直线度、圆柱度；与其他表面（或内圆表面）之间的同轴度；与基准面的垂直度；端面圆跳动和径向圆跳动等。

表面质量：主要指零件表面粗糙度。对于表面层的加工硬化，金相组织变化和残余应力等。

此外，材料性质和热处理情况以及具体生产条件的不同等均在不同程度上影响外圆面的加工过程。

外圆面的主要加工方法是车削和磨削，少量有特殊要求的外圆面也可能用到光整加工或精密加工。

8.7.2　内圆面(孔)加工

内圆面(孔)也是零件的主要组成表面之一。孔的技术要求与外圆面相近，只是由于受到孔径限制，刀具刚性差，加工时散热、冷却、排屑条件差，测量也不方便。因此，在精度相同的前提下，孔加工要比外圆加工困难些。

孔加工的设备有钻床、镗床、铣床、拉床、磨床等。除了上述设备相应的工艺方法外，还有铰孔、珩孔、研孔及内孔挤压等工艺方法。加工要求不高的非配合孔，如螺栓孔、油孔，通常多在钻床上加工；回转体零件轴线上的孔，如套筒、齿轮等轴心孔，通常多在车床上进行加工，以保证其相对于外圆及端面的位置精度(如同轴度、垂直度等)；箱体零件上的主要孔，如减速箱、机床主轴箱体上的轴承孔，也要求较高的尺寸精度和位置精度，这类孔通常在镗床上加工；深孔，如车床主轴的通孔等，通常多采用特殊的深孔钻头在深孔钻床上加工。

8.7.3　平面加工

平面是基体类零件(如床身、机架及箱体等)的主要表面，有时也是回转体零件的重要表面之一(如端面及台阶面等)。

平面的加工方法有铣、刨、车、磨、拉及刮削、超级光磨、研磨、抛光等工序。

8.7.4　成形面加工

具有成形面的零件在机械中应用也很多，如机床手柄、凸轮、模具型腔、螺纹、齿轮等。其中螺纹与齿轮加工除在一定程度上应用通用设备外，较多地采用专门化设备。

成形面加工通常采用两种形式：成形刀具加工；用简单刀具使工件与刀具间产生满足加工要求的相对切削运动进行加工。

用成形刀具加工生产率高，操作简单，但刀具刃磨复杂，且工作主切削刃不宜太长。

用简单刀具加工成形面可采用手动进给、靠模装置、数控装置等方式来实现。手动进给适用于单件、小批量生产精度要求不高的成形面。通用机床常采用机械式靠模加工成形面。专门化机床则采用液压靠模、电气靠模，后两者因靠针与靠模的接触力极小，从而可使靠模的制造过程简化，故在成形面加工中应用较多。随着各种数控机床的发展，许多较复杂、精度要求较高、批量不大的成形面的加工变得越来越方便、可靠、经济。

上述均为采用切削加工方法加工成形面。目前成形面的加工已发展到采用特种加工、精密铸造等加工方法。这些方法在不同程度上提高了加工质量和生产率。

第四篇

数控机床加工

第9章 数控机床基础知识

9.1 数控机床的发展历史

随着社会生产和科学技术的迅速发展，机械产品日趋精密复杂，且需频繁改型。特别是在航天、造船、军事等领域所需的机械零件，精度要求高，形状复杂，批量小。加工这类产品需要经常改装或调整设备，普通机床或专用化程度高的自动化机床已不能适应这些要求。为了解决上述问题，一种新型的机床——数控机床应运而生。这种新型机床具有适应性强、加工精度高、加工质量稳定和生产效率高等优点。它综合应用了电子计算机、自动控制、伺服驱动、精密测量和新型机械结构等多方面的技术成果，是今后机床控制的发展方向。

1）数控机床的产生

数控机床的研制最早是从美国开始的。1948年，美国帕森斯公司（Parsons Co.）在研制加工直升机桨叶轮廓用检查样板的加工任务时，提出了研制数控机床的初始设想。1949年，在美国空军部门的支持下，帕森斯公司正式接受委托，与麻省理工学院伺服机构实验室（Servo Mechanism Laboratory of the Massachusetts Institute of Technology）合作，开始从事数控机床的研制工作。经过三年时间的研究，于1952年试制成功世界上第一台数控机床试验性样机。这是一台采用脉冲乘法器原理的直线插补三坐标连续控制铣床。其数控系统全部采用电子管元件，数控装置体积比机床本体还要大。后又经过三年的改进和自动编程研究，于1955年进入实用阶段。一直到20世纪50年代末，由于价格和技术上的原因，数控机床局限在航空工业中应用。到了60年代，数控系统由于采用晶体管而使其可靠性提高，体积缩小，价格下降，一些民用工业开始发展数控机床，其中多数是钻床、冲床等点位控制的机床。数控技术不仅在机床上得到实际应用，而且逐步推广到焊接机、火焰切割机等，使数控技术应用范围不断地扩展。如图9.1及图9.2所示为常见的两种类型的数控机床外观图。

2）数控机床的发展简况

自1952年，美国研制成功第一台数控机床以来，随着电子技术、计算机技术、自动控制和精密测量等相关技术的发展，数控机床也在迅速地发展和不断地更新换代，先后经历了五个发展阶段。

第一代数控：1952～1959年采用电子管元件构成的专用数控装置（NC）。

第二代数控：从1959年开始采用晶体管电路的NC系统。

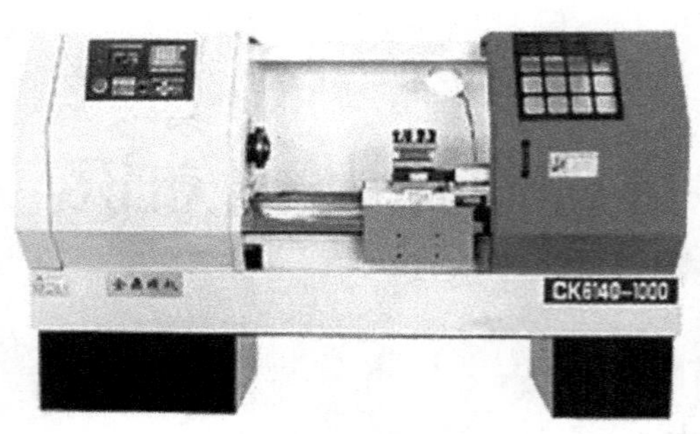

图 9.1 数控车床

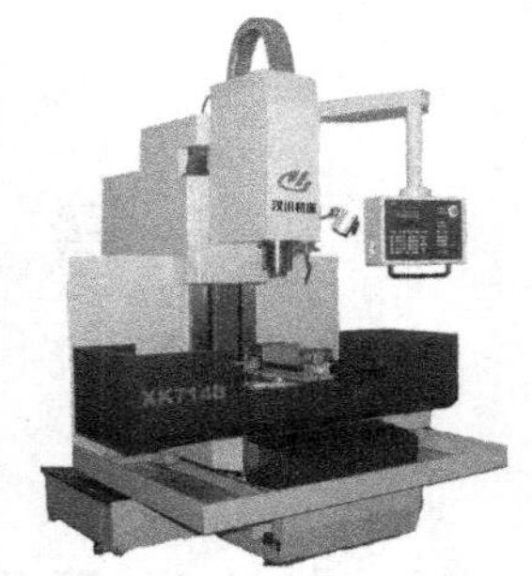

图 9.2 数控铣床

第三代数控:从 1965 年开始采用小、中规模集成电路的 NC 系统。

第四代数控:从 1980 年开始采用大规模集成电路的小型通用电子计算机控制的系统(Computer Numerical Control,CNC)。

第五代数控:从 1984 年开始采用微型电子计算机控制的系统(Microcomputer Numerical Control,MNC)。

目前,第五代微机数控系统基本上取代了以往的普通数控系统,形成了现代数控系统。它采用微处理器及大规模或超大规模集成电路,具有很强的程序存储能力和控制功能。这些控制功能是由一系列控制程序(即存储在系统内的管理程序)来实现的。这种数控系统的通用性很强,几乎只需改变软件,就可以适应不同类型机床的控制要求,具有很大的柔性。随着集成电路规模的日益扩大,光缆通信技术应用于数控装置中,使其体积日益缩小,价格逐年下降,可靠性显著提高,功能也更加完善,数控装置的故障已从数控机床总的故障次数中占主导地位降到了很次要的地位。

近年来,微电子和计算机技术的日益成熟,它的成果正在不断渗透到机械制造的各个领域中,先后出现了计算机直接数控(Direct Numerical Control,DNC)、柔性制造系统(Flexible Manufacturing System,FMS)和计算机集成制造系统(Computer Integrated Manufacturing System,CIMS)。所有这些高级的自动化生产系统均是以数控机床为基础,它们代表着数控机床今后的发展趋势。

(1) 计算机直接数控系统

所谓计算机直接数控系统(DNC),即使用一台计算机为数台数控机床进行自动编程,编程结果直接通过电缆输送给各台数控机床的数控箱。中央计算机具有足够的内存容量,因此,可统一存储和管理大量的零件程序。利用分时操作系统,中央计算机可以同时完成一群数控机床的管理与控制,因此,也称为计算机群控系统。

目前 DNC 系统中的各台数控机床都各自有其独立的数控系统,并与中央计算机联成网络,实现分级控制,而不再考虑让一台计算机去分时完成所有数控装置的功能。

随着 DNC 技术的发展,中央计算机不仅用于编制零件的程序以控制数控机床的加工过程,而且进一步控制工件与刀具的输送,形成了一条由计算机控制的数控机床自动生产线,它为柔性制造系统(FMS)的发展提供了有利条件。

(2) 柔性制造系统(FMS)

柔性制造系统也叫作计算机群控自动线(Flexible Manufacturing System,FMS),就是将一群数控机床用自动传送系统连接起来,并置于一台主计算机的统一控制之下,形成一个用于制造的整体。其特点是由一台主计算机对全系统的硬、软件进行管理,采用 DNC 方式控制两台或两台以上的数控加工中心机床,对各台机床之间的工件有调度和自动传送功能。利用交换工作台或工业机器人等装置实现零件的自动上料和下料,能使机床每天 24 h 均能在无人或极少人的监督控制下进行生产。如日本 FANUC 公司有一条 FMS 由 60 台数控机床、52 个工业机器人、2 台无人自动搬运车、1 个自动化仓库组成,这个系统每月能加工 10 000 台伺服电机。

(3) 计算机集成制造系统

计算机集成制造系统是指用最先进的计算机技术,控制从订货、设计、工艺、制造到销售的全过程,以实现信息系统一体化的高效率的柔性集成制造系统。它是在生产过程自动化,例如计算机辅助设计、计算辅助工艺规程设计、计算机辅助制造、柔性制造系统等发展的基础上,加上其他管理信息系统的发展,逐步完善的有各种类型计算机及其软件系统的分析、控制能力,它可把全厂的生产活动联系起来,最终实现全厂性的综合自动化,也称"无人工厂"。

3) 我国数控机床的发展概况

我国从 1958 年由北京机床研究所和清华大学等单位首先研制数控机床,并试制成功第一台电子管数控机床。从 20 世纪 80 年代初开始,随着我国开放政策的实施,先后从日本、美国、德国等国家引进先进的数控技术,如北京机床研究所从日本 FANUC 公司引进 FANUC3、5、6、8 系列产品的制造技术。上海机床研究所引进美国 GE 公司的 MTC－1 数控系统等。在引进、消化、吸收国外先进技术基础上,北京机床研究所又开发出 BS03 经济型数控系统和 BS04 全功能数控系统,航空航天部 806 所研制出 MNC864 数控系统等,进而推动了我国数控技术的发展,使我国数控机床在品种上、性能上以及水平上均有了新的飞跃。我国的数控机床已跨入一个新的发展阶段。

9.2　数控机床的特点和分类

9.2.1　数控机床的特点

1) 对加工对象改型的适应性强

数控机床实现自动加工的控制信息是由纸带提供的,或以手工方式通过键盘,或网络传输输入给控制机。当加工对象改变时,除了更换相应的刀具和解决毛坯装夹方式外,只需要重新编制程序,更换一条新的穿孔纸带,或者手动输入,或网络输入程序就能实现对零件的加工。它不同于传统的机床,不需要制造、更换许多工具、夹具和模具,更不需要重新调整机床。它缩短了生产准备周期,而且节省了大量工艺装备费用。因此数控机床可以很快地从加工一种零件转变为加工另一种零件,这就为单件、小批及试制新产品提供了极大便利。

2）加工精度高

数控机床是按以数字形式给出的指令进行加工的，由于目前数控装置的脉冲当量（即每输出一个脉冲后数控机床移动部件相应的移动量）普遍达到了 0.001 mm，而且进给传动链的反向间隙与丝杠螺距误差等均可由数控装置进行补偿，因此，数控机床能达到比较高的加工精度。对于中、小型数控机床，定位精度普遍可达到 0.03 mm，重复定位精度为 0.01 mm。因为数控机床传动系统与机床结构都具有很高的刚度和热稳定性，其制造精度提高了，特别是数控机床的自动加工方式避免了生产者的人为操作误差，同一批加工零件的尺寸一致性好，产品合格率高，加工质量十分稳定。对于需要多道工序完成的零件特别是箱体类零件，使用加工中心一次安装能进行多道工序连续加工，减少了安装误差，使零件加工精度进一步提高。对于复杂零件的轮廓加工，在编制程序时已考虑到对进给速度的控制，可以做到在曲率变化时，刀具沿轮廓的切向进给速度基本不变，被加工表面就可以获得较高的精度和表面质量。

3）加工生产率高

零件加工所需要的时间包括机动时间与辅助时间两部分。数控机床能够有效地减少这两部分时间，因而加工生产率比一般机床高得多。数控机床主轴转速和进给量的范围比普通机床的范围大，每一道工序都能选用最有利的切削用量，良好的结构刚性允许数控机床进行大切削用量的强力切削，有效地节省了机动时间。数控机床移动部件的快速移动和定位均采用了加速和减速措施，有很高的空行程运动速度，消耗在快进、快速定位的时间要比普通机床的少得多。

数控机床在更换被加工零件时几乎不需要重新调整机床，零件一般都安装在简单的定位夹紧装置中，只需重新编制加工程序，因此可以节省用于停机进行零件安装调整的时间。

数控机床的加工精度比较稳定，在穿孔带经过校验以及刀具完好情况下，一般只做首件检验或工序间关键尺寸抽样检验。因而可以减少停机检验时间。因此数控机床的利用系数比普通机床的高得多。

在使用带有刀库和自动换刀装置的数控加工中心机床时，在一台机床上实现了多道工序的连续加工，减少了半成品的周转时间，生产效率的提高更为明显。

4）减轻劳动强度，改善劳动条件

利用数控机床加工零件，首先，按图样要求编制加工程序，然后输入程序，安装零件进行调试程序，观察监视加工过程并卸零件。工作人员在零件加工过程中可暂时离开机床，从而能避免切屑乱飞烫伤手、眼等现象。除此之外，不需要进行繁重的重复性手工操作，劳动强度与紧张程度均可大为减轻，劳动条件也因此得到相应的改善。

5）良好的经济效益

使用数控机床加工零件时，分摊在每个零件上的设备费用是比较昂贵的。但在单件、小批生产情况下，可以节省许多其他费用，因此能够获得良好的经济效益。

使用数控机床，在加工之前节省了划线工时，在零件安装到机床上之后可以减少调整、加工和检验时间，减少了直接生产费用。另外，由于数控机床加工零件不需要手工制作模型、凸轮、钻模板及其他工装夹具，节省了工艺装备费用。另外由于数控机床的加工精度稳定，减少了废品率，使生产成本进一步下降。

6）有利于生产管理的现代化

利用数控机床加工，能准确地计算零件的加工工时，并有效地简化检验、工装夹具和半成品的管理工作。这些特点都有利于生产管理的现代化。

虽然数控机床具有以上优点，但初期投资大，维修费用高，要求管理及操作人员素质也较高，因此，应合理地选择及使用数控机床，使企业获得最好的经济效益。

9.2.2　数控机床的应用范围

从经济的角度出发，数控机床适用于加工：

（1）多品种小批量零件；

（2）结构较复杂，精度要求较高的零件；

（3）需要频繁改型的零件；

（4）价格昂贵，不允许报废的关键零件；

（5）要求精密复制的零件；

（6）需要最短生产周期的急需零件；

（7）要求 100%检验的零件。

图 9.3 表示了普通机床与数控机床、专用机床加工批量零件和综合费用的关系。

图 9.4 表示了工件复杂程度及批量大小与机床的选用关系。

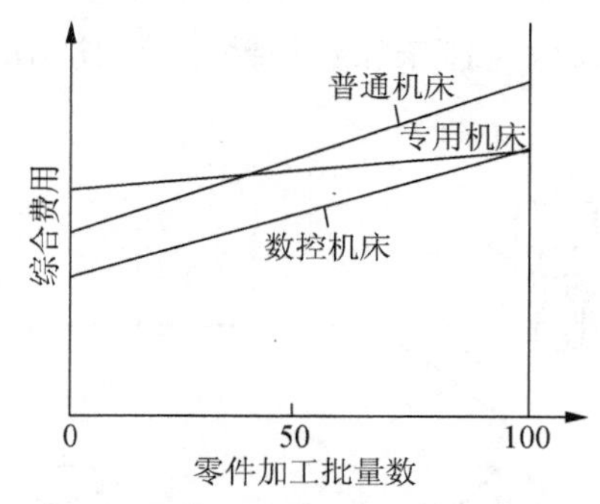

图 9.3　零件加工批量与综合费用的关系

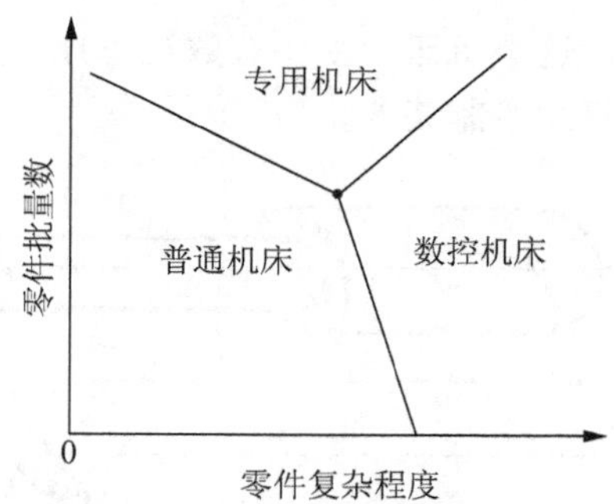

图 9.4　机床选用示意图

9.2.3　数控机床的分类及用途

目前数控机床的品种很多，结构、功能各不相同，通常可以按以下方法进行分类。

1）按控制系统的特点分类

（1）点位控制数控机床

点位控制数控机床的特点是只控制移动部件由一个位置到另一个位置的精确定位，而对它们运动过程中的轨迹没有严格要求，在移动和定位过程中不进行任何加工。因此，为了尽可能地减少移动部件的运动时间和定位时间，两相关点之间的移动先是快速移动到接近新的位置，然后进行连续降速或分级降速，使之慢速趋近定位点，以保证其定位精度。如图9.5所示。

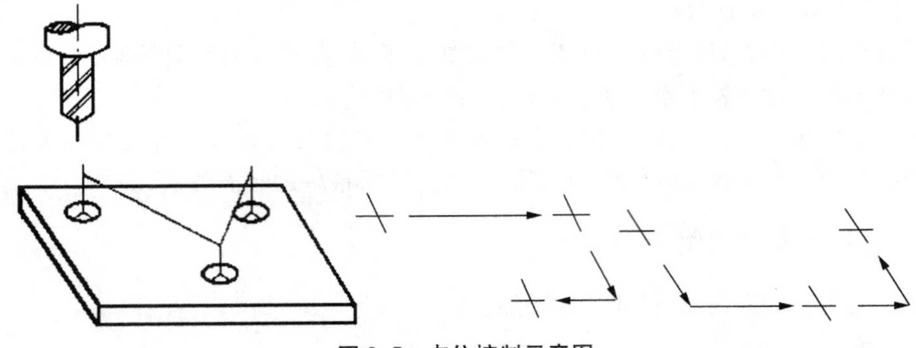

图 9.5　点位控制示意图

这类机床主要有数控坐标镗床、数控钻床、数控点焊机、数控折弯机等，其相应的数控装置称为点位控制装置。

(2) 直线控制数控机床

直线控制数控机床的特点是刀具相对于工件的运动不仅要控制两相关点之间的准确位置(距离)，还要控制两相关点之间移动的速度和轨迹。其路线一般由与各轴线平行的直线段组成。它和点位控制数控机床的区别在于当机床移动部件移动时，可以沿一个坐标轴的方向进行切削加工，而且其辅助功能比点位控制的数控机床多。图 9.6 为直线控制数控机床加工示意图。

属于这类机床的主要有数控车床、数控磨床、数控镗床和数控铣床等，其相应的数控装置称为直线控制装置。

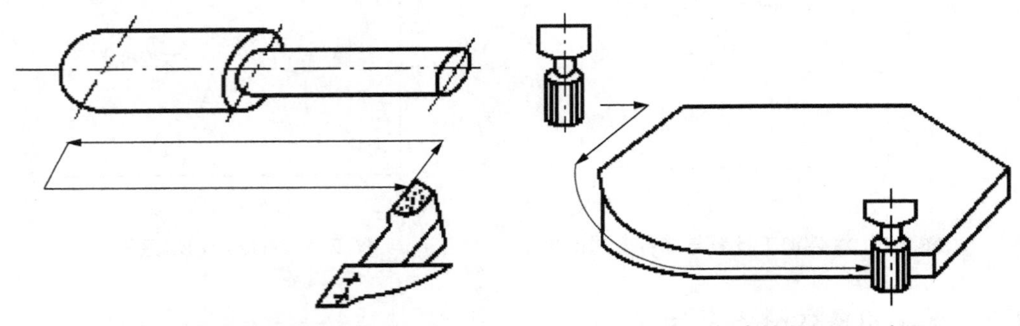

图 9.6　直线控制加工示意图　　图 9.7　轮廓控制加工示意图

(3) 轮廓控制数控机床

轮廓控制又称连续控制，大多数数控机床具有轮廓控制功能。其特点是能同时控制两个以上的轴联动，具有插补功能。它不仅要控制起点和终点的位置，而且要控制加工过程中每一点的位置和速度，加工出任意形状的曲线或曲面。图 9.7 为轮廓控制加工示意图。

属于这类机床的有数控车床、数控铣床，加工中心等，其相应的数控装置称为轮廓控制装置。轮廓控制装置要比点位控制装置、直线控制装置结构复杂得多，功能齐全得多。

2）按进给伺服系统的类型分类

（1）开环进给伺服系统数控机床

开环伺服系统通常不带有位置测量元件，伺服驱动元件一般为步进电机或电液脉冲马达。如图 9.8 所示为步进电机开环进给伺服系统原理图。数控装置发出的指令脉冲通过环形分配器和驱动电路，使步进电机转过相应的步距角，再经过传动系统，带动工作台或刀架移动。移动部件的速度与位移是由输入脉冲的频率和脉冲数决定的。它的定位精度不高，一般可达±0.02 mm，主要取决于伺服驱动元件和机床传动机构的精度、刚度和动态特性。

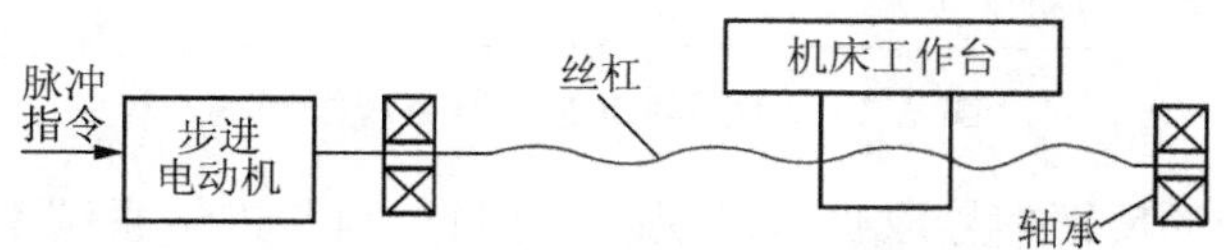

图 9.8　开环进给伺服系统框图

这种开环伺服系统具有结构简单、系统稳定、调试方便、价格低廉等优点。但是由于系统对移动部件的误差没有补偿和校正，所以精度低。它一般适用于经济型数控机床和旧机床的数控化改造。

（2）闭环进给伺服系统数控机床

闭环进给伺服系统是指在机床的运动部件上安装位移测量装置，如图 9.9 所示为用进给伺服电动机驱动的闭环进给伺服系统原理图。它主要是由比较环节、伺服驱动放大器、进给伺服电动机、机械传动装置和直线位移测量装置所组成。

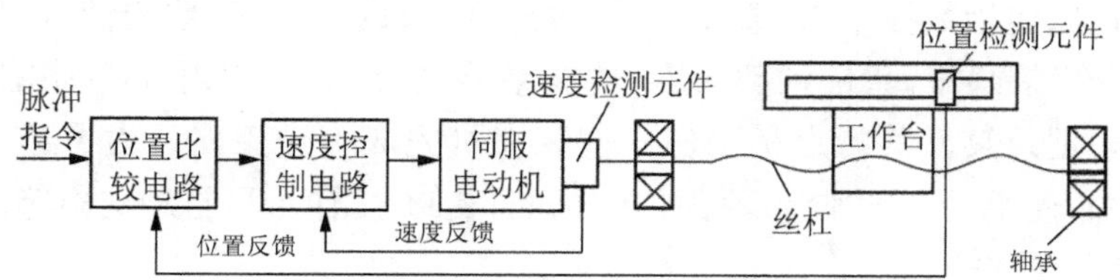

图 9.9　闭环进给伺服系统框图

闭环系统的工作原理是，当数控装置发出位移指令脉冲，经过伺服电动机、机械传动装置驱动移动部件移动时，安装在移动部件上的位置检测装置直接对工作台的位移量进行测量，把检测所得位移量反馈到输入端，与输入信号进行比较，得到的差值再去控制伺服电动机，驱动移动部件向减少差值的方向移动。如果指令脉冲不断地输入，则移动部件就不断地运动，只有差值为零时，移动部件才停止移动。此时移动部件的实际位移量与指令的位移量相等。

由闭环进给伺服系统的工作原理可以看出，系统的精度主要取决于位移检测装置的精度，从理论上讲，它可以完全消除由于传动部件制造中存在的误差给工件加工带来的影响，所以这种控制系统可以得到很高的加工精度。闭环系统的设计和调整都有较大的难度，直线位移检测元件的价格也比较昂贵，主要用于一些精度要求较高的镗铣床、超精密车床和加工中心等。

(3) 半闭环进给伺服系统数控机床

图 9.10 是半闭环进给伺服系统的工作原理图。它与全闭环的唯一区别是全闭环的检测元件是直线位移检测器，安装在移动部件上；而半闭环的检测元件是角位移检测器，直接安装在电动机轴上，也有个别的安装在丝杠上，但二者的工作原理是完全一样的。

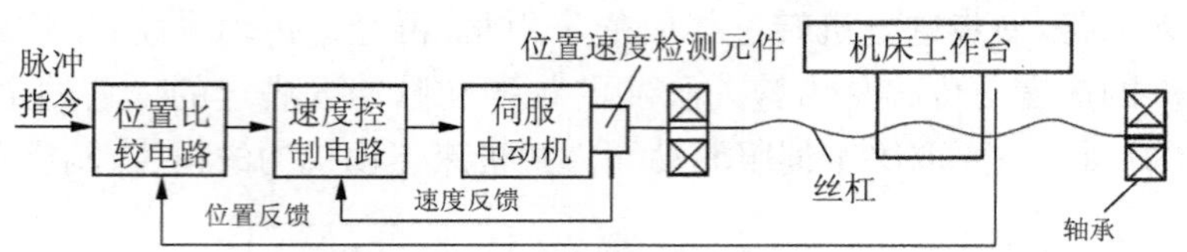

图 9.10　半闭环进给伺服系统框图

因为半闭环系统的反馈信号取自电动机轴的回转，因此进给系统中的机械传动装置处于反馈回路之外，其刚度、间隙等非线性因素对系统稳定性没有影响，调试方便。同样的理由，机床的定位精度主要取决于机械传动装置的精度，但是现在的数控装置均有螺距误差补偿和间隙补偿功能，不需要将传动装置各种零件精度提得很高，通过补偿就能将精度提高到绝大多数用户都能接受的程度。再加上直线位移检测装置比角位移检测装置贵很多，因此除了对定位精度要求特别高或行程特别长，不能采用滚珠丝杠的大型机床外，目前绝大多数数控机床均可采用半闭环系统。

3) 按工艺用途分类

(1) 切削类数控机床

这类数控机床包括数控车床、数控钻床、数控铣床、数控磨床、数控镗床以及加工中心。切削类数控机床发展最早，目前种类繁多，功能差异也较大。加工中心都带有一个刀库，可容纳 10～100 多把刀具。其特点是工件一次装夹可完成多道工序。为了进一步提高生产率，有的加工中心使用两个工作台，一面加工，一面装卸，工作台可自动交换等。

(2) 成型类数控机床

这类机床包括数控折弯机、数控组合冲床、数控弯管机、数控回转头压力机等。这类机床起步晚，但目前发展很快。

(3) 数控特种加工机床

如数控线(电极)切割机床、数控电火花加工、火焰切割机、数控激光切割机床等。

(4) 其他类型的数控机床

如数控三坐标测量机等。

4) 数控机床的性能分类

(1) 低档数控机床

低档数控机床也称经济型机床，其特点是根据实际的使用要求，合理地简化系统，以降低产品价格。目前，我国把由单片机或单板机与步进电动机组成的数控系统和功能简单、价格低的系统称为经济型数控系统。它主要用于车床、线切割机床以及旧机床的数控化改造等。在我国，这类数控机床有一定的生产批量。

低档数控机床的技术指标通常为：脉冲当量为 0.01～0.05 mm，快进速度为 4～10 m/min，开环步进电机驱动，用数码管或简单 CRT 显示，主 CPU 一般为 8 位或 16 位。

(2) 中档数控机床

中档数控机床的技术指标通常为：脉冲当量 0.005～0.001 mm，快进速度为 15～24 m/min，伺服系统为半闭环直流或交流伺服系统，有较齐全的 CRT 显示；可以显示字符和图形，人机对话，自诊断等，主 CPU 一般为 16 位或 32 位。

(3) 高档数控机床

高档数控机床的技术指标通常为：脉冲当量 0.001～0.0001 mm，快进速度为 15～100 m/min，伺服系统为闭环直流或交流伺服系统，CRT 显示除了具备中档的功能外，还具有三维图形显示等功能，主 CPU 一般为 32 位或 64 位。

9.3　系统配置简介

目前数控车床采用的数控系统有国产的和进口的。国产系统有代表性的是北京帝特玛，广州数控 980T，还有华中数控、华中世纪星 HN－21T 等。进口系统为日本发那科公司生产的 FANUC 系统，德国西门子公司生产的 SIEMENS 系统，西班牙生产的 FAGOR 系统。还有引进技术，如大连的大森系统、大连机床集团的阿贝尔系统等。

数控系统是数控机床的中枢。目前绝大部分数控机床都采用微型计算机控制。数控装置由硬件与软件组成。硬件由运算器和控制器组成；输入/输出接口等软件是存放在存储器中，通过通信口、键盘输入，图 9.11 是数控装置结构的框图。伺服系统由伺服控制电路、功率放大电路和伺服电动机等组成。数控机床的加工精度和生产效率主要取决于伺服系统的性能。下面以 FANUC-0i 系统和 SIEMENS-802D 系统为例说明。

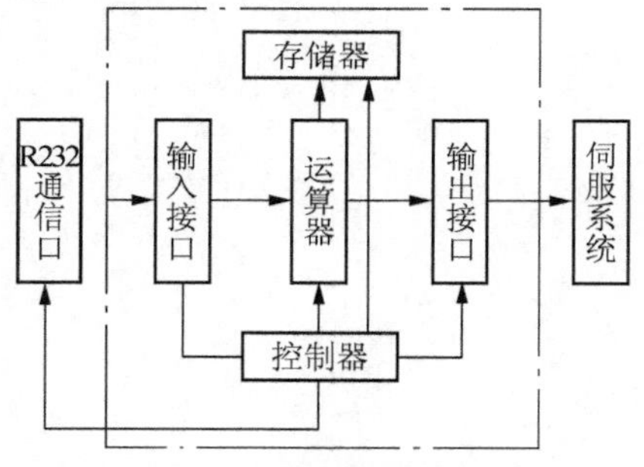

图 9.11　数控装置结构框图

9.3.1　FANUC-0i 系统

该系统包括主机板、I/O 板、操作面板、CRT 显示、伺服驱动及交流伺服电动机。

主机板包括：CPU 运算控制器、存储器、PMC 可编程序控制器、I/O 输入/输出接口、伺服控制、主轴控制、内存卡 I/F 等。其中存储器中有系统软件、启动程序、梯形图程序、加工程序、各种参数等。

I/O 板包括：电源印制电路板、DI/DO、阅读穿孔机接口 I/F、MDI 控制、显示控制、手摇脉冲发生器控制。

9.3.2　SIEMENS-802D 系统

该系统由 PCU 单元(Panel Control Unit)、键盘、输入/输出模块(PP82/48)、24 V 电源、驱动器 Simo Drive 611E、1FK6 系统数字伺服电动机和 1PH8 系列数字主轴电动机组成。

PCU 是 802D 的核心，集成了 PROFIBUS 接口、键盘、三个手轮接口以及 PCMUA 接口。各软件部分和 PLC 全部集成于 PCU 中，系统连接如图 9.12 所示。

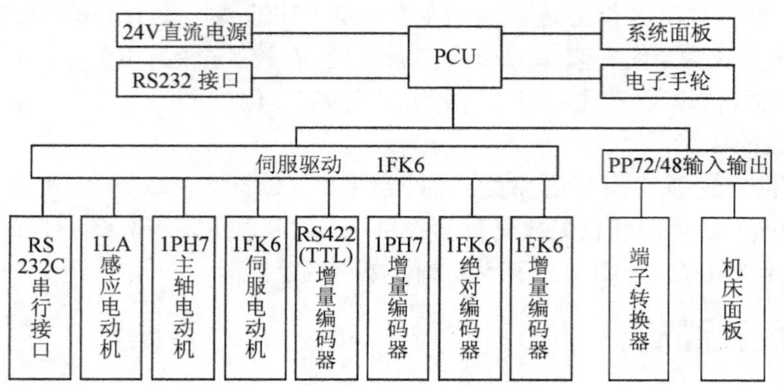

图 9.12　SIEMENS-802D 系统连接图

第 10 章　数控编程基础

10.1　机床坐标系的确定

数控机床上的坐标系是采用右手直角笛卡儿坐标系。如图 10.1 所示，X、Y、Z 直线进给坐标系按右手定则规定，而围绕 X、Y、Z 轴旋转的圆周进给坐标轴 A、B、C 则按右手螺旋定则判定。机床各坐标轴及其正方向的确定原则是：

（1）先确定 Z 轴。以平行于机床主轴的刀具运动坐标为 Z 轴，若有多根主轴，则可选垂直于工件装夹面的主轴为主要主轴，Z 坐标则平行于该主轴轴线。若没有主轴，则规定垂直于工件装夹表面的坐标轴为 Z 轴。Z 轴正方向是使刀具远离工件的方向。如立式铣床，主轴箱的上、下或主轴本身的上、下即可定为 Z 轴，且是向上为正；若主轴不能上下动作，则工作台的上、下便为 Z 轴，此时工作台向下运动的方向定为正向。

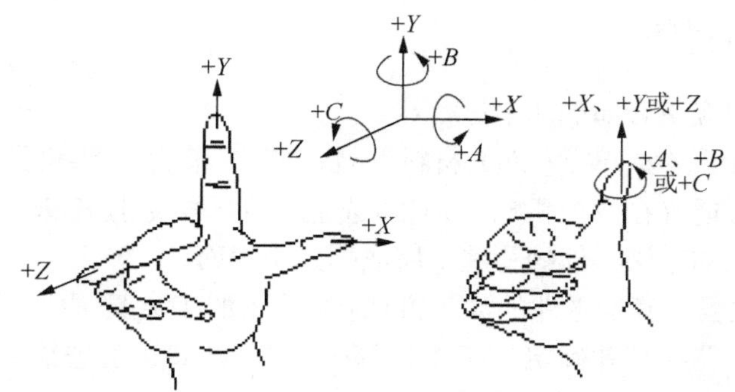

图 10.1　机床坐标系的确定

（2）再确定 X 轴。X 轴为水平方向且垂直于 Z 轴并平行于工件的装夹面。在工件旋转的机床（如车床、外圆磨床）上，X 轴的运动方向是径向的，与横向导轨平行。刀具离开工件旋转中心的方向是正方向。对于刀具旋转的机床，若 Z 轴为水平（如卧式铣床、镗床），则沿刀具主轴后端向工件方向看，右手平伸出方向为 X 轴正向，若 Z 轴为垂直（如立式铣床、镗床，钻床），则从刀具主轴向床身立柱方向看，右手平伸出方向为 X 轴正向。

（3）最后确定 Y 轴。在确定了 X、Z 轴的正方向后，即可按右手定则定出 Y 轴正方向。如图 10.2 所示是机床坐标系示例。

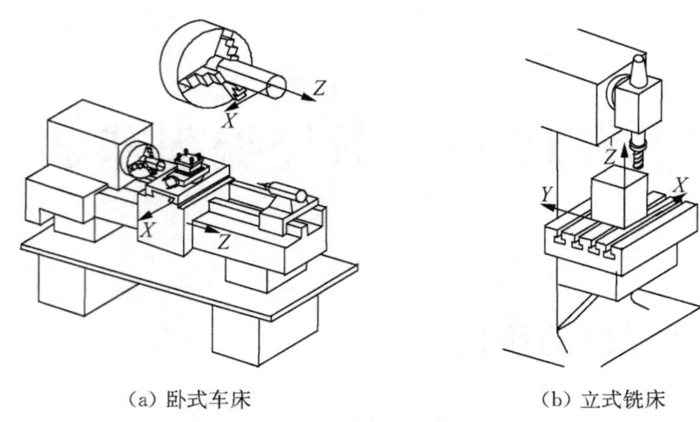

(a) 卧式车床　　(b) 立式铣床

图 10.2　机座坐标系示例

上述坐标轴正方向，均是假定工件不动，刀具相对于工件做进给运动而确定的方向，即刀具运动坐标系。但在实际机床加工时，有很多都是刀具相对不动，而工件相对于刀具移动实现进给运动的情况。事实上，不管是刀具运动还是工件运动，在进行编程计算时，一律都是假定工件不动，按刀具相对运动的坐标来编程。机床操作面板上的轴移动按钮所对应的正负运动方向，也应该是和编程用的刀具运动坐标方向相一致。

10.2　程序编制的过程及方法

10.2.1　程序编制过程

数控程序的编制应该有如下几个过程：

(1) 分析零件图纸。要分析零件的材料、形状、尺寸、精度及毛坯形状和热处理要求等，以便确定该零件是否适宜在数控机床上加工，或适宜在哪类数控机床上加工。有时还要确定在某台数控机床上加工该零件的哪些工序或哪几个表面。

(2) 确定工艺过程。确定零件的加工方法(如采用的工夹具、装夹定位方法等)和加工路线(如对刀点、走刀路线)，并确定加工用量等工艺参数(如切削进给速度、主轴转速、切削宽度和深度等)。

(3) 数值计算。根据零件图纸和确定的加工路线，算出数控机床所需输入数据，如零件轮廓相邻几何元素的交点和切点，用直线或圆弧逼近零件轮廓时相邻几何元素的交点和切点等的计算。

(4) 编写程序单。根据加工路线计算出的数据和已确定的加工用量，结合数控系统的程序段格式编写零件加工程序单。此外，还应填写有关的工艺文件，如数控加工工序卡片、数控刀具卡片、工件安装和零点设定卡片等。

(5) 程序输入。使用键盘将程序输入数控系统。

(6) 程序调试和检验。可通过模拟软件来模拟实际加工过程，或将程序送到机床数控装置后进行空运行，或通过首件加工等多种方式来检验所编制出的程序，发现错误则应及时修正，一直到程序能正确执行为止。

10.2.2　程序编制方法

数控程序的编制方法有手工编程和自动编程两种。

(1) 手工编程。从零件图样分析及工艺处理、数值计算、书写程序单、制穿孔纸带直至程序的校验等各个步骤，均由人工完成，则属手工编程。

(2) 自动编程。编程工作的大部分或全部由计算机完成的过程称自动编程。

1) 直径与半径编程

由于数控车床加工的零件通常为横截面为圆形的轴类零件，因此数控车床的编程可用直径和半径两种编程方式，用哪种方式可事先通过参数设定或指令来确定。

(1) 直径指定编程

直径指定是指把图样上给出的直径值作为 X 轴的值来指定。

(2) 半径指定编程

半径指定是指把图样上给出的半径值作为 X 轴的值来指定。

2) 绝对值与增量值编程

指令刀具运动的方法，有绝对指令和增量指令两种。

(1) 绝对值编程

绝对值编程是指用刀具移动的终点位置坐标值来编程的方法。

(2) 增量值编程

增量值编程是指直接用刀具移动量编程的方法。

10.3　程序中常用的编程指令

10.3.1　准备功能 G 指令

G 指令是用来规定刀具和工件的相对运动轨迹(即指令插补功能)、机床坐标系、坐标平面、刀具补偿和坐标偏置等多种加工操作。它由字母 G 及其后面的两位数字组成，从 G00～G99 共有 100 种代码。这些代码中虽然有些常用的准备功能代码的定义几乎是固定的，但也有很多代码其含义及应用格式对不同的机床系统有着不同的定义，因此，在编程前必须熟悉、了解所用机床的使用说明书或编程手册。

表 10.1　常用 G 指令代码

G0	快速移动	模态
G1	直线插补	模态
G2	顺时针圆弧插补	模态
G3	逆时针圆弧插补	模态
G4	暂停时间	程序段
G17	X/Y 平面	模态有效
G18	Z/X 平面	模态有效

续表

G19	Y/Z 平面	模态有效
G40	刀尖半径补偿方式的取消	模态
G41	调用刀尖半径补偿刀具在轮廓左面移动	模态
G42	调用刀尖半径补偿刀具在轮廓右面移动	模态
G500	取消零点偏置	模态
G54	第一可设零点偏置	模态
G55～G57	第二、三、四可设零点偏置	模态
G70	英制尺寸	模态有效
G71	公制尺寸	模态有效
G90	绝对尺寸	模态有效
G91	增量尺寸	模态有效
G94	进给率 F,单位 mm/min	模态有效
G95	主轴进给率 F,单位:mm/r	模态有效

10.3.2 辅助功能 M 指令

M 指令也是由字母 M 和两位数字组成。该指令与控制系统插补器运算无关,一般书写在程序段的后面,是加工过程中对一些辅助器件进行操作控制用的工艺性指令。例如,机床主轴的启动、停止、变换;冷却液的开关;刀具的更换;部件的夹紧或松开等;在从 M00～M99 的 100 种代码中,同样也有些因机床系统而异的代码,也有相当一部分代码是不指定的。常用 M 指令代码见表 10.2。

表 10.2 常用 M 指令代码

代码	作用时间	组别	意义	代码	作用时间	组别	意义	代码	作用时间	组别	意义
M00	★	00	程序暂停	M06		00	自动换刀	M19	★		主轴准停
M01	★	00	条件暂停	M07	#		开切削液	M30	★	00	程序结束并返回
M02	★	00	程序结束	M08	#	b	开切削液	M60	★	00	更换工件
M03	#		主轴正转	M09	★		关切削液	M98		00	子程序调用
M04	#	a	主轴反转	M10		c	夹紧	M99		00	子程序返回
M05	★		主轴停转	M11			松开				

10.3.3 F、S、T 指令

F 指令为进给速度指令,是表示刀具向工件进给的相对速度,单位一般为 mm/min,当进给速度与主轴转速有关(如车螺纹)时,单位为 mm/r。进给速度一般有如下两种表示方法。

(1) 代码法:即 F 后跟的两位数字并不直接表示进给速度的大小,而是机床进给速度序列的代号,可以是算术级数,也可以是几何级数。

(2) 直接指定法：即 F 后跟的数字就是进给速度的大小。如 F100 表示进给速度是 100 mm/min。这种方法较为直观，目前大多数数控机床都采用此方法。

S 指令为主轴转速指令，用来指定主轴的转速，单位为 r/min。同样也可有代码法和直接指定法两种表示方法。

T 指令为刀具指令，在加工中心机床中，该指令用以自动换刀时选择所需的刀具。在车床中，常为 T 后跟 4 位数，前两位为刀具号，后两位为刀具补偿号。在铣、镗床中，T 后常跟两位数，用于表示刀具号，刀具补偿号则用 H 代码或 D 代码表示。

在上述这些工艺指令代码中，有相当一部分属于模态代码(又称续效代码)。这种代码一经在一个程序段中指定，便保持有效直到被以后的程序段中出现同组类的另一代码所替代。在某一程序段中，一经应用某一模态代码，如果其后续的程序段中还有相同功能的操作，且没有出现过同组类代码时，则在后续的程序段中可以不再指令和书写这一功能代码。比如，接连几段直线的加工，可在第一段直线加工时用 G01 指令，后续几段直线就不需再书写 G01 指令，直到遇到 G02 圆弧加工指令或 G00 快速空走等指令。

另一部分非模态代码功能只对当前程序段有效，如果下一程序段还需要使用此功能则还需要重新书写。

10.3.4　基本移动指令

1) 快速定位(G00)

该功能使刀具以机床规定的快速进给速度移动到目标点，也称为点定位。

指令格式：G00 X_Y_Z_;

说明：X_Y_Z_为绝对编程时刀具移动的终点坐标值。

执行该指令时，机床以由系统快进速度决定的最大进给量移向指定位置。它只是快速定位，而无运动轨迹要求，不需规定进给速度。

2) 直线插补(G01)

该指令用于直线或斜线运动。可沿 X、Z 方向执行单轴运动，也可以沿 XYZ 平面内任意斜率的直线运动。

指令格式：G01 X_Y_Z_F_;

说明：X_Y_Z_为绝对指令时刀具移动终点位置的坐标值。F_为刀具的进给速度。刀具用 F 指令的进给速度沿直线移动到被指令的点，即进给速度由 F 指令决定。F 指令也是模态指令，它可以用 G00 指令取消。

3) 圆弧插补(G02、G03)

G02 顺时针圆弧插补，G03 逆时针圆弧插补。该指令使刀具从圆弧起点，沿圆弧移动到圆弧终点。

(1) 指定圆心的圆弧插补

指令格式：G02/G03 X_Z_I_K_F_;

说明：X_Z_为圆弧终点坐标。I_K_为圆心在 X、Z 轴方向上相对起点的坐标增量。I、K 的数值是从圆弧起点向圆弧中心看的矢量，用增量值指定。请注意 I、K 会因起点相对圆心的方位不同而带有正、负号。

(2) 指定半径的圆弧插补

指令格式：G02/G03 X_Z_R_F_；

说明：X_Z_为圆弧终点坐标。R_为圆弧半径。当圆弧所对应的圆心角小于或等于 180°时，R 取正值；当圆弧所对应的圆心角大于或等于 180°时，R 取负值。在直径、半径编程时，I 都是半径值。

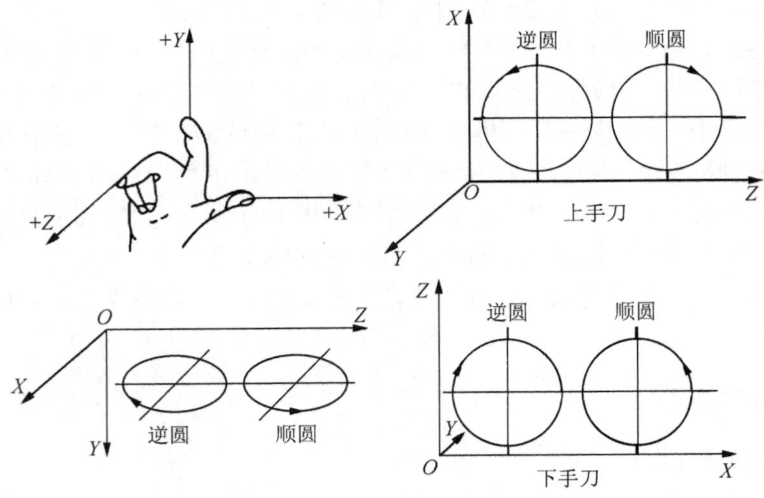

图 10.3 圆弧顺、逆的判断

圆弧插补的顺时针圆弧是从垂直于圆弧所在平面(如 *XZ* 平面)的坐标轴的正方向看到的回转方向(见图 10.3 中上手刀)，即观察者站在 *Y* 轴的正向(正向指向自己)沿 *Y* 轴的负方向看去，顺时针方向为 G02，逆时针方向为 G03。反之，如果观察者向 *Y* 轴的正方向看去(见图 10.3 中下手刀)，顺时针方向为 G03，逆时针方向为 G02。该方法则同样适用数控铣床。

第 11 章　数控车床编程和加工

11.1　数控车床简介

11.1.1　数控车床的类型及基本组成

1) 数控车床的类型

(1) 水平床身(即卧式车床)：它有单轴卧式和双轴卧式之分。由于刀架拖板运动很少需要手摇操作，所以刀架一般安放于轴心线后部，其主要运动范围亦在轴心线后半部，可使操作者易接近工件。采用短床身占地小，宜于加工盘类零件。双轴型便于加工零件正反面。

(2) 倾斜式床身：它在水平导轨床身上布置三角形截面的床鞍。其布局兼有水平床身造价低、横滑板导轨倾斜便于排屑和易接近操作的优点。它有小规格、中规格和大规格三种。

(3) 立式数控车床：它分单柱立式和双柱立式数控车床。采用主轴立置方式，适用于加工中等尺寸盘类和壳体类零件，便于装卸工件。

(4) 高精度数控车床：它分中、小规格两种。它适用于精密仪器、航天及电子行业的精密零件。

(5) 四坐标数控车床：四坐标数控车床设有两个 X、Z 坐标或多坐标复式刀架。它可提高加工效率，扩大工艺能力。

(6) 车削加工中心：车削中心可在一台车床上完成多道工序的加工，从而缩短了加工周期，提高了机床的生产效率和加工精度。若配上机械手，刀库料台和自动测量监控装置构成车加工单元，用于中小批量的柔性加工。

(7) 各种专用数控车床：专用数控车床有数控卡盘车床、数控管子车床等。

2) 数控车床的基本组成

数控车床的整体结构组成基本与普通车床相同，同样具有床身、主轴、刀架及其拖板和尾座等基本部件，但数控柜、操作面板和显示监控器却是数控机床特有的部件。即使对于机械部件，数控车床和普通车床也具有很大的区别。如数控车床的主轴箱内部省掉了机械式的齿轮变速部件，因而结构就非常简单了；车螺纹也不再需要另配丝杆和挂轮了；刻度盘式的手摇移动调节机构也已被脉冲触发计数装置所取代。

11.1.2 数控车床的主要加工对象

数控车床与普通车床一样,也是用来加工轴类或者盘类的回转体零件。但是,由于数控车床具有加工精度高、能做直线和圆弧插补以及在加工过程中能自动变速的特点,因此,其工艺范围较普通车床宽得多。凡是能在数控车床上装夹的回转体零件都能在数控车床上加工。针对数控车床的特点,下列几种零件最适合数控车削加工:

(1) 精度要求高的回转体零件;

(2) 表面粗糙度要求高的零件;

(3) 表面形状复杂的回转体零件;

(4) 带特殊螺纹的回转体零件。

11.2 FANUC-0i 系统数控车床编程指令

日本 FANUC 是当今世界上数控系统科研、设计、制造、销售实力最强大的企业,科研人员约 1 500 人,销售额在世界占领先水平。FANUC-0i 系统广泛应用在装配、搬运、焊接、铸造、喷涂、码垛等不同生产环节,满足客户的不同需求。

11.3 编程实例

编程实例(见图 11.1)

```
N010 T0101 S600 M03;
N020 G00 X32 Z1;
N030 G01 X25 Z0;
N040 G01 X25 Z-15;
N050 G01 X30 Z-20;
N060 G01 X30 Z-45;
N070 G00 X50 Z50;
N080 M05;
N090 M30;
```

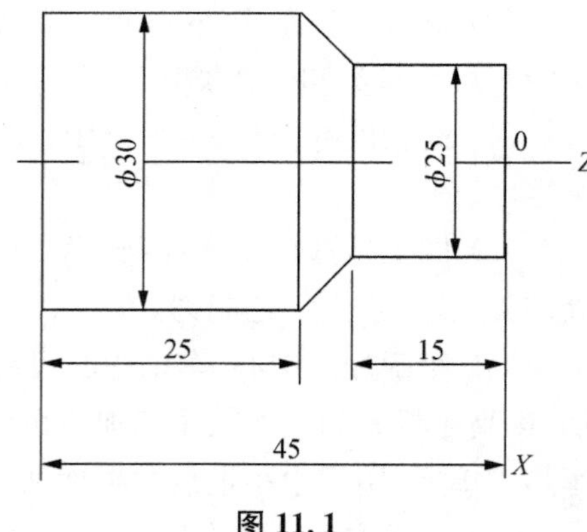

图 11.1

11.4 常用复合循环指令

当车削加工余量较大,需要多次进刀切削加工时,可采用工艺子程序循环加工,这样可减少程序段的数量,缩短编程时间和提高数控机床工作效率。FANUC-0i 系统常用复合循环指令如表 11.1 所示。

表 11.1　FANUC-0i 系统常用复合循环指令

循环名称	循环功能	循环名称	循环功能
G71	外侧切除循环	G70	精切循环
G72	底侧切除循环	G74	底侧切除循环
G73	闭环切削循环	G75	外侧或内侧切除循环

11.4.1　G71 外圆粗车循环

如图 11.2 所示。

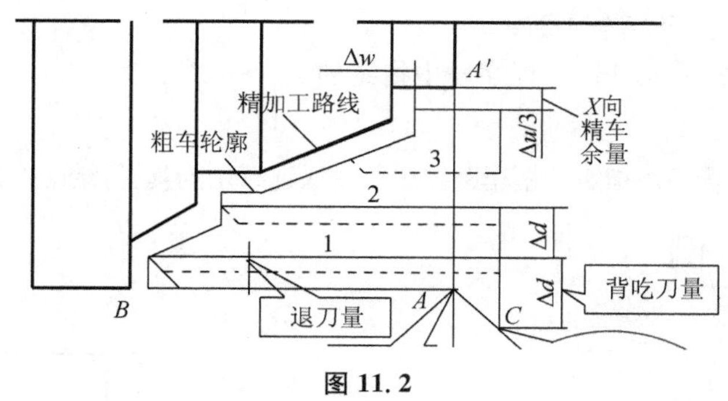

图 11.2

1）功能

只需指定粗加工背吃刀量、精加工余量、精加工路线，系统便能自动给出粗加工路线和加工次数，完成粗加工。

2）格式

$$\text{G71 U}(\Delta d)\text{R}(e)$$

$$\text{G71 P}(ns)\text{Q}(nf)\text{U}(\Delta u)\text{W}(\Delta w)\text{F}xx\ \text{S};$$

3）参数含义

Δd：粗加工背吃刀量，半径值；

e：退刀量，半径值；

ns：精加工路线第一个程序段的段号；

nf：精加工路线最后一个程序段的段号；

Δu：X 方向精加工余量，直径值；

Δw：Z 方向精加工余量。

4）运行特点

(1) 指令运行前刀具先到达循环起点；

(2) 指令运行中刀具依据给定的 Δd、e 按矩形轨迹循环分层切削；

(3) 最后一次切削沿粗车轮廓连续走刀，留有精车余量 Δu、Δw；

(4) 指令运行结束，刀具自动返回循环起点。

11.4.2 G70 外圆精车循环

1）功能

切除粗加工循环指令后留下的余量，完成精加工。

2）格式

G70 P(*ns*)Q(*nf*)F S；

ns，*nf* 含义与 G71 指令相同，并且数值一致。

3）说明

（1）应与粗加工指令配合使用；

（2）在 G70 状态下，*ns* 到 *nf* 程序段中指定的 F，S，T 有效。

4）运行特点

刀具按 *ns* 到 *nf* 程序段指定的精车路线进行一次连续切削，运行结束刀具返回循环起点。

11.5 编程实例

编程案例 1（见图 11.3）

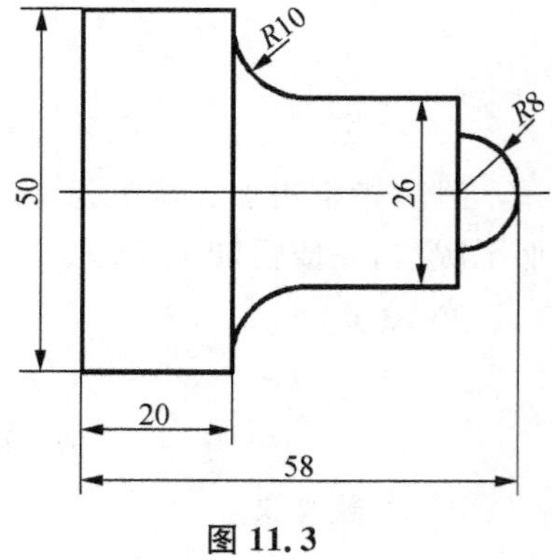

图 11.3

```
O0001;
S600 M03 T0101;
G00X50 Z2;
G71 U1.2 R0.5;
G71 P10 Q20 U0.5 W0.2 F0.2;
N10 G00 X0 Z0;
G03 X10 Z-8 R8;
G01 X26 Z-8;
G01 X26 Z-28;
G02 X46 Z-38 R10;
G01 X50 Z-38;
G01 X50 Z-58;
N20 G00 X100;
Z100;
G70 P10 Q20 S1000 F0.05;
G00 X100;
Z100;
S300 M03 T0202;
G00 X55 Z-62;
G75 R0.5;
```

```
G75 X0 Z0 P2000 Q0 F0.1;
G00 X100 Z100;
M05;
M30;
```

编程实例 2(见图 11.4)

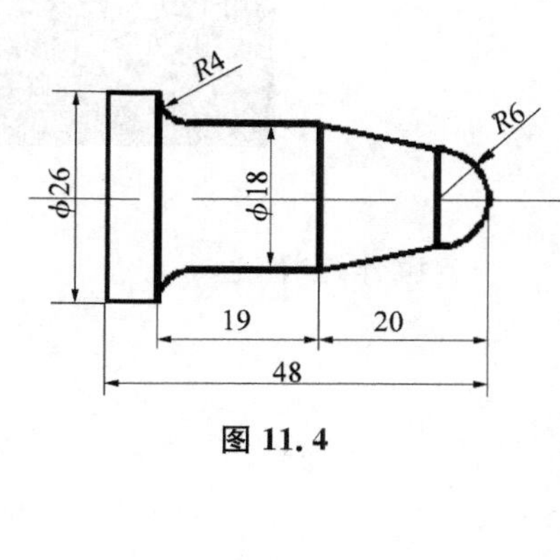

图 11.4

```
O0002;
S700 M03 T0101;
G00 X32 Z20 M08;
G00 X32 Z0;
G00 X32 Z0;
G01 X0.0 F0.1;
G00Z1;
G00X31;
G71 U1.5 R0.3;
G71 P10 Q20 U0.3 W0.1 F0.2;
N10 S900 M03;
G00 X0;
G01 Z0 F0.15;
G03 X12 Z-6 R6 F0.1;
G01 X18 Z-20 F0.1;
G01 X35 F0.1;
G02 X26 Z-39 R4 F0.1;
G01 Z-49;
N20 G01X31;
G00 X200;
T0202 S500 M03;
G00 X31 Z20;
G00 Z1;
G70 P10 Q20;
G00 Z200;
M30;
```

11.6　数控车床仿真系统虚拟机床操作

11.6.1　机床面板操作

机床操作面板位于窗口的右下侧，如图 11.5 所示，主要用于控制机床的运动和状态，由模式选择按钮、程序运行控制开关等多个部分组成，每一部分的详细说明如下。

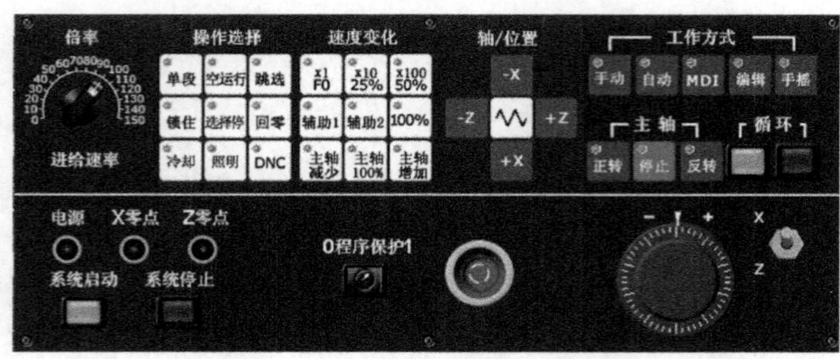

图 11.5　数控车床操作面板

1）操作选择键

自动运行方式控制：单段键、空运行键、跳选键、锁住键、选择停键、回零键、冷却键、照明键、DNC 键。

2）机床主轴速度变化

机床主轴速度变化键

3）数控系统启停键

系统启动　　系统停止

4）手动移动机床各轴按钮

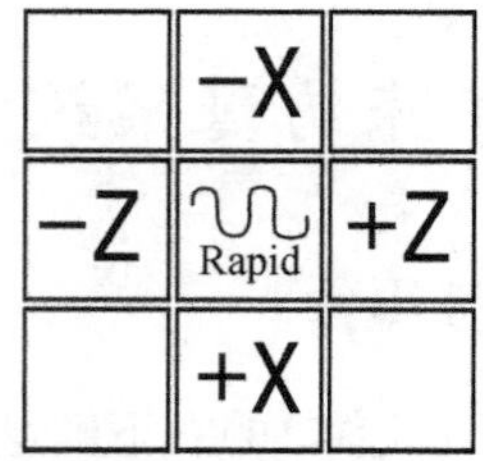

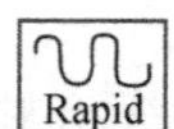

Rapid 快速移动　　方向键：选择要移动的轴

5）紧急停止旋钮

遇有撞刀等紧急情况，按下此钮，机床断电停止工作。

6）进给速率倍率调节旋钮

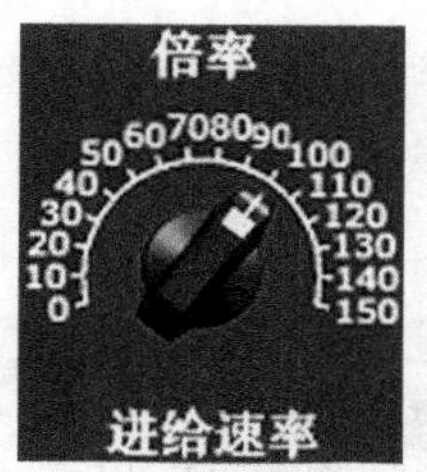

主轴速度调节旋钮

7）工作方式

工作方式：手动、自动、MDI、编辑、手摇

8）主轴转向

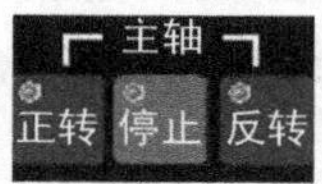

主轴转向：正转、停止、反转

9）循环

循环模式：循环开始、循环结束

10）手摇盘

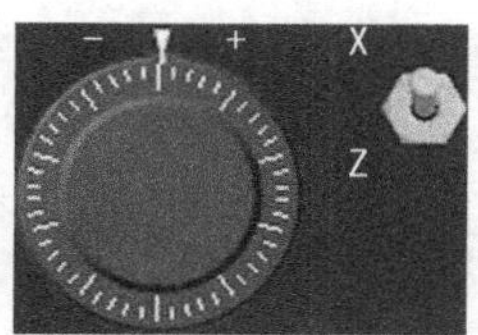

手动控制 X、Z 方向的进给量

11）工作钥匙

打到0程序启动，打到1程序被保护

11.6.2　数控系统操作

点击窗口切换图标，系统操作面板可分为LCD显示区、MDI键盘区及软键开关区，其左部分为显示屏，右部分是编程面板，如图11.6所示，用键盘结合显示屏来进行数控系统操作。

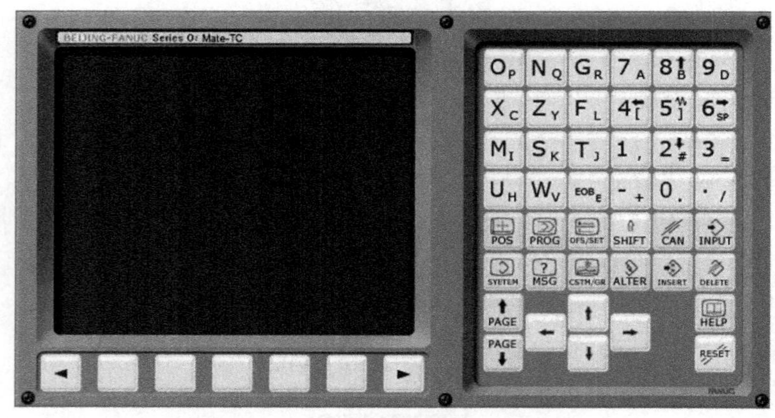

图11.6　数控系统操作面板

下面对各按键作简单介绍。

坐标位置显示页面键

数控程序显示与编辑页面键

参数与刀补及坐标系输入页面键

消除输入区域内的数据

INPUT 把输入区域内的输入到参数页面和刀补，或者输入一个外部的数控程序

系统参数设置页面键

MSG 系统报警信息显示页面键

CSTM/GR 图形参数设置页面键

ALTER 用输入的数据替换光标所在的数据

INSERT 把输入区域中的数据插入到光标之后的位置

删除光标所在的数据

帮助键

11.6.3 手动操作机床

1）开机

按系统启动键

2）急停

把急停按钮关闭

3）程序保护

把程序保护打到左边

4）回零

按 回零 键，按顺序点击 +X 和 +Z ，即可自动回参考点。

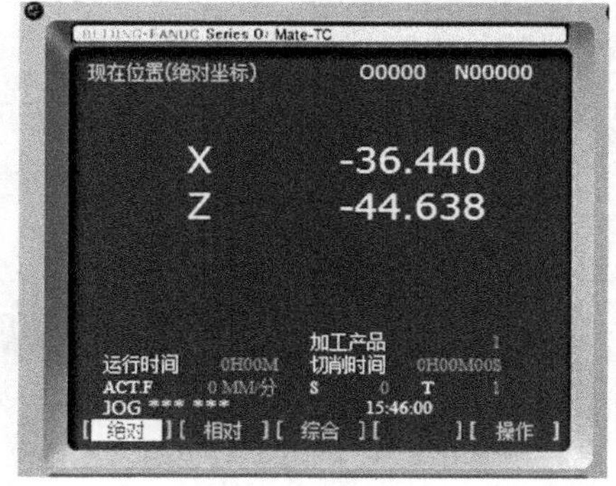

(a)

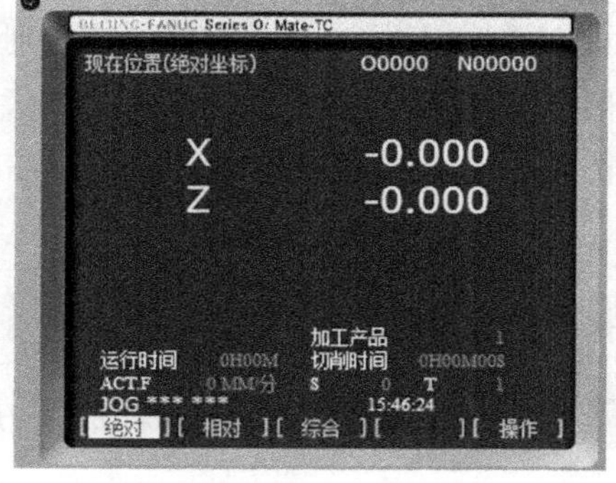

(b)

图 11.7 开机窗口界面

11.6.4 试切对刀和工件坐标系的建立步骤

(1) 建立新工件

找到工件操作、工件大小,如图 11.8 所示,输入毛坯直径和长度,确定。

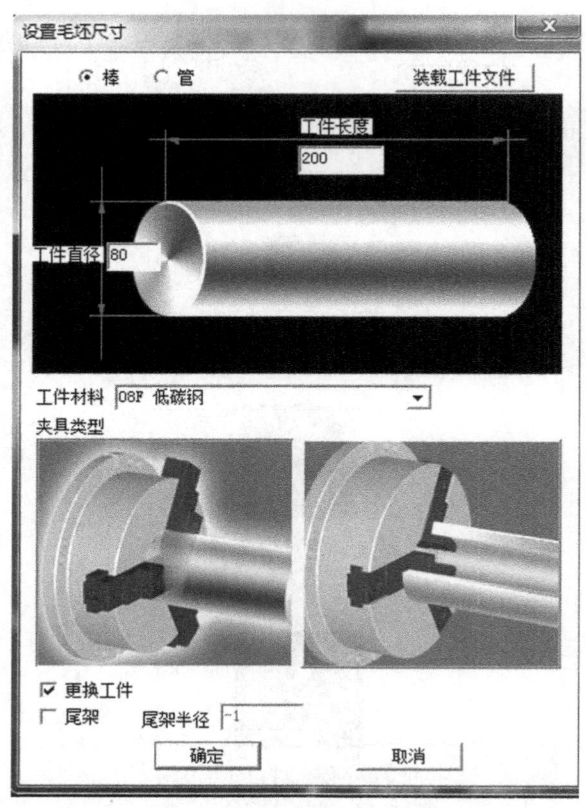

图 11.8 建立新工件参数

(2) 建立新刀具

根据被加工零件的要求,选择合适的刀具。其具体操作步骤如下:

机床操作、刀具库、选择刀具、添加到刀盘,然后确定(图 11.9)。

鼠标单击要添加的车刀,然后找到添加刀盘,把刀具添加到刀位,确定。卸除车刀时先单击机床刀库中选中的刀然后点击移除,车刀就卸下来了。

(3) 对刀操作

操作步骤:机床操作、对刀、把刀尖对在右端面与回转中心线交点处、按 OFS/SET 找到 [补正] 中 [形状] 输入 X0 测量、Z0 测量,完成对刀(图 11.10)。

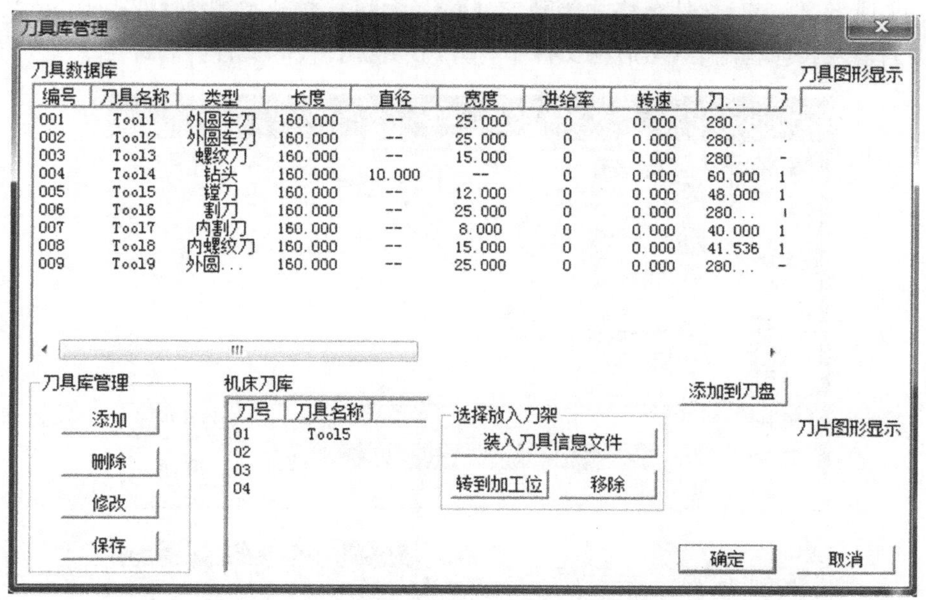

图 11.9　增加刀具窗口

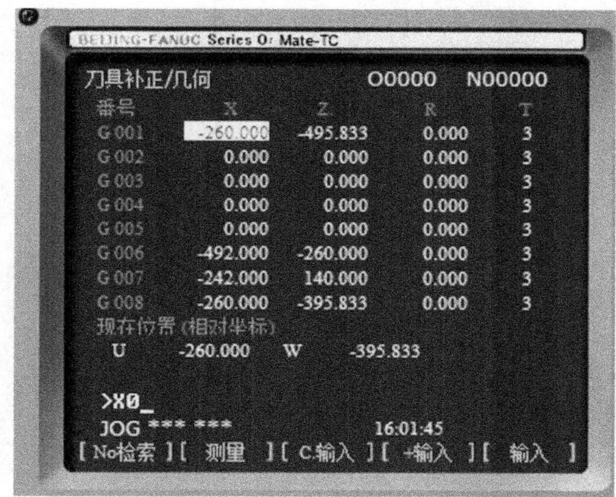

测量 X0

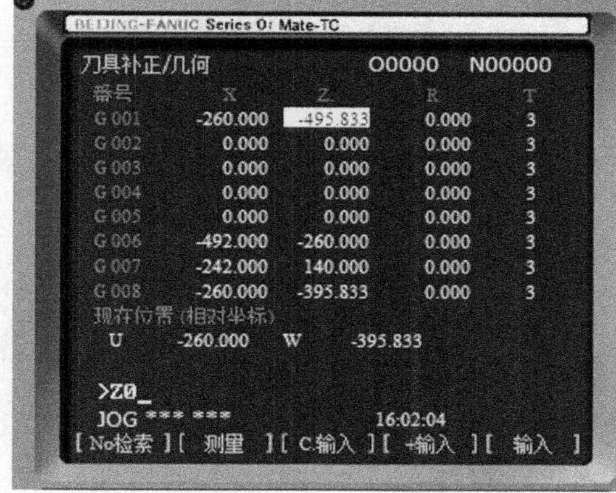

测量 Z0

图 11.10　完成对刀步骤

11.6.5　程序编辑和自动加工

1）输入新程序——程序操作区

功能是编制新的零件程序文件，输入程序名和类型，具体操作步骤如下：

方法一：按 PROG 键，显示程序编辑页面，工作方式调到编辑状态。在操作面板上直接输入程序即可。

方法二：在开始菜单找到记事本，在记事本里编辑程序，编辑完成后点击另存为在桌面如图 11.11 所示，保存时文件名格式为数字.CNC（大写），文件类型为 NC 代码文件。在程序编辑页面输入相应程序名，然后在文件中打开，找到 NC 代码文件打开即可。

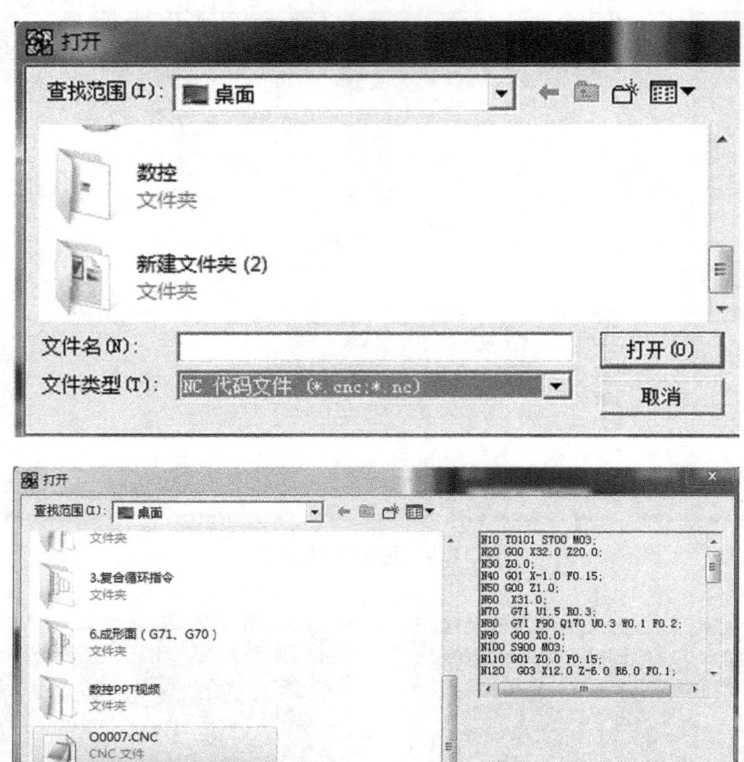

图 11.11　调用代码文件

2）自动加工

程序编辑完成后，工作方式打到自动，按循环开始键，完成数控加工。

第 12 章　数控铣床、加工中心及自动编程

12.1　数控铣床及直接编程

数控铣床是一种功能强大的机床，它的加工范围较广，工艺也很复杂，涉及的技术问题较多。目前迅速发展的加工中心、柔性制造系统等都是在数控铣床的基础上生产和发展起来的。

数控铣床主要用于平面和曲线轮廓等的表面形状加工，也可以加工一些复杂的型面，如模具、凸轮、样板、螺旋槽等。还可以进行一系列孔的加工，如钻孔、扩孔、镗孔、铰孔和锪孔加工。另外，在数控铣床上还可以加工螺纹。

12.1.1　数控机床的分类

根据主轴的不同位置，数控铣床也像普通铣床那样分为立式（见图 12.1）、卧式（见图 12.2）和立卧两用式数控铣床，以及龙门数控铣床（见图 12.3）等。立式数控铣床一般适合加工平面、凸轮、样板、形状复杂的平面或立体零件以及模具的内外表面等；卧式数控铣床适合加工箱体、泵体、壳体类零件。

根据系统进行分类，有经济型（见图 12.4）和全功能型的数控铣床。

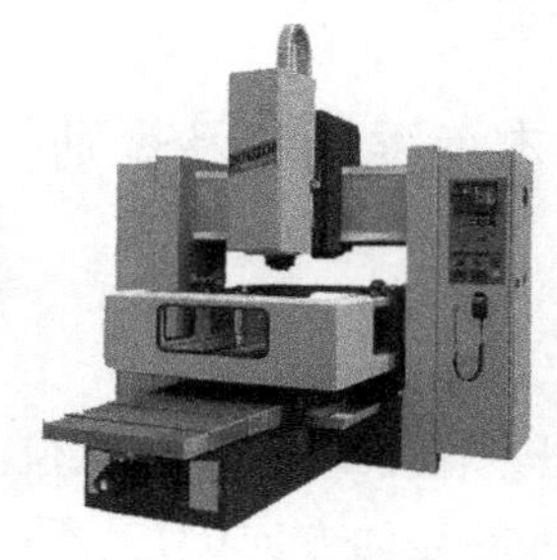

图 12.1　立式数控铣床　图 12.2　卧式数控铣床　图 12.3　龙门数控铣床　图 12.4　经济型数控铣床

12.1.2　数控铣床的功能

各类数控铣床由于其配置的操作系统不同，其功能也不尽相同。以下内容以 SIEMENS 系统为例进行介绍。

1）点位控制

利用这一功能，数控铣床可以进行只需要点位控制的钻孔、扩孔、铰孔、镗孔、锪孔等表

面的加工。

2）轮廓控制

数控铣床利用直线插补和圆弧插补的方式，可以进行刀具运动轨迹的连续轮廓控制，加工出由直线和圆弧两种几何要素构成的各种轮廓工件。对于一些非圆曲线，如椭圆、双曲线、抛物线等二次曲线及螺旋线和列表曲线等构成的轮廓，在经过直线和圆弧逼近后，也可以加工。

3）刀具半径自动补偿

利用这一功能，在编程时可以很方便地按工件的实际轮廓形状和尺寸进行编程计算，在实际加工中，刀具的中心会自动偏离工件轮廓一个距离，这个距离（称为刀具半径补偿量）可以根据实际需要自由设定，从而加工出符合要求的轮廓表面。利用这种功能，即使使用不同半径的刀具，也不需要修改程序，就可以加工出相同的轮廓；也可以利用该功能，通过修改刀具半径补偿量的方法来弥补铣刀制造的尺寸精度误差，扩大刀具半径选用范围及刀具半径返修刃磨的允许误差。还可以利用改变刀具半径补偿值的方法，以同一程序实现分层铣削和粗、精加工或用于提高加工精度。另外，通过改变刀具半径补偿值的正负号或修改程序里的刀具补偿方向，可以用来加工某些需要配合的工件。

4）刀具长度补偿

在无需修改加工程序的情况下，利用该功能可以自动改变切削平面高度，同时可以降低在制造与返修时对刀具长度尺寸的精度要求，也可以用来补偿刀具轴向对刀误差。

旋转：利用此项功能，可将程序编制的基本形状沿着基准点在360°内任意旋转加工。

缩放：利用此项功能，可将程序编制的基本形状沿着基准点根据各轴的不同比例进行缩放加工。

需特别指出的是，上述各种功能不仅可以单独使用，操作者也可以根据实际的加工需要灵活、综合地运用这些功能。

12.1.3 数控铣床基本编程指令及规则(SIEMENS)

1）坐标系

(1) 机床坐标系(MCS)

机床坐标系有三个坐标轴：X、Y、Z，各轴位置符合右手笛卡儿坐标系的位置关系。轴的正负方向为刀具相对工件的运动方向（刀具不一定做绝对运动），坐标系的原点定在机床零点，是所有坐标轴的零点位置；该点作为参考点，位置由机床制造厂家确定。机床通电后，一般各轴需执行回参考点的操作，从而建立机床坐标系。

(2) 工件坐标系(WCS)

工件坐标系是为了方便编写程序而设定的坐标系，也称为编程坐标系。坐标原点的位置由编程人员根据加工的实际需要自由设定，各坐标轴的方向与机床坐标系应保持一致。实际加工时，工件坐标系是要建立在机床坐标系基础上的，如果机床坐标系的零点发生漂移，工件坐标系的零点位置也会同步变化。

可设定的零点偏置指令：G54（G55、G56、G57、G58、G59），用该组指令建立工件坐标系与机床坐标系的关系如图 12.5 所示。

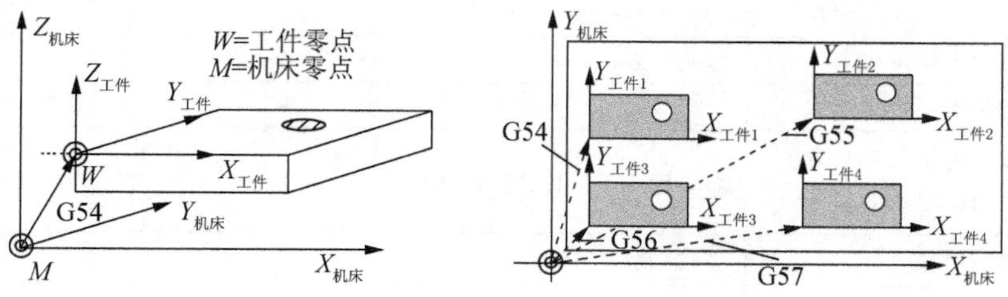

图 12.5　工件坐标系与机床坐标系的关系

西门子系统用 G54～G59 建立的工件坐标系，只有在程序运行了此指令后才会激活该层工件坐标系；若运行 M02 指令或按动 RESET（复位）键便会关闭该层工件坐标系。

2）程序名称

主程序：如 RAHMEN32（.MPF），开始的两个字符必须是字母；其后的符号可以是字母、数字或下划线；最多为 16 位字符；不得使用分隔符。

子程序：如 L888（.SPF），子程序名为 L1～L9999999，主程序中调用子程序的格式为 L…P…（P 为 1～9999），P 为循环次数。

3）程序结构

NC 程序由各个程序段组成；每个程序段执行一个加工步骤；程序段由若干个字组成；最后一个程序段包含程序结束符：M02。

4）基本编程指令

表 12.1　SIEMENS 系统指令表

地址	含义	说明	编程格式
D	刀具补偿号	用于某个刀具 T 的补偿参数；D0 表示补偿值＝0	D…
F	进给率	对应 G94 或 G95，单位分别为 mm/min 或 mm/r	F…
G	G 功能（准备功能）	一个程序段中只能有一个 G 功能组中的一个 G 功能生效	G…
G00	快速移动	运动指令	G00 X…Y…Z…
G01	直线插补	（插补方式）	G1 X…Y…Z…F…
G02	顺时针圆弧插补	（插补方式）	G2 X…Y…I…J…F…；圆心和终点 G2 X…Y…CR＝…F…；圆心和半径
G03	逆时针圆弧插补		同上
G33	恒螺距的螺纹切削	模态有效	S…M…；主轴转速方向 G33Z…
G4	暂停时间	特殊运行，程序段方式有效	G4 F… 或 G4 S…；单独程序段
G17*	*X*/*Y* 平面	平面选择，模态有效	G17…；该平面上的垂直轴为刀具长度补偿轴
G18	*Z*/*X* 平面		
G19	*Y*/*Z* 平面		

续表

地址	含义	说明	编程格式
G40*	刀尖半径补偿取消	刀尖半径补偿	
G41	刀尖半径左补偿	模态有效	
G42	刀尖半径右补偿		
G500*	取消可设定零点偏置	可设定零点偏置,模态有效	
G54～G59	可设定零点偏置		
G70	英制尺寸	英/公制尺寸	
G71*	公制尺寸	模态有效	
G94	进给率 F	单位:mm/min,模态有效	
G95		单位:mm/r	
L	子程序名及调用	单独程序段	L… P…;P 为调用次数
M0	程序停止	按[循环启动]键加工继续执行	
M1	程序有条件停止	仅在专门信号出现后生效	
M2	程序结束	在程序的最后一段写入	
N	程序段号	0…9999 9999 整数	比如:N30

表中"*"号上标表示默认指令。

12.1.4 刀具半径补偿功能

数控机床在实际加工过程中是通过控制刀具中心轨迹来实现切削加工任务的。在编程过程中,为了避免复杂的数值计算,一般按零件的实际轮廓来编写数控程序,但刀具具有一定的半径尺寸,如果不考虑刀具半径尺寸,那么加工出来的实际轮廓就会与图纸所要求的轮廓相差一个刀具半径值。因此,采用刀具半径补偿功能来解决这一问题。

在数控铣床进行轮廓加工时,因为铣刀具有一定的半径,所以刀具中心轨迹和零件轮廓不重合。如不考虑刀具半径,直接按照零件轮廓编程是比较方便的,而加工出的零件尺寸比图样要求小了一圈(外轮廓加工时)或大了一圈(内轮廓加工时),为此必须使刀具沿零件轮廓的法向偏移一个刀具半径,这就是所谓的刀具半径补偿,如图 12.6 所示。

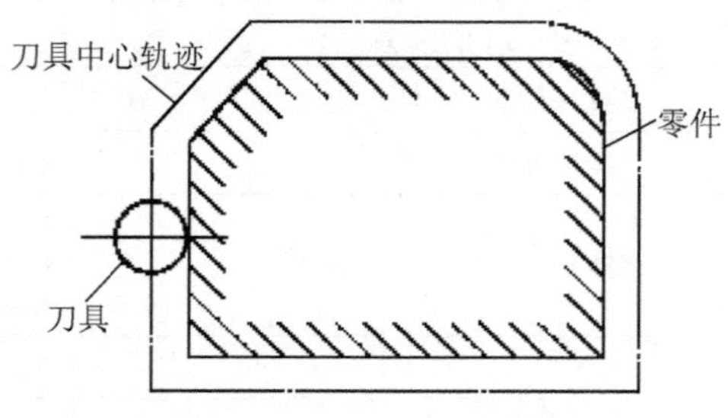

图 12.6 刀具半径补偿

指令格式:G17 G00/G01 G41/G42 X_ Y_ H_(或 D_)(F_)

G17 G00/G01 G40 X_ Y_(F_)

说明:G41 为左偏刀具半径补偿,是指沿着刀具运动方向向前看(假设零件不动),刀具位于零件左侧的刀具半径补偿。这时相当于顺铣,如图 12.7(a)所示。

G42 为右偏刀具半径补偿，是指沿着刀具运动方向向前看（假设零件不动），刀具位于零件右侧的刀具半径补偿。此时为逆铣，如图 12.7(b)所示。

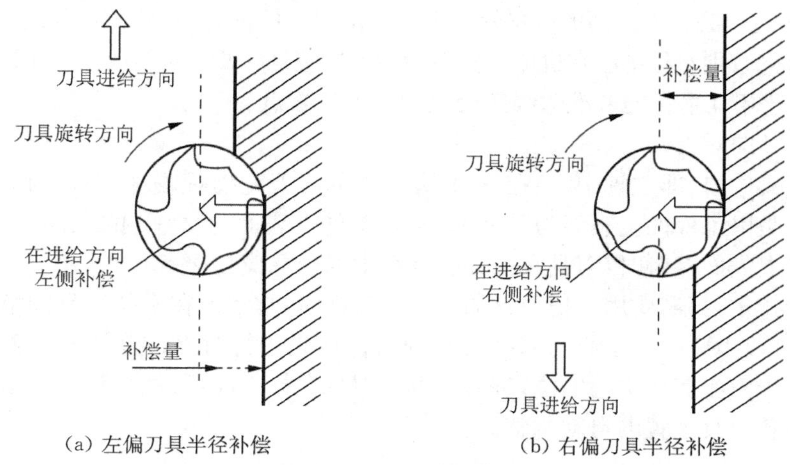

(a) 左偏刀具半径补偿　　(b) 右偏刀具半径补偿

图 12.7　刀具补偿方向

G40 为刀具半径补偿取消，使用该指令后，使 G41、G42 指令无效。G17 在 *XY* 平面内指定，G18、G19 平面形式虽然不同，但原则一样。*X*、*Y* 为建立与撤销刀具半径补偿直线段的终点坐标值。*H* 或 *D* 为刀具半径补偿寄存器的地址字，在对应刀具补偿号码的寄存器中存有刀具半径补偿值。

12.1.5　数控铣床加工——对刀

数控铣床在加工前都需要对刀，即把刀具底部中心点移至编程坐标系原点，并计算到数控系统内。数控铣床的对刀内容包括基准刀具的对刀和各个刀具相对偏差的测定两部分。对刀时，先从某零件加工所用到的众多刀具中选取一把作为基准刀具，进行对刀操作；再分别测出其他各个刀具与基准刀具刀位点的位置偏差值，如长度、直径等。这样就不必对每把刀具都去做对刀操作。如果某零件的加工，仅需一把刀具就可以的话，则只要对该刀具进行对刀操作即可。如果所要换的刀具是加工暂停时临时手工换上的，则该刀具的对刀也只需要测定出其与基准刀具刀位点的相对偏差，再将偏差值存入刀具数据库。有关多把刀具偏差设定及意义，将在刀具补偿内容中说明，当工件以及基准刀具（或对刀工具）都安装好后，可按下述步骤进行对刀操作。

先将方式开关置于“回参考点”位置，分别按＋*X*、＋*Y*、＋*Z* 方向按键令机床进行回参考点操作，此时屏幕将显示对刀参照点在机床坐标系中的坐标。若机床原点与参考点重合，则坐标显示为(0,0,0)。

(1) 以毛坯孔或外形的对称中心为对刀位置点

① 以定心锥轴找小孔中心。根据孔径大小选用相应的定心锥轴，手动操作使锥轴逐渐靠近基准孔的中心，手压移动 *Z* 轴，使其能在孔中上下轻松移动，记下此时机床坐标系中的 *X*、*Y* 坐标值，即为所找孔中心的位置。

② 用百分表找孔中心。用磁性表座将百分表粘在机床主轴端面上，手动或低速旋转主轴。然后，手动操作使旋转的表头依 *X*、*Y*、*Z* 的顺序逐渐靠近被测表面，用步进移动方式，逐步降低步进增量倍率，调整移动 *X*、*Y* 位置，使得表头旋转一周时，其指针的跳动量在允许的

对刀误差内(如 0.02 mm),记下此时机床坐标系中的 X、Y 坐标值,即为所找孔中心的位置。

③ 用立铣刀找毛坯对称中心。将立铣刀装夹在主轴上,点动使立铣刀与工件表面处于极限接触,即认为定位到工件表面的位置处。先后定位到工件正对的两侧表面,记下对应的 $X1$、$X2$、$Y1$、$Y2$ 坐标值,则对称中心在机床坐标系中的坐标应是($(X1+X2)/2$,$(Y1+Y2)/2$)。

(2) 以毛坯相互垂直的基准边线的交点为对刀位置点

(3) 刀具 Z 向对刀

当对刀工具中心(即主轴中心)在 X、Y 方向上的对刀完成后,进行 Z 向对刀操作。Z 向对刀点通常都是以工件的上表面为基准的,若以工件上表面为 $Z=0$ 的工件零点,则当刀具的表面与工具上表面接触时,刀具在工件坐标系中的坐标应为 $Z=0$。

在实际操作中,当需要用多把刀具加工同一工件时,常常是在不装刀具的情况下进行对刀的。这时,常以刀座底面中心为基准刀具的刀位点先进行对刀;然后,分别测出各刀具实际刀位点相对于刀座底面中心的位置偏差,填入刀具数据库即可;执行程序时由刀具补偿指令功能来实现各刀具位置的自动调整。

12.1.6 对刀具体操作

开启机床,打开系统,使 X、Y、Z 轴回参考点,输入加工程序,按 JOG 将刀具底部中心点移至编程坐标系原点,如图 12.8 所示,点击参数;如图 12.9 所示,选择零点偏移;如图 12.10 所示,选择测量;如图 12.11 所示,输入刀具号;如图 12.12 所示,计算各轴零点偏移量;如图 12.13,确定;如图 12.14,点击程序,选择加工程序,点击 AUTO CYCLE START "加工零件"按钮。

图 12.8 点击参数

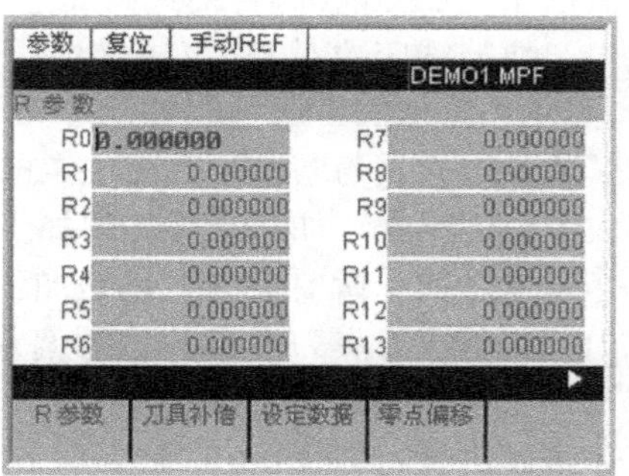

图 12.9 零点偏移

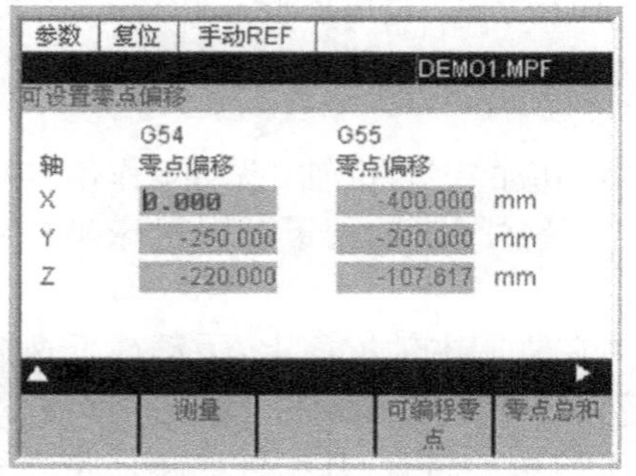

图 12.10 测量

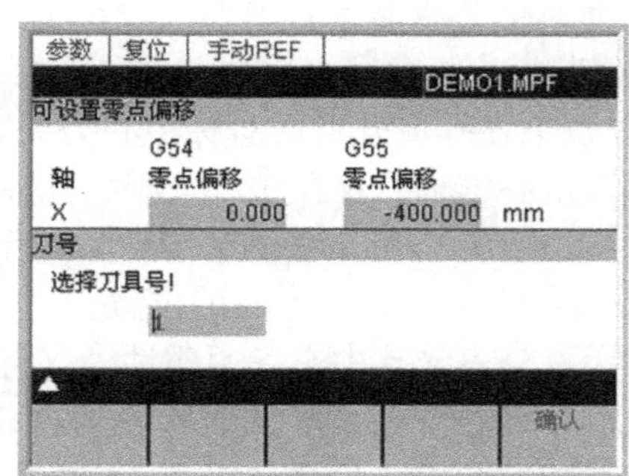

图 12.11 输入刀具号

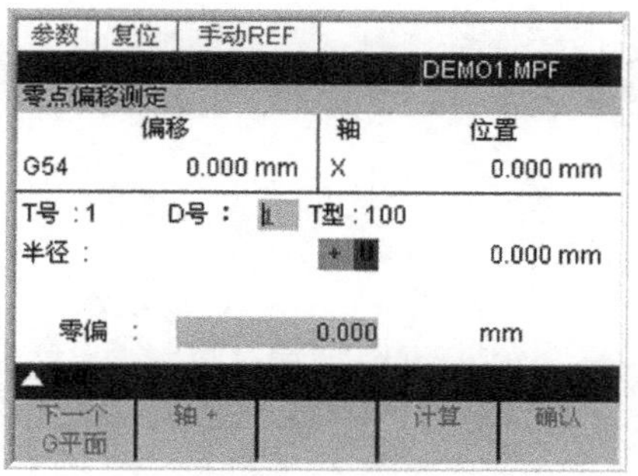

图 12.12　计算零点偏移量

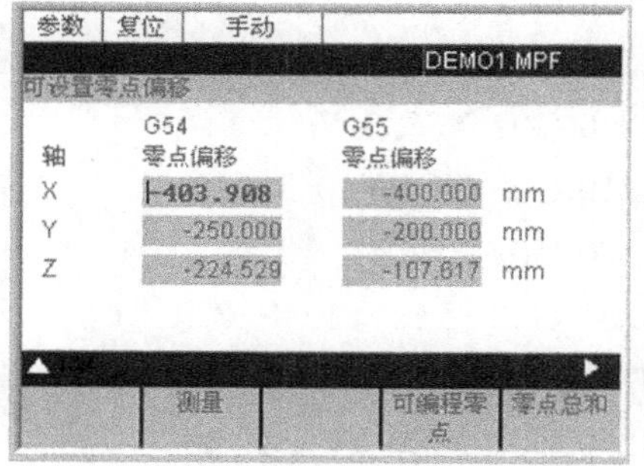

图 12.13　确定

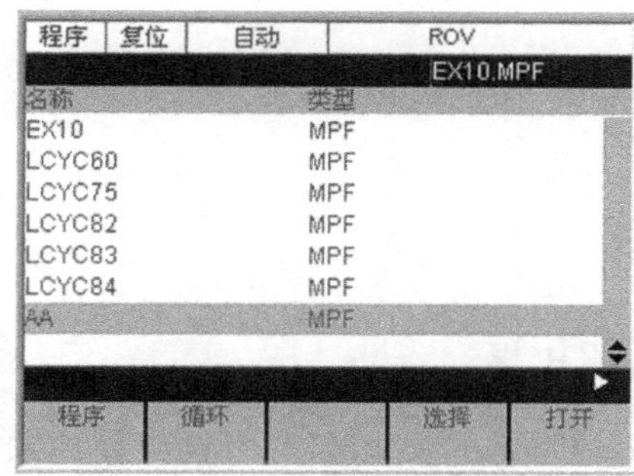

图 12.14　选择加工程序

编程实例(见图 12.15)

```
N010 G90 G94 T10
N020 G54 S500 M03
N030 G00 X0 Y0 Z2
N040 G01 Z-2 F50
N050 G42 G01 X10 Y10 F100
N060 G02 X10 Y-10 I0 J-10
N070 G01 X-10 Y-10
N080 G03 X-10 Y10 I0 J10
N090 G01 X10 Y10
N100 G40 G01 X0 Y0
N110 G00 Z2
N120 G00 X-60 Y60
N130 G01 Z-2 F60
N140 G91
N150 G42 G01 X10 Y-10 F80
N160 G01 X7.5 Y-10
N170 G02 X0 Y-20 I0 J-10
```

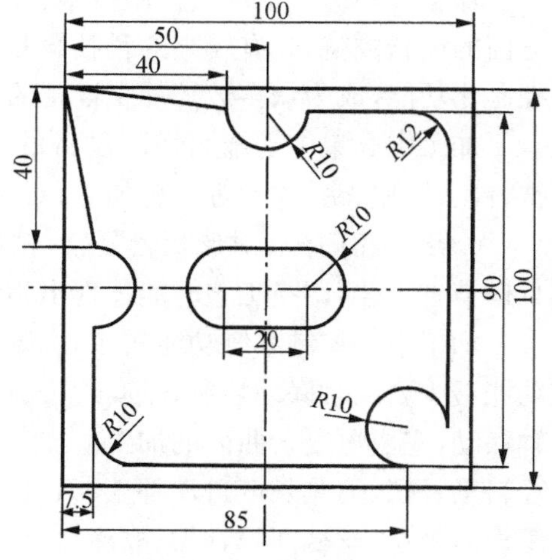

图 12.15　加工实例

```
N180 G01 X0 Y-25
N190 G03 X10 Y-10 I10 J0
N200 G01 X67.5 Y0
N210 G02 X10 Y10 I0 J10
N220 G01 Y68
N230 G03 X-12 Y12 I-12 J0
N240 G01 X-23 Y0
N250 G02 X-20 Y0 I-10 J0
N260 G01 X-40 Y5
N270 G40 G01 X-10 Y10
N280 G90 G00 Z50
N290 M05 M02
```

12.2 加工中心

12.2.1 加工中心的特点和用途

加工中心(CNC Machining Center)又称多工序自动换刀数控机床,是现代机械制造业最广泛使用的一种功能较全的金属切削加工设备。

加工中心综合了现代控制技术、计算机应用技术、精密测量技术以及机床设计与制造等方面的最新成就,具有较高的科技含量。与普通机床相比,它简化了机械结构,加强了数字控制化功能,成为众多数控加工设备的典型。

加工中心集中了金属切削设备的优势,具备多种工艺手段,能实现工件一次装卡后的铣、镗、钻、铰、锪、攻丝等综合加工,对中等加工难度的批量工件,其生产效率是普通设备的5～10倍。加工中心对形状较复杂,精度要求高的单件加工或中小批量生产更为适用。而且还节省工装,调换工艺时能体现出相对的柔性。

加工中心控制系统功能较多,机床运动至少用三个运动坐标轴,多的达十几个。其控制功能最少要两轴联动控制,以实现刀具运动直线插补和圆弧插补,多的可进行五轴联动、六轴联动,完成更复杂曲面的加工。加工中心还具有各种辅助机能,如:加工固定循环、刀具半径自动补偿、刀具长度自动补偿、刀具破损报警、刀具寿命管理、过载超程自动保护、丝杠螺距误差补偿、丝杠间隙补偿、故障自动诊断、工件与加工过程图形显示、人机对话、工件在线检测和加工自动补偿、离线编程等,这些对提高设备的加工效率,保证产品的加工精度和质量等都起到保证作用。

加工中心的突出特征是设置有刀库,刀库中存放着各种刀具或检具,在加工过程中由程序自动选用和更换,这是它与数控铣床、数控镗床的主要区别。

加工中心在机械制造领域承担多工序、精密、复杂的加工任务,按给定的工艺指令自动加工出所需几何形状的工件,完成大量人工直接操作普通设备所不能胜任的加工工作,现代化机械制造工厂已经离不开加工中心。

加工中心既可以单机使用，也能在计算机辅助控制下多台同时使用，构成柔性生产线，还可以与工业机器人、立体仓库等组合成无人工厂。随着 21 世纪现代制造业的技术发展，机械加工的工艺与装备在数字化基础上正向智能化、信息化、网络化方向迈进，而作为前沿工艺装备的先进数控设备大量取代传统机加工设备将是必然趋势。

为使加工中心高效生产运行，培养一大批具有较高素质的操作人员尤为重要，而对于这些高素质操作人员的要求不仅要具有扎实的知识基础，而且要有较强的操作技能，能熟练地掌握生产一线先进设备的性能，并操作得得心应手，从而使生产效率大幅度提高，使新产品研制和改型换代的时间和费用大量节省，同时也体现出现代企业技术能力和工艺水平，提高企业的市场竞争能力。

12.2.2 自动换刀装置

1）自动换刀装置的形式

自动换刀装置的结构取决于机床的类型、工艺范围及刀具的种类和数量等。自动换刀装置主要有回转刀架和带刀库的自动换刀装置两种形式。

（1）回转刀架

回转刀架换刀装置的刀具数量有限，但结构简单，维护方便。如数控车床上的回转刀架。

（2）带刀库的自动换刀装置

带刀库的自动换刀装置是由刀库和机械手组成，是多工序数控机床上应用最广泛的换刀装置。其整个换刀过程较复杂，首先把加工过程中需要使用的全部刀具分别安装在标准刀柄上，在机外进行尺寸预调后，按一定的方式放入刀库，换刀时先在刀库中进行选刀，并由机械手从刀库和主轴上取出刀具，在进行刀具交换之后，将新刀具装入主轴，把旧刀具放回刀库。存放刀具的刀库具有较大的容量，它既可以安装在主轴箱的侧面或上方，也可以作为独立部件安装在机床以外。

2）刀库的形式

刀库的形式很多，结构各异。加工中心常用的刀库有鼓轮式和链式刀库两种：

（1）鼓轮式刀库的结构简单、紧凑，存放刀具少，应用较多。

（2）链式刀库多为轴向取刀，适用于要求刀库容量较大的数控机床。

3）换刀过程

自动换刀装置的换刀过程由选刀和换刀两部分组成。选刀即是刀库按照选刀命令（或信息）自动将要用的刀具移动到换刀位置，完成选刀过程，为下面换刀做好准备；换刀即是把主轴上用过的刀具取下，将选好的刀具安装在主轴上。

4）刀具的选择方法

数控机床常用的选刀方式有顺序选刀方式和任选方式两种。顺序选刀方式是将加工所需要的刀具按照预先确定的加工顺序依次安装在刀座中，换刀时，刀库按顺序转位，这种方式的控制及刀库运动简单，但刀库中刀具排列的顺序不能错；任选方式是对刀具或刀座进行编码并根据编码选刀，它可分为刀具编码和刀座编码两种方式。

刀具编码方式是利用安装在刀柄上的编码元件（如编码环、编码螺钉等）预先对刀具编码后，再将刀具放入刀座中，换刀时通过编码识别装置根据刀具编码选刀。采用这种方式编码的刀具可以放在刀库的任意刀座中，刀库中的刀具不仅可在不同的工序中多次重复使用，而且换下来的刀具也不必放回原来的刀座中。

刀座编码方式是预先对刀库中的刀座通过编码钥匙等方法进行编码. 并将与刀座编码相对应的刀具放入指定的刀座中，换刀时根据刀座编码选刀。如程序中指定为 12 的刀具必须放在编码为 12 的刀座中，使用过的刀具也必须放回原来的刀座中。

12.2.3 适宜采用加工中心加工的主要任务

(1) 中小批量，周期性地进行加工，每批品种多变，并有一定复杂程度的零件。

(2) 具有多个不同位置的平面和孔系需要加工的箱体或多棱体零件。

(3) 零件上不同类型表面之间有较高的位置精度要求，更换机床加工时很难保证要求的零件。

(4) 加工精度一致性要求较高的零件。

(5) 切削条件多变的零件，如某些零件由于形状特点需切槽、镗孔、攻螺纹等。

(6) 形状虽简单，但可同类型或不同类型零件成组安装在工作台夹具上，进行多品种加工的零件。

(7) 结构或形状复杂，普通加工时操作复杂困难，工时长、加工效率低的零件。

(8) 镜像对称加工的零件。

(9) 成组加工中的系列零件或零件族。

12.2.4 不宜采用加工中心加工的任务

(1) 形状过于简单，使用加工中心并不能显著缩短工时、提高生产率的零件。

(2) 简单平面的铣削，特别是大平面的铣削，加工中刀具单一，不能发挥自动换刀(ATC)的功能，类同于普通铣床加工。

(3) 批量很大的零件，因为大批量的专业化生产选择专用机床、流水生产设备或组合机床更经济合理。

加工中心在设计时已考虑到工艺包容性问题，如机床的加工精度、刚度、功能、扭矩、进给拖力等参数的允许范围较广，以机床功能考虑，可以进行各种铣削、钻削、镗削、铰削、攻丝、切螺纹等加工，粗、精加工均可在加工中心上完成。但是加工中心的台时费用高，在考虑工序负荷时，不仅要考虑机床加工的可能性，还要考虑加工的经济性。例如，用加工中心可以进行复杂的曲面加工，但如果企业数控机床类型较多，有多坐标联动的数控铣床，则在加工复杂的成形表面时应优先选择，而有些成形表面加工时间很长，刀具单一，在加工中心上加工并不是最佳选择，这要视企业拥有的数控设备类型、功能及加工能力，具体分析再作决定。

12.3　CAD/CAM 自动编程

12.3.1　CAD/CAM 自动编程软件简介

1）自动编程软件简介

前面已经介绍了数控铣床手工编程的一些知识，通过前面的学习已经对数控铣床有了一定的了解，数控铣床的每一个动作都需要执行一个指令或程序段。对于一些简单的图形，只包括直线、圆弧的二维图形，可以直接用手工编程的方法编制加工程序。现在有些控制系统中有一些简单的区域加工固定循环指令，如平面加工指令，，凹槽加工指令，内外轮廓加工等，还有一些控制系统中有人机对话式 ShopMill 的编程功能。但是所有这些由控制系统提供的区域加工固定循环指令及人机对话的 ShopMill 形式的编程功能，都只能解决一些简单的二维的圆弧、直线或曲线图形的编程问题。对于一些复杂的二维图形或三维图形组成的零件，模具只能使用自动编程软件来完成编程工作。

自动编程软件一般由 CAD 造型部分和 CAM 加工部分组成，所以自动编程软件又称 CAD/CAM 软件，CAD/CAM 技术广泛应用于工业生产。Mastercam9.0 作为基于 PC 机平台的 CAD/CAM 软件，不但有完善的 CAD 功能，还有强大的 CAM 功能，它对计算机硬件要求不高，并且易学，易掌握，操作灵活，对于初学者计算机知识要求也不高。

2）Mastercam9.0 简介

（1）文件管理

包括打开文件、查阅文件、存储文件、编辑文件、系统规划、性能设置及编辑等。

（2）几何造型

包括绘制二维图形，点、直线、圆弧、矩形、椭圆、多边形、spline 线以及输入文字；图形编辑、删除、转换、修改及形状标注；三维造型、面造型、实体造型；三维图形编辑、修改等。

（3）机械加工

包括二维外形铣削加工、挖槽加工、钻孔加工；三维曲面粗、精加工，切削方式包括平行加工、放射加工、等高加工、投影加工、清根加工、清除残料加工等；多轴加工、线框加工等。

3）Mastercam9.0 实例介绍

下面通过实例简单介绍一下几何造型和机械加工（详细内容请参考 Mastercam 相关书籍）。为了便于讲解和学习选用了 Mastercam9.0 的汉化版。用鼠标双击计算机桌面上 Mill9 快捷方式启动 Mastercam9.0。进入 Mastercam9.0 主界面，如图 12.16 所示。主界面的顶部是一行快捷工具键；下面是顶部提示区，对每个操作系统给出提示；右侧的上方是主菜单，主要有绘图、文件管理、刀具路径等；左侧的下方是辅助菜单，主要有颜色的设定、Z 轴深度设定、图层管理、线形设定、构图平面及视角设定；底部是操作提示区，显示系统数据和各种数据输入及主菜单中的提示。

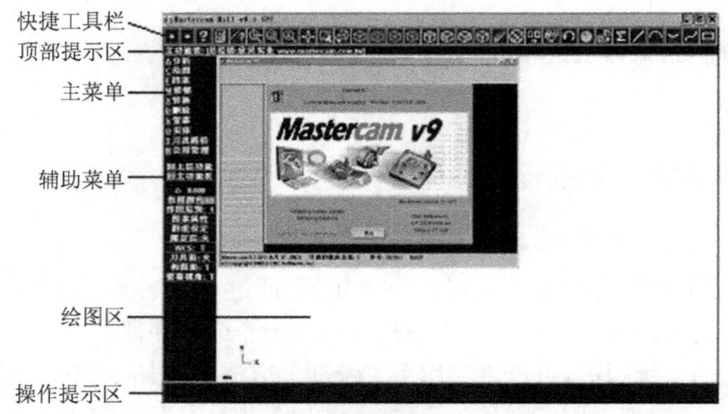

图 12.16　Mastercam9.0 主界面

(1) 几何造型

① 线框造型

a. 在 XY 平面绘制一个 153 mm×71 mm 的矩形。

设置绘图环境：使用系统默认设置。构图平面为 T(俯视图)，视角为 I(等角视图)，绘图深度 $Z=0$，将坐标原点设在矩形边线的中点上。首先从主菜单开始依次选取绘图/直线/水平线命令，如图所示，按照屏幕底部提示操作。"画水平线：请指定第一个端点"，从键盘输入直线的起点坐标 X0 Y35.5 回车、从键盘输入回车、输入直线长度 153，系统提示直线终点的 Y 坐标值，请输入坐标值 Y35.5 回车确认，这样就画出了矩形的第一条边。再用同样的方法绘制矩形的第二条边，直线起点坐标为 X0 Y−35.5，直线长度为 153 的直线。如图 12.17(a)所示。

b. 从主菜单开始依次选取绘图/直线/垂直线命令，用捕捉的方法，捕捉到第一条水平线的终点，向下拖动光标捕捉到第二条线的终点，屏幕底部提示：请输入 X 轴坐标：153 回车确认 X 坐标。依次绘制出一个完整的矩形，如图 12.17(b)所示。

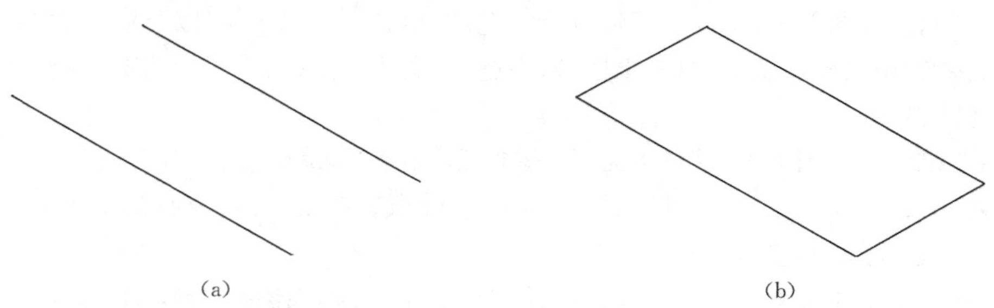

图 12.17

c. 在 Z−35.5 的平面上再绘制一个 153 mm×71 mm 的矩形。

转换/平移/串联 选取需移动的矩形/执行/直角坐标，屏幕底部提示：请输入平移之向量，输入 Z−35.5。回车，确定第二个矩形复制完成，如图 12.18(a)所示。

d. 将两个矩形连接成一个长方体。

将构图面设为 3D 形式。设置方法：用鼠标单击辅助菜单中的构图面：T 按键，再单击主菜单的 3D 空间绘图命令，构图面设为 3D。

用屏幕捕捉方法，将每一个顶点对应连接，绘图步骤如图：绘图/直线/任意线段/端点。

如图 12.18(b)所示为最后绘制的结果图。

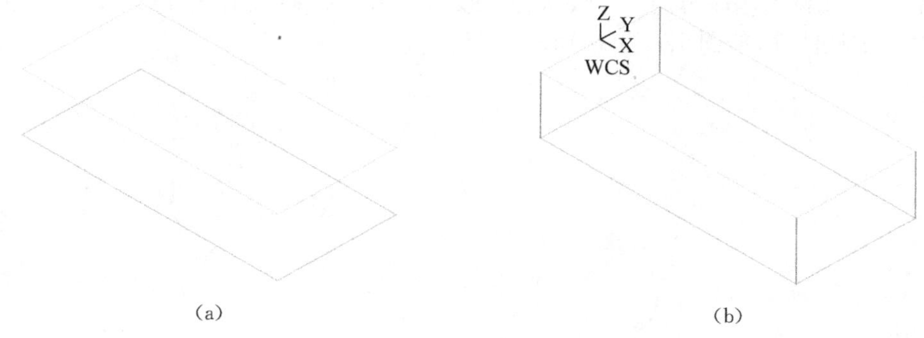

(a)　　(b)

图 12.18

② 绘制圆弧

a. 构图面为 XY 平面,绘图深度分别为矩形的两端 $X=0$、$X=153$ 处,各绘制一个半圆弧。

设置绘图环境:将构图平面为 XY(侧视图)。设置方法:用鼠标单击主菜单中的构图面:T 键,再单击主菜单中的 S 侧视图命令,构图面设为侧视图 S。设置绘图平面深度为 $Z=0$,单击辅助菜单中 Z:0.00,屏幕底部提示:请指出新的构图平面深度位置。键盘输入 153 回车,绘图深度设为 $Z=153$。

从主菜单开始依次操作,绘图/圆弧/两点画图/任意点,屏幕底部提示两点画圆:请输入第一点,用鼠标捕捉矩形的左上角,拖动鼠标到矩形的右上角,屏幕底部提示输入半径:35.5,如图 12.19(a)。屏幕底部提示两点画弧:鼠标选择任意圆弧,鼠标选取下半圆弧,得到图 12.19(b)。

b. 用上面方法设置平面深度为 $Z=0.000$,绘制另一面的半圆。

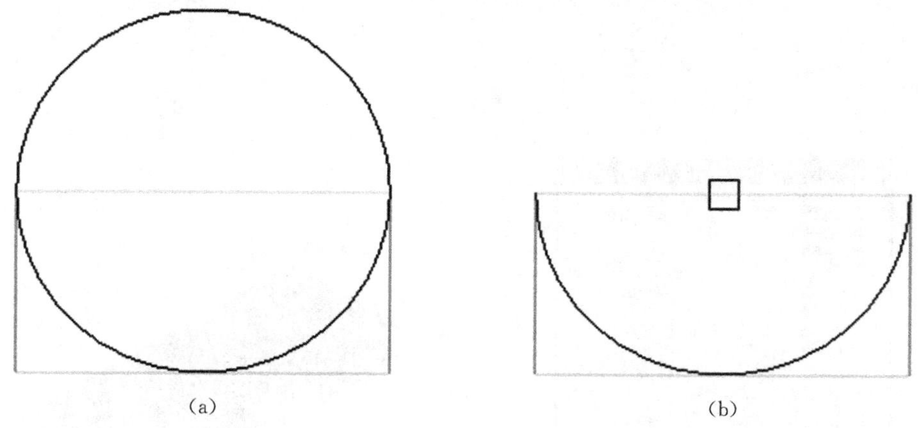

(a)　　(b)

图 12.19

(2) 曲面造型

在 Mastercam 中曲面造型是建立在线框造型基础之上的,通过串联线框生成曲面。

① 在线框造型的基础上绘制直纹曲面。曲面造型时不用考虑绘图平面和绘图深度的问题。只有三维线框造型时才考虑上述问题。从主菜单开始依次操作,绘图/曲面/直纹曲

面/单体，用鼠标选取右侧半圆线框 1，被选中图素变亮并显示串联方向，同样用鼠标选左侧半圆线框 2，两线框的串联方向一定要选择一致如图 12.20(a)所示，执行，完成以上步骤后，生成一个半圆柱曲面，如图 12.20(b)所示。

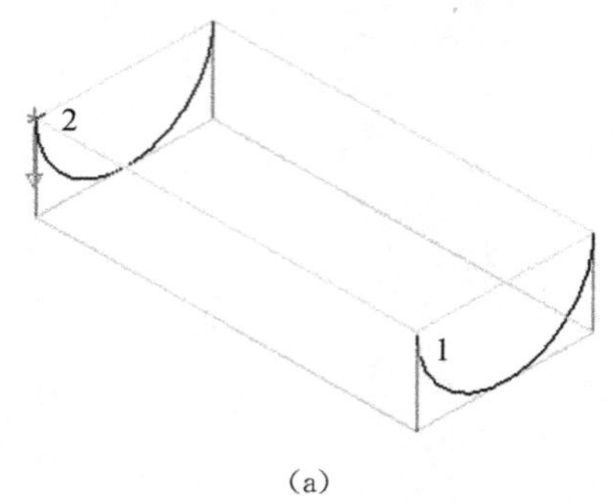

(a)

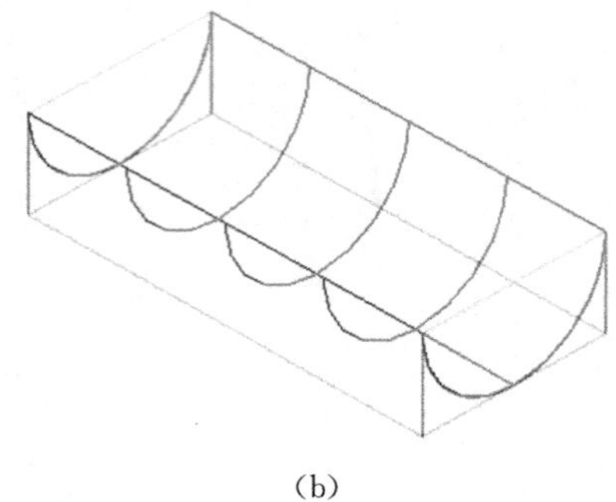

(b)

图 12.20

② 绘制圆弧面的两端面。

绘图/曲面/曲面修整/平面修整/串联，选取半圆弧面的线框，如图 12.21(a)所示，结束选择/执行/执行，如图 12.21(b)所示。用同样的方法绘制另一面的半圆面。点击屏幕右上角的彩现，启用著色，如图 12.21(c)所示。确定，如图 12.21(d)所示。

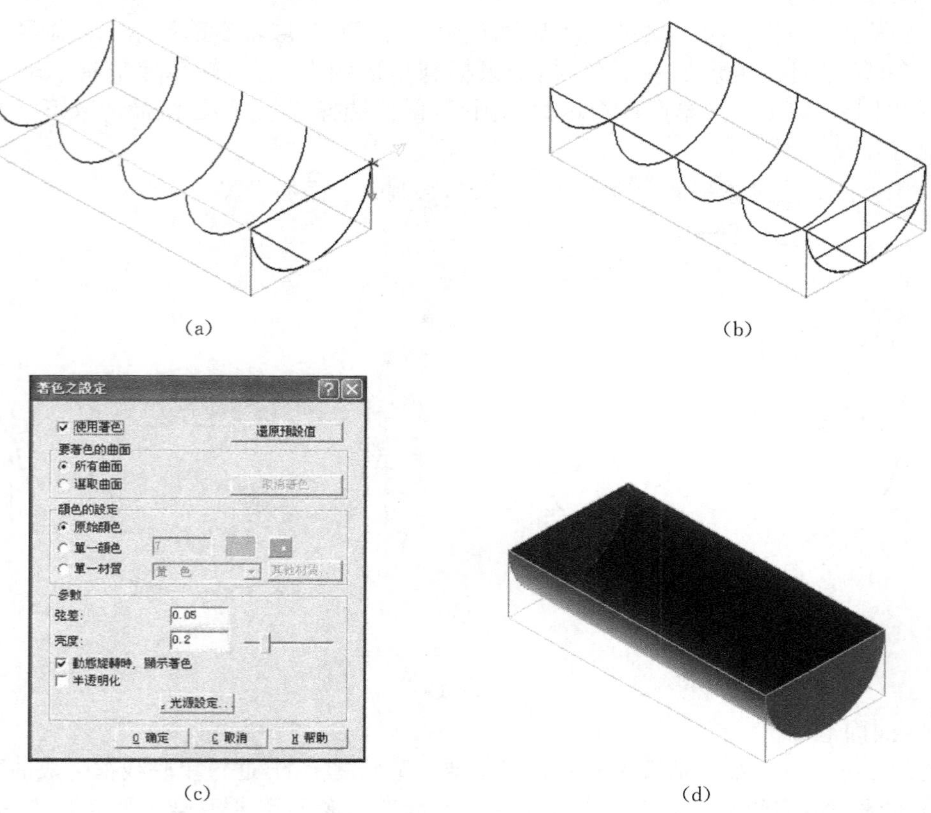

(a) (b) (c) (d)

图 12.21

3）曲面加工

曲面加工中一般分为粗加工和精加工两种加工形成。每种加工形式中又有若干种切削方式(走刀路经方式)，根据零件的不同，灵活选择走刀路径。

① 粗加工刀具路径形成

刀具路径/曲面加工/粗加工/挖槽粗加工/所有的/曲面/执行。弹出曲面粗加工对话框，在空白处点击鼠标右键，建立新的刀具，选用平刀，直径为 20 mm，确定，如图 12.22 所示为刀具和曲面加工参数选项卡。如图 12.23 为挖槽粗加工选项卡，设置刀具参数、加工参数，确定，执行。粗加工轨迹如图 12.24 所示。

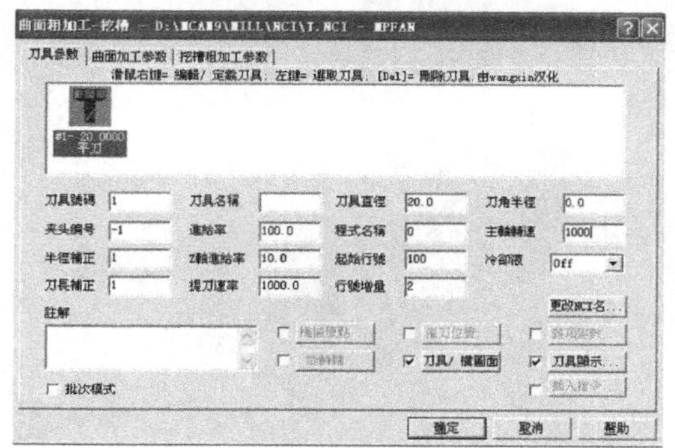

(a) 刀具参数选项卡

(b) 曲面加工参数选项卡

图 12.22　粗加工对话框

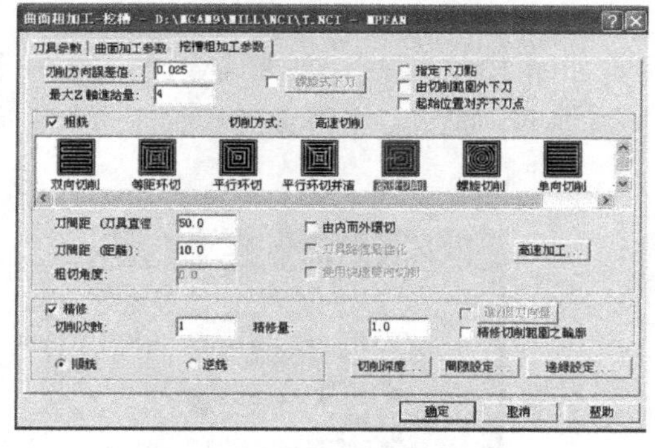

图 12.23　挖槽粗加工参数卡

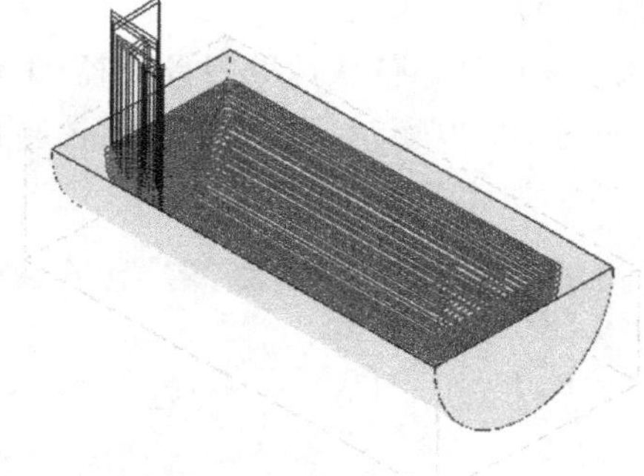

图 12.24　粗加工轨迹

② 精加工刀具路径形成

从曲面加工菜单进入曲面精加工方式，刀具路径/曲面加工/精加工/平行铣削/所有的/曲面/执行，弹出精加工对话框。在空白处点击鼠标右键，建立新刀具，选用球刀，直径为 10 mm，确定。如图 12.25 与图 12.26 设置各精加工参数，确定，再点击执行命令系统自动生成刀具路径，如图 12.27 所示。

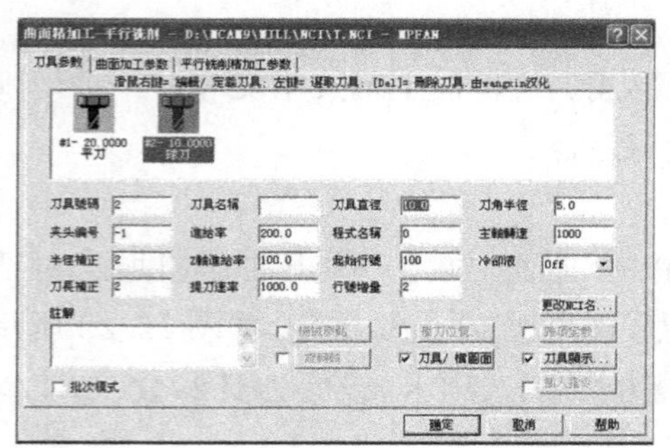

(a) 刀具参数选项卡

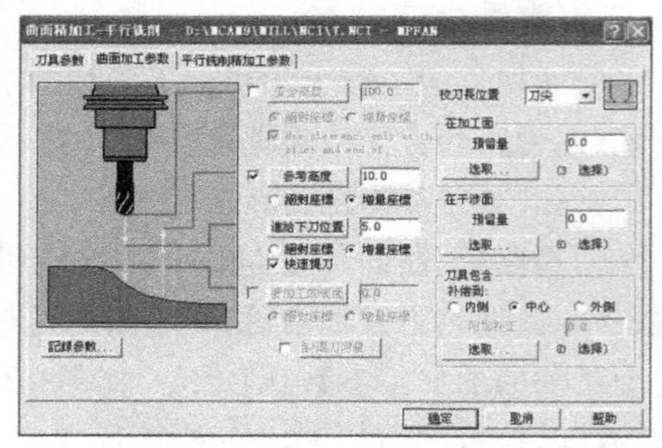

(b) 曲面加工参数选项卡

图 12.25　精加工对话框

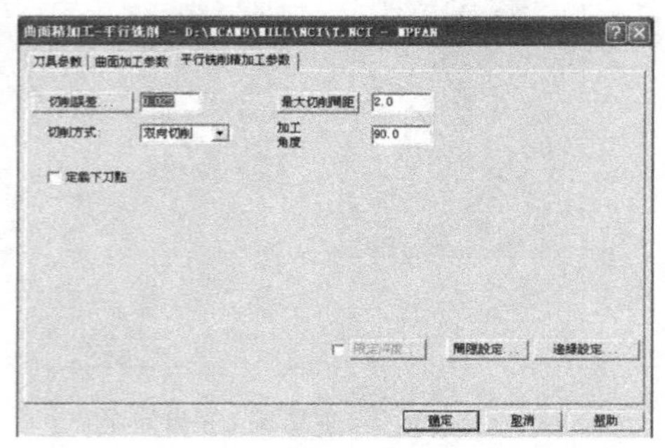

图 12.26　平行铣削精加工卡

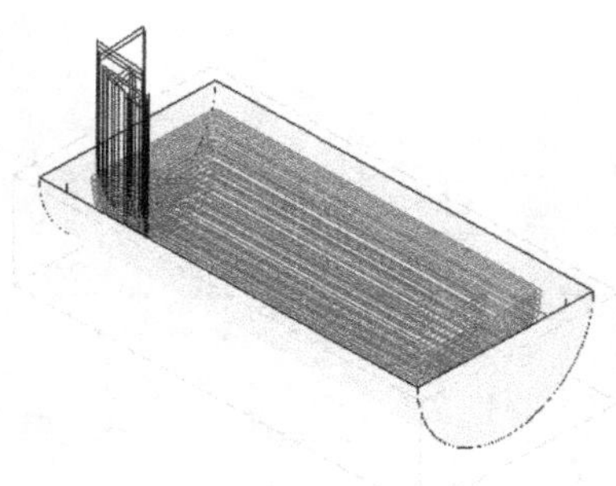

图 12.27　精加工刀具路径

4) 曲面加工仿真

从主菜单开始依次选取刀具路径/工作设定如图 12.28 所示，点击确定，打开操作管理窗口，如图 12.29 所示，单击全选/实体验证/持续执行，通过实体仿真观察加工过程。如图 12.30 所示为加工仿真效果图。

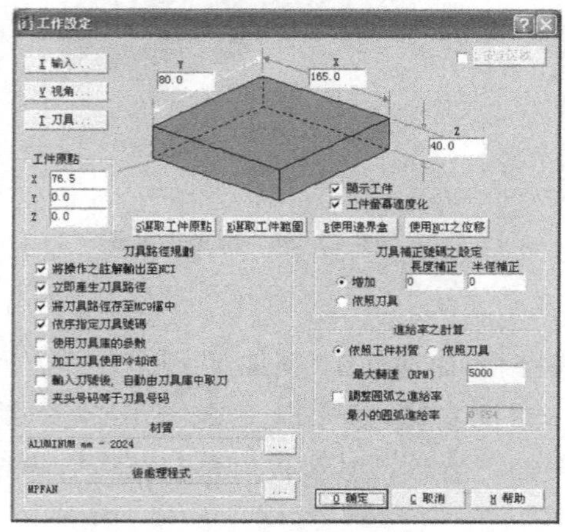

图 12.28　工作设定

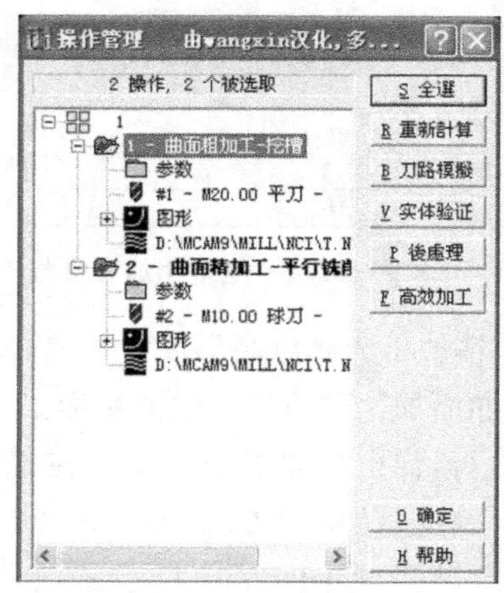

图 12.29　操作管理

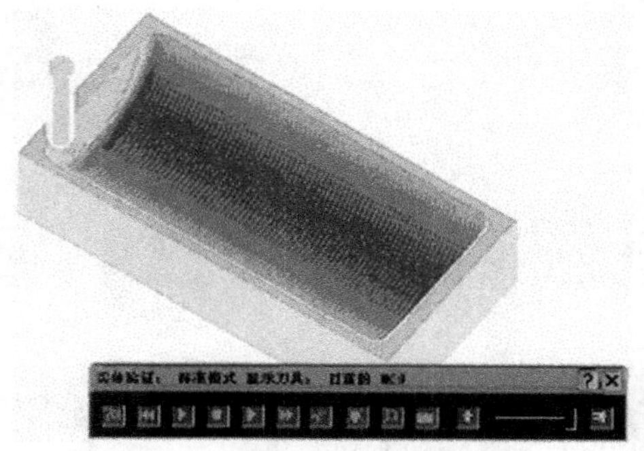

图 12.30　仿真效果图

5) 后置处理

单击仿真控制工具栏中的关闭键返回操作管理对话框，通过几次调试确定刀具轨迹无误，单击 P 后处理按钮，屏幕显示后置处理对话框如图 12.31(a)所示，Mastercam 默认控制系统是 MPFAN. PST 系统，也可以通过更改后处理模式选择其他控制系统。单击确定按钮，系统自动生成如图 12.31(b)所示的 NC 代码程序。再根据机床控制系统，把 NC 代码程序修改成控制系统相应的加工程序，加工零件。

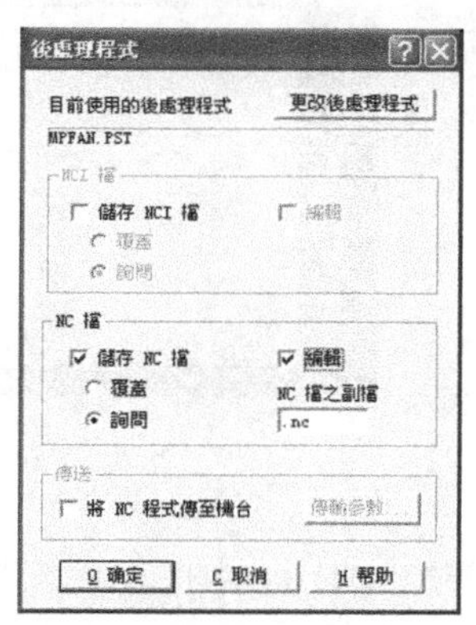

(a) 后处理

(b) NC 代码

图 12.31　后置处理

12.3.2　CAD/CAM 自动编程软件应用

以雕刻印章为例，图形由学生自行设计，在规定范围内(ϕ32)完成印章的设计和造型，外形可以是矩形、正方形、圆形、不规则图形等，还可以采用不同字体、图案。通过文字输入，再经过镜相、平移、缩放、旋转、修改等编辑功能，完成对印章的设计。如图 12.32 所示是学生自行设计一些作品，毛坯材料为铝合金。

图 12.32　学生自行设计的作品

1) 文字造型(CAD)

绘图/下一页/文字/输入:江苏科大/参数:高度 20/间隔:0.20833/排列:垂直,点击字形如图 12.33(a)所示，字体:隶书/大小为 10,如图 12.33(b)所示,单击确定。屏幕底部提示请输入文字起始位置:原点/确定,如图 12.33(c)所示。

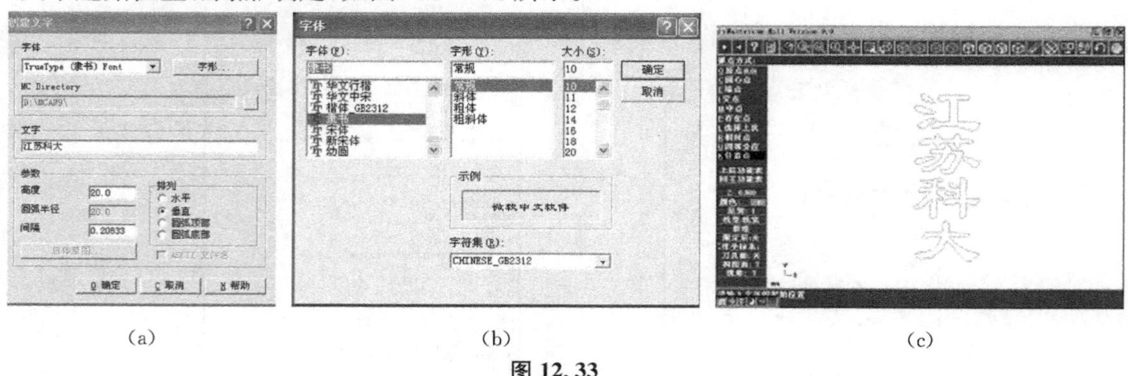

(a)　　(b)　　(c)

图 12.33

回主功能表/转换/镜像/窗选(选取所有字)/执行/Y 轴,如图 12.34(a)所示,移动/确定/适度化,如图 12.34(b)所示回主功能表。

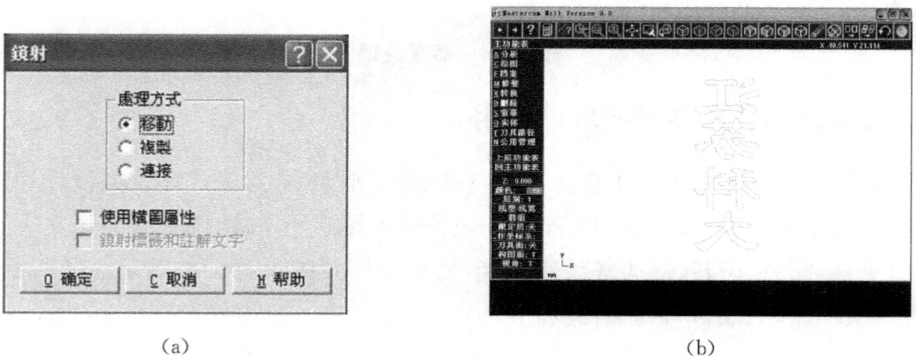

(a)　　(b)

图 12.34

转换/平移/窗选,选取所需移动的图素(科大,执行/两点间/任意点,屏幕底部提示请输入文字平移之起始点，选取平移起点单击鼠标并移至移动终点，如图 12.35(a)所示，确定/适度化，如图 12.35(b)所示回主功能表。

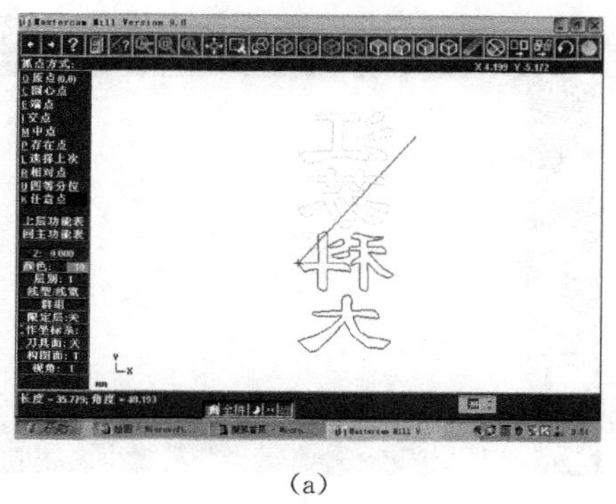

(a)

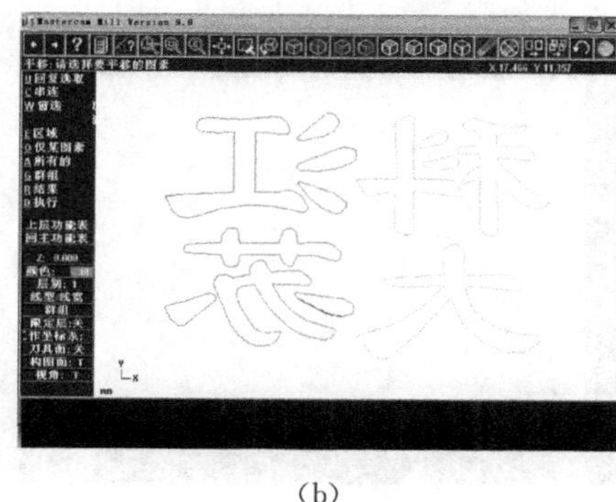

(b)

图 12.35

绘图/圆弧/点直径圆，屏幕底部提示“请输入直径 ”输入 32，确定，如图 12.36 所示(文字大于印章毛坯)回主功能表。

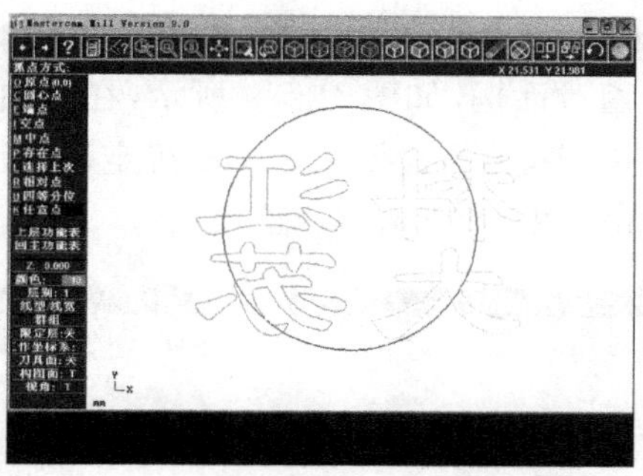

图 12.36

转换/等比例缩放/窗选(选取所有字)/执行，屏幕底部提示请输入缩放之基准点，原点/参数/执行，如图 12.37(a)所示，回主功能表，单击确定，如图 12.37(b)所示。

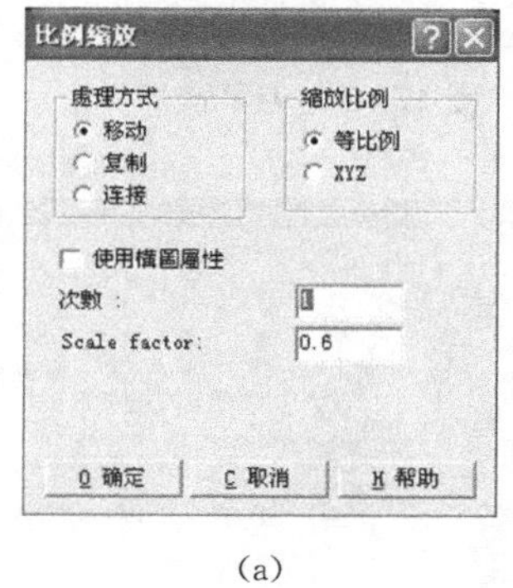

(a)

(b)

图 12.37

依次选择绘图、矩形、两点，屏幕底部提示请指定左下角位置，在文字左上角单击鼠标并移至右下角单击鼠标如图 12.38(a)所示回主功能表。绘图、圆弧、点直径，屏幕底部提示请输入直径，输入 32，确定，移动鼠标至矩形中心并单击，如图 12.38(b)回主功能表。

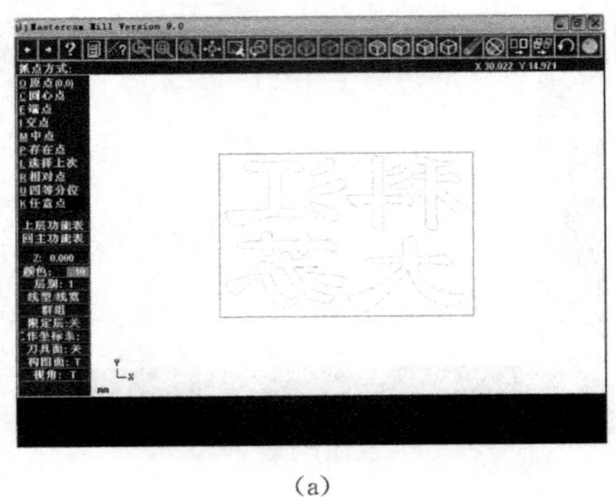

(a)

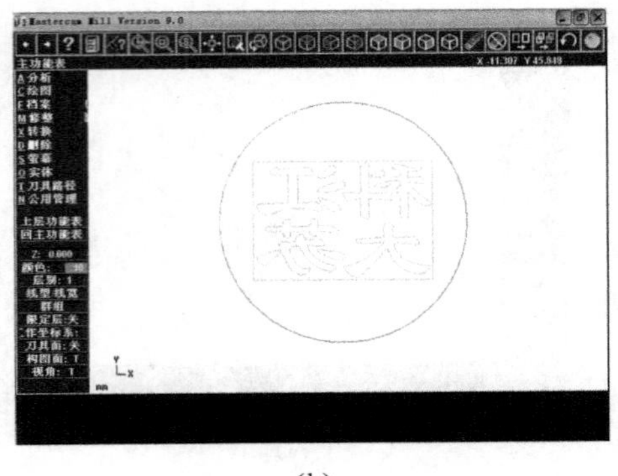

(b)

图 12.38

2) 文字加工(CAM)

刀具路径/挖槽/窗选/矩形/选取需加工图形，屏幕底部提示请输入串联起始点设置为原点，单击执行，弹出一般挖槽对话框，如图 12.39 所示，在空白处单击右键，建立新刀具，如图 12.40 所示，选取平刀，确定，刀具直径 0.5 mm，确定，加工参数如图 12.41～图 12.43 设置，确定，系统自动生成如图 12.44 所示刀具路径。

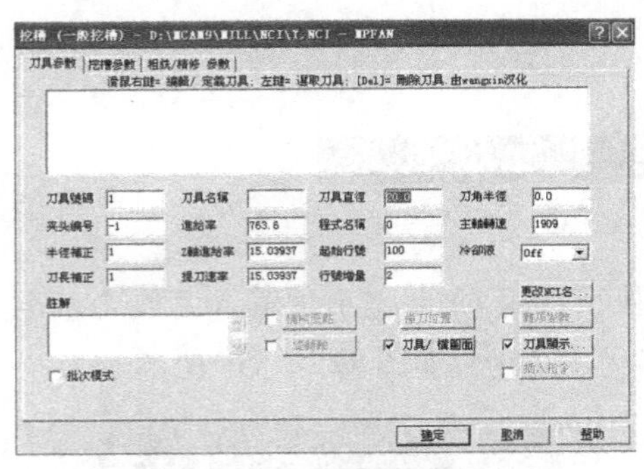

图 12.39　一般挖槽对话框

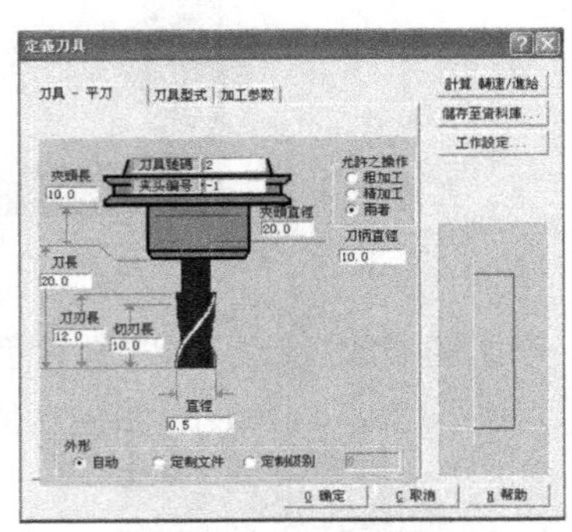

图 12.40　刀具选择

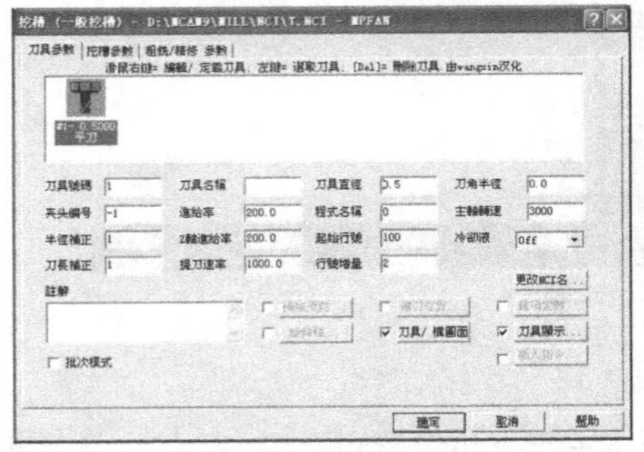

图 12.41　加工参数(1)

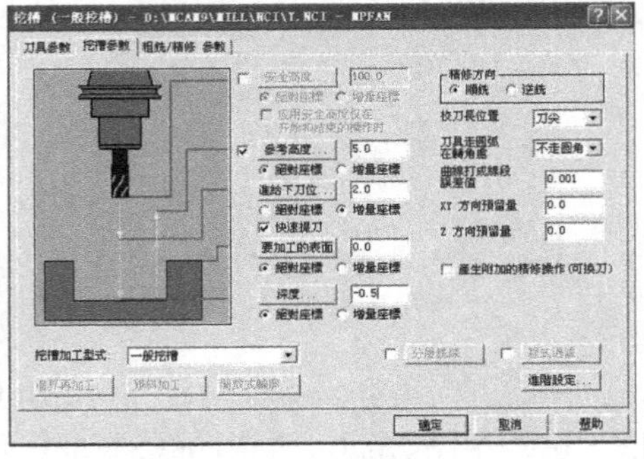

图 12.42　加工参数(2)

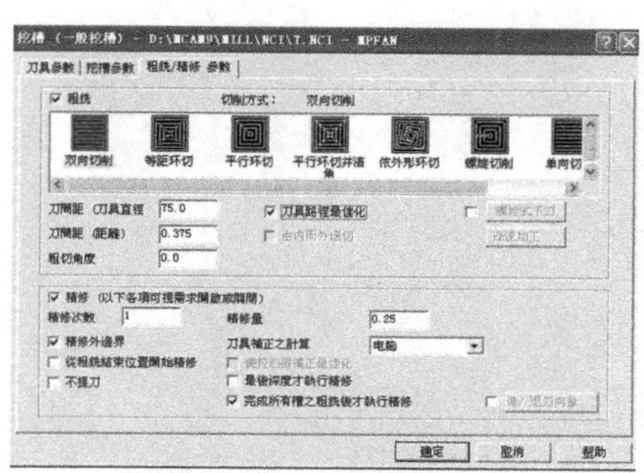
图 12.43　加工参数(3)

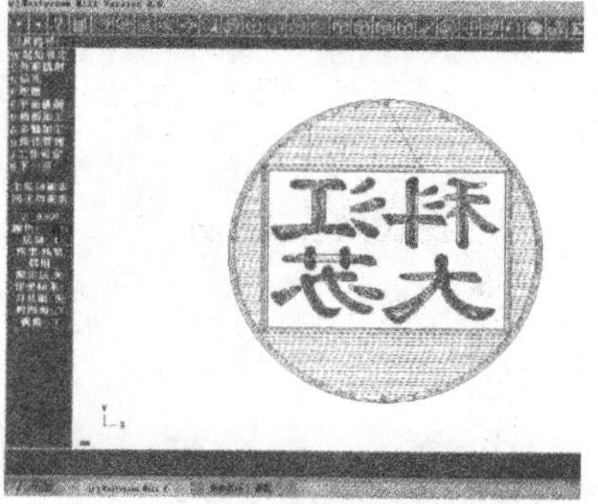
图 12.44　生成刀具路径

回主功能表/刀具路径/操作管理/实体验证/持续执行，通过实体验证观察印章加工过程。如图 12.45 所示为印章仿真加工效果图。

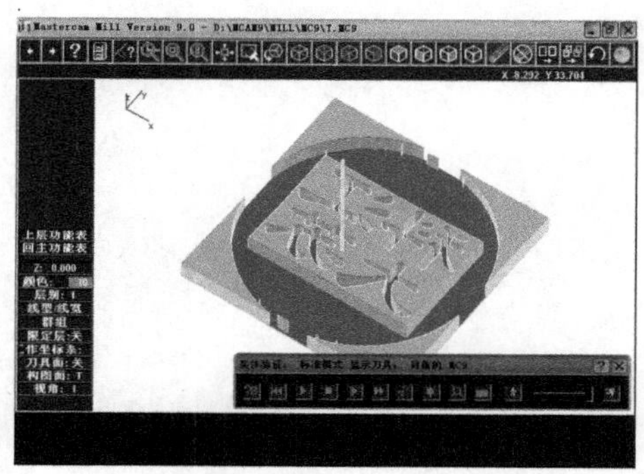
图 12.45　仿真加工效果图

3）后置处理

单击仿真控制工具栏中的关闭键返回操作管理对话框，通过几次调试确定刀具轨迹无误，单击 P 后处理按钮，如图 12.46 所示。储存、编辑 NC 文件，确定，系统自动生成如图 12.47所示加工程序的 NC 代码文件。

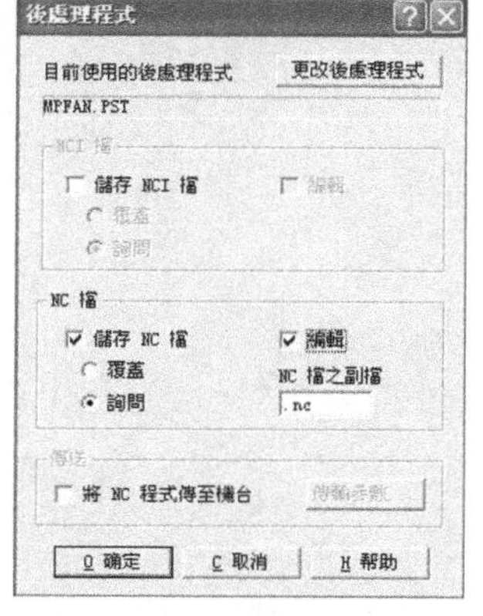

图 12.46　后处理

图 12.47　加工程序的 NC 代码

第五篇

特种加工

第13章 特种加工

13.1 概述

特种加工是指那些不属于传统加工工艺范畴的加工方法，它不同于使用刀具、磨具等直接利用机械能切除多余材料的传统加工方法。特种加工是近几十年发展起来的新工艺，是对传统加工工艺方法的重要补充与发展，目前仍在继续研究开发和改进。直接利用电能、热能、声能、光能、化学能和电化学能，有时也结合机械能对工件进行的加工。特种加工中以采用电能为主的电火花加工和电解加工应用较广，泛称电加工。20 世纪 40 年代发明的电火花加工开创了用软工具、不靠机械力来加工硬工件的方法。50 年代以后先后出现电子束加工、等离子弧加工和激光加工。这些加工方法不用成型的工具，而是利用密度很高的能量束流进行加工。对于高硬度材料和复杂形状、精密微细的特殊零件，特种加工有很大的适用性和发展潜力，在模具、量具、刀具、仪器仪表、飞机、航天器和微电子元器件等制造中得到越来越广泛的应用。特种加工的发展方向主要是：提高加工精度和表面质量，提高生产率和自动化程度，发展几种方法联合使用的复合加工，发展纳米级的超精密加工等。

13.2 特种加工特点

(1) 不用机械能，与加工对象的机械性能无关，有些加工方法，如激光加工、电火花加工、等离子弧加工、电化学加工等，是利用热能、化学能、电化学能等，这些加工方法与工件的硬度、强度等机械性能无关，故可加工各种硬、软、脆、热敏、耐腐蚀、高熔点、高强度、特殊性能的金属和非金属材料。

(2) 非接触加工，不一定需要工具，有的虽使用工具，但与工件不接触，因此，工件不承受大的作用力，工具硬度可低于工件硬度，故使刚性极低元件及弹性元件得以加工。

(3) 微细加工，工件表面质量高，有些特种加工，如超声、电化学、水喷射、磨料流等，加工余量都是微细进行，故不仅可加工尺寸微小的孔或狭缝，还能获得高精度、极低粗糙度的加工表面。

(4) 不存在加工中的机械应变或大面积的热应变，可获得较低的表面粗糙度，其热应力、残余应力、冷作硬化等均比较小，尺寸稳定性好。

(5) 两种或两种以上的不同类型的能量可相互组合形成新的复合加工，其综合加工效果明显，且便于推广使用。

(6) 特种加工对简化加工工艺、变革新产品的设计及零件结构工艺性等产生积极的影响。

13.3 特种加工工艺

特种加工工艺是直接利用各种能量,如电能、光能、化学能、电化学能、声能、热能及机械能等进行加工的方法。

(1) "以柔克刚",特种加工的工具与被加工零件基本不接触,加工时不受工件的强度和硬度的制约,故可加工超硬脆材料和精密微细零件,甚至工具材料的硬度可低于工件材料的硬度。

(2) 加工时主要用电、化学、电化学、声、光、热等能量去除多余材料,而不是主要靠机械能量切除多余材料。

(3) 加工机理不同于一般金属切削加工,不产生宏观切屑,不产生强烈的弹、塑性变形,故可获得很低的表面粗糙度,其残余应力、冷作硬化、热影响度等也远比一般金属切削加工小。

(4) 加工能量易于控制和转换,故加工范围广,适应性强。

第 14 章　数控电火花加工

电火花加工又称放电加工，它是利用在一定的绝缘介质中，通过工具电极和零件电极之间脉冲放电时的电腐蚀作用对零件进行加工的一种工艺方法，在加工过程中可以看到火花，故称为电火花加工。该技术的研究开始于 20 世纪 40 年代。电火花成型加工适合于对用传统机械加工方法难于加工的材料或零件，如加工各种高熔点、高强度、高纯度、高韧性材料；可加工特殊及复杂形状的零件，如模具制造中的型孔和型腔的加工。在电火花加工中根据工具电极形式的不同，又分为电火花加工和线切割加工。

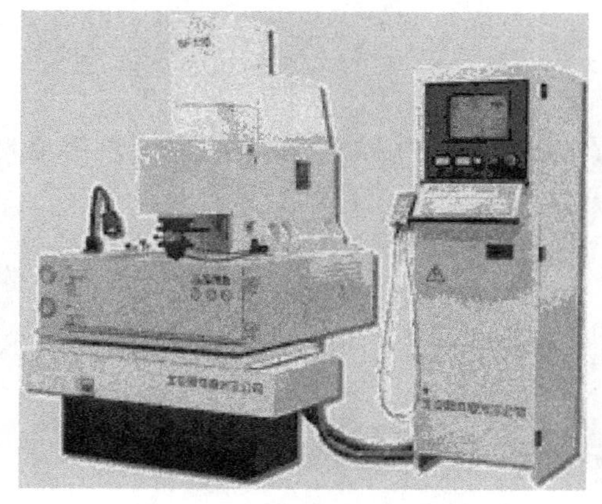

图 14.1　数控电火花加工机床

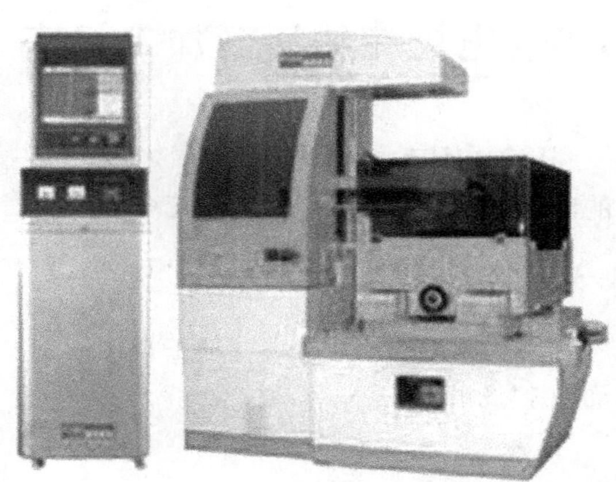

图 14.2　数控电火花线切割机床

14.1　电火花加工的原理

电火花加工是基于在绝缘的工作液中工具和零件（正、负电极）之间脉冲性火花放电局部、瞬时产生的高温，使零件表面的金属熔化、汽化、抛离零件表面的原理，来去除多余的金属，以达到零件尺寸、形状及表面质量预定的加工要求。利用电火花对零件进行加工时，必须创造有利于加工的外界条件。首先，工具电极和零件被加工表面之间必须保持一定的放电间隙。其次，为使加工稳定进行，并使放电所产生的热量不至于很快散失，火花放电必须是瞬时脉冲性放电。最后，火花放电必须在像煤油、皂化液或去离子水等绝缘性好的液体介质（工作液）中进行。

14.2 电火花加工的特点

电火花加工与常规的金属切削比较具有以下特点：

(1) 电火花加工属于非接触加工：工具电极和零件之间不直接接触，而是有一个火花放电间隙(0.01～0.1 mm)，间隙中充满工作液。

(2) 加工过程中没有宏观的切削力：火花放电时，局部、瞬时爆炸力的平均值很小，不足以引起零件的变形和位移。

(3) 可以“以柔克刚”：由于电火花加工直接利用电能和热能来去除金属材料，与零件材料的强度和硬度等关系不大，因此可用软的工具电极加工硬的零件，实现“以柔克刚”。

(4) 电火花加工范围相当广泛：可以加工任何难加工的金属材料和其他导电材料；可以加工形状复杂的表面；可以加工薄壁、弹性、低刚度、微细小孔、异形小孔、深小孔等有特殊要求的零件。

14.3 电火花线切割加工机床

利用轴向移动的金属丝作工具电极，工件按所需形状和尺寸做轨迹运动，以切割导电材料的电火花加工方式称之为电火花线切割加工。

14.3.1 线切割加工原理

线切割加工技术是电火花加工技术中的一种类型，简称为线切割加工。线切割加工原理如图 14.3 所示。

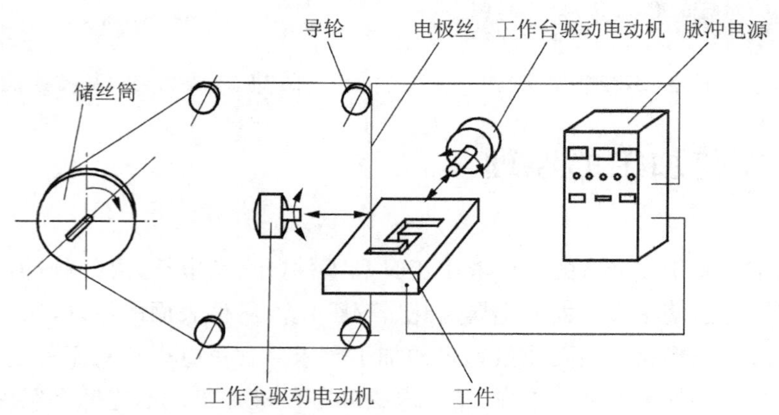

图 14.3 线切割加工原理

线切割机床采用钼丝或硬性铜丝(主要用 0.02～0.30 mm 的钼丝)作为电极丝。被切割的工件为工件电极，电极丝为工具电极。脉冲电源发出连续的高频脉冲电压，加到工件电极和工具电极上(电极丝)。在电极丝和工件之间加有足够的、具有一定绝缘性能的工作液。当电极丝和工件之间的距离小到一定程度时，工作液介质被击穿，电极丝和工件之间形成瞬间电火花放电，产生瞬间高温，生成大量热量，使工件表面的金属局部熔化，甚至气化；再加上工件液体介质的冲洗作用，使得金属被腐蚀下来。

工件放在机床坐标工作台上，按数控装置或微机程序控制下的预定轨迹进行加工，最后得到所需要形状的工件。由于储丝筒带动工具电极，即电极丝做正、反向交替的高速运动，所以电极丝基本上不被蚀除，可以较长时间使用。

14.3.2　线切割加工工艺特点

1）主要优点

(1) 线切割加工可以用于一般切削方法难以加工或者无法加工的形状复杂的工件加工，如冲模、凸轮、样板、外形复杂的精密零件及窄缝等。电极损耗小，提高了加工精度，尺寸精度可达 0.01～0.02 mm，表面粗糙度 R_a 可达 1.25 μm。

(2) 线切割加工可以用于一般切削方法难以加工或者无法加工的金属材料或者半导体材料零件的加工，如淬火钢、硬质合金钢、高硬度金属等，但无法实现对非金属导电材料的加工。

(3) 线切割加工直接利用线电极电火花进行加工，可以方便地调整加工参数，如调节脉冲宽度、脉冲间隔、加工电流等，提高线切割加工精度，也可以通过调节实现加工过程的自动化控制。

(4) 省掉了成型电极，大大降低了工具电极的设计与制造费用，缩短了生产周期，对新品的试制有重要意义。

(5) 去除量小，对贵重金属的加工有特别意义。

2）局限性

(1) 线切割加工效率较低，成本较高。所以，能用金属切削方法加工的零件一般不考虑使用电加工；不适合加工形状简单的批量零件。

(2) 被加工的工件只能是导电材料。

(3) 加工表面有变质层。如不锈钢和硬质合金表面的变质层对使用有害，需要处理掉。

(4) 加工过程必须在工作液中进行，否则会引起异常放电。

14.3.3　数控电火花线切割机床

1）线切割机床分类

电火花线切割机床按运丝速度快慢不同分为三大类：一类是高速走丝电火花线切割机床(WEDM-HS)，这类机床的电极丝做高速往复运动，一般速度为 8～10 m/s，这是我国生产和使用的主要机型，也是我国独创的电火花线切割加工模式；另一类是低速走丝电火花线切割机床(WEDM-LS)，这类机床的电极丝做低速单向运动，一般速度低于 0.2 m/s，这是国外生产和使用的主要机型；再一类是中速走丝电火花线切割机床。

2）中速走丝电火花线切割机床

数控低速走丝线切割机与高速走丝线切割机相比，它具有两高一低(高效率、高精度、低表面粗糙度值)的优势。高速走丝线切割机由于受到电极丝损耗、机械部分的结构与精度、进给系统的开环控制、加工中乳化液导电率的变化、加工环境的温度变化及机床本身加工的特点(如运丝速度快、振源较多、导轮磨损大)等因素影响,其加工精度、工艺指标、自动化程度等方面与低速走丝线切割机相比都有明显的差距。但加工效率差距也很大。低速走丝线切割机能达到很好的加工精度及其他技术指标的根本原因,是其采用了多次切割工艺。中速走丝电火花线切割机床实际上就是具有多次切割功能的高速走丝电火花线切割机床,在中速走丝多次切割中,粗加工时采用高速加工,提高加工效率,精加工时,采用较低的速度,提高加工精度;在保证较高的加工效率的同时,极大地提高切割工件的表面质量和精度。它体现了目前我国线切割发展的一种趋势。

中速走丝多次切割电参数选择原则:

(1) 根据切割工件粗糙度要求选择切割次数。

(2) 根据切割工件厚度和材质选择偏移量。

(3) 根据切割工件次数和厚度选择变频速度。

(4) 根据钼丝半径和放电间隙选择补偿量。

(5) 根据切割工件厚度和偏移量选择短路电流。

(6) 根据切割工件粗糙度和切割次数选择脉宽、脉间。

3) 机床型号及其技术参数

我国机床型号的编制是根据《金属切削机床型号编制方法》的(GB/T 15375-2008)规定进行的,机床型号由汉语拼音字母和阿拉伯数字组成,它表示机床类别、特性和基本参数。

数控电火花线切割机床型号 DK7740 的含义如下:

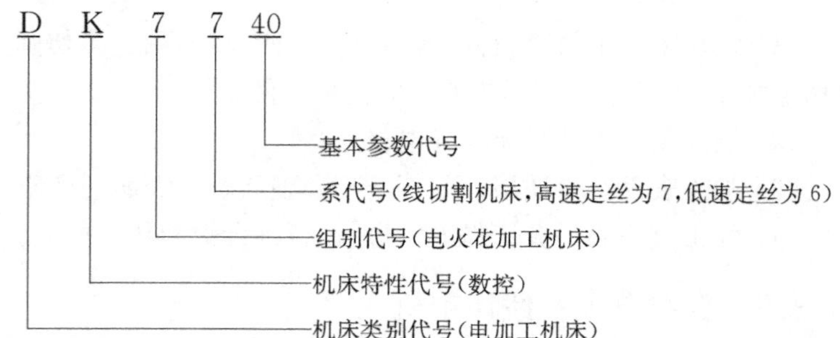

数控电火花线切割机床的主要技术参数包括:工作台行程(纵向行程、横向行程)、最大切割厚度、加工表面粗糙度、加工精度、切割速度以及数控系统的控制功能等。

4) 机床基本结构

一台数控电火花线切割机床基本由机床主体、脉冲电源、控制系统、工作液及润滑系统、机床附件等组成。其中,机床主体(或者叫做机床本体)由坐标工作台、线架、储丝筒、立柱、运丝机构、工作液循环系统、床身等部分组成,其外形如图 14.4 所示。

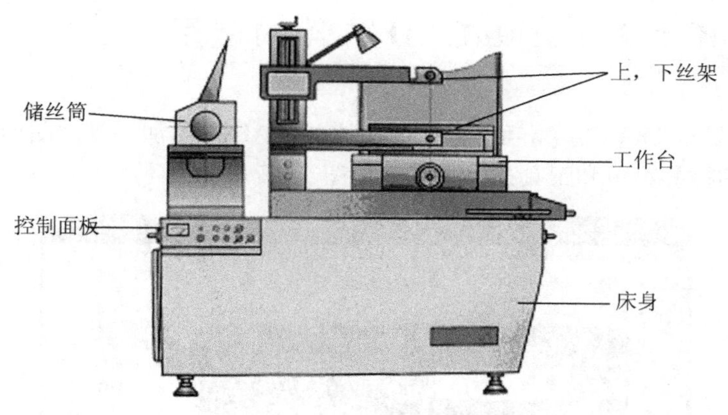

图 14.4　线切割机床外形

(1) 床身

安装坐标工作台、线架及运丝装置的基础，要有较好的刚性，以保证机床的加工精度。机床床身既能起支承和连接坐标工作台、运丝装置和线架等部件的作用，又起安装机床电器、存放工作液的作用。

(2) 坐标工作台

主要由工作台上拖板、中拖板、下拖板、滚珠丝杠等部件组成。工作台传动系统主要是 X 轴和 Y 轴方向传动。

(3) 线架

安装在工作台和储丝筒之间。电极丝运转系统主要是由储丝筒旋转，带动电极丝做正反向交替运动。排丝轮导轮保持电极丝整齐地排列在储丝筒上，经过线架做来回高速移动，进行切割加工。

(4) 运丝装置

由储丝筒、储丝筒拖板、拖板座及传动系统组成。储丝筒由薄壁管制成，具有重量轻、惯性小、耐腐蚀等优点。运丝装置的传动系统主要是机床行程开关，其作用就是控制储丝筒的正反转向。

(5) 工作液循环系统

由工作液、工作液箱、工作液泵和循环导管组成。工作液起绝缘、排屑、冷却等作用。

(6) 高频脉冲电源

高频脉冲电源又称脉冲电源，是进行线电极切割的能源。由于受表面粗糙度和电极丝允许承载电流的限制，线切割加工脉冲电源的脉宽较窄，一般为 2～60 μs。单个脉冲能量、平均电流一般较小，所以线切割加工总是采用正极性加工。脉冲电源的形式很多，如晶体管矩形波脉冲电源、高频分组脉冲电源、并联电容性脉冲电源和低损耗电源。

(7) 微机控制系统

一般由中央处理器(CPU)、存储器、输入和输出电路组成。输入设备有键盘、光电机等，输出设备有数码显示器 LED、液晶显示器 LCD 和显示器 CRT，接口电路采用可编程并行 I/O 接口芯片、键盘/显示接口芯片等。

14.4 AutoCut For AutoCAD 软件的使用

打开 AutoCAD 2004，在主界面，首先运用 AutoCAD 绘制加工零件图形，在菜单中可以看到 AutoCut 的插件菜单和工具条。主界面如图 14.5 所示。

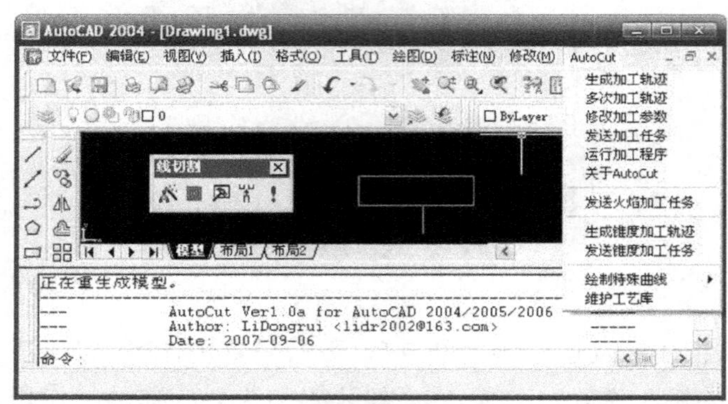

图 14.5 AutoCAD 2004 及 AutoCut 线切割模块主界面轨迹设计

在 AutoCAD 线切割模块中有三种设计轨迹的方法：生成加工轨迹、多次加工轨迹和生成锥度加工轨迹。

14.4.1 生成加工轨迹

点击菜单栏上的“AutoCut”下拉菜单，选“生成加工轨迹”菜单项，或者点击工具条上的按钮，会弹出相关的对话框，快走丝线切割机床生成加工轨迹时需要设置的参数，如图 14.6 所示。设置好补偿值、偏移方向及加工参数后，点击确定。在命令行提示栏中会提示“请输入穿丝点坐标”，可以手动在命令行中用相对坐标或者绝对坐标的形式输入穿丝点坐标，也可以用鼠标在屏幕上点击鼠标左键选择一点作为穿丝点坐标，穿丝点确定后，命令行会提示“请输入切入点坐标”，这里要注意，切入点一定要选在所绘制的图形上，否则是无效的，切入点的坐标可以手动在命令行中输入，也可以用鼠标在图形上选取任意一点作为切入点，切入点选中后，命令行会提示“请选择加工方向〈Enter 完成〉”，如图 14.7 所示。

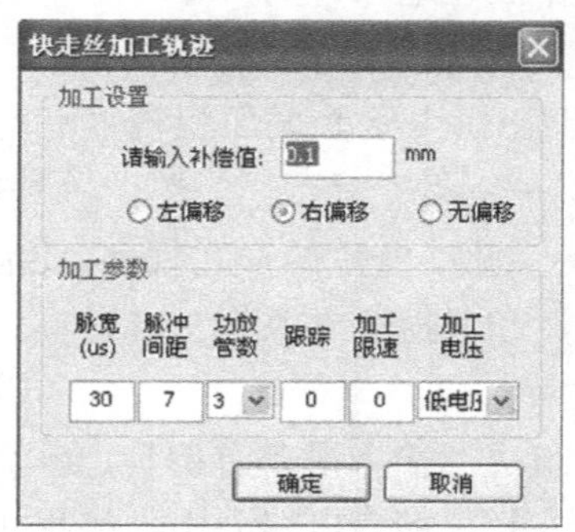

图 14.6 设置加工参数

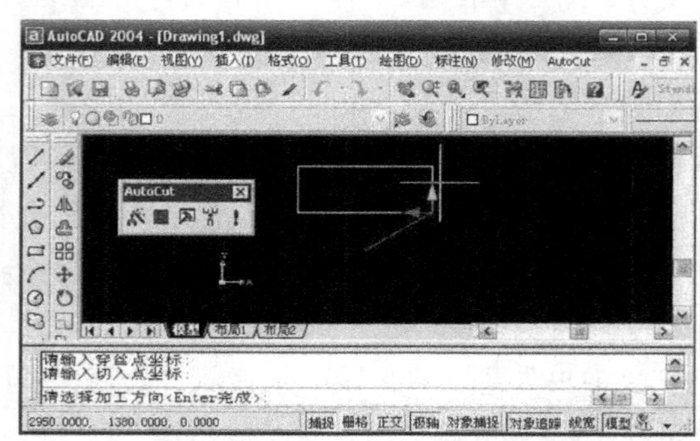

图 14.7 生成封闭图形轨迹

移动鼠标可看出加工轨迹上红、绿箭头交替变换，在绿色箭头一方点击鼠标左键，确定加工方向，或者按〈Enter〉键完成加工轨迹的拾取，轨迹方向将是当时绿色箭头的方向。

对于封闭图形经过上面的过程即可完成轨迹的生成，而对于非封闭图形会稍有不同，在经过和上面相同的操作完成加工轨迹的拾取之后，在命令行会提示"请输入退出点坐标〈Enter 同穿丝点〉"，如图 14.8 所示。

如图 14.8 所示，手动输入或用鼠标在屏幕上拾取一点作为退出点的坐标，或者按〈Enter〉键完成默认退出点和穿丝点重合，完成非封闭图形加工轨迹的生成。点击"AutoCut"发送加工任务，如图 14.9 所示。

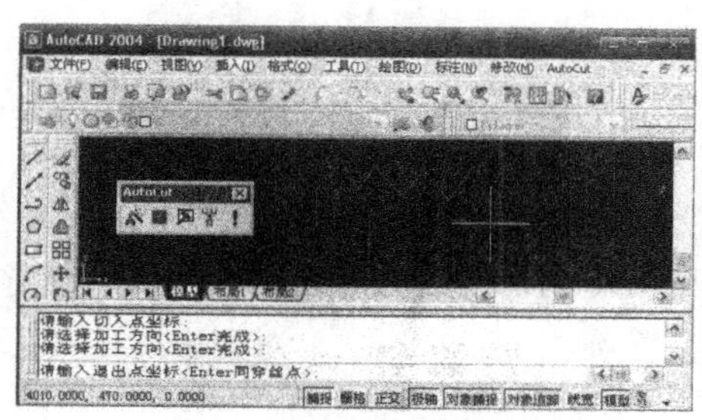

图 14.8　非封闭图形轨迹的生成

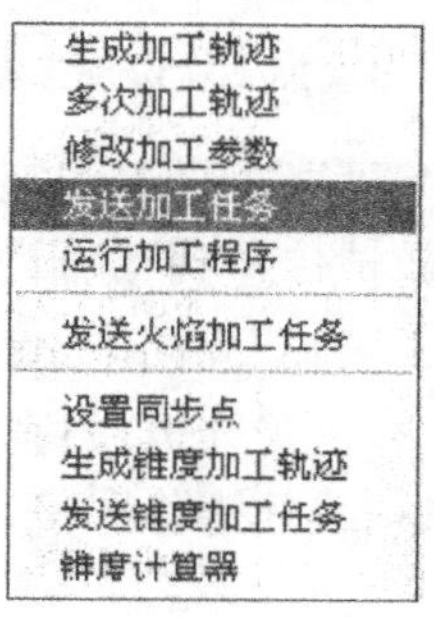

图 14.9　加工轨迹的生成

14.4.2　多次加工轨迹

点击菜单栏上的"AutoCut"下拉菜单，选"多次加工轨迹"菜单项，或者点击工具条上的按钮，会弹出如图 14.10 所示的"编辑加工路径"对话框。如图 14.11 所示，多次加工就是在第一次切割的基础上进行多次修光，达到图纸要求。

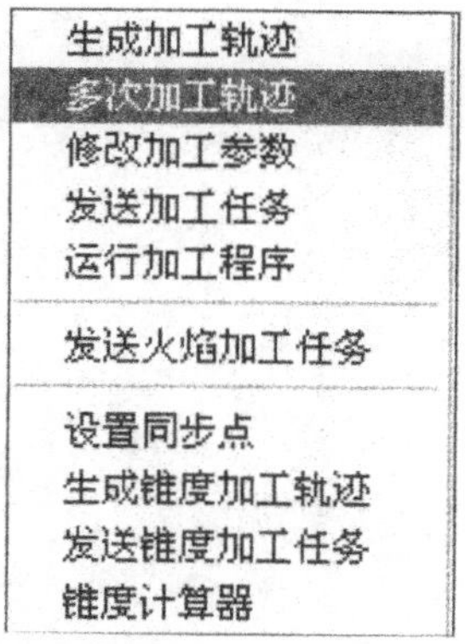

图 14.10　多次加工轨迹

在图 14.11 中，加工次数：多次切割的次数；凸模台宽：凸台的宽度，默认 1 mm；钼丝补偿：对钼丝的补偿，补偿值默认 0.1 mm；过切量：加工结束后，工件有时不能完全脱离；可以在生成轨迹时设置过切量使得加工后工件能够完全脱离。台阶加工 1 次偏移：如果选中该项表示台阶部分只加工一次且偏移量为设置值；左偏移：以钼丝沿着工件轮廓的前进方向为基准，钼丝位置位于工件轮廓左侧；右偏移：以钼丝沿着工件轮廓的前进方向为基准，钼丝位置位于工件轮廓右侧；无偏移：以钼丝沿着工件轮廓的前进方向为基准，钼丝位置和工件轮廓重合；加工台阶前是否暂停：如选中，会在加工台阶之前暂停，等待人工干预后继续加工，否则不用；加工台阶后是否暂停：如选中，会在加工完台阶后暂停，等待人工干预后继续加工，否则不用；加工外形：加工的是外部图形；加工内孔：加工的是内部图形；清角：包含左侧清角、右侧清角及无清角三种；点击"到数据库" 按钮，打开专家库，界面如图 14.12 所示。

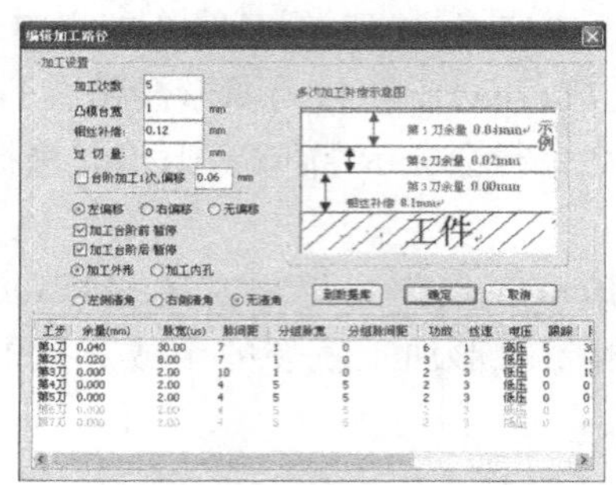

图 14.11 多次加工轨迹加工参数图

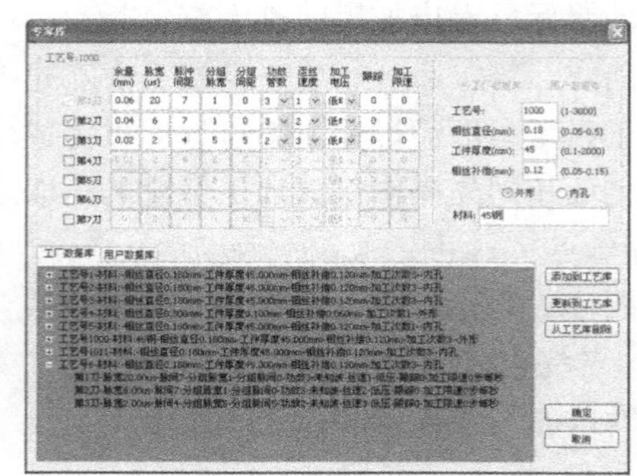

图 14.12 专家库

在专家库中，可以对多刀切割的加工参数进行设置，并可保存到数据库中，点击“确定”后，当前工艺参数被传递到“编辑加工路径”界面中。

在“编辑加工路径”界面中，点击“确定”后，多次加工的设置完成。

多次加工参数设置完成后，在 AutoCAD 软件的命令行提示栏中会提示“请输入穿丝点坐标”，加工方法的具体操作和一次加工生成轨迹相同，图 14.13 为多次加工生成的加工轨迹界面。

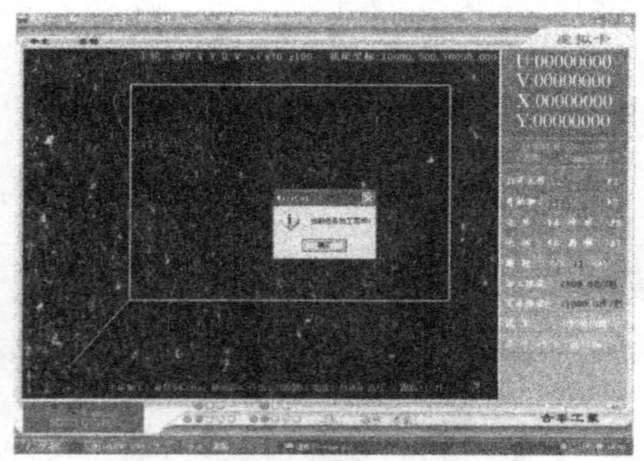

图 14.13 多次加工生成的轨迹

第15章　激光加工

15.1　概述

激光加工是20世纪60年代发展起来的一种新兴技术，它是利用光能经过透镜聚焦后达到很高的能量密度，依靠光热效应来加工各种材料。

激光加工是激光系统最常用的应用。根据激光束与材料相互作用的机理，大体可将激光加工分为激光热加工和光化学反应加工两类。

15.1.1　激光热加工

激光热加工是指利用激光束投射到材料表面产生的热效应来完成加工过程，包括激光焊接、激光切割、表面改性、激光打标、激光钻孔和微加工等。

由于激光是一种经受激辐射产生的加强光。其光强度高，方向性、相干性和单色性好，通过光学系统可将激光束聚焦成直径为几十微米到几微米的极小光斑，从而获得极高的能量密度。当激光照射到工件表面，光能被工件吸收并迅速转化为热能，光斑区域的温度可达10 000 ℃以上，使材料熔化甚至气化。随着激光能量的不断吸收，材料凹坑内的金属蒸气迅速膨胀，压力突然增大，熔融物爆炸式的高速喷射出来，在工件内部形成方向性很强的冲击波。激光加工就是工件在光热效应下产生的高温熔融和冲击波的综合作用过程。

1）激光切割

激光切割技术广泛应用于金属和非金属材料的加工中，可大大减少加工时间，降低加工成本，提高工件质量。激光切割是应用激光聚焦后产生的高功率密度能量来实现的。与传统的板材加工方法相比，激光切割具有高的切割质量、高的切割速度、高的柔性(可随意切割任意形状)、广泛的材料适应性等优点。

2）激光焊接

激光焊接是激光材料加工技术应用的重要方面之一，焊接过程属热传导型，即激光辐射加热工件表面，表面热量通过热传导向内部扩散，通过控制激光脉冲的宽度、能量、峰功率和重复频率等参数，使工件熔化，形成特定的熔池。由于其独特的优点，已成功地应用于微、小型零件焊接中。与其他焊接技术比较，激光焊接的主要优点是：激光焊接速度快、深度大、变形小，能在室温或特殊的条件下进行焊接，焊接设备装置简单。

3）激光钻孔

随着电子产品朝着便携式、小型化的方向发展，对电路板小型化提出了越来越高的需求，提高电路板小型化水平的关键就是越来越窄的线宽和不同层面线路之间越来越小的微型过孔和盲孔。传统的机械钻孔最小的尺寸仅为 100 μm，这显然已不能满足要求，取而代之的是一种新型的激光微型过孔加工方式。目前用 CO_2 激光器加工在工业上可获得过孔直径达到 30～40 μm 的小孔或用 UV 激光加工 10 μm 左右的小孔。目前在世界范围内激光在电路板微孔制作和电路板直接成型方面的研究成为激光加工应用的热点，利用激光制作微孔及电路板直接成型与其他加工方法相比其优越性更为突出，具有极大的商业价值。

15.1.2 激光光化学反应加工

光化学反应加工是指激光束照射到物体，借助高密度高能光子引发或控制光化学反应的加工过程，包括光化学沉积、立体光刻、激光刻蚀等。

激光内雕是光化学反应加工的一种，它首先通过专用点云转换软件，将二维或三维图像/人像转换成点云图像，然后根据点的排列，通过激光控制软件控制水晶的位置和激光的输出，在水晶处于某一特定位置时，聚焦的激光将在水晶内部打出一个个的小爆破点，大量的小爆破点就形成了要内雕的图像/人像。内雕机使用三维工作台（X，Y，Z 轴）控制水晶的位置（激光不移动），可以在水晶内部雕刻出大幅面的图像。内雕机使用振镜方式控制激光的聚焦坐标，使用 Z 轴控制水晶上下移动的方式来达到在水晶内部雕刻图像的目的。

由于激光具有高亮度、高方向性、高单色性和高相干性四大特性，因此就给激光加工带来一些其他加工方法所不具备的特性。由于它是无接触加工，对工件无直接冲击，因此无机械变形；激光加工过程中无“刀具”磨损，无“切削力”作用于工件；激光加工过程中，激光束能量密度高，加工速度快，并且是局部加工，对非激光照射部位没有或影响极小。因此，其热影响的区小，工件热变形小，后续加工量小；由于激光束易于导向、聚焦、实现方向变换，极易与数控系统配合、对复杂工件进行加工，因此它是一种极为灵活的加工方法；生产效率高，加工质量稳定可靠，经济效益和社会效益好。激光加工已广泛应用于打孔、切割、焊接、电子器件微调、表面处理以及信息存储等许多领域。

15.2 激光应用范围

（1）激光切割过程中，不会使布料变形或起皱，激光切割尺寸精度高，激光切割形状可随着图稿进行任意更改，增加了设计的实用性和创造性。另外，激光切割技术是用“激光刀”代替金属刀，激光切割任何面料，能瞬间将切口熔化并凝固，缝隙小、精确度高，达到自动“锁边”的功能。传统工艺用刀模切割或热加工，切口易脱丝、发黄、发硬。

（2）激光雕刻是利用软件技术，按设计图稿输入数据进行自动雕刻。激光雕刻是激光加工技术在服装行业中运用最成熟、最广泛的技术，能雕刻任何复杂图形标志，还可以进行射穿的镂空雕刻和表面雕刻，从而雕刻出深浅不一、质感不同、具有层次感和过渡颜色效果的各种图案。

（3）激光打标具有打标精度高、速度快、标记清晰等特点。激光打标兼容了激光切割、雕刻技术的各种优点，可以在各种材料上进行精密加工，还可以加工尺寸小且复杂的图案，激光标记具有永不磨损的防伪性能。

15.3 激光加工训练

设计加工零件图形：采用 AutoCAD、CorelDraw 等软件，设计绘制图形，图形的文件生成方法有：

(1) 使用 CorelDraw 设计图形，输出时，文件—导出，文件以“ * . plt”为后缀；

(2) 使用 AutoCAD 设计并绘制出加工图形，另存为“ * . dxf”。

图 15.1 设计的图形

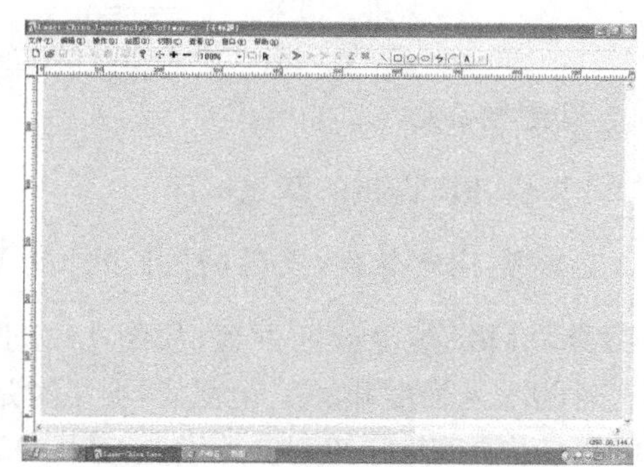

图 15.2 启动软件

图 15.3 打开设计的图形

图 15.4 改变图形颜色

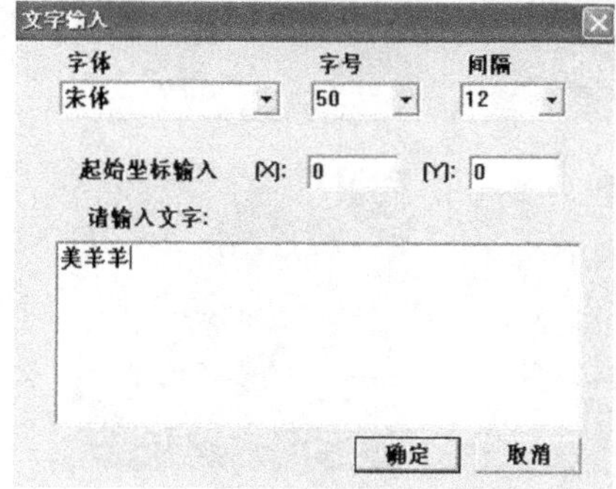

图 15.5 输入文字

图 15.6 文字添加至图形

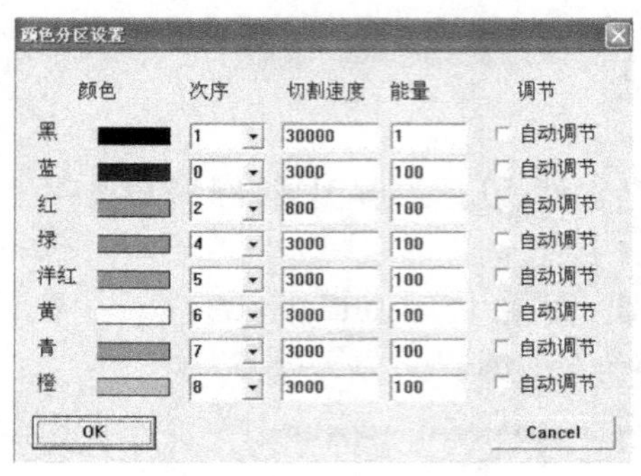

图 15.7 颜色的设置

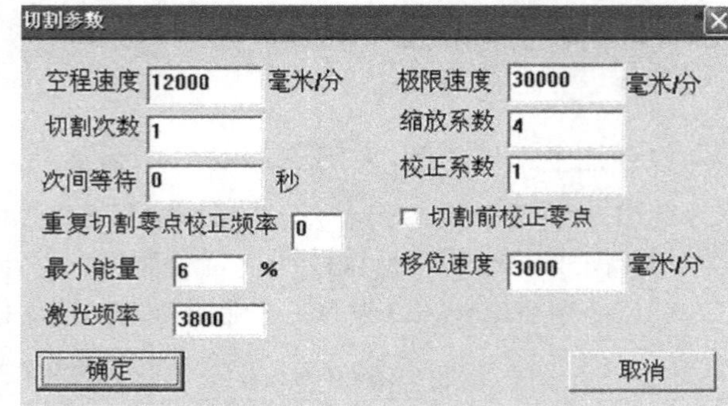

图 15.8 切割参数设置

(3) 启动与计算机并口连接的激光机床。

(4) 确定加工参数:启动软件,文件、打开设计的图形,如图 15.3 所示,在 下,选取要调整颜色的图素,编辑、颜色分区设置,如图 15.7 所示,点击 OK 键。调整图形的颜色。颜色是区别加工时的激光强度和加工速度,即加工时是切穿还是画线。黑色为高速小能量,红色为低速高能量。点击切割,切割参数设置,如图 15.8 所示。设置缩放系数,调整图形的加工比例,确定。

(5) 在工作台上确定毛坯料的位置。

(6) 手动调整机床 Z 轴升降台,确认激光束的焦距位于工件表面。

(7) 关闭防护板启动水冷系统和送风与通风系统。

(8) 在计算机上调出激光切割加工的图形进行加工。

(9) 加工结束。

如图 15.9 是同学设计的班徽。

图 15.9 设计班徽

第 16 章　快速原型制造概述

快速原型制造技术是 20 世纪 80 年代发展起来的一项先进制造技术，是为制造业企业新产品开发服务的一项关键共性技术，对促进企业产品创新、缩短新产品开发周期、提高产品竞争力有积极的推动作用。自该技术问世以来，已经在发达国家的制造业中得到了广泛应用，并由此产生一个新兴的技术领域。

16.1　快速原型制造概述

16.1.1　快速原型制造技术的基本原理

快速原型制造（Rapid Prototyping Manufacturing，RPM）技术，又简称为快速成型技术（Rapid Prototyping，RP）技术，作为一门新兴的制造技术，其基本原理可概括为："离散原型" → "分层制造"→ "逐层叠加"。

快速原型制造技术由 CAD 模型直接驱动，可快速制造任意复杂形状三维物理实体。即由 CAD 软件设计出所需零件的计算机三维模型，然后在 Z 向将其按一定厚度进行离散（习惯称为分层或切片），把物体的三维模型变成一系列的二维层片；再根据每个层片的轮廓信息，自动生成数控代码；最后由成型机接受控制指令制造一系列层片并自动将它们连接起来，得到一个三维物理实体。快速原型制造过程中三维模型、二维层片、三维物理实体之间的转化过程如图 16.1 所示。

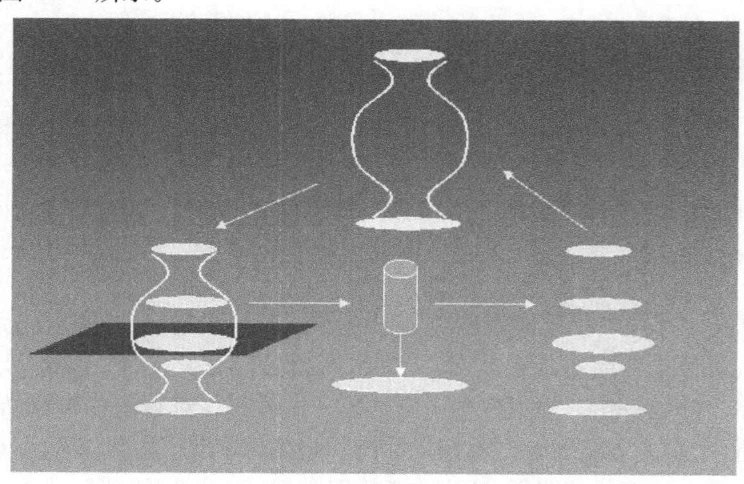

图 16.1　快速原型制造的转化示意图

16.1.2 快速原型制造技术的特点

1）材料添加式制造

将材料单元采用一定方式堆积、叠加成型，有别于车削等基于材料去除原理的传统加工工艺。

2）直接CAD模型制造

CAD模型通过接口软件直接驱动快速成型设备，实现了设计与制造一体化。

3）实体自由成型式制造

快速成型技术无需专用的模具或夹具，零件的形状和结构不受任何约束，用逐层变化的截面来制造三维形体。

4）高度柔性和适应性

快速成型技术具有高度柔性，在计算机管理和控制下使所制造的零件的信息过程和物理过程并行发生，把可重编程、重组、连续改变的生产装备用信息方式集成到一个制造系统中，仅需改变CAD模型，重新调整和设置参数即可生产出不同形状的零件模型。

5）技术的高度集成

RP技术是计算机、数据、激光、材料和机械的综合集成，只有在计算机技术、数控技术、激光器件和功率控制技术高度发展的今天才可能诞生快速成型技术，因此快速成型技术带有鲜明的时代特征。

6）快速响应性

从CAD设计到原型（或零件）的加工完毕，只需几个小时至几十个小时，复杂、较大的零部件也可能达到几百小时，但从总体上看，速度比传统的成型方法要快得多。

7）材料的广泛性

快速成型技术可以制造树脂类、塑料类原型，还可以制造出纸类、石蜡类、复合材料以及金属材料和陶瓷材料的原型。

16.2 快速原型制造技术的应用

随着RP技术的成熟和发展，目前已广泛应用于航空航天、汽车、机械、电子、电器、医学、建筑、玩具和工艺品等领域。

16.2.1 新产品开发

就目前RP技术的发展水平而言，在国内主要是应用于新产品（包括产品的更新换代）开发的设计验证和模拟样品的试制上，即完成从产品的概念设计（或改型设计）→造型设计→结构设计→基本功能评估→模拟样件试制这段开发过程。对某些以塑料结构为主的产品还可以进行小批量试制，或进行一些物理方面的功能测试、装配验证、实际外观效果审视，甚至将产品小批量组装先行投放市场，达到投石问路的目的。通过快速制造出物理原型，可以尽早对设计进行评估，缩短设计反馈的周期，方便而又快速地进行多次反复设计，可提高产品开发的成功率，降低开发成本，缩短开发时间。

16.2.2　单件、小批量和特殊复杂零件的直接生产

对于高分子材料的零部件，可用高强度的工程塑料直接快速成型，满足使用要求；对于复杂金属零件，可通过快速铸造或直接金属件成型获得。该项应用对航空、航天及国防工业有特殊意义。

由于传统模具制作过程复杂、耗时长，费用高，母模的制造往往成为设计和制造的瓶颈。RP 技术的出现大大简化了母模的制造过程。

常用的基于 RP 技术的快速模具制造技术有以下几种方法：基于 RP 原型的精密铸造模具法、喷涂法、熔模铸造法、直接制造金属模具法等。

通过各种转换技术将 RP 原型转换成各种快速模具，如低熔点合金模、硅胶模、金属冷喷模、陶瓷模等，进行中小批量零件的生产，满足产品更新换代快、批量越来越小的发展趋势。

16.2.3　生物医学及组织工程领域

RP 技术在生物医学及组织工程领域具有极大的应用前景。根据 CT 或 MRI 的数据重构三维 CAD 模型后，可以快速制造出人体的骨骼（如颅骨、牙齿）和软组织（如肾）等模型。在康复工程上，采用 RP 技术制造人体假肢具有最快的成型速度，假肢和肢体的结合部位能够做到最大程度的吻合，可以减轻假肢使用者的痛苦。

16.3　快速原型制造工艺方法简介

RP 技术自 1986 年出现至今，世界上已有大约二十多种不同的成型方法和工艺，而且新方法和工艺不断地出现。目前已出现的 RP 技术的主要工艺有：立体光刻（Stereo Lithography，SL）工艺、分层实体制造（Laminated Object Manufacturing，LOM）工艺、选择性激光烧结（Selected Laser Sintering，SLS）工艺、熔融沉积成型（Fused Deposition Modeling，FDM）工艺等。

16.3.1　立体光刻（Stereo Lithography，SL）工艺

SL 工艺，由 Charles Hull 于 1984 年获美国专利。1986 年美国 3D Systems 公司推出商品化样机 SLA-1，这是世界上第一台快速原型系统。SLA 系列成型机占据着 RP 设备市场的较大份额。

SL 工艺是基于液态光敏树脂的光聚合原理工作的。这种液态材料在一定波长（325 nm 或 355 nm）和强度（10～400 mW）的紫外光的照射下能迅速发生光聚合反应，相对分子质量急剧增大，材料也就从液态转变成固态。图 16.2 为 SL 工艺原理图。液槽中盛满液态光固化树脂，激光束在偏转镜作用下，能在液态表面上扫描，扫描的轨迹及激光的有无均由计算

机控制，光点扫描到的地方，液体就固化。成型开始时，工作平台在液面下一个确定的深度，液面始终处于激光的焦平面，聚焦后的光斑在液面上按计算机的指令逐点扫描，即逐点固化。当一层扫描完成后，未被照射的地方仍是液态树脂。然后升降台带动平台下降一层高度，已成型的层面上又布满一层树脂，刮平器将黏度较大的树脂液面刮平，然后再进行下一层的扫描，新固化的一层牢固地粘在前一层上，如此重复直到整个零件制造完毕，得到一个三维实体模型。

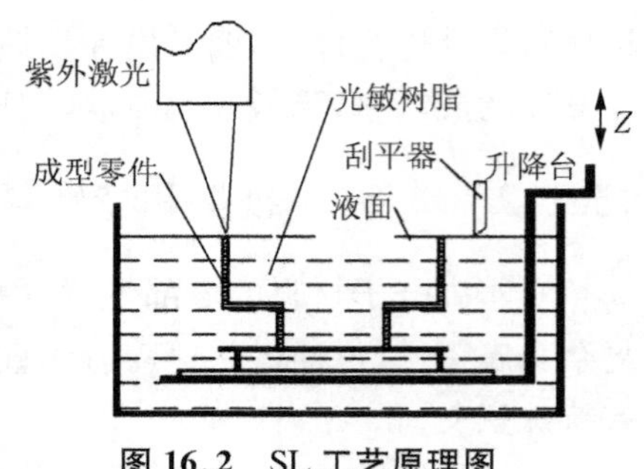

图 16.2　SL 工艺原理图

SL 方法是目前 RP 技术领域中研究得最多的方法，也是技术上最为成熟的方法。一般层厚在 0.1～0.15 mm，成型的零件精度较高。多年的研究改进了截面扫描方式和树脂成型性能，使该工艺的加工精度能达到 0.1 mm，现在最高精度已能达到 0.05 mm。但这种方法也有自身的局限性，比如需要支撑、树脂收缩导致精度下降、光固化树脂有一定的毒性等。

16.3.2　分层实体制造(LOM)工艺

LOM 工艺称为分层实体制造，由美国 Helisys 公司的 Michael Feygin 于 1986 年研制成功。该公司已推出 LOM-1050 和 LOM-2030 两种型号成型机。

LOM 工艺采用薄片材料，如纸、塑料薄膜等。片材表面事先涂覆上一层热熔胶。加工时，热压辊热压片材，使之与下面已成型的工件粘接；用 CO_2 激光器在刚粘接的新层上切割出零件截面轮廓和工件外框，并在截面轮廓与外框之间多余的区域内切割出上下对齐的网格；激光切割完成后，工作台带动已成型的工件下降，与带状片材(料带)分离；供料机构转动收料轴和供料轴，带动料带移动，使新层移到加工区域；工作台上升到加工平面；热压辊热压，工件的层数增加一层，高度增加一个料厚；再在新层上切割截面轮廓。如此反复直至零件的所有截面粘接、切割完，得到分层制造的实体零件。LOM 工艺原理如图 16.3 所示。

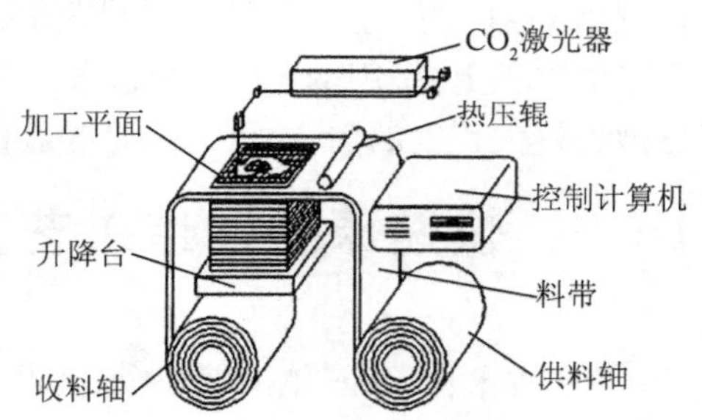

图 16.3　LOM 工艺原理图

LOM 工艺只需在片材上切割出零件截面的轮廓，而不用扫描整个截面。因此成型厚壁零件的速度较快，易于制造大型零件。零件的精度较高(<0.15 mm)。工件外框与截面轮廓之间的多余材料在加工中起到了支撑作用，所有 LOM 工艺无需加支撑。

16.4　熔融挤出成型(FDM)工艺

熔融挤出成型(FDM)工艺由美国学者 Dr. Scott Crump 于 1988 年研制成功，并由美国 Strata-sys 公司推出商品化机器。

FDM 工艺的材料一般是热塑性材料，如蜡、ABS、PC、尼龙等，以丝状供料。材料在喷头内被加热熔化。喷头沿零件截面轮廓和填充轨迹运动，同时将熔化的材料挤出，材料迅速固化，并与周围的材料粘结。每一个层片都是在上一层上堆积而成，上一层对当前层起到定位和支撑的作用。随着高度的增加，层片轮廓的面积和形状都会发生变化，当形状发生较大的变化时，上层轮廓就不能给当前层提供充分的定位和支撑作用，这就需要设计一些辅助结构——支撑，对后续层提供定位和支撑，以保证成型过程的顺利实现。

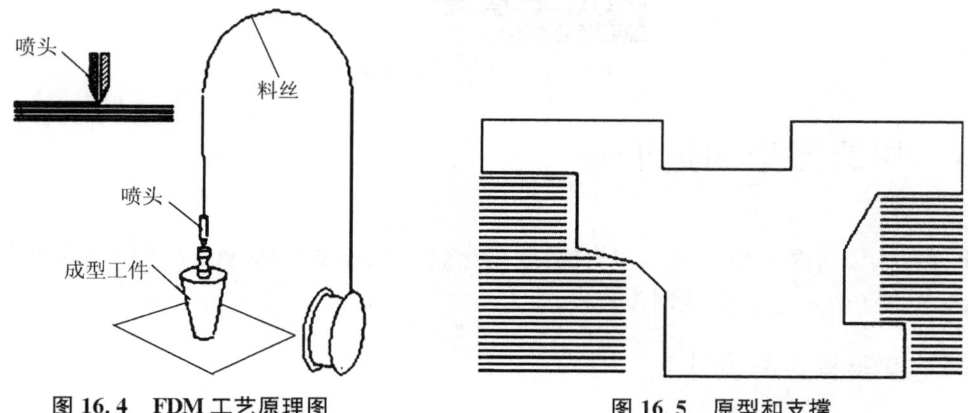

图 16.4 FDM 工艺原理图

图 16.5 原型和支撑

这种工艺不用激光，使用、维护简单，成本较低。用蜡成型的零件原型，可以直接用于失蜡铸造。用 ABS 制造的原型因具有较高强度而在产品设计、测试与评估等方面得到广泛应用。近年来又开发出 PC、PC/ABS、PPSF 等更高强度的成型材料，使得该工艺有可能直接制造功能性零件。由于这种工艺具有一些显著优点，该工艺发展极为迅速，目前 FDM 系统在全球已安装快速成型系统中的份额大约为 30%。

16.5 选择性激光烧结(SLS)工艺

SLS 工艺又称为选择性激光烧结，由美国德克萨斯大学奥斯汀分校的 C. R. Dechard 于 1989 年研制成功。

SLS 工艺是利用粉末状材料(金属粉末或非金属粉末)成型的。将材料粉末铺撒在已成型零件的上表面，并刮平；用高强度的 CO_2 激光器在刚铺的新层上扫描出零件截面；材料粉末在高强度的激光照射下被烧结在一起，得到零件的截面，并与下面已成型的部分粘接；当一层截面烧结完后，铺上新的一层材料粉末，选择地烧结下层截面。

SLS 工艺最大的优点在于选材较为广泛，如尼龙、蜡、ABS、树脂裹覆砂(覆膜砂)、聚碳酸酯(Poly Carbonates)、金属和陶瓷粉末等都可以作为烧结对象。粉床上未被烧结部分成为烧结部分的支撑结构，因而无需考虑支撑系统(硬件和软件)。SLS 工艺与铸造工艺的关系极为密切，如烧结的陶瓷型可作为铸造之型壳、型芯，蜡型可做蜡模，热塑性材料烧结的模型可做消失模。

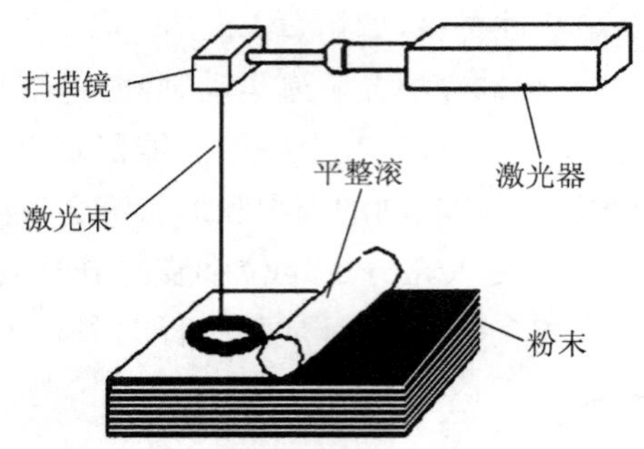

图 16.6　SLS 工艺原理图

16.6　快速原型制造训练

下面我们以熔融沉积成型工艺为例，利用熔融挤压成型设备 MEM-320 和快速成型软件 Aurora，来介绍一个实例的制作过程。

16.6.1　实验样件的设计

实验之前应使用 Pro/E、SolidWorks 等三维实体设计软件设计实验样件，并将样件的输出格式保存为 STL 格式。

16.6.2　制造原型

1）MEM-320 设备的准备工作

（1）接通电源。接通总电源按钮，按下照明、成型室温控按钮。系统将成型室温度逐步升至 80 ℃。

（2）数控系统初始化。启动"初始化"命令，对数控系统执行初始化操作，初始化后检查设备 X,Y,Z 轴是否在正常位置。

（3）喷头初始化。打开温控开关，上电加热，当材料温度达到 248 ℃后，喷头开始吐丝，将喷头中老化的丝材完全吐完，直到 ABS 材料光滑。

2）实验数据的准备

（1）加载 STL 文件

运行快速成型软件 Aurora，载入事先准备好的 STL 模型，系统读入 STL 文件后，在屏幕最左端的状态条显示已读入模型信息：面片数、顶点数，体积和尺寸等信息。读入模型后，系统自动更新，显示 STL 模型。

（2）坐标变换

点击自动布局，Aurora 软件会自动将原型放在工作台中心。为了取得更好的表面成形效果，可以利用菜单中"模型→变形"，对实验样件进行适当的变形，旋转一定的角度，以获得更好的表面效果。

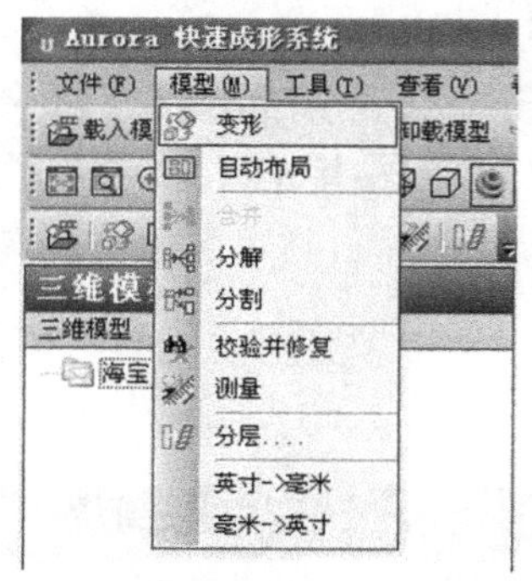

图 16.7 模型变形

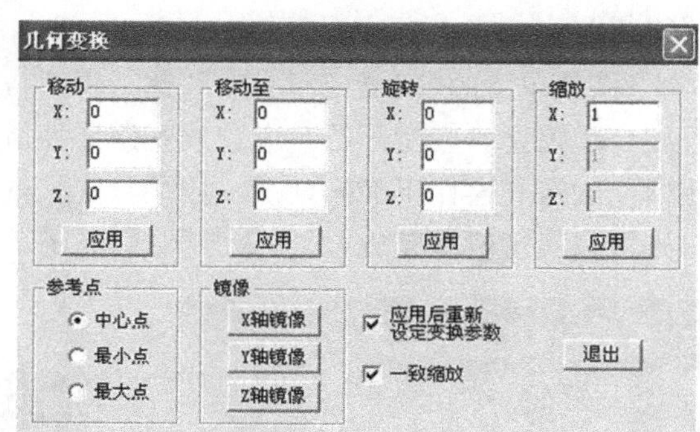

图 16.8 调整摆放位置

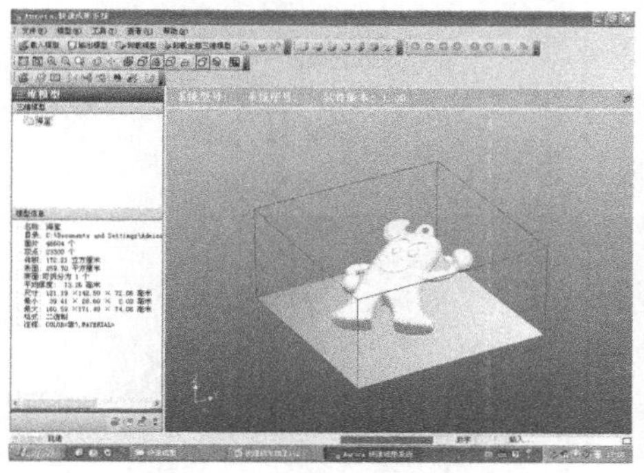

图 16.9 模型适度化

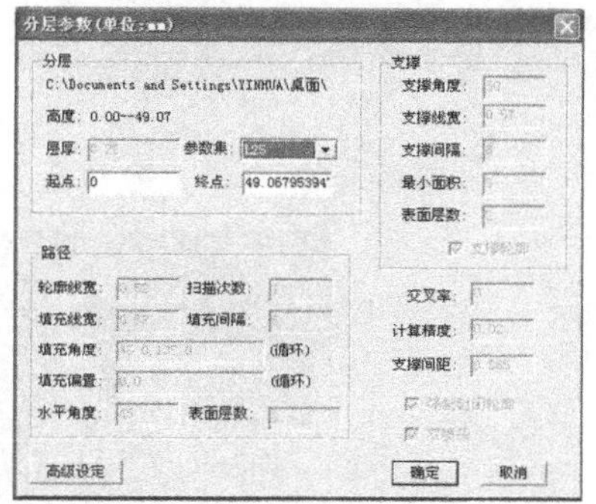

图 16.10 分层参数

3) 分层参数设置

分层参数包括三个部分,分别为分层、路径和支撑。选择菜单“模型→模型分层”,参数设置如图 16.10 所示。参数设置完成后,单击“确定”按钮,系统保存分层结果的 CLI 文件。

4) 辅助结构的设置

通过辅助结构,将喷头切换开始的部分先形成辅助结构,达到提高原型质量的目的。系统设置了四个辅助结构,一次选择一种,手动将它放在合适的位置,应接近模型,但不能产生干涉。

图 16.11 添加辅助结构

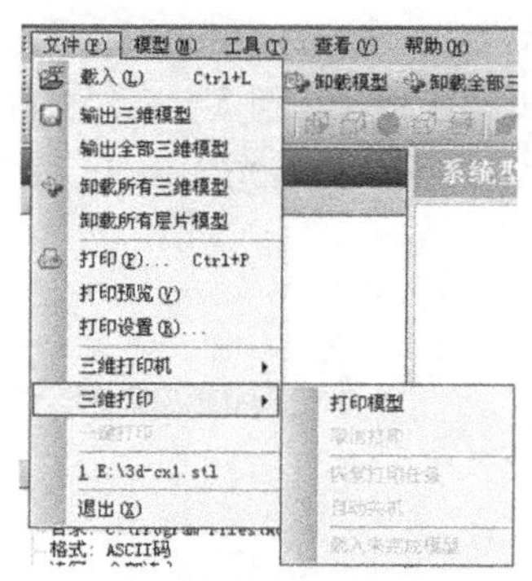

图 16.12 选择三维打印

5）打印模型

打开“文件”菜单下的“三维打印”选择“打印模型”，点击“确定”按钮，输入工作台的高度值，即可开始打印模型。成型开始时应注意观察样件与工作台的粘接情况，如支撑明显粘接不牢，证明前面的对高操作不准确，应及时取消打印，重新进行对高，确定起始造型高度。如粘接良好，则可以等待成型完成，无需人工干预。

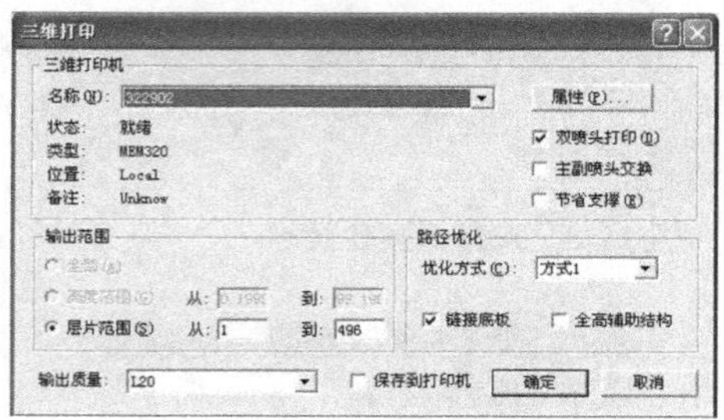

图 16.13

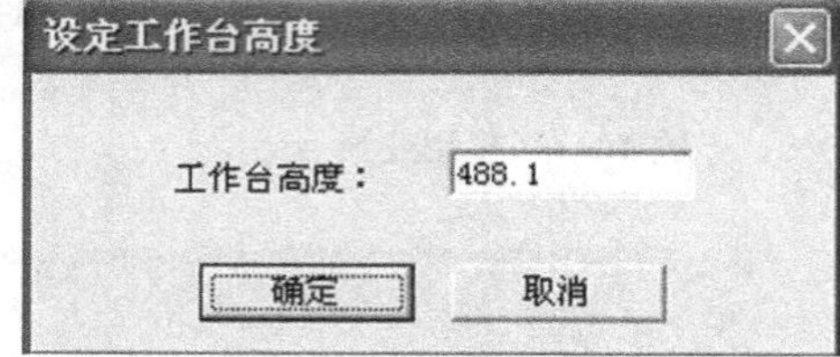

图 16.14

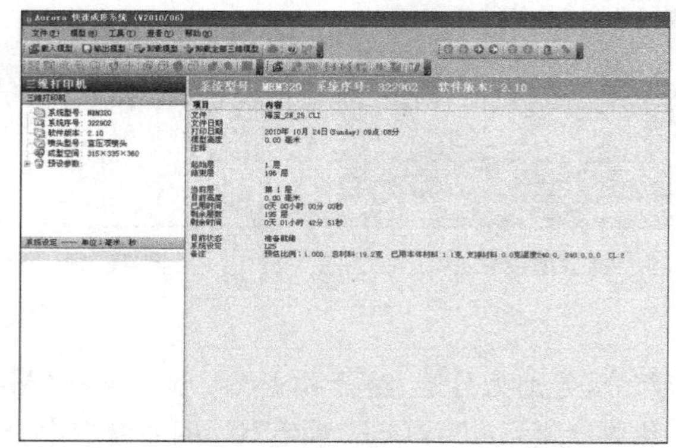

图 16.15

6）后处理

原型制作完毕后，首先关闭温控按钮，然后下降工作台，将原型留在成型室内，避免过早取出发生翘曲变形。保温 10 min 后，用小铲子小心地取出模型；再关闭系统其他按钮和电源，关闭计算机，最后进行原型后处理。首先用小钳子小心地去除支撑，用砂纸打磨台阶效应比较明显处，用小刀处理多余部分，用填补液处理台阶效应造成的缺陷。如需要，可用少量丙酮溶液给原型表面上光。以上工作完成后，即可得到精度和表面粗糙度达到要求的原型零件。

第 17 章 其他加工方法

17.1 水喷射加工

水喷射加工(Water Jet Machining)又称为水射流加工、水力加工或水刀加工。它是利用超高压水射流及混合于其中的磨料对各种材料进行切割、穿孔和表层材料去除等加工。其加工原理是综合了由超高速液流冲击产生的穿透割裂作用和由悬浮于液流中磨料的游离磨削作用,故称之为磨料水喷射(Abrasive Water Jet)技术,简写为 AWJ 技术。

20 世纪 50 年代在苏联已出现了利用水的高压射流进行煤层开采和隧道开挖的技术,但在机械加工领域还是于 70 年代后期解决了高压喷射装置的性能和可靠性后才首先在美国的飞机和汽车行业中成功地应用于复合材料的切割和缸体毛刺的去除。由于水喷射加工具有下列优点,因而自 80 年代末起得到了迅速的发展。

(1) 几乎适用于加工所有的材料,除钢铁、铝、铜等金属材料外,还能加工特别硬脆、柔软的非金属材料,如塑料、皮革、纸张、布匹、化纤、木材、胶合板、石棉、水泥制品、玻璃、花岗岩、大理石、陶瓷和复合材料等。

(2) 切口平整,无毛边和飞刺。也可用其去除阀体、燃油装置和医疗器械中的孔缘、沟槽、螺纹、交叉孔和盲孔上的毛刺。

(3) 切削时无火花,对工件不会产生任何热效应,也不会引起其表层组织的变化。这种冷加工很适于对易爆易燃物件的加工。

(4) 加工清洁不产生烟尘或有毒气体,减少空气污染。提高操作人员的安全性。

(5) 减少了刀具准备、刃磨和设置刀偏量等工作,故能显著缩短安装调整时间。

20 世纪 90 年代通过对水喷射工艺参数优化的研究和控制系统性能的改善,使其能以较高的效率和精度进行加工,其技术经济效果可与等离子和激光加工相媲美。

17.2 电解加工(电化学加工)

电解加工(Electrochemical Machining,ECM)就是利用金属在外电场作用下的高速局部阳极溶解过程,实现金属成型加工的工艺。其原理如图 17.1 所示。

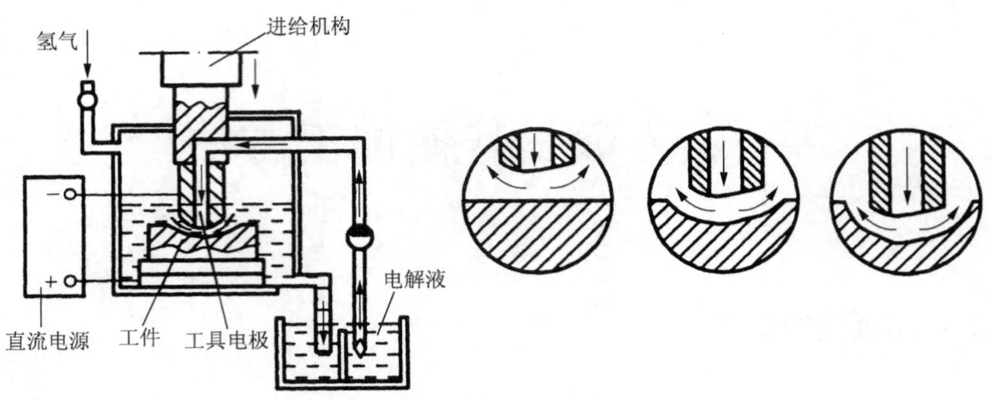

图 17.1 电解加工原理图

1）电解加工的特点

（1）能加工各种硬度与强度的金属材料；

（2）生产率高，其加工速度约为电火花加工的 5～10 倍，约为机械切削加工的 3～10 倍；

（3）加工中无切削力，不产生残余应力、飞边与毛刺；表面质量高，R_a 为 1.25～0.2 μm。

（4）加工过程中工具阴极无损耗。

2）电解加工的弱点和局限性

（1）加工稳定性不高，不易达到较高的加工精度；

（2）电解液过滤、循环装置庞大，占地面积大，电解液对设备有腐蚀作用；

（3）电解液及电解产物容易污染环境。

参考文献

[1] 傅水根,李双寿. 机械制造实习[M]. 北京:清华大学出版社,2009.

[2] 骆志斌. 金属工艺学[M]. 南京:东南大学出版社,1994.

[3] 张学政,李家枢. 金属工艺学实习教材[M]. 3版. 北京:高等教育出版社,2003.

[4] 胡大超. 机械工程实训[M]. 上海:上海科学技术出版社,2004.

[5] 胡大超. 机械工程实训报告[M]. 上海:上海科学技术出版社,2004.

[6] 孙以安,陈茂贞. 金工实习教学指导[M]. 上海:上海交通大学出版社,1998.

[7] 黄如林,樊曙天. 金工实习(修订本)[M]. 南京:东南大学出版社,2004.

[8] 赵小东,潘一凡. 机械制造基础[M]. 南京:东南大学出版社,2004.

[9] 夏德荣,贺锡生. 金工实习(机类)[M]. 南京:东南大学出版社,1999.

[10] 贺锡生,黄如林,周伯伟. 金工实习(机械类)[M]. 南京:东南大学出版社,1996.

[11] 张力真. 金属工艺学教程[M]. 北京:高等教育出版社,1992.

[12] 清华大学金属工艺学教研室. 金属工艺学实习教材[M]. 2版. 北京:高等教育出版社,1994.

[13] 何红媛. 金属材料成型基础[M]. 南京:东南大学出版社,2000.

[14] 王维新,江龙. 钳工职业技能鉴定培训读本(中级工)[M]. 北京:化学工业出版社,2005.

[15] 鞠鲁粤. 机械制造基础[M]. 2版. 上海:上海交通大学出版社,2001.

[16] 柳秉毅. 金工实习(上册)[M]. 北京:机械工业出版社,2002.

[17] 韩国敏,李莹,李玉峰. 金工实习习题集[M]. 山东:石油大学出版社,1993.

[18] 吴祖育,秦鹏飞. 数控机床[M]. 上海:上海科学技术出版社,1990.

[19] 全国数控培训网络天津分中心. 数控机床[M]. 北京:机械工业出版社,1997.

[20] 高凤英. 数控机床编制与操作[M]. 南京:东南大学出版社,2008.

[21] 赵万生. 特种加工技术[M]. 北京:高等教育出版社,2001.

[22] 顾佩兰,储晓猛. 数控车工(中级)[M]. 北京:化学工业出版社,2010.

《工程基础训练》

实习报告

目　　录

1. 铸造实习报告

班级		姓名		学号		日期		成绩	

一、判断题(将判断结果填入括号中。正确的填“√”,错误的填“×”。)

(　　)1. 型砂是制造砂型的主要材料。

(　　)2. 砂型铸造是生产大型铸件的唯一方法。

(　　)3. 冲天炉上的出铁口要比出渣口高。

(　　)4. 出炉的铸铁理想温度约为 1 350～1 450 ℃。

(　　)5. 当铸件上的孔腔需要用型芯铸出时,垂直安放的型芯要有上下芯头。

(　　)6. 铸造圆角半径一般为转角处两壁平均厚度的 1/4。

(　　)7. 铸件的重要受力面、主要加工面浇注时应该朝上。

(　　)8. 金属型的浇注温度、浇注速度都应比浇注砂型高一些。

(　　)9. 用离心铸造生产空心旋转体铸件,不需要型芯和浇注系统。

(　　)10. 型砂耐火度的高低,主要取决于粘结剂耐火度的高低。

(　　)11. 由于金属型能一型多次使用、使用寿命长,故有永久型之称。

(　　)12. 舂砂时,砂型的紧实度越高,强度也越高,则铸件质量便越好。

二、填空题

1. 配制型砂常用的粘结剂有________、________、________、________、________,其中最常用的是________。
2. 最大截面的上部,形状简单的铸件多用于________。
3. 型芯的主要作用是用来________。
4. 手工造型的主要特点是________、________、________、________,在________、________生产中采用机器造型。
5. 常用的特种铸造方法有________、________、________、________、________。
6. 铸工实习时,熔炼铝合金的设备叫做________,其型号和功率为________,浇注时的安全注意事项是____。

三、选择题(选择正确的答案,将相应的字母填入题内的括号中。)

1. 下列工件中适宜用铸造方法生产的是　　　　(　　)

   A. 车床上进刀手轮　　　　B. 螺栓

   C. 机床丝杠　　　　D. 自行车中轴

2. 型砂中加入木屑的目的是为了　　　　(　　)

   A. 提高型砂的强度　　　　B. 提高型砂的退让性和透气性

   C. 便于起模　　　　D. 防止粘砂

3. 大型型芯中放焦炭的目的之一是 ( )
A. 增加强度 B. 增加耐火性
C. 增加透气性 D. 增加型芯的稳定性
4. 车床上的导轨面在浇注时的位置应该 ( )
A. 朝上 B. 朝下 C. 朝左侧 D. 朝右侧
5. 为提高合金的流动性,常采用的方法是 ( )
A. 适当提高浇注温度 B. 加大出气口
C. 降低出铁温度 D. 延长浇注时间
6. 铸造圆角的主要作用是 ( )
A. 增加铸件强度 B. 便于起模
C. 防止冲坏砂型 D. 提高浇注时间
7. 挖砂造型时,挖砂深度应达到 ( )
A. 模样的最大截面处 B. 模样的最大截面以上
C. 模样的最大截面以下 D. 任意选择
8. 制好的砂型,通常要在型腔表面涂上一层涂料,其目的是 ( )
A. 防止粘砂 B. 改善透气性
C. 增加退让性 D. 防止气孔
9. 灰口铸铁适合制造床身、机架、底座、导轨等结构,除了铸造性和切削性优良外,还因为 ( )
A. 抗拉强度好 B. 抗弯强度好
C. 抗压强度好 D. 冲击韧性高
10. 制造模样时,模样的尺寸应比零件大一个 ( )
A. 铸件材料的收缩量
B. 机械加工余量
C. 铸件材料的收缩量+模样材料的收缩量
D. 铸件材料的收缩量+机械加工余量
11. 分型砂的作用是 ( )
A. 上砂箱与下砂箱分开 B. 分型面光洁
C. 上砂型与下砂型顺利分开 D. 改善透气性
12. 舂砂时,上下砂箱的型砂紧实度应该 ( )
A. 均匀一致 B. 上箱比下箱紧实度要大
C. 下箱比上箱紧实度要大 D. 由操作者自定
13. 型砂强度低时,除造成修型、塌箱外,还会使铸件产生 ( )
A. 气孔 B. 砂眼、夹砂
C. 表面粘砂 D. 浇不足

14. 考虑到合金的流动性，设计铸件时应 ( )

A. 加大铸造圆角　　B. 减小铸造圆角

C. 限制最大壁厚　　D. 限制最小壁厚

15. 一只直径为 100 mm 的铅球，生产 1 000 只时的铸造方法应选用 ( )

A. 挖砂　　B. 整模

C. 分模　　D. 刮板

四、问答题

1. 试述型砂成分的组成部分及对型砂有哪些基本性能要求。

2. 下列方框图表示型砂铸造生产的全过程，请将空框内的名称填完整。

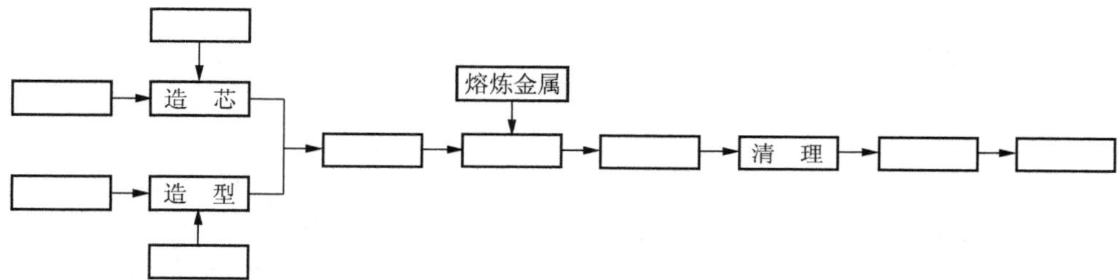

3. 写出铸型装配图上所指部位的名称（1～8）。

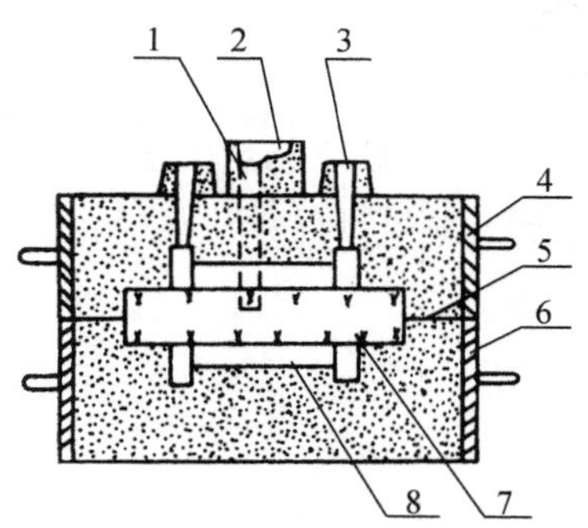

4. 为什么要混砂和筛砂？造型时为什么要撒分型砂？

5. 试述冒口的作用。

6. 何谓分型面？确定分型面的原则有哪些？

7. 标出如图所示铸件的分型面。

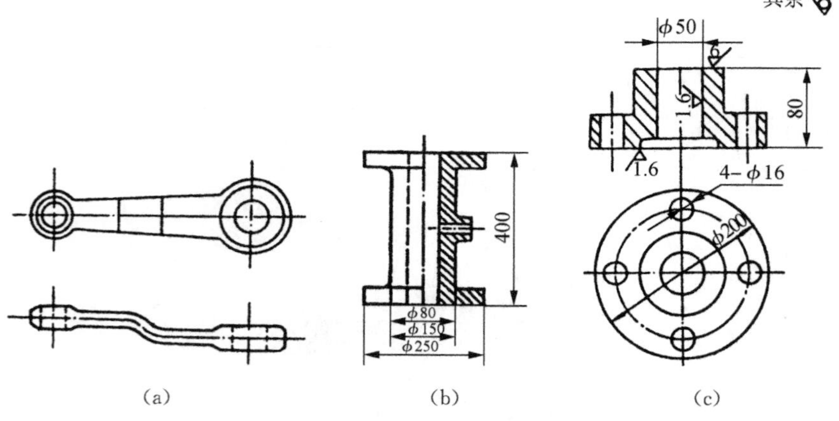

8. 画出如图所示零件的模样图和铸件图。

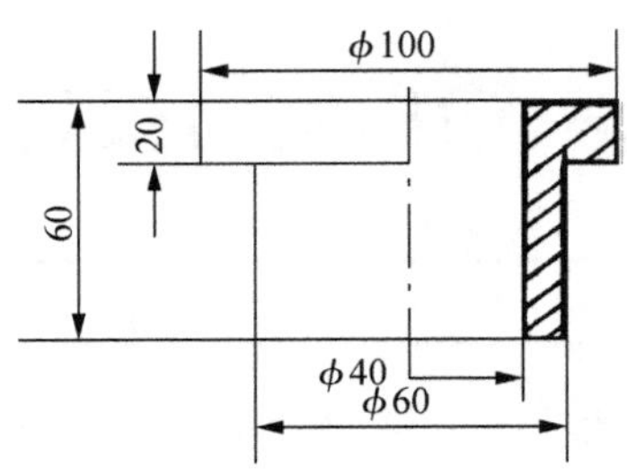

9. 如图为轴承盖，材料 HT150，单件生产，要求 ϕ126 与 ϕ90、ϕ74 同心，试确定其最佳造型工艺方案（标出分型面并说出造型方法的名称）。

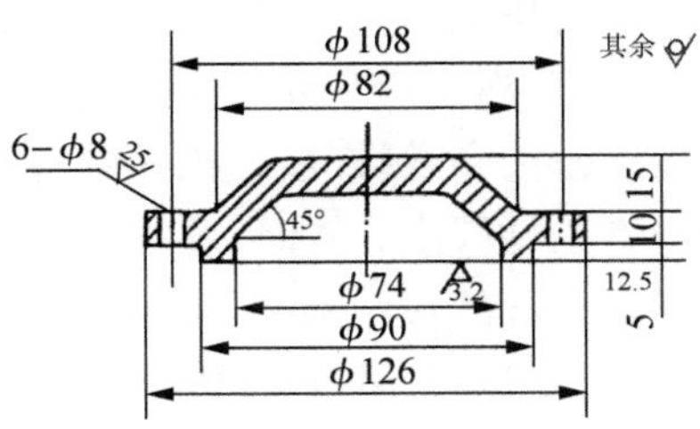

2. 锻压实习报告

班级		姓名		学号		日期		成绩	

一、判断题(将判断结果填入括号中。正确的填"√",错误的填"×"。)

(　　)1. 坯料加热的目的是提高金属的塑性,降低其变形抗力。

(　　)2. 碳素钢比合金钢容易出现锻造缺陷。

(　　)3. 拔长时送进量越大,效率就越高。

(　　)4. 45 钢的锻造温度范围是 800～1 200 ℃。

(　　)5. 钢的加热速度越快,表面氧化就越严重。

(　　)6. 可锻铸铁经过加热也是可以锻造成形的。

(　　)7. 除自由锻造外的其他锻压加工方法都具有较高的生产率。

(　　)8. 冲压的基本工序分为:分离工序和冲孔工序两大类。

(　　)9. 空气锤的规格是以工作活塞、锤杆加上砧铁的总质量来表示的。

(　　)10. 双面冲孔时,当冲到工件厚度 3/4 时,应拔出冲子,翻转工件,从反面冲穿。

(　　)11. 可锻性的好坏,常用金属的塑性和变形抗力两个指标来衡量。

(　　)12. 锻造时金属加热的温度越高,锻件的质量就越好。

(　　)13. 自由锻件所需坯料的质量与锻件的质量相等。

(　　)14. 机器自由锻的生产效率低,加工精度差,劳动强度大,因此应尽早淘汰。

(　　)15. 锻件的锻后冷却是决定锻件质量的一个重要条件。

二、填空题

1. 金属材料通过加热,随着温度的升高其机械性能________提高,________降低。
2. 在中小型工厂中,常用的加热炉是________、________、________、________。
3. 锻件的材料是 45 钢,它的始锻温度是________,终锻温度是________。
4. 金属在加热过程中可能产生的缺陷是________、________、________。
5. 锻造实习中使用的空气锤其型号是________,此型号的含义是____________。
6. 冲孔和落料的加工方法相同,落料冲下的部分是________,而冲孔冲下的部分是________,它们和剪切统称为________。
7. 举出四种经冷冲压加工而成的制品,它们是________、________、________、________。
8. 模锻件的最后成形是在________模膛中完成的。
9. 板料冲压中,属于变形工序的有________、________、________。

10. 在实习中使用的空气锤其规格为 65 kg,它是指空气锤________为 65 kg。
11. 锻件的实际尺寸与________之间所允许的偏差叫做锻件的公差。
12. 板料冲压一般在冷态下进行,故称为冷冲压,只有当板料厚度超过________mm 时采用热冲压。
13. 金属材料的塑性越高,其可锻性就________。
14. 压力加工的方法,除锻造和板料冲压外,还有________、________、________和________等方式。
15. 板料冲压的主要工序概括起来分为两大类:一为________工序;二为________工序,锻压车间在冲床上进行的"切边"工序属于________工序。

三、选择题(选择正确的答案,将相应的字母填入题内的括号中。)

1. 被镦粗坯料的高度要小于其直径的________倍。 ( )
   A. 2 以下 B. 2.5～3 C. 3～3.5
2. 采用冲头扩孔适用于锻件外径与内径之比大于________的情况。 ( )
   A. 2 B. 1.5 C. 1.7
3. 车间里常用________来判别成分不明材料。 ( )
   A. 打硬度 B. 火花鉴别 C. 化验
4. 下面哪种钢的可锻性最好 ( )
   A. 45 钢 B. 10 钢 C. 80 钢
5. 在能够完成规定成形工步的前提下,加热次数越多,锻件的质量 ( )
   A. 越好 B. 越差 C. 不受影响
6. 普通碳钢中,小型锻件适合于 ( )
   A. 空冷 B. 坑冷或箱冷 C. 炉冷
7. 锻造工人把精锻完的齿轮放在铁桶内而不是放在车间内地面上,这是因为 ( )
   A. 方便运输 B. 减缓齿轮冷却速度 C. 使车间内整洁
8. 冲裁模的凸模和凹模均有 ( )
   A. 锋利的刃口 B. 圆角过渡 C. 负公差
9. 下列工件中,适合于自由锻的是________,适合于板料冲压的是________,适合于铸造的是 ( )
   A. 减速箱体 B. 电气箱柜 C. 车床主轴
10. 拉深模的凸模与凹模间的单边间隙应该是 ( )
   A. 近似为零 B. 大于板料厚度 C. 略小于板料厚度
11. 大批量生产精密锻件时,坯料加热方法应优先采用 ( )
   A. 燃煤炉 B. 重油炉 C. 电感应加热炉

四、问答题

1. 锻造前为什么要对坯料加热?

2. 冲孔前为什么有时要先将坯料镦粗?

3. 举出几件用锻造和冷冲压方法生产的零件、毛坯,说明采用的理由。

4. 简述锻造与铸造相比的优缺点。

5. 试比较齿轮在自由锻、胎模锻、模锻时有哪些不同。

6. 简述自行车上的钢圈、链轮、三通管的制造工序。

7. 用以下三种方法制成的齿轮毛坯，哪种较好，说明理由。

(1)用等于齿坯直径的圆钢切割得到的圆饼状齿坯；

(2)用等于齿坯直径的钢板切割得到的圆饼状齿坯；

(3)用小于齿坯直径的圆钢镦粗得到的圆饼状齿坯。

五、工艺题

列出图示羊角锤机器自由锻的生产工艺过程。

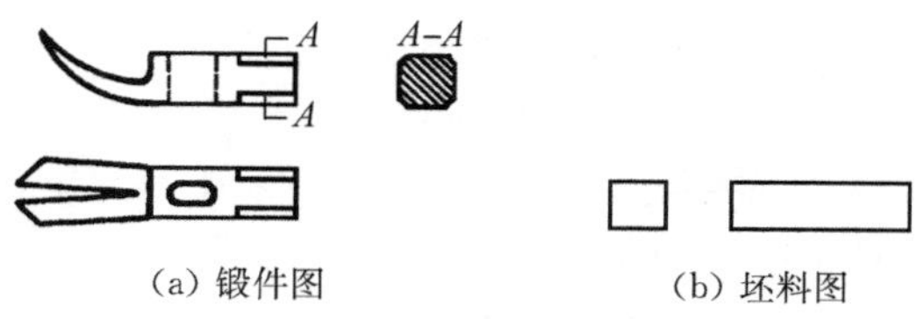

(a) 锻件图　　(b) 坯料图

羊角锤

序号(包括火次)	加工简图	操作内容及方法

3. 焊接实习报告

班级		姓名		学号		日期		成绩	

一、判断题(将判断结果填入括号中。正确的填"√",错误的填"×"。)

(　　)1. 焊条直径越大,选择的焊接电流应越大。
(　　)2. 低碳钢和低合金结构钢是焊接结构的主要材料。
(　　)3. 在焊接过程中,焊接速度一般不做规定,由焊工根据经验来掌握。
(　　)4. 一般情况下焊件越厚,选用的焊条直径越粗。
(　　)5. 焊接时冷却速度越快越好。
(　　)6. 焊条药皮中合金剂的作用是向焊缝中渗合金。
(　　)7. 气焊较电弧焊火焰温度低,加热缓慢,焊接变形大。
(　　)8. 气焊时发生回火,应先关掉氧气开关。
(　　)9. 气焊时被焊工件越薄,工件变形越大。
(　　)10. 气焊时如发生回火,首先应立即关掉乙炔阀门,然后再关闭氧气阀门。
(　　)11. 因为气焊的火焰温度比电弧焊低,故焊接变形小。
(　　)12. 焊接 4～6 mm 的钢板,选用 2 mm 的焊条就可以。
(　　)13. 在常用金属材料中,低碳钢是容易气割的。
(　　)14. 点焊及缝焊都属于电弧焊。
(　　)15. 焊接不锈钢件只能用氩弧焊。
(　　)16. 压力焊只需加压,不必加热。

三、选择题(选择正确的答案,将相应的字母填入题内的括号中。)

1. 手工电弧焊时,正常的电弧长度为 (　　)
   A. 等于焊条直径　　B. 大于焊条直径　　C. 小于焊条直径
2. 焊接构件中应用最多的接头形式是 (　　)
   A. 角接　　B. 对接　　C. 搭接
3. 用气焊焊接低碳钢构件时,一般采用 (　　)
   A. 氧化焰　　B. 碳化焰　　C. 中性焰
4. 焊接构件中用得最多的接头形式是 (　　)
   A. 对接　　B. 丁字接　　C. 搭接　　D. 角接
5. 一般气焊火焰的最高温度比电弧焊火焰的最高温度 (　　)
   A. 高　　B. 低　　C. 相等

6. 焊接过程中减少熔池中氢、氧等气体含量的目的是为了防止或减少产生（　　）
   A. 气孔　　B. 夹渣　　C. 咬边　　D. 烧穿
7. 加热时间愈长，焊件变形愈（　　）
   A. 大　　B. 小
8. 酸性电焊条是指药皮中的酸性氧化物与碱性氧化物之比（　　）
   A. 大于 1　　B. 小于 1　　C. 等于 1
9. 气焊时中性焰的最高温度可达（　　）
   A. 3 050～3 150 ℃　　B. 3 160～3 300 ℃　　C. 2 700～3 000 ℃
10. 手工电弧焊中正常的电弧长度（　　）
   A. 等于焊条直径　　B. 大于焊条直径　　C. 等于工件厚度
11. 焊缝宽度主要取决于（　　）
   A. 焊接速度　　B. 焊条直径　　C. 焊接电流
12. 焊条药皮的主要作用是（　　）
   A. 改善焊接工艺性　　B. 起机械保护作用　　C. 冶金处理作用
13. 焊接变形的原因是（　　）
   A. 焊接时焊件上温度分布不均匀而产生的应力造成
   B. 焊接速度过快而造成
   C. 焊接电流过大而造成
14. 下列材料不能进行氧-乙炔气割的是（　　）
   A. Q235　　B. HT200　　C. 20 钢
15. 气焊焊低碳钢零件时，常用（　　）
   A. 碳化焰　　B. 氧化焰　　C. 中性焰
16. 车刀上的硬质合金刀片是用 ________ 方法焊接在刀杆上的。（　　）
   A. 电弧焊　　B. 钎焊　　C. 氩弧焊
17. 焊接不锈钢构件，应采用（　　）
   A. 氧-乙炔气焊　　B. 钎焊　　C. 氩弧焊
18. 铝及铝合金材料的切割，应采用（　　）
   A. 氧-乙炔气割　　B. 等离子切割　　C. 手工电弧焊切割

三、问答题

1. 焊接两块厚度为 5 mm 的钢板(对接)，有下列两种方案，试分析应选择其中哪一种，为什么？

   方案一：清理→装配→点固→焊接→焊后清理。

   方案二：清理→装配→焊接→焊后清理。

2. 焊件为什么常采用 Q_{235}、20、30、16Mn 等材料?

3. 弹簧断了能否焊接,为什么?

4. 比较手工电弧焊和气焊的特点和用途。列举手工电弧焊和气焊的焊接实例。

5. 写出三种氧-乙炔焰的名称、性质和应用范围。

名称	火焰性质	应用范围

6. 写出如图所示的焊接构件中,各焊缝的空间位置和接头形式(构件不得翻转)

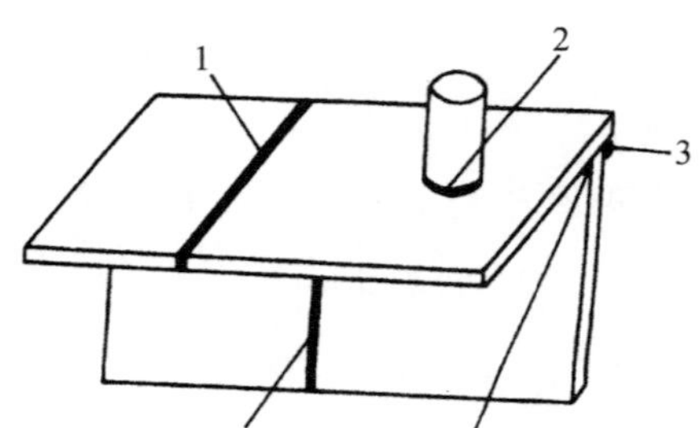

序号	焊接位置	接头形式
1		
2		
3		
4		
5		

7. 简单叙述你在焊接实习中所采用的安全措施。

焊接操作实习报告

班级		学号		姓名		成绩	
报告内容:手工电弧焊工艺							

焊机型号		焊条牌号		工件	材料	
					厚度	

手工电弧焊电源电气接线图

接电网
手工电弧焊机
+
−
焊接电缆
焊条

焊接接头坡口图

1~6
0~2

焊接参数	焊接电流 1		焊接电流 2		焊接电流 3	
	电弧电压 1		电弧电压 2		电弧电压 3	

不同参数焊接的结果分析	电弧的稳定性	
	焊缝外观成形	
	焊透与咬边	
	焊缝中的气孔	
	飞溅	

备注:

报告时间:　　　年　　月　　日

4. 钳工实习报告(一)

班级		姓名		学号		日期		成绩	

一、判断题(将判断结果填入括号中。正确的填"√",错误的填"×"。)

(   )1. 划线是机械加工的重要工序,广泛用于成批和大量生产。

(   )2. 为了使划出的线条清晰,划针应在工件上反复多次划线。

(   )3. 选择划线基准时,应尽量使划线基准与图纸上的设计基准一致。

(   )4. 打样冲眼可以使划出的线条留下位置标记,所以工件上只要有划线就应打出样冲眼,而且要深些。

(   )5. 正常锯切时,锯条返回仍需加压,但要轻轻拉回,速度要慢。

(   )6. 锯切时,一般手锯往复长度不应小于锯条长度的 2/3。

(   )7. 锯切时,只要锯条安装正确就能够顺利地进行锯切。

(   )8. 锯切操作分起锯、锯切和结束三个阶段,而起锯时,压力要小,往复行程要短,速度要快。

(   )9. 锯切圆管在管壁将被锯穿时,圆管应转一个角度,继续锯切,直至锯断。

(   )10. 锉削时,发现锉刀表面被锉屑堵塞应及时用手除去,以防止锉刀打滑。

(   )11. 工件毛坯是铸件或锻件,可用粗锉直接锉削。

(   )12. 麻花钻头主切削刃上各点的前角大小相等。

(   )13. 钻孔时吃刀深度 a_p 和车工加工外圆的吃刀深度的计算相同。

(   )14. 攻盲孔螺纹时,由于丝锥不能攻到孔底,所以钻孔深度应大于螺纹深度。

(   )15. 为了延长丝锥的使用寿命并提高丝孔(螺纹)的精度,攻丝中应使用冷却液。

二、填空题

1. 钳工的基本操作包括________________________。
2. 划线分为________和________两种。常用划线基准是____________,有孔有面时划线基准选择________、________、________。
3. 立体划线一般要在________、________、________三个方向上进行。
4. 对偏重的和形状复杂的大型工件,尽可能采用________支承,必要时可增设________支承,以分散________,保证________。
5. 锯切速度以每分钟往复________为宜,锯软材料时,速度可________些,锯硬材料时,速度可________些。
6. 安装锯条时应注意____________、____________、____________。

7. 粗齿锯条适用于锯割________材料或________的切面，细齿锯条适用于锯割硬材料或切面________的工件，锯割管子和薄板，必须用________锯条。
8. 锉刀一般分为________、________和________三种，普通锉按其断面形状可分为____五种。
9. 锉刀用优质________制成，经过热处理后，切削部分硬度达 HRC ________，其锉纹有________纹和________纹两种。
10. 常用的钻床有________、________和________等三种。
11. 麻花钻头由柄部、________及________构成。

三、**选择题**(选择正确的答案，将相应的字母填入题内的括号中。)

1. 经过划线确定加工时的最后尺寸，在加工过程中应通过________来保证尺寸的准确度。 (　　)
   A. 测量　　B. 划线　　C. 加工
2. 在零件图上用来确定其他点、线、面位置的基准称为 (　　)
   A. 设计基准　　B. 划线基准　　C. 定位基准
3. 根据零件图决定划线基准时，应选用图纸中 (　　)
   A. 最大尺寸端所在的平面　　B. 工件上面积最大平面
   C. 工件上任意孔的中心线　　D. 尺寸标注的基准平面或线
4. 一般起锯角应 (　　)
   A. 小于 15°　　B. 大于 15°　　C. 等于 15°　　D. 任意角度
5. 平板锉的主要工作面，指的是 (　　)
   A. 锉齿的上下面　　B. 两个侧面　　C. 全部表面
6. 平板锉的加工范围 (　　)
   A. 圆孔、方孔　　B. 内曲面　　C. 平面、斜面、外曲面
7. 锉削速度 (　　)
   A. 80 次/分钟　　B. 40 次/分钟　　C. 20 次/分钟
8. 锯切厚件时应选用 (　　)
   A. 粗齿锯条　　B. 中齿锯条　　C. 细齿锯条　　D. 任何锯条
9. 锉削余量较大平面时，应采用 (　　)
   A. 顺向锉　　B. 交叉锉　　C. 推锉　　D. 任意锉
10. 锯切薄壁圆管时应采用 (　　)
    A. 一次装夹锯断
    B. 锯到圆管当中翻转 180°，二次装夹后锯断
    C. 每锯到圆管内壁时，将圆管沿推锯方向转过一角度，装夹后逐次进行锯切
    D. 每锯到圆管内壁时，将圆管沿推锯方向反转过一个角度，装夹后逐次进行锯切

11. 锉削铜、铝等软金属材料时,应选用 ( )
A. 细齿锉刀 B. 什锦锉刀 C. 粗齿锉刀 D. 油光锉刀
12. 手用锯条制造成形后,再经刃部淬硬制成的。一般情况下,它常用的材料是 ( )
A. 优质低碳钢 B. 碳素工具钢 C. 合金工具钢
D. 高速钢 E. 硬质合金
13. 锯条安装过紧或过松,用力过大,锯条易发生 ( )
A. 崩齿 B. 折断 C. 磨损过快 D. 卡住
14. 锯条安装过松或扭曲,锯切后工件会发生 ( )
A. 尺寸不对 B. 锯缝歪斜 C. 锯痕多 D. 表面粗糙
15. 用扩孔钻扩孔与用麻花钻扩孔的主要区别是 ( )
A. 没有横刃 B. 主切削刃短
C. 容屑槽小 D. 钻芯粗大,刚性好

四、问答题

1. 以手工操作为主的钳工,为什么在现代机械化生产中还得到广泛应用?

2. 划线的作用是什么?有哪些划线工具?

3. 什么是锯路?其作用是什么?锯路有几种形状?

4. 如何选择锯条锯齿的粗细?锯齿崩落和折断的原因是什么?

5. 锉刀按截面形状可分为哪几种？按锉刀齿纹的粗细又分为哪几类？

6. 选择锉刀的原则是什么？

7. 锉削平面时，产生中凸的原因是什么？如何防止？

8. 攻不通孔时，为什么丝锥不能攻到底，怎样确定钻孔的深度？

五、计算题

1. 在钻床上钻 ϕ20 mm 的孔，选择转速 n=500 r/min，求钻削时的切削速度？

2. 在 45 钢的工件上钻 ϕ10 mm 的孔，如采用 20 m/min 的切削速度，试计算 n、a_p 是多少？

3. 分别在 45 钢和铸铁上攻 M12 的螺纹，试求底孔直径？

5. 钳工实习报告(二)

钻孔、扩孔、铰孔和螺纹加工及刮削、研磨

班级		姓名		学号		日期		成绩	

一、判断题(将判断结果填入括号中。正确的填"√",错误的填"×"。)

(　　)1. 麻花钻头顶角的大小与加工材料的性质有关,因此工件硬度较软时,顶角应当大些。

(　　)2. 钻孔时吃刀深度 a_p 和车工加工外圆时的吃刀深度的计算相同。

(　　)3. 标准麻花钻的后角大些,利于散热,因此在钻孔时后角越大越好。

(　　)4. 扩孔就是扩大已加工出的孔。

(　　)5. 刮削平面的方法有挺刮式和手刮式两种。

(　　)6. 粗刮时,刮削方向应与切削加工的刀痕方向一致,各次刮削方向不应交叉。

(　　)7. 研磨时的压力和速度,会影响工件表面的粗糙度。

(　　)8. 钻深孔时,钻头应经常退出排屑,防止切屑堵塞、卡断钻头。

(　　)9. 装拆钻头时,可用扳手、手锤或其他东西来松、紧钻夹头。

(　　)10. 机铰孔时,铰刀铰完孔后,应停车把铰刀从孔中拉出。

(　　)11. 研磨时的压力和速度影响工件表面粗糙度。

(　　)12. 所有研磨剂在研磨中,既产生物理作用,又产生化学作用。

(　　)13. 机铰通孔时,铰刀修光部分不能全部露出孔外,否则铰刀退出时会将孔划坏。

(　　)14. 丝锥攻丝时,除了切削金属外,还有对金属的挤压作用,所以螺纹底孔直径应等于螺纹内径。

(　　)15. 丝锥切削部分切入底孔后,可将丝锥一直旋转到孔底把螺纹全部攻出。

二、填空题

1. 常用的钻床有________、________和________等三种。
2. 麻花钻用钝后,刃磨其________面,以形成________、________和________角度。
3. 钻削用量包括________、________、________。
4. 麻花钻头一般用________制成,工作部分硬度达 HRC ________,由柄部、________及________构成。
5. 铰孔时应注意:____。
6. 一套丝锥有 ________个或________个,它们之间主要的区别是____________。

7. 攻普通螺纹时，底孔直径 d_0 的确定，在钻钢材时，其经验公式是____________；在钻铸铁时，其经验公式是________________；攻盲孔螺纹时，钻孔深度的经验公式是________________。
8. 用________在工件表面刮去________的金属以提高工件加工和配合________的操作叫刮削。
9. 刮刀分为________和________等两种，刮刀的材料一般由________和________锻制而成。
10. 研磨剂是由________和________混合而成。
11. 研磨是精密加工方法之一，尺寸精度可达________mm，表面粗糙度 Ra 值可达________μm。

三、选择题(选择正确的答案，将相应的字母填入题内的括号中。)

1. 钻孔时，孔径扩大的原因是　(　　)

   A. 钻削速度太快　B. 钻头后角太大
   C. 钻头两条主切削刃长度不等　D. 进给量太大
2. 钻头直径大于 13 mm 时，柄部一般做成　(　　)

   A. 直柄　B. 锥柄　C. 直柄和锥柄都可以
3. 磨削后的钻头，两条主切削刃不相等时，钻孔直径________钻头直径。(　　)

   A. 等于　B. 大于　C. 小于
4. 在钢和铸铁工件上加工同样直径的内螺纹，钢件的底孔直径比铸铁的底孔直径　(　　)

   A. 稍大　B. 稍小　C. 相等
5. 螺纹相邻两牙在螺纹中径线上对应两点间的轴向距离叫　(　　)

   A. 导程　B. 螺距　C. 导程或螺距
6. 手用丝锥中，头锥和二锥的主要区别是　(　　)

   A. 头锥的锥角较小　B. 一锥的切削部分较长
   C. 头锥的不完整齿数较多　D. 头锥比二锥容易折断
7. 用扩孔钻扩孔比用麻花钻扩孔精度高是因为　(　　)

   A. 没有横刃　B. 主切削刃短
   C. 容屑槽小　D. 钻芯粗大，刚性好
8. 机铰时，要在铰刀退出孔后再停车是为了防止　(　　)

   A. 铰刀损坏　B. 孔壁拉毛　C. 铰刀脱落　D. 孔不圆
9. 在钻床上钻 ϕ20 mm 孔，选择转速 $n=500$ r/min，则钻削时的切削速度为　(　　)

   A. 25.2 m/min　B. 31.4 m/min
   C. 250 m/min　D. 500 m/min

10. 沉头螺孔的加工,通常采用 ( )
    A. 钻 B. 扩 C. 铰 D. 锪
11. 在薄金属板上钻孔,可采用 ( )
    A. 普通麻花钻 B. 中心钻 C. 群钻 D. 任意钻头
12. 大型工件、多孔工件上的各种孔加工,一般选用 ( )
    A. 立式钻床 B. 台式钻床 C. 摇臂钻床 D. 手钻
13. 在没有孔的工件上进行孔加工应选用 ( )
    A. 铰刀 B. 扩孔钻 C. 麻花钻 D. 锪钻
14. 攻丝是用________加工内螺纹的操作。 ( )
    A. 板牙 B. 锪钻 C. 丝锥 D. 铰刀
15. 机械加工后留下的刮削余量不宜太大,一般为 ( )
    A. 0.05～0.4 mm B. 0.3～0.4 mm C. 0.04～0.05 mm
16. 进行细刮时研磨后,显示出有些发亮的研点应 ( )
    A. 重刮些 B. 轻刮些 C. 不轻不重地刮
17. 标准平板是检验、划线及刮削中的 ( )
    A. 基本工具 B. 基本量具 C. 一般量具

四、问答题

1. 在钻孔时应注意哪些安全问题?

2. 钻孔时轴线容易偏斜的原因是什么?

3. 为什么在钻孔开始和孔快钻通时要减慢进给速度?

4. 常用钻床的类型有哪几种?台钻主要用来钻多大的孔?

5. 在攻丝操作时应注意哪几点？如丝锥断了怎样取出？

6. 刮削的作用是什么？如何选择刮削方法？

7. 研磨常用哪些磨料？对研具材料有什么要求？

五、工艺题

写出如图所示六角螺母的加工步骤：

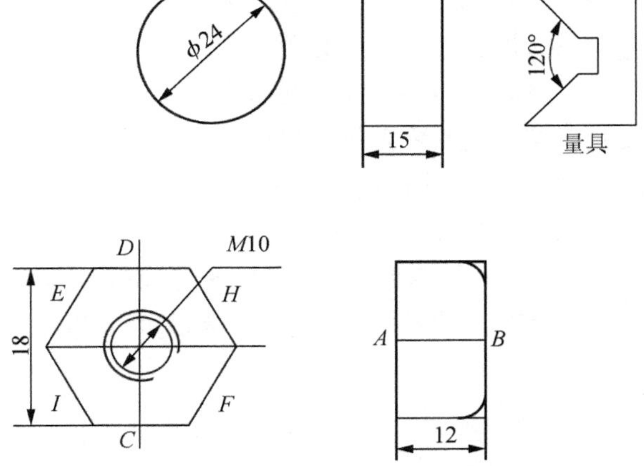

序号	加工简图	工序内容(包括装夹)	工具、量具

6. 钳工实习报告(三)

装配、拆卸

班级		姓名		学号		日期		成绩	

一、判断题(将判断结果填入括号中。正确的填"√",错误的填"×"。)

(　　)1. 只要零件的加工精度高,就能保证产品的装配质量。

(　　)2. 所谓互换性就是零件可以任意调换。

(　　)3. 完全互换法使装配工作简单、经济且生产率高。

(　　)4. 用螺栓、螺钉与螺母连接零件时,贴合面应平整光洁,否则螺纹易松动。

(　　)5. 钳工的主要任务是加工零件及装配调试、维修机器等。

(　　)6. 在装配连接中,平键不但做径向固定,还用来传递扭矩。

(　　)7. 滚动轴承内孔与轴承配合的松紧程度,由内孔尺寸精度来保证。

(　　)8. 成组螺纹连接时,螺钉或螺母拧紧顺序应该是一个接一个进行。

(　　)9. 滚动轴承内孔与轴配合的松紧程度,由内孔尺寸公差来保证。

(　　)10. 对管螺纹及连接的主要要求是密封性和可旋入性。

(　　)11. 轴承装配在轴上时,应使用铜棒将轴承敲到轴上即可。

(　　)12. 过盈量较大的过盈配合,可用压力机将零件压入配合件上。

(　　)13. 拆卸机器零件顺序应与装配相同,先装先拆,后装后拆。

(　　)14. 成套加工或不能互换的零件拆卸时,应做好标记,以防再装时装错。

二、填空题

1. 装配机器是以某一零件为__________,将其他零件__________构成"组件",然后____构成部件,最后____总装成机器。

2. 装配方法主要有____________,____________,____________,和零件的连接方法有____________和____________。

3. 常用拆卸工具有__________,__________,__________,__________,________,________,________。

4. 拆卸顺序应是先________后________,先________后________,依次进行。

5. 拆卸零件时,为防止损坏零件,避免用________敲击零件,可用____________或____________敲击或用____________垫在零件上敲。

6. 装配单元系统图能清楚地表示出装配所需零件的__________、__________和________,并根据它们划分装配工序。

三、选择题(选择正确的答案,将相应的字母填入题内的括号中。)

1. 可拆连接是 ( )
   A. 焊接 B. 螺栓 C. 压合 D. 铆接
2. 装配中的修配法适用于 ( )
   A. 单件生产 B. 小批生产 C. 成批生产 D. 大批生产
3. 滚动轴承内孔与轴的配合一般采用 ( )
   A. 过盈配合 B. 间隙配合 C. 过渡配合 D. 任意配合
4. 轴承和长轴的配合过盈较大时,装配时应采用 ( )
   A. 用大锤敲入为好 B. 轴承放在热油中加热后压入为好
   C. 用大吨位压力机压入为好 D. 长轴放入干冰中冷却后压入为好
5. 在同类零件中任取一个零件,不需修配即可用来装配,且能达到规定的装配要求,称 ( )
   A. 修配法 B. 选配法 C. 完全互换法 D. 调整法
6. 以下 ________是属于装配连接方法中的可拆连接。 ( )
   A. 铆钉 B. 焊接 C. 键 D. 过盈
7. 为防止螺钉、螺母在工作时产生松动,以下连接没有防松装置的是 ( )
   A. 弹簧垫圈 B. 双螺母 C. 平垫圈 D. 止退垫圈
8. 过盈配合装配,当轴类零件的相配件很大时,可采用 ________方法进行。 ( )
   A. 手锤敲入 B. 压力机压入
   C. 红套套入 D. 干冰冷却轴类零件

四、问答题

1. 什么叫做组件装配,什么叫做部件装配?它们与总装配有什么关系?

2. 主轴直径稍大于滚珠轴承孔径,要求装入轴承孔,用何种方法?

3. 螺纹连接有哪些形式?在交变载荷和振动情况下使用,有哪些防松措施?

4. 从装配工作出发,零件结构设计时应考虑哪些问题?

5. 将台虎钳进行装拆,谈谈装配要求、体会。

7. 车工实习报告(一)

车削加工基础知识

班级		姓名		学号		日期		成绩	

一、判断题(将判断结果填入括号中。正确的填"√",错误的填"×"。)

(　　)1. 切削加工时,由于机床不同,主运动也不同。主运动可以是一个或有几个。

(　　)2. 加工余量的分配与工序性质有关。一般粗加工时余量大,精加工时余量小。

(　　)3. 圆柱塞规长的一端是止端,短的一端是通端。

(　　)4. 千分尺又称分厘卡(螺旋测微器),可以测量工件的内径、外径和深度等。

(　　)5. 车床上不能绕制弹簧。

(　　)6. 为了提高车床主轴的强度,主轴一般为实心轴。

(　　)7. 方刀架用来安装车刀,最多可以同时安装 4 把车刀。

(　　)8. 更换光杆和丝杆传动是通过离合器来实现的。

二、填空题

1. 切削用量三要素是指________、________和________。
2. 车床上能加工各种________表面。
3. 主轴前端的内锥面用来安装________,外锥面用来安装________等附件。
4. 国家标准规定尺寸精度分为________级,每级以 IT 后面加数字表示,数字越大其精度越________。
5. 通过光杠或丝杠,将进给箱的运动传给________,自动进给时用________杠,车削螺纹时用________杠。
6. 刀架是用来夹持________并使其做纵向、横向或斜向移动
7. 机械加工中常用的量具有________、________、________和________等。
8. 车床刀架做成多层结构,由________拖板、________拖板、转盘________拖板和方刀架组成。

三、选择题(选择正确的答案,将相应的字母填入题内的括号中。)

1. 切削加工时,在工件上有 ________个不断变化的表面。　(　　)

   A. 1　　B. 2　　C. 3　　D. 4

2. 车床的种类很多,其中应用最广的是　(　　)

   A. 立式车床　　B. 卧式车床　　C. 仪表车床　　D. 自动车床

3. 检验成批和大量生产的零件尺寸时,使用 ________测量较为方便。　(　　)

   A. 游标卡尺　　B. 卡钳　　C. 千分尺　　D. 塞规、卡规

4. 在切削液中,润滑作用最好的是 (   )

A. 水 B. 乳化液 C. 切削油 D. A+B

5. 工件的表面粗糙度 Ra 值越小,则工件的尺寸精度 (   )

A. 越高 B. 越低 C. 不一定

6. 车床变速箱内主轴变速由________实现。 (   )

A. 齿轮 B. 链轮 C. 皮带轮 D. 凸轮

四、问答题

1. 车削加工时能达到的尺寸公差等级和表面粗糙度 Ra 值各为多少?

2. 什么是主运动和进给运动?并举例说明。

3. 进给箱的作用是什么?

4. 形状精度与位置精度各有哪些项目?各项目的标识符号是什么?

5. 车床尾座的作用是什么?

6. 怎样正确使用和保养量具?

8. 车工实习报告(二)

普通车床、车削的基本工作

班级		姓名		学号		日期		成绩	

一、判断题(将判断结果填入括号中。正确的填"√",错误的填"×"。)

(　　)1. 车刀在切削工件时,使工件产生已加工表面、过渡表面和待加工表面。

(　　)2. 在车床上可以车削出各种以曲线为母线的回转体表面。

(　　)3. 车床的切削速度选得越高,则所对应转速一定越高。

(　　)4. 车刀的副切削刃一般不担负切削任务。

(　　)5. 粗车时,往往采用大的背切刀量(切削深度)、较大的进给量和较慢的转速。

(　　)6. 换向手柄主要改变主轴运动方向。

(　　)7. 要改变切屑的流向,可以改变车刀的刃倾角。

(　　)8. 车刀的角度是通过刃磨三个刀面得到的。

(　　)9. 切削速度是车床主运动的线速度。

(　　)10. 车削时要注意安全,必须戴好手套,穿合适的工作服,女同学还要戴好工作帽。

二、填空题

1. 常用刀具材料种类有________、________、________、________等。
2. 型号 C6136 机床,其中 C 表示________,6 表示________,1 表示________,36 表示________,能加工的最大工件直径为________,工件最长可达________。
3. 车床的加工范围为________、________、________、________、________、________、________、________、________、________等。
4. 车刀由________和________两部分组成。
5. 粗加工时为了避免切屑划伤已加工表面,λ_s 应取________或________,粗加工或切削较硬的材料时________,为了提高刀头强度,λ_s 可取________。
6. 安装车刀时,刀尖应对准工件的________。
7. 前角的大小取决于________、________、________等情况。
8. 按图示刀具和车床上的位置,标出相应的名称。

三、选择题(选择正确的答案,将相应的字母填入题内的括号中。)

1. 在普通车床上加工零件能达到的精度等级为 ________。表面粗糙度 *Ra* 值为 (　　)

   A. IT3～IT7　　B. IT6～IT8　　C. IT7～ITl0

   D. 3.2～1.6　　E. 0.8～0.4　　F. 0.2～0.1

2. 精加工铸铁工件应选用 ________ 车刀。 (　　)

   A. YG3　　B. YG8　　C. YT5　　D. YT30

3. 用高速钢车刀车削钢件时,其前角可取 (　　)

   A. −10°　　B. 0°　　C. 15°～25°　　D. 25°～35°

4. 用硬质合金车刀车削钢件时,因硬质合金性脆,前角一般取 (　　)

   A. −5°　　B. 0°　　C. 5°～15°　　D. 25°～30°

5. 刃磨硬质合金钢车刀时,发热后应该 (　　)

   A. 在水中冷却　　B. 在空气中冷却　　C. 在油中冷却　　D. 不冷却

6. 生产中车削台阶轴,尤其是车削多级台阶轴时其长度的定位常用 (　　)

   A. 刻度定位　　B. 挡铁定位　　C. 直尺定位　　D. 样板定位

7. 车刀前角的主要作用是 (　　)

   A. 使刀刃锋利,减少切削变形　　B. 改善刀具散热状况

   C. 控制切屑的流向

8. 车削操作时,更换主轴转速应 (　　)

   A. 先停车,再变速　　B. 不停车,直接变速

   C. 点动开关变速

9. 中拖板可带动车刀沿大拖板上导轨做 (　　)

   A. 纵向移动　　B. 横向移动　　C. 斜向移动　　D. 任意方向移动

10. 车刀刃倾角的大小取决于 (　　)

    A. 切削速度　　B. 工件材料

    C. 粗或精加工类型　　D. 背切刀量(切削深度)和进给量

11. 粗车碳钢,应选用车刀材料是 (　　)

    A. YG3　　B. YG8　　C. YT5　　D. YT30

四、问答题

1. C6136 型车床的传动方法有哪些?

2. 绘出 C6136 型车床的传动示意图。

3. 车刀有哪几个主要角度？这些角度的作用是什么？

9. 车工实习报告(三)

工件的装夹和基本车削加工

班级		姓名		学号		日期		成绩	

一、判断题(将判断结果填入括号中。正确的填"√",错误的填"×"。)

(　　)1. 用三爪卡盘夹住轴类零件,另一端用顶尖顶住,三爪卡盘夹住的毛坯部分越长越好。

(　　)2. 粗车时,车刀的切削部分要求承受很大的切削力,因此要选择较大的前角。

(　　)3. 切断刀刃磨和安装应有两个对称的副偏角、副后角和主偏角。

(　　)4. 大批量生产中常用转动小拖板法车圆锥面。

(　　)5. 车削外圆时,背切刀量(切削深度)和进给量不变,分别采用 45°偏刀和 90°偏刀,其切削宽度是一样的。

(　　)6. 车端面时,车刀从工件的圆周表面向中心走刀必会产生凹面。

(　　)7. 采用一夹一顶装夹工件,适用于安装工序多、精度要求高的工件。

(　　)8. 车外圆时也可以通过丝杠转动,实现纵向自动走刀。

(　　)9. 花盘一般直接安装在车床卡盘上。

(　　)10. 宽刀法车圆锥面是利用与工件轴线成锥面斜角 α 的平直切削刃直接车成锥面的。

(　　)11. 车刀车端面时,采用同一转速,其切削速度保持不变。

(　　)12. 粗车时如果切削深度较大,为了减少切削阻力,车刀应取较大的前角。

二、填空题

1. 加工长度较长或________的轴类零件,通常采用两端________作为定位基准,然后用________安装工件。
2. 中心架固定在________,其三个爪支承在预先________工件外圆上,起________作用。
3. 中拖板手柄刻度盘控制的切削深度是外圆余量的________,如刻度每转一格车刀横向移动 0.05 mm,则将直径为 50.8 mm 的工件车至 49.2 mm 应将刻度盘转过________格。
4. 根据切削工序的要求,常用的车刀种类有________、________、________等。
5. 车床上装夹工件用的附件有__________、__________、__________、__________、__________。
6. 三爪卡盘又称自动________卡盘,当扳手插入圆柱表面上任一方孔转动时,三个卡爪同时做径向移动。

7. 断屑槽的形状主要有________和________,其尺寸取决于________和________。

8. 莫氏圆锥共有________个号,其中________号尺寸最小,________号尺寸最大。

9. 车刀刀尖处磨成小圆弧的主要目的是为了增加________,改善________条件。

10. 常用的顶尖有________和________两种。

三、选择题(选择正确的答案,将相应的字母填入题内的括号中。)

1. 车台阶的右偏刀,其主偏角应为 (　　)

A. 75°　B. 90°　C. 93°　D. 45°

2. 车削锥角大而长度较短的锥体工件时,常采用 (　　)

A. 转动小拖板法　B. 偏移尾架法　C. 靠模车削法

3. 夹持力最强的是________,工件整个长度上同心度最好的装夹是 (　　)(　　)

A. 三爪卡盘　B. 四爪卡盘

C. 双顶尖加鸡心夹头　D. 套筒夹头

4. 在车床上,用转动小拖板法车圆锥时,小拖板转过的角度为 (　　)

A. 工件锥角　B. 工件锥角的一倍

C. 工件锥角的一半

5. 车端面时,车刀从工件圆周表面向中心走刀,其切削速度是 (　　)

A. 不变的　B. 逐渐增加　C. 逐渐减少

6. 安装车刀时,车刀下面的垫片应尽可能用 (　　)

A. 多的薄垫片　B. 少量的厚垫片

7. 应用中心架与跟刀架的车削,主要用于 (　　)

A. 复杂零件　B. 细长轴　C. 长锥体　D. 螺纹件

8. 车外圆时,车刀刀尖高于工件轴线则会产生 (　　)

A. 加工面母线不直　B. 圆度产生误差

C. 车刀后角增大,前角减小

9. 精车时,切削用量的选择,应首先考虑 (　　)

A. 切削速度　B. 切削深度　C. 进给量

10. 车削工件时,横向背切刀量(切削深度)再调整的方法是 (　　)

A. 直接退转到所需刻度

B. 转动刀架向左或右偏移

C. 向反方向退回全部空行程后,再退转到所需刻度

11. 车锥度时,车刀刀尖中心偏离工件旋转中心,会产生 (　　)

A. 锥度变化　B. 圆锥母线成双曲线

C. 表面粗糙度增大　D. 表面粗糙度减小

四、问答题

1. 选择切削速度要考虑哪些因素？这些因素对切削速度有什么影响？

2. 用三爪卡盘装夹有哪些优点？哪些缺点？

3. 车刀安装时应注意哪些事项？

4. 简述车锥体的方法、适用范围，车锥体时车刀安装要求及锥体检验方法。

10. 车工实习报告(四)

螺纹、内孔、成型面的车削和工艺分析

班级		姓名		学号		日期		成绩	

一、判断题(将判断结果填入括号中。正确的填"√",错误的填"×"。)

(　　)1. 公制三角螺纹牙型角为 60°。

(　　)2. 钻中心孔时,不宜采用较低的机床转速。

(　　)3. 镗孔时往往选用较小的背吃刀量与多次走刀,因此生产率较低,在生产上往往不采用。

(　　)4. 车削螺纹的基本技术要求是保证螺纹牙型角和螺距的精度。

(　　)5. 在车床上钻孔和在钻床上钻孔一样,钻头既做主运动又做进给运动。

(　　)6. 镗孔可以纠正钻孔造成的轴线偏斜。

(　　)7. 滚花后工件的直径大于滚花前工件的直径。

(　　)8. 制定车削工艺时,轴类零件和盘类零件应考虑的问题是一样的。

二、填空题

1. 安装螺纹车刀时,必须注意刀尖应与________等高,刀尖角对称中心线应与________垂直。
2. 外螺纹的检验,可用________测量其外径,用________测量其中径,用________测量牙型角。综合检验法用________检验。
3. 在车床上镗孔,既可以用于粗加工,也可以用于________加工。镗孔能纠正原孔的________,孔的精度可达到 IT8~IT7,表面粗糙度 Ra 值一般可达________μm。
4. 镗孔是用________对工件上的________做进一步加工的一种孔加工方法。
5. 车螺纹产生"乱扣"的原因是,当丝杠转过一转,工件不是________转而造成的。
6. 镗孔能达到的精度等级为________,表面粗糙度 Ra 值为________。镗孔的关键在于解决镗刀的________和镗孔中的________。
7. 车削薄壁套筒时,应特别注意________引起工件变形。
8. 滚花刀的花纹有________和________两种,按滚轮数量又可分为________、________和________三种。
9. 六角车床适合于成批生产尺寸________,而形状________的零件。

三、选择题(选择正确的答案,将相应的字母填入题内的括号中。)

1. 用开启和扳下开合螺母法车螺纹产生乱扣的原因是 (　　)

   A. 车刀安装不正确

B. 车床丝杠螺距不是工件螺距的整数倍

C. 开合螺母未压下去

2. M24与M24×2的区别是 ________ 不等。 ( )

A. 大径 B. 螺距 C. 牙型角

3. 精车时,切削用量的选择,应首先考虑 ( )

A. 切削速度 B. 切削深度 C. 进给量

4. 车削方法车出螺纹的螺距不正确,其原因是 ( )

A. 主轴窜动量大 B. 车床丝杠轴向窜动

C. 车刀刃磨不正确

5. 在车床上钻孔,钻出的孔径偏大的原因是 ( )

A. 后角太大 B. 顶角太小

C. 横刃太长 D. 两切削刃长度不等

6. 用千分尺测量工件内孔尺寸时,千分尺的 ________ 读数为孔的实际尺寸。 ( )

A. 最大 B. 最小

C. 三次的平均 D. 三次以上的平均

7. 用螺纹千分尺可测量外螺纹的 ( )

A. 大径 B. 小径 C. 中径 D. 螺距

8. 数量较少或单件成形面零件,采用 ________ 为好。 ( )

A. 成形刀 B. 双手控制法 C. 靠模法

9. 对正方形棒料进行切削加工时,最可靠的装夹方法是 ( )

A. 三爪卡盘 B. 花盘 C. 两顶尖 D. 四爪卡盘

四、问答题

1. 车削螺纹时应注意哪些事项?

2. 车成形面有哪些方法?简述这些方法各自的特点和应用场合。

3. 什么是工艺?制定车削加工工艺时应注意哪些问题?

五、工艺题

制定下图所示零件在车削时的加工步骤。

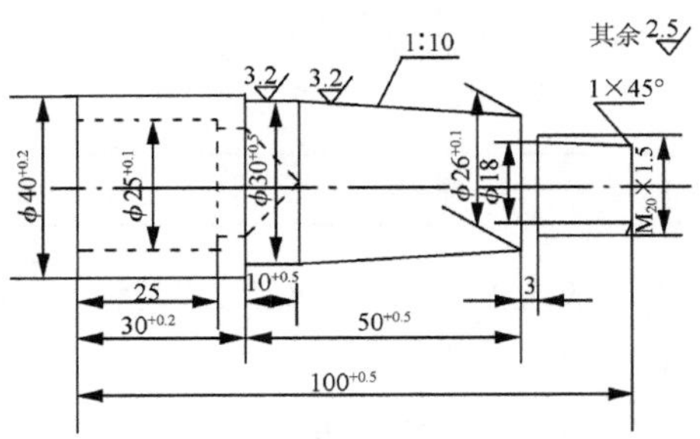

轴(材料:45 钢　其余倒角:0.5×45°)

序号	加工简图	工序内容(包括装夹方法)	刀具

11. 铣工实习报告

班级		姓名		学号		日期		成绩	

一、判断题(将判断结果填入括号中。正确的填"√",错误的填"×"。)

(　　)1. 在立式铣床上不能加工键槽。

(　　)2. 卧式铣床主轴的中心线与工作台面垂直。

(　　)3. 角度铣刀只能加工角度槽,不能用于倒角。

(　　)4. 加工齿轮,用旋转工作台装夹。

(　　)5. 铣削直角槽,可用立铣刀,也可用圆盘铣刀。

(　　)6. 铣刀的几何角度与车刀的几何角度基本相同。

(　　)7. 在成批生产中,可采用组合铣刀同时铣削几个台阶面。铣斜面的方法只能使用倾斜垫铁铣削法。

(　　)8. 铣床只可加工"V"形和"T"形两种沟槽。

(　　)9. 当分度手柄转一周,主轴即转动 1/40 周。

(　　)10. 铣削时铣刀做直线运动,工件做旋转运动。

(　　)11. 在成批生产中,可采用组合铣刀同时铣削几个台阶面。

(　　)12. T 形槽可以用 T 形槽铣刀直接加工出来。

(　　)13. 万能铣床表示立铣和卧铣能加工的,它都能完成。

(　　)14. 精铣时一般选用较高的切削速度,较小的进给量和切削深度。

(　　)15. 铣刀结构形状不同,其装夹方法相同。

(　　)16. 带孔铣刀由刀体和刀齿两部分组成,它主要在立式铣床上使用。

二、填空题

1. X6132 型号机床,其中 X 表示________,6 表示________,1 表示________,32 表示________。铣床的主要附件有________、________、________。
2. 铣削平面的常用方法有________和________,其中________较常用,周铣包括________和________两种,而________较常用。
3. 万能铣头能使________代替________。
4. 锯片铣刀主要用作________工件。
5. 根据结构和用途不同,铣床可分为________、________、________、________、________等。

6. 顺铣时，水平切削分力与工件进给方向________，逆铣时，水平切削分力与工件进给方向________。

7. 铣削加工尺寸公差等级一般为 IT ________～IT ________，铣削加工的表面粗糙度 Ra 值一般为________μm。

8. 填出如图所示各种铣刀的名称。

(1)  ______________ (2) 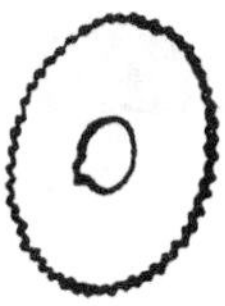 ______________ (3) ______________

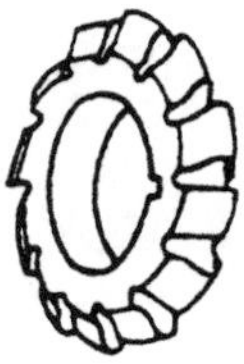

(4)  ______________ (5) 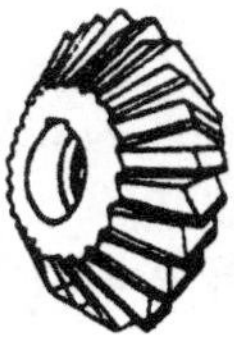 ______________ (6) ______________

(7)  ______________ (8) 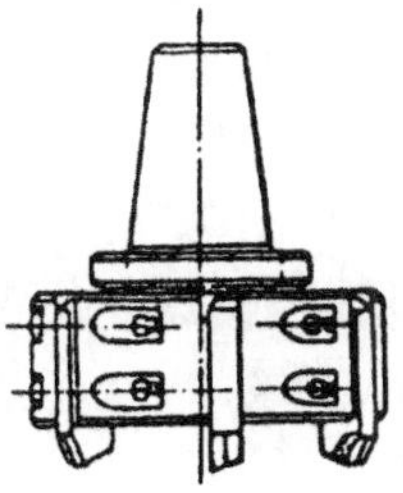 ______________ (9) ______________

(10)  ______________ (11) 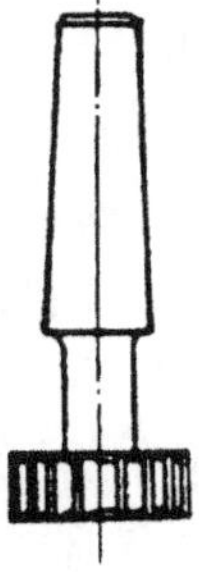 ______________ (12) ______________

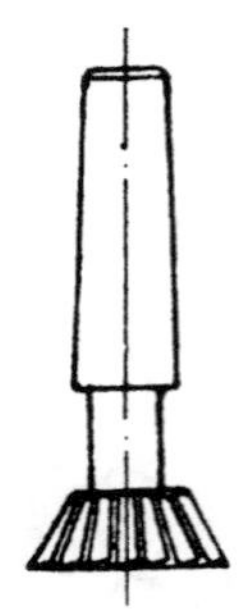

(13) ____________

三、选择题(选择正确的答案,将相应的字母填入题内的括号中。)

1. 分度头的回转体在水平轴线内可转动 ( )
   A. 0°～180°　B. 0°～98°　C. －10°～110°
2. 铣刀与车刀比较它的主要特点是 ( )
   A. 刀刃多　B. 刀刃锋利　C. 切削效率高
3. 回转工作台的主要用途是 ( )
   A. 加工等分的零件
   B. 加工圆弧形表面和圆弧形腰槽的零件
   C. 加工体积不大、形状比较规则的零件
4. 成形铣刀用于 ( )
   A. 切断工件　B. 加工键槽　C. 加工特形面
5. 可转位硬质合金端面铣刀,加工平面时通常采用 ( )
   A. 高速　B. 中速　C. 低速
6. 每一号齿轮铣刀可以加工 ( )
   A. 一种齿数的齿轮　B. 同一模数不同齿数的齿轮
   C. 同一组内各种齿数的齿轮
7. 安装带孔铣刀,应尽可能将铣刀装在刀杆上 ( )
   A. 靠近主轴孔处　B. 主轴孔与吊架的中间位置
   C. 不影响切削工件的任意位置
8. 铣削螺旋槽时,应具备________运动。 ( )
   A. 刀具的直线移动　B. 工件沿轴向移动并绕轴自转
   C. 刀具的旋转
9. 在普通铣床上铣齿轮,一般用于 ( )
   A. 单件生产高精度齿轮　B. 单件生产低精度齿轮
   C. 大批量生产高精度齿轮　D. 大批量生产低精度齿轮

10. 下列可用于封闭式键槽加工的铣刀是 ( )

A. 键槽铣刀　B. 三面刃铣刀　C. 立铣刀　D. 圆柱铣刀

11. 在卧式铣床上加工工件的 ________ 表面时，一般必须使用分度头装夹。 ( )

A. 键槽　B. 斜面　C. 齿轮轮齿　D. 螺旋槽

四、问答题

1. 什么是铣削加工？简述其主运动和进给运动各是什么？

2. 你操作的铣床由哪几个部分组成？各部分的作用如何？

3. 常用的铣刀有哪几种？写出你实习时用过的铣刀名称。

4. 拟铣一齿数为 38 齿的直齿圆柱齿轮，用简单分度法计算出每铣一齿，分度头手柄应转多少圈？
(已知分度盘的各圈孔数正面为 46、47、49、51、53、54，反面为 57、58、59、62、66)

5. 已知铣刀直径 $D=100$ mm,铣刀齿数 $Z=16$,每齿进给量 $a_f=0.03$ mm/齿,如铣削速度 $v=30$ m/min,试求每分钟进给量?

五、工艺题

图示工件的各表面(平面)已加工完毕,写出铣削直角槽和V形槽的工艺步骤。

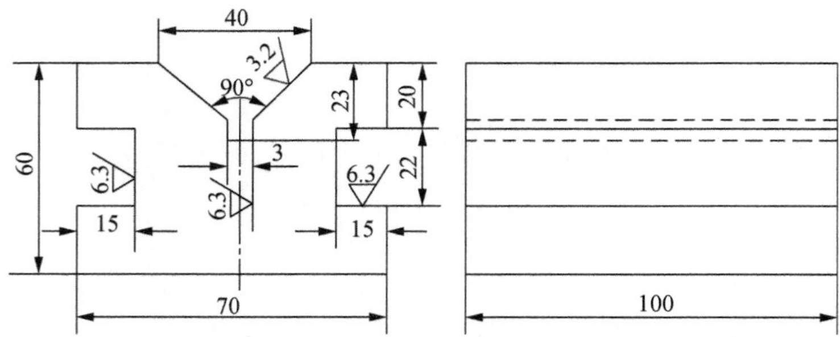

序号	加工简图	工序内容(包括装夹方法)	刀具

12. 刨工实习报告

班级		姓名		学号		日期		成绩	

一、判断题(将判断结果填入括号中。正确的填"√",错误的填"×"。)

(　　)1. 牛头刨床适合加工多边形工件。

(　　)2. 牛头刨床间歇移动是靠曲柄摇杆机构实现的。

(　　)3. 插床的进给运动是工作台的前后、左右、回转的间歇移动。

(　　)4. 牛头刨床在加工平面时,表面粗糙度 Ra 可达 0.8 μm。

(　　)5. 目前较高要求的大平面,一般可用刮削为最后加工,而刮削前的预加工工序都采用刨削。

(　　)6. 刨削小型工件时一般用压板直接安装在刨床工作台上。

(　　)7. 刨削加工是一种高效率、中等精度的加工工艺。

(　　)8. 刨刀常做成弯头的,其目的是为了增大刀杆强度。

(　　)9. 加工塑性材料时刨刀的前角应比加工脆性材料的前角大。

(　　)10. 刨削加工一般不使用冷却液,因为刨削是断续切削,而且切削速度又低。

(　　)11. 插床也是利用工件和刀具做相对直线往复运动来切削加工的,它又称为立式刨床。

(　　)12. 刨削燕尾槽应使用角度偏刀。

(　　)13. 现在在很多应用场合,铣床常被用来代替刨床加工。

(　　)14. 龙门刨床的主运动是刨刀的直线往复运动。

二、填空题

1. 刨削是________切削,每一工作行程开始都有________现象,________容易损坏,由此限制了________的提高。
2. 牛头刨床刨平面时的主运动是____________,进给运动是____________。
3. 牛头刨床行程速度________,回程速度________,最高速度产生在________。
4. B665 型号各字母代表的含义分别是:B ________、6 ________、65 ________。
5. ________刨刀常用来加工比较硬的工件,以便刨刀碰到工件的硬点时,能向后________,避免________或________。
6. 刨削和插削都是________切削,每一工作行程开始都有________现象,________容易损坏,由此限制了________的提高。
7. 刨削加工的精度可达________,表面粗糙度 Ra 值为________。
8. 龙门刨床的主运动是________,进给运动是________。

9. 牛头刨床可以加工的表面有________、________、________、________、________、________。

10. 插床的滑枕是在________做直线往复运动。

11. 插床适合加工________、________零件。

12. 龙门刨床主要由________、________、________、________、________、________等组成。

13. 刨削垂直面时,刀架转盘刻度线要对准________线,以保证________与________垂直。

14. 刨削加工常用的工件装夹工具有________和________等几种。

15. 刨削的表面粗糙度一般与________和________等因素有关。

三、选择题(选择正确的答案,将相应的字母填入题内的括号中。)

1. 刨削加工的主运动是刨床的 (   )
   A. 工作台的横向移动　　B. 滑枕的往复直线运动
   C. 摆杆的摇摆运动　　D. 摆杆齿轮的旋转运动

2. 刨刀与车刀相比,其主要差别是 (   )
   A. 刀头几何形状不同　　B. 刀杆长度比车刀长
   C. 刀头的几何参数不同　　D. 刀杆的横截面要比车刀的大
   E. 种类比车刀多

3. 以下哪类孔最适宜用拉削加工 (   )
   A. 台阶孔　　B. 孔深度等于孔径六倍的通孔
   C. 盲孔　　D. 箱体薄壁上的通孔
   E. 孔深度接近孔径三倍的通孔

4. 刨削加工中刀具容易损坏的原因是 (   )
   A. 工件表面加工硬化　　B. 每次工作行程开始,刀具都要受到冲击
   C. 排屑困难　　D. 切削温度高
   E. 容易生产切屑瘤

5. 刨削时,如遇工件松动应 (   )
   A. 立即停车　　B. 快速紧固工件　　C. 退刀

6. 在开动机床时应戴 (   )
   A. 手套　　B. 帽子　　C. 眼镜

7. 牛头刨床横向走刀量的大小靠 (   )
   A. 棘爪拨动棘轮齿数的多少实现　　B. 调整刀架手柄实现
   C. A 和 B 都可以

8. 在刨削中切屑应 (   )
   A. 用毛刷刷掉　　B. 用嘴吹掉　　C. 用手拿掉

9. 刨削加工在机械加工中仍占一定地位的原因是 (　　)

A. 生产率低，但加工精度高

B. 加工精度较低，但生产率较高

C. 工装设备简单，宜于单件生产、修配工作

D. 加工范围广泛

10. 刨刀与车刀相比，其主要差别是 (　　)

A. 刀头几何形状不同　　B. 刀杆长度比车刀长

C. 刀头的几何参数不同　　D. 刀杆的横截面积比车刀大

11. 对于形状较大的工件，常用的装夹工具是 (　　)

A. 平口钳　　B. 压板螺栓　　C. 三爪卡盘

12. 下列机床中不适合孔内键槽加工的是 (　　)

A. 牛头刨床　　B. 插床　　C. 龙门刨床　　D. 拉床

四、问答题

1. 刨削前，根据被加工工件的工艺要求必须对牛头刨床做哪些调整？

2. 刨削时，刀具和工件需做哪些运动？

3. 粗刨和精刨在切削用量及刨刀形状上有什么区别？

4. 刨床可加工哪些表面？

5. 在刨垂直面和斜面时，刀座应当如何扳转角度？

6. 刨削平行垫块四面时，为什么要在工件和平口钳的活动钳口之间垫一根圆棒？

五、工艺题

写出如图所示综合件的刨削加工步骤。

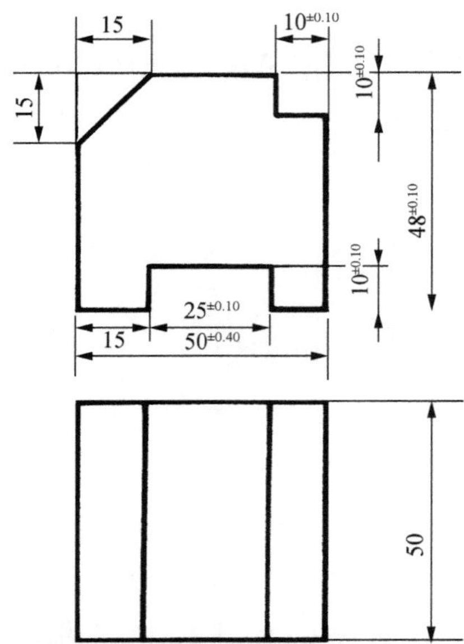

序号	加工简图	工序内容(包括装夹方法)	刀具

13. 磨工与齿形加工实习报告

班级		姓名		学号		日期		成绩	

一、判断题(将判断结果填入括号中。正确的填"√",错误的填"×"。)

(　　)1. 砂轮是磨削的主要工具。

(　　)2. 磨粒的大小用直径表示,粒度号数愈小,颗粒愈大。

(　　)3. 磨削实际上是一种多刃刀具的超高速切削。

(　　)4. 砂轮的硬度是指磨料本身所具有的硬度。

(　　)5. 淬火后零件的后道加工,比较适宜的方法是磨削。

(　　)6. 砂轮上的孔隙是在制造过程中形成的,实质上在磨削时并不起作用。

(　　)7. 砂轮具有一定的自锐性,因此磨削过程中,砂轮并不需要修整。

(　　)8. 工件材料的硬度越高,选用的砂轮硬度也应越高。

(　　)9. 磨床工作台采用机械传动,其优点是工作平稳,无冲击振动。

(　　)10. 磨孔主要用来提高孔的形状和位置精度。

(　　)11. 工件的硬度高要选择软的砂轮。

(　　)12. 砂轮的强度是由结合剂的性质、配方、砂轮制造工艺等决定的。

(　　)13. W20 粒度比 W40 粒度的砂轮要细些。

(　　)14. 砂轮磨钝后,通常要用金刚石进行修整。在修整时,要用大量切削液,避免砂轮因温度剧升而破裂。

(　　)15. 磨削时砂轮的每一个尖棱形的砂粒都相当于一个刀齿,整个砂轮就是一把具有无数刀齿的铣刀,所以磨削的实质是密齿刀具的超高速切削。

(　　)16. 滚齿机主要适合加工双联齿、多联齿及内齿。

(　　)17. 测量齿轮主要是测量齿轮的公法线长度。

(　　)18. 用展成法加工的齿形精度要比成形法加工的齿形精度高。

(　　)19,渐开线齿轮中标准模数和标准压力角所在的圆叫做分度圆。

(　　)20. 插齿机比滚齿机加工齿轮的精度高,但生产效率低。

(　　)21. 一般滚刀的标准压力角为 30°。

二、填空题

1. 磨床种类有________、________、________、________、________等。

2. 你实习中操作的磨床型号为 M1432,型号中字母 M 含义是________,数字含义分别是____。

3. 磨削时砂轮的转动是________运动,纵、横向移动都是____________________。

4. 磨削时需要大量冷却液的目的是________、________、________、________。
5. 磨削不但可以加工一般的金属材料,还可以加工________________。
6. 磨硬材料应选用________砂轮、磨软材料应选用________砂轮。
7. 结合剂的代号 A 表示________、S 表示________、X 表示________。
8. 组成砂轮的三要素是________、________、________。
9. 外圆磨床的工作台是由__________传动,它的特点是__________、__________、__________。
10. 一对标准直齿轮啮合的必要条件是________和________。
11. 标准齿轮各部分尺寸计算的主要参数是________、________、________。
12. Y54 型号机床,其中 Y 表示________,5 表示________,4 表示________,Y7131 型号机床,其中 7 表示________,1 表示________,31 表示________。
13. 齿形加工按形成齿廓曲线原理分为________和________两大类,其中铣齿属于________,滚齿属于________。滚齿加工的运动组成是________、________、________、________。
14. 齿轮测量的主要量具是________,________。齿轮的精度要求有________、________、________和________。
15. 滚齿机主要由________、________、________、________、________、________等部件组成。

三、选择题(选择正确的答案,将相应的字母填入题内的括号中。)

1. 外圆磨削时,砂轮的圆周速度一般为 ( )
A. $v_{砂}=5\sim15$ m/s　　B. $v_{砂}=30\sim50$ m/s
C. $v_{砂}=60\sim80$ m/s　　D. $v_{砂}=100\sim150$ m/s
2. 磨削冷却液通常使用的是 ( )
A. 机油　　B. 乳化液　　C. 自来水　　D. 机油+水
3. 薄壁套筒零件,在磨削外圆时,一般采用 ( )
A. 两顶尖装夹　　B. 卡盘装夹
C. 心轴装夹　　D. A、B、C 中任一种
4. “砂轮的硬度”是指 ( )
A. 砂轮上磨料的硬度
B. 在硬度计上打出来的硬度
C. 磨粒从砂轮上脱落下来的难易程度
D. 砂轮上磨粒体积占整个砂轮体积的百分比
5. 一根各段同轴度要求较高的淬硬钢的台阶轴,其各段外圆表面的精加工应为 ( )
A. 精密车削　　B. 在外圆磨床上磨外圆
C. 在无心磨床上磨外圆

6. 用于钢料工件精磨和高速钢刀具刃磨的合适磨料是 ( )
A. 棕刚玉 B. 白刚玉 C. 黑色碳化硅
D. 金刚玉 E. 绿色碳化硅

7. 对尺寸公差要求达到 IT4 级，表面粗糙度 Ra 为 0.012 μm 的工件应采用哪一种光整加工 ( )
A. 研磨 B. 珩磨 C. 高级光磨 D. 抛光
E. 镗磨

8. 粒度粗、硬度大、组织疏松的砂轮适合于 ( )
A. 精磨 B. 硬金属的磨削 C. 脆性金属的磨削
D. 软金属的磨削 E. 珩磨

9. M1432 是磨床的型号，其中“M14”是表示“万能外圆磨床”，而“32”则表示 ( )
A. 主轴直径为 32 mm B. 所用砂轮最大直径为 320 mm
C. 所用砂轮最大宽度为 32 mm D. 最大工件长度为 320 mm
E. 最大磨削直径为 320 mm

10. 砂轮的硬度取决于结合剂的能力，________结合剂砂轮的硬度最硬。 ( )
A. 陶瓷结合剂 B. 树脂结合剂 C. 橡胶结合剂

11. 插齿机能加工 ( )
A. 沟槽 B. 斜齿 C. 内齿

12. 批量生产齿轮的方法一般采用 ( )
A. 成形法 B. 展成法 C. A、B 都行

13. 用展成法加工齿轮时，刀具选择与 ________ 有关。 ( )
A. 工件的齿数 B. 工件的模数 C. 工件的材料

14. 锥齿轮的加工设备一般是 ( )
A. 滚齿机 B. 插齿机 C. 刨齿机 D. 铣床

15. 有一对相互啮合的标准直齿轮，$Z_1=31$；$Z_2=43$，$m=3.75$ mm，两齿轮中心距为 ________ mm。 ( )
A. 136.5 B. 138.75 C. 140 D. 140.25

16. 已知一标准直齿圆柱齿轮的分度圆直径 $d_{分}=120$ mm，模数 $m=3.75$，它的齿数为 ( )
A. 30 B. 32 C. 34 D. 48

17. 滚齿时也有顺铣和逆铣，当滚刀的旋转方向与工件运动方向 ________ 时，称为逆铣。 ( )
A. 相同 B. 相反

18. 测量齿轮的公法线长度，一般采用 ( )
A. 深度游标卡尺 B. 外径千分尺
C. 公法线千分尺或游标卡尺

四、问答题

1. 简述磨削加工的特点和应用范围。

2. 磨削用的刀具是什么?磨粒用哪些材料?

3. 简述磨床传动的特点。

4. 试述周磨法和端磨法两种磨平面方法各自的优缺点。

5. 滚齿机在加工齿轮时必须具备哪些运动?

6. 齿轮有哪些种类？它是如何分类的？

7. 为什么滚齿和插齿均能用一把刀具加工同一模数任意齿数的齿轮？

8. 成形法和展成法加工齿轮各用什么机床？各用于何种场合？

9. 用盘状铣刀加工齿轮时，盘状铣刀应根据哪些因素选择？

14. 数控实习报告(一)

班级		姓名		学号		日期		成绩	

一、判断题(将判断结果填入括号中。正确的填"√",错误的填"×"。)

(　　)1. G00、G01 指令都能使机床坐标轴准确到位,因此它们都是插补指令。

(　　)2. 在开环和半闭环数控机床上,定位精度主要取决于进给丝杠的精度。

(　　)3. 在数控机床上,一个程序只能加工一个工件。

(　　)4. 数控机床工件加工程序通常比普通机床加工工件的过程要简单得多

(　　)5. 数控系统分辨率越小,不一定机床加工精度就越高。

(　　)6. *Z* 轴坐标负方向,规定为远离工件的方向。

(　　)7. 感应器安装在工作台上,全闭环的位置传感器安装在电机的轴上。

二、选择题(选择正确的答案,将相应的字母填入题内的括号中。)

1. 数控车床与普通车床相比在结构上差别最大的部件是　(　　)

   A. 主轴箱　B. 床身　C. 进给传动　D. 刀架

2. 数控机床的诞生是在 20 世纪________年代。　(　　)

   A. 50　B. 60　C. 70

3. ISO 标准规定,*Z* 坐标为　(　　)

   A. 平行于主轴轴线的坐标　B. 平行与共件装夹面的方向

   C. 制造厂规定的方向

4. *Z* 坐标的正方向是指　(　　)

   A. 使工件尺寸增大的方向　B. 刀具远离工件的方向

   C. 刀具趋近工件的方向

5. 数控机床加工零件时是由________来控制的。　(　　)

   A. 数控系统　B. 操作者　C. 伺服系统

6. 数控机床与普通机床的主机最大不同是数控机床用　(　　)

   A. 数控装置　B. 滚动导轨　C. 滚珠丝杠

三、简答题

1. 加工中心适宜加工怎样的零件?主要加工对象有哪几种?

2. 数控机床加工工件有何特点?

15. 数控实习报告(二)

班级		姓名		学号		日期		成绩	

一、判断题(将判断结果填入括号中。正确的填"√",错误的填"×"。)

(　　)1. 绝对编程和增量编程不能在同一程序中混合使用。

(　　)2. 数控机床按工艺用途分类,可分为数控切削机床、数控电加工机床、数控测量机等。

(　　)3. 数控机床的编程方式是绝对编程或增量编程。

(　　)4. 外圆粗车循环方式适合于加工棒料毛坯除去较大余量的切削。

(　　)5. 外圆粗车循环方式适合于加工已基本铸造或锻造成形的工件。

(　　)6. Z 轴坐标负方向,规定为远离工件的方向。

(　　)7. 加工程序中,每段程序必须有程序段号。

二、选择题(选择正确的答案,将相应的字母填入题内的括号中。)

1. 加工________零件,宜采用数控加工设备。(　　)

   A. 大批量　　B. 多品种中小批量　　C. 单件

2. 数控机床进给系统减少摩擦阻力和动静摩擦之差,是为了提高数控机床进给系统的(　　)

   A. 传动精度　　B. 运动精度和刚度

   C. 快速响应性能和运动精度　　D. 传动精度和刚度

3. 使用专用机床比较适合(　　)

   A. 复杂型面加工　　B. 大批量加工　　C. 齿轮齿形加工

4. 数控机床加工零件时是由________来控制的。(　　)

   A. 数控系统　　B. 操作者　　C. 伺服系统

5. 开环控制系统用于________数控机床。(　　)

   A. 经济型　　B. 中、高档　　C. 精密

6. 加工中心与数控铣床的主要区别是(　　)

   A. 数控系统复杂程度不同　B. 机床精度不同　　C. 有无自动换刀系统

三、简答题

1. 数控机床由哪几个部分组成?

2. 试解释下列指令的意义:

   G00,G01,G02,G03,G41,G42,G43,G04,G90,G91,G92

16. 数控实习报告(三)

班级		姓名		学号		日期		成绩	

一、判断题(将判断结果填入括号中。正确的填"√",错误的填"×"。)

(　　)1. 数控机床是由普通机床发展而来的。

(　　)2. 数控机床的生产是衡量机床生产厂家技术水平的标志之一。

(　　)3. 数控机床用滚珠丝杠代替梯形丝杠是为了提高加工精度。

(　　)4. 在数控机床上,一个程序只能加工一个工件。

(　　)5. 数控机床工件加工程序通常比普通机床加工工件的过程要简单得多。

(　　)6. 开环控制系统一般适用于经济型数控机床和旧机床数控化改造。

(　　)7. 点位控制的数控钻床只控制刀具运动起点和终点,对中间过程轨迹没有严格要求。

二、选择题(选择正确的答案,将相应的字母填入题内的括号中。)

1. 数控机床与普通机床的主机最大不同是数控机床用　　(　　)
   A. 数控装置　　B. 滚动导轨　　C. 滚珠丝杠
2. 用于机床开关指令的辅助功能的指令代码是　　(　　)
   A. F 码头　　B. S 码　　C. M 码
3. 数控系统所规定的最小设定单位就是　　(　　)
   A. 数控机床的运动精度　B. 机床的加工精度　　C. 脉冲当量
4. 数控系统中,________指令在加工过程中是模态的。　　(　　)
   A. G01、F　　B. G27、G28　　C. G04　　D. M02
5. 闭环控制系统比开环及半闭环系统　　(　　)
   A. 稳定性好　　B. 精度高　　C. 故障率低
6. 回转刀架换刀装置常用数控　　(　　)
   A. 车床　　B. 铣床　　C. 钻床

三、简答题

1. 根据你在认识实习,以及平时的所见所闻,谈谈 NC 机床在国民经济中的作用;我国 NC 机床使用的现状,以及你对现状的感想。

2. 特种加工技术主要借助什么能量来实现材料切除的?有哪几种加工方法?

17. 数控实习报告(四)

班级		姓名		学号		日期		成绩	

一、根据下列图形编写数控车床加工程序。

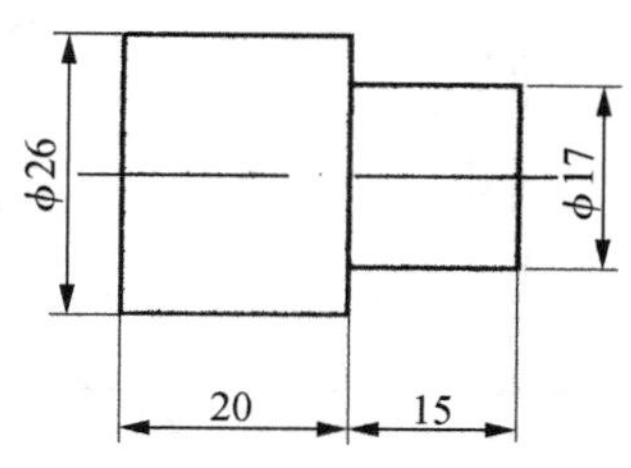

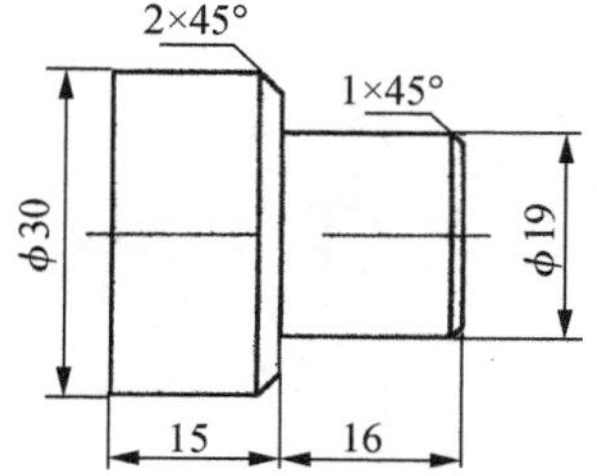

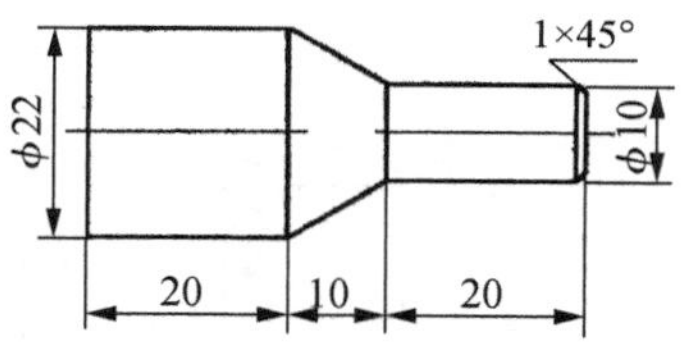

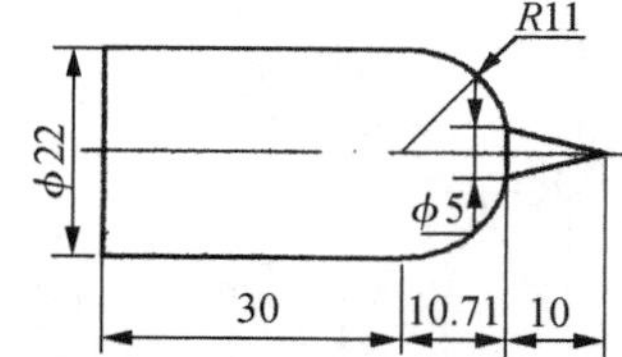

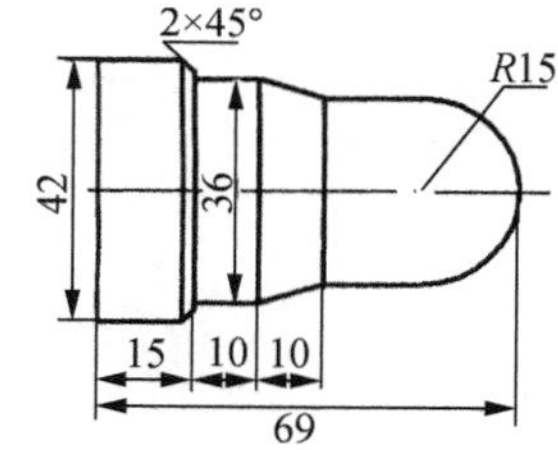

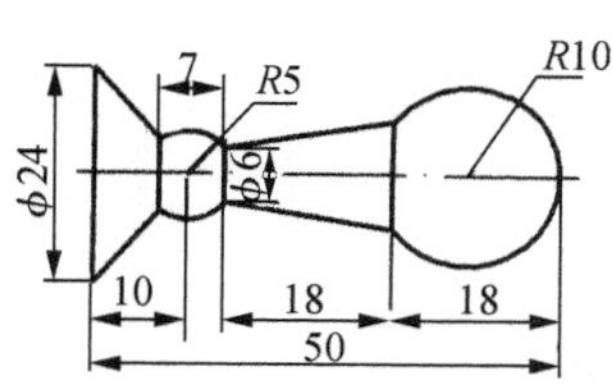

二、根据下列图形编制粗精加工程序，工件毛坯直径 25 mm。

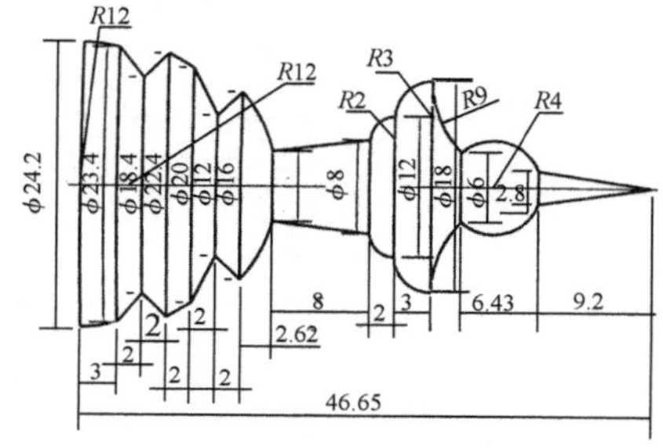

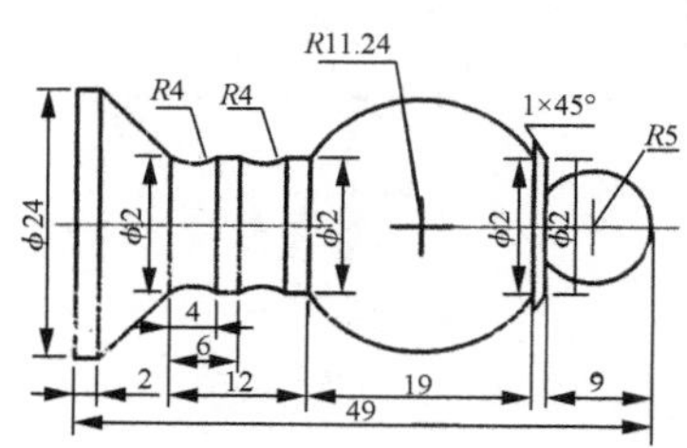

18. 数控实习报告(五)

班级		姓名		学号		日期		成绩	

根据下列图形编写数控车床加工程序。

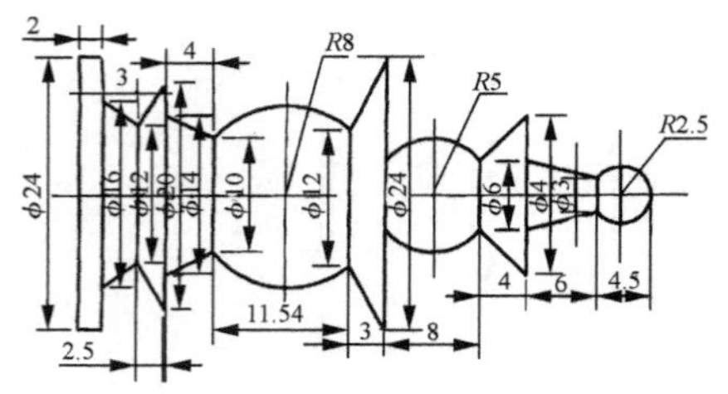

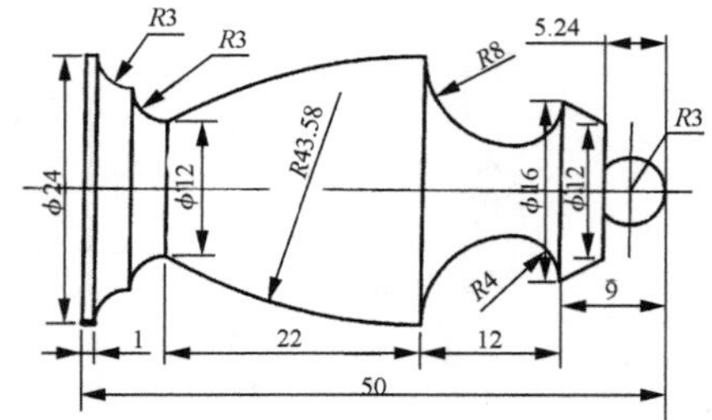

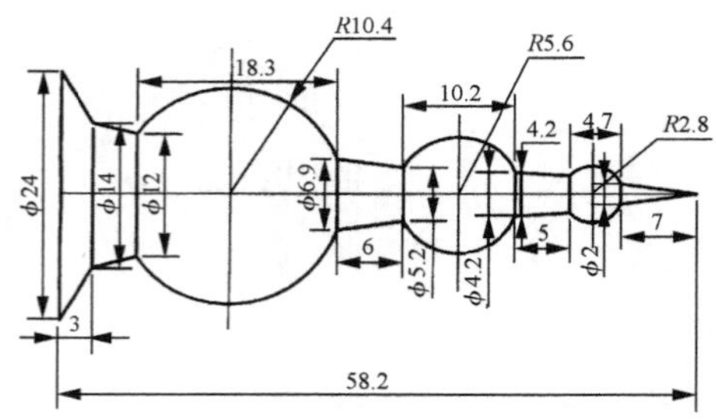

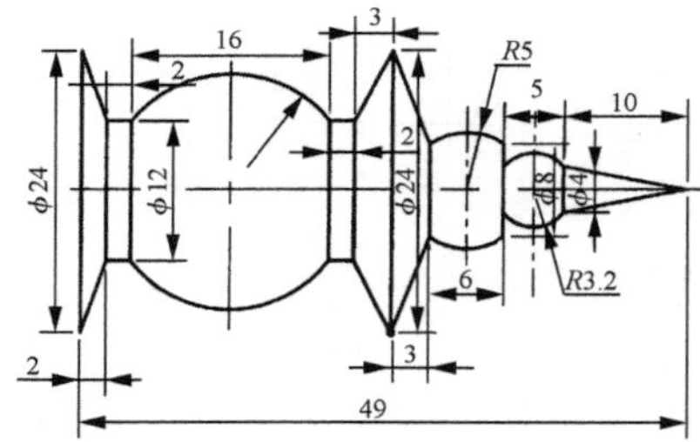

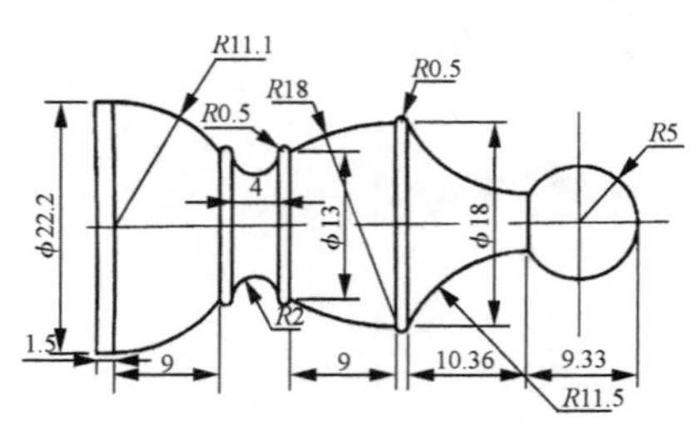

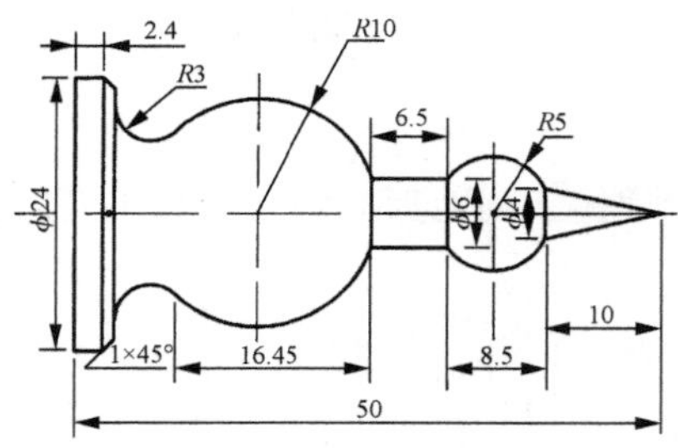

19. 数控实习报告(六)

班级		姓名		学号		日期		成绩	

铣削编程习题

1. 见下图,用刀具补偿功能编制铣外轮廓、内轮廓程序。毛坯 95 mm×85 mm×10 mm,铣刀直径 ϕ10 mm,最好用铣圆槽、铣方槽循环指令编程。

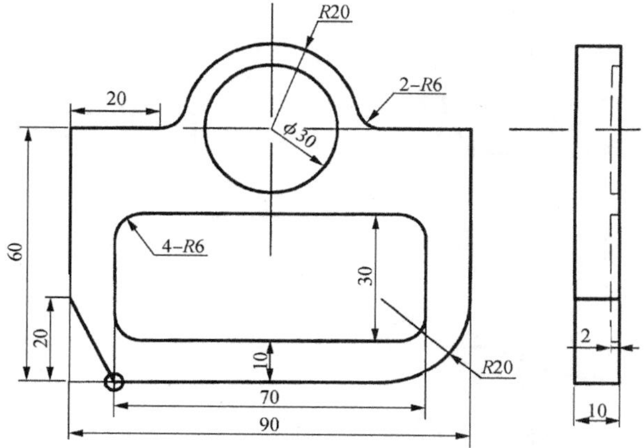

2. 见下图,编程序铣凸台阶,钻孔,用刀具补偿功能编程,刀具直径 ϕ10 mm,毛坯 80 mm×80 mm×10 mm,调整铣床,加工下图零件。

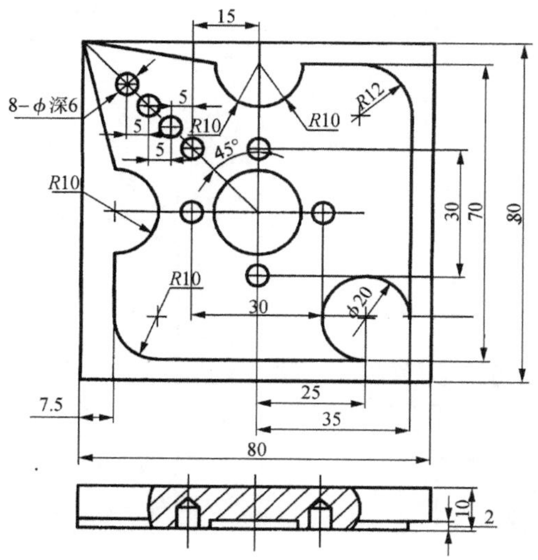

20. 数控实习报告(七)

班级		姓名		学号		日期		成绩	

根据下列图形运用 YH 软件作出图形。

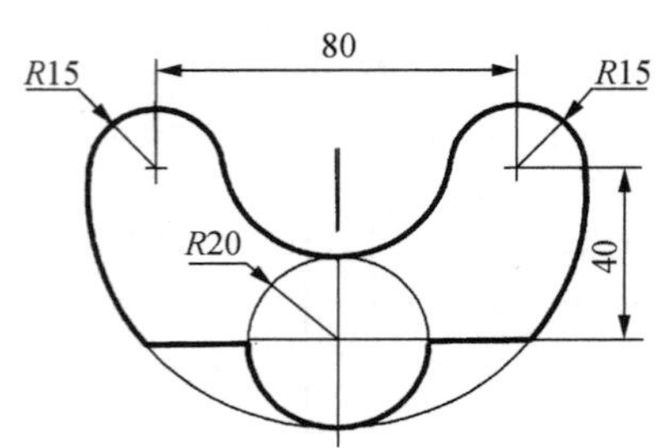

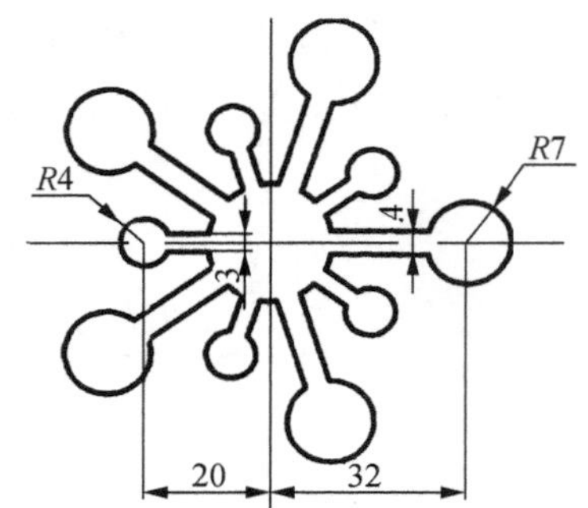

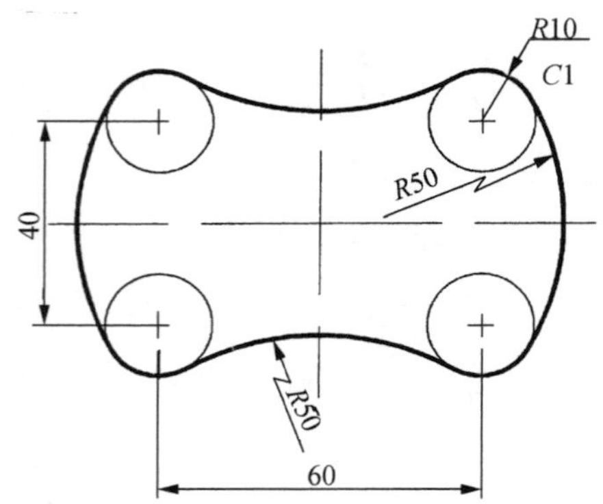

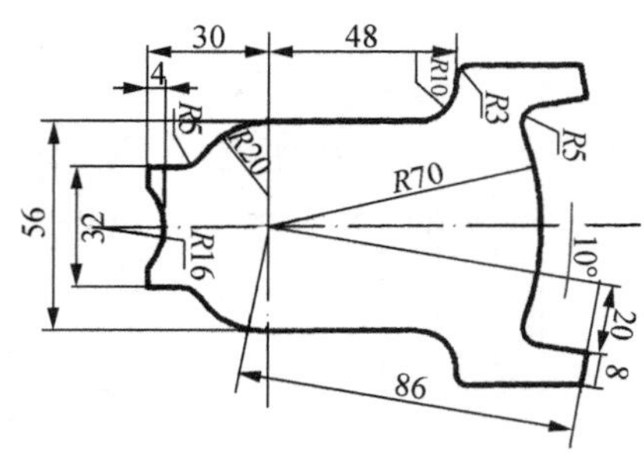

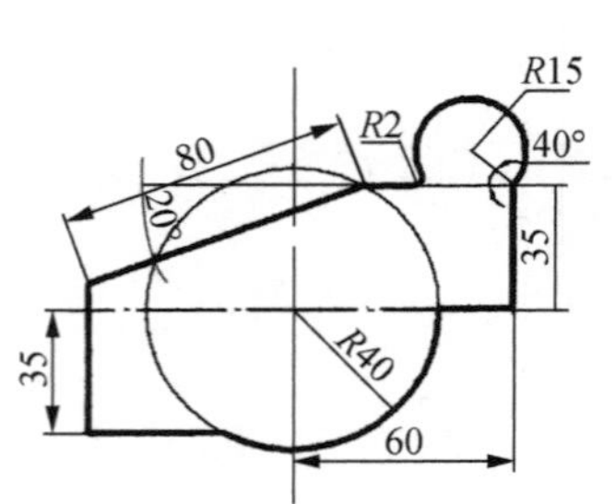

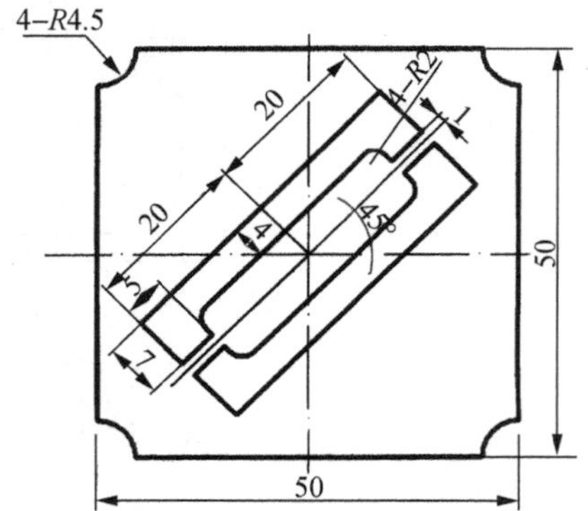